Leitfaden der Polymercharakterisierung

Leitfaden der Polymercharakterisierung

von
Prof. Dr. sc. nat. Elisabeth Schröder
Dr. rer. nat. Gert Müller
Dr. rer. nat. Karl-Friedrich Arndt
Merseburg

Mit 111 Abbildungen und 91 Tabellen

Akademie-Verlag · Berlin 1982

Erschienen im Akademie-Verlag, 1086 Berlin, Leipziger Straße 3—4
Einband und Schutzumschlag: Rolf Kunze
Lektor: Fritz Schulz

Lizenznummer: 202 · 100/474/82
Gesamtherstellung: VEB Druckerei „Thomas Müntzer", 5820 Bad Langensalza
Bestellnummer: 7626123 (6509) · LSV 1275
Printed in GDR
DDR 62,— M

Vorwort

Polymersynthese und Polymercharakterisierung stellen zwei eng miteinander verbundene, ja sich sogar teilweise gegenseitig bedingende Wissensgebiete dar. So wird eben die Breite der Molmassenverteilung bei der radikalischen Polymerisation durch die von der Art des Abbruchs der Wachstumsreaktion abhängige Kopplungskonstante oder die Verteilung der chemischen Zusammensetzung von Copolymerisaten durch die Reaktivitätsparameter bestimmt. Experimentell ermittelte Abweichungen von diesen vorauszuberechnenden Größen lassen wiederum Rückschlüsse auf stattgefundene Übertragungsreaktionen oder sogar andere Reaktionsmechanismen zu. Darüber hinaus kommt der Polymercharakterisierung noch die Aufgabe der prozeßanalytischen Verfolgung der Polymeraufbaureaktion und die der Untersuchung des Finalproduktes nach seiner Verformung zu, da die Eigenschaften des polymeren Werkstoffes ja nicht allein im Reaktor, sondern maßgeblich auch noch durch den Verformungsprozeß bestimmt werden.

Dieser volkswirtschaftlichen Bedeutung wird das Literaturangebot keineswegs gerecht. Während es Lehr- und Praktikumsbücher zur Polymersynthese in mehreren Sprachen gibt und diese noch durch eine Fülle excellenter Monographien ergänzt werden, fehlt systematisches Lehr- und Übungsmaterial zur Einführung in die Polymercharakterisierung völlig, gewöhnlich wird diese Thematik in dem synthetisch orientierten Schrifttum nur flüchtig gestreift. Aus langjähriger Lehrerfahrung an der Technischen Hochschule „Carl Schorlemmer", Leuna-Merseburg muß jedoch abgeleitet werden, daß das Erlernen der Grundlagen der Polymercharakterisierung den Studenten — selbst der höheren Studienjahre — teilweise erhebliche Schwierigkeiten bereitet. Die Autoren bedienen sich deshalb des Jahrhunderte in der wissenschaftlichen Arbeit sich bewährenden Prinzips der Einheit von Theorie und Praxis und versuchen, die Anfänger über das Experiment an die Charakterisierungsproblematik heranzuführen.

Der vorliegende „*Leitfaden der Polymercharakterisierung*" wendet sich an Studenten und Absolventen von Hoch- und Ingenieurschulen. Er konzentriert sich inhaltlich nur auf Methoden zur Bestimmung von Parametern der Mikrostruktur des Einzelmoleküls. Der Stoff ist in vier Kapitel unterteilt. Dem Kapitel über die Methoden zur Molmassenbestimmung folgen Verfahren zur Bestimmung der Molmassenverteilung und chemischen Heterogenität sowie zur Bestimmung der **Mikrostruktur** z. B. der Taktizitäts- und Sequenzlängenverteilung, der Verzweigung oder der Netzwerkstruktur. Mit einigen Angaben über spezielle Untersuchungsverfahren für Polymere schließt das Buch ab. Dieses 4. Kapitel könnte — wie jedes andere auch — noch beliebig ergänzt werden, doch legten sich die Autoren bewußt eine gewisse Beschränkung auf, um den einführenden Charakter des Buches zu bewahren.

Jeder Methode wird eine kurze theoretische und eine experimentelle Einführung vorangestellt, der dann einige Versuchsbeispiele folgen. Diese sind experimentell genau beschrieben, so daß ein Nacharbeiten möglich ist. Gleiches gilt auch für die Auswertung der mitgeteilten Versuchsergebnisse. Für die Auswahl der Versuchsbeispiele waren experimentelle, instrumentelle aber auch didaktische Gründe entscheidend. Es wurde vorwiegend auf Versuche zurückgegriffen, die sich im Praktikum zur Polymercharakterisierung bei der Ausbildung von Polymerchemikern und Physikern bereits bewährt haben. Sie haben weitgehend universellen Charakter, lassen sich also auch ohne wesentliche Änderungen auf andere Polymere übertragen. Somit wird das vorliegende Buch hoffentlich auch den Kollegen in der Industrie und in Instituten bei der Lösung spezieller Aufgaben ein Ratgeber sein und dazu beitragen, daß die Polymercharakterisierung künftig einen breiten Anwenderkreis findet.

Elisabeth Schröder
Gert Müller
Karl-Friedrich Arndt
Merseburg, Mai 1981

Inhalt

1. Molmassenbestimmung

1.1. Einführung

Die Molmasse kennzeichnet die Größe eines Moleküls. Während für niedermolekulare Stoffe eine bestimmte einheitliche Molmasse charakteristisch ist, sind alle synthetischen und viele natürliche makromolekulare Substanzen molekularuneinheitlich oder polymolekular. Sie weisen also eine mehr oder minder breite Verteilung der Molmassen auf. Die mit verschiedenen Methoden gemessenen Molmassen stellen deshalb nur Mittelwerte dar, die sich je nach dem statistischen Gewicht — oder auch Argument bezeichnet — der Molmasse unterscheiden. Die wichtigsten Argumente g_i der Molmassenverteilung sind:

n_i = Molzahl

$w_i = n_i M_i$ = totale Masse aller Moleküle i

$c_i = w_i / V_{\text{Lösung}}$ = Masse des Gelösten pro Volumen der Lösung

$z_i = w_i M_i = n_i M_i^2$ = z-Argument

Verteilungskurven lassen sich allgemein gut durch ihre Momente charakterisieren, über die zweckmäßigerweise auch die Mittelwerte definiert werden sollen. Das Moment μ der Ordnung q einer Eigenschaft (hier Molmasse M) in bezug auf den Ursprung ist allgemein definiert durch Gl. (1)

$$\mu_g^{(q)}(M) = \frac{\sum_i g_i M_i^q}{\sum_i g_i} \tag{1}$$

Alle Produkte und Quotienten von Momenten, die nur die Dimension der betrachteten Eigenschaft haben müssen, stellen Mittelwerte der betrachteten Eigenschaft dar. Die Mittelwerte $\overline{M}_n$, $\overline{M}_w$, $\overline{M}_z$ der Molmassen können als erste Momente der Verteilungsfunktionen mit dem jeweiligen Argument $g_i = n_i$, w_i oder z_i definiert werden. Berücksichtigt man die Relationen zwischen den einzelnen Argumenten, lassen sich die Molmassenmittelwerte auch als Quotient von Momenten unterschiedlicher Ordnung darstellen. Es ist also z.B. möglich, bei Kenntnis der zahlenmäßigen Molmassenverteilung auch die gewichtsmittlere Molmasse zu berechnen.

Es gelten folgende Beziehungen:

$$\text{zahlenmittlere Molmasse } \overline{M}_n = \mu_n^{(1)}(M) = \frac{\sum_i n_i M_i}{\sum_i n_i} =$$

$$= \frac{\sum_i w_i}{\sum_i w_i M_i^{-1}} = \frac{\mu_w^{(0)}(M)}{\mu_w^{(-1)}(M)} \tag{2}$$

$$\text{gewichtsmittlere Molmasse } \overline{M}_w = \mu_w^{(1)}(M) = \frac{\sum_i w_i M_i}{\sum_i w_i} =$$

$$= \frac{\sum_i n_i M_i^2}{\sum_i n_i M_i} = \frac{\mu_n^{(2)}(M)}{\mu_n^{(1)}(M)} = \frac{\sum_i z_i}{\sum_i z_i M_i^{-1}} = \frac{\mu_z^{(0)}(M)}{\mu_z^{(-1)}(M)} \tag{3}$$

$$z\text{-mittlere Molmasse } \overline{M}_z = \mu_z^{(1)}(M) = \frac{\sum_i z_i M_i}{\sum_i z_i} = \frac{\sum_i w_i M_i^2}{\sum_i w_i M_i} =$$

$$= \frac{\mu_w^{(2)}(M)}{\mu_w^{(1)}(M)} = \frac{\sum_i n_i M_i^3}{\sum_i n_i M_i^2} = \frac{\mu_n^{(3)}(M)}{\mu_n^{(2)}(M)} \tag{4}$$

Die bisher betrachteten Mittelwerte der Molmasse waren Momente ganzzahliger Ordnung. Ein wichtiger Molmassenmittelwert, das Viskositätsmittel $\overline{M}_\eta$, ist ein Exponentenmittel. Die Potenz ist durch die reziproke Ordnung des Momentes gegeben.

$$\overline{M}_\eta = \left(\frac{\sum_i w_i M_i^a}{\sum_i w_i} \right)^{1/a} \tag{5}$$

a = Exponent der Kuhn-Mark-Houwink-Gleichung

Da das Viskositätsmittel der Molmasse als Argument w aufweist, ist es ein Gewichtsmittel. Vom einfachen Gewichtsmittel der Molmasse $\overline{M}_w$ unterscheidet es sich durch seine Ordnung $q = a \neq 1$ (ist $a = 1$, ist $\overline{M}_\eta = \overline{M}_w$!) und durch die Potenz $1/q = 1/a$.

Die einzelnen Methoden der Molmassenbestimmung lassen sich einmal nach den sich ergebenden statistischen Mittelwerten aber auch nach dem Zusammenhang zwischen Meßgröße und Molmasse qualitativ unterscheiden. Man unterteilt in:

- Absolutmethoden
- Äquivalentmethoden
- Relativmethoden

Bei den Absolutmethoden steht die Meßgröße in direktem Zusammenhang zur Molmasse, ohne daß Annahmen über chemische und/oder physikalische Strukturen berücksichtigt werden müssen. Bei Äquivalentmethoden muß die chemische Struktur bekannt sein. Relativmethoden messen Eigenschaften, die sowohl von der chemischen als auch physikalischen Struktur abhängen und zur Auswertung eine Eichbeziehung zwischen Meßgröße und Molmasse bedingen.

Eine Übersicht der wichtigsten Molmassenbestimmungsmethoden und ihre Zuordnung in Absolut (A)-, Äquivalent ($Ä$)- und Relativmethoden (R) enthält Tab. 1.

Tabelle 1: Einteilung der wichtigsten Molmassenbestimmungsverfahren [1]

Methode	Typ	Molmassenbereich (g/mol)	Mittelwert der Molmasse
Membranosmometrie	A	$10^4 - 10^6$	$\overline{M}_n$
Ebullioskopie	A	$< 10^4$	$\overline{M}_n$
Kryoskopie	A	$< 10^4$	$\overline{M}_n$
isotherme Destillation	A	$< 10^4$	$\overline{M}_n$
Dampfdruckosmometrie	A*	$< 10^4$	$\overline{M}_n$
Endgruppenbestimmung	$Ä$	$< 10^5$	$\overline{M}_n$
Lichtstreuung	A	$10^2 - 10^8$	$\overline{M}_w$
Sedimentationsgleichgewicht	A	$< 10^6$	$\overline{M}_w$, $\overline{M}_z$, $\overline{M}_{z+1}$
Sedimentationsgleichgewicht m. Dichtegradient	A	$> 10^5$	verschiedene Mittelwerte
Kombination Sedimentations-Diffusionskoeffizient	A	$10^3 - 10^8$	verschiedene Mittelwerte
Lösungsviskosität	R	$10^2 - 10^8$	$\overline{M}_\eta$
Schmelzviskosität	R	$10^2 - 10^7$	$\overline{M}_w$
Gelpermeationschromatographie	R	$10^2 - 10^7$	$\overline{M}_{GPC}$ (Der Index GPC ist kein wahres Argument)

*Aus apparativen Gründen ist eine Eichung erforderlich!

[1] ELIAS, H.-G., BAREISS, R. und J. G. WATTERSON Fortschr. Hochpolymeren-Forsch. 11 (1973), 111

In den Kapiteln 1.2.—1.4. werden Bestimmungsmethoden der zahlenmittleren Molmasse erläutert. Diese Größe ist besonders für die Auswertung kinetischer Untersuchungen von Interesse. Die Methoden der Lichtstreuung am Polymeren, mit der neben der gewichtsmittleren Molmasse auch geometrische Gestalt und Größe der Makromoleküle bestimmt und Informationen über Wechselwirkungen und thermodynamische Größen der polymeren Lösung gewonnen werden, wird in Kap. 1.5. vorgestellt. Analog der Lichtstreuung können auch aus der Streuung von Röntgenstrahlen Molmasse, Größe und Form gelöster Polymermoleküle ermittelt werden. Sehr anschaulich ist die Molmassenbestimmung mit Hilfe der Elektronenmikroskopie, bei der eine stark verdünnte Polymerlösung eingedampft wird und die einzelnen Moleküle ausgezählt werden. Sedimentation und Diffusion von Makromolekülen im Lösungsmittel sind molmassenabhängig und werden, wie in Kap. 1.6. näher erläutert wird, in der Ultrazentrifuge gemessen und zur Molmassenbestimmung ausgenutzt.

In allen Laboratorien, die polymere Stoffe untersuchen, werden Viskositätsmessungen durchgeführt, die mit geringem apparativen Aufwand verbunden sind. Kap. 1.7. befaßt sich deshalb schließlich mit den Grundlagen der Viskosimetrie und der viskosimetrischen Bestimmung der Molmasse.

1.2. Molmassenbestimmung durch Endgruppenanalyse

1.2.1. Einführung

Die Endgruppenanalyse verfolgt allgemein das Ziel der quantitativen Bestimmung des Endgruppengehaltes. Sie nutzt die Tatsache aus, daß sich die Gruppen am Kettenende eines Polymeren von den „inneren" Kettengliedern häufig konstitutionell unterscheiden und quantitativen analytischen Bestimmungsverfahren zugänglich sind. Das ist z.B. für die COOH- und NH_2-Gruppen in Polyamiden, die COOH- und OH-Gruppen in Polyestern oder funktionalisierten Präpolymeren aber auch für SH-Gruppen und endständige Doppelbindungen oder für bestimmte Heteroatome in speziellen Gruppierungen gegeben, sofern die Molmassen der Polymeren in der Regel nicht $> 5 \cdot 10^4$ g/mol sind.

Aus den erwähnten Beispielen läßt sich bereits die technische Bedeutung der Endgruppenanalyse für die Herstellung von Polyestern, Polyurethanen, Flüssigkautschuk und anderen Produkten ableiten. Sie ist ferner für die Struktur-Eigenschafts-Forschung von Bedeutung, da die Endgruppen oft erheblichen Einfluß auf die Eigenschaften ausüben.

Unter günstigen Bedingungen läßt sich die Endgruppenanalyse aber auch zur Molmassenbestimmung heranziehen, da der Gehalt der Endgruppen bei bekannter Masse des Polymeren von der Zahl der Moleküle abhängt. Die Endgruppenanalyse stellt deshalb eine Äquivalentmethode dar, mit der das Zahlenmittel $\overline{M}_n$ der Molmasse erhalten wird. Nach der Gleichung

$$\overline{M}_{n\text{end}} = \frac{q \cdot m}{n_{\text{end}}} \qquad (1)$$

q = Zahl der Endgruppen, m = Masse des Polymeren in g, n_{end} = Molzahl der Endgruppen in m Gramm Polymerem läuft die $\overline{M}_n$-Bestimmung über die Endgruppe praktisch auf die Bestimmung der Molzahl der Endgruppen hinaus. Diese setzt jedoch die Kenntnis der Art und Zahl aller Endgruppen und deren quantitative Bestimmungsmöglichkeit voraus. Da die Molzahl der Endgruppen mit steigender Molekülgröße abnimmt, verringert sich damit auch die Empfindlichkeit der $\overline{M}_{n_{\text{end}}}$-Bestimmung. Bei den gebräuchlichen analytischen Bestimmungsmethoden liegt die obere Erfassungsgrenze bei etwa $5 \cdot 10^4$ g/mol, mit radiochemischen Methoden können Molmassen bis zu 10^6 g/mol noch sicher bestimmt werden. Durch Vergleich der durch Endgruppenanalyse und osmotische Bestimmung erhaltenen $\overline{M}_n$-Werte können mitunter auch Schlußfolgerungen über die Molekülverzweigung und damit über den Bildungsmechanismus gezogen werden. Wegen der Vielzahl möglicher Nebenreaktionen müssen derartige Befunde jedoch noch durch andere Methoden bestätigt werden.

Trotz aller dieser einschränkenden Bemerkungen hat die Endgruppenanalyse — nicht zuletzt durch ihre oft einfache Durchführung — einen festen Platz in der betrieblichen Praxis gefunden.

1.2.2. Meß- und Bestimmungsmethoden

Zur Bestimmung des Gehaltes an funktionellen Endgruppen in Polymeren können chemische, radiochemische und physikalische Methoden genutzt werden. Die Auswahl hängt vor allem von der Empfindlichkeit und damit der Erfassungsgrenze der Molmassen ab.

1.2.2.1. Chemische Methoden zur Endgruppenbestimmung

Das Prinzip chemischer Methoden zur Endgruppenbestimmung ist der vollständige Umsatz reaktiver Endgruppen mit niedermolekularen Reagenzien und Ermittlung des Reagenzverbrauches mit den gebräuchlichen analytischen Meßmethoden. Für Reaktionen an Makromolekülen gelten nach dem Prinzip der gleichen Reaktivität die analytischen Gesetzmäßigkeiten der niedermolekularen organischen Verbindungen, sofern in hochverdünnten Lösungen gearbeitet wird und die verwendeten Lösungsmittel bzw. Nachbargruppen nicht von Einfluß auf die Reaktivität oder sogar den Abbau der Moleküle sind. Die chemische Bestimmung funktioneller Endgruppen kann direkt oder nach Überführen in eine analytisch besser zu erfassende Substanz erfolgen. Als Beispiel direkter Endgruppenbestimmung sind die der COOH-, NH_2- und SH-Gruppen in Polyamiden, bzw. Polyestern oder flüssigen Thioplasten erwähnenswert. Indirekte Verfahren werden vor allem für die OH-Gruppenbestimmung genutzt.

1.2.2.1.1. COOH-Endgruppenbestimmung

1.2.2.1.1.1. Volumetrische Bestimmung

Der Gehalt an COOH-Endgruppen kann universell durch direkte Titration mit Natriumalkoholatlösungen in wasserfreiem Medium erfaßt werden. Bei Verwendung alkoholischer Laugen besteht bei hydrolysierbaren Substanzen — z.B. Polyestern — die Möglichkeit simultan verlaufender Verseifungs- bzw. Hydrolysereaktionen, da in diesem Fall bei der Neutralisation der COOH-Gruppen Wasser entsteht. Wasserhaltige Lösungsmittelgemische werden nur bei Vorliegen von freien Dicarbonsäureanhydriden eingesetzt, da sich diese mit Wasser zu den entsprechenden Dicarbonsäuren umsetzen.

Sollen COOH-Endgruppen und Dicarbonsäureanhydrid in Polyestern getrennt bestimmt werden, werden zwei Titrationen durchgeführt — eine in wasserfreiem Medium zur Erfassung von COOH-Endgruppen und eventuell vorhandener freier Säure, die andere in wasserhaltigem Medium nach Erhitzen zur zusätzlichen Anhydridbestimmung [1]. Lösungsmittelauswahl und auch die der weiteren Versuchsbedingungen sind demnach substanzspezifisch. Tab. 2 enthält Angaben für die wichtigsten Verbindungsklassen. Die Endpunktanzeige der Titrationen kann nach Indikatormethoden aber auch potentiometrisch oder konduktometrisch erfolgen. Bei COOH-Gruppen mit unterschiedlichen Protolysekonstanten bietet besonders die Potentiometrie günstige Voraussetzungen der Simultanbestimmung.

Tabelle 2: Arbeitsbedingungen zur volumetrischen COOH-Bestimmung

Substanzklasse	Lösungsmittel	Titrierlösung	Indikation
Homopolyamide	Benzylalkohol (175 °C)	0,1 N KOH in Ethylenglycol	visuell mit Phenolphthalein oder potentiometrisch bzw. konduktrometrisch
Copolyamide	Ethanol – H_2O = 72:28 (Vol. Tl.) (Kp)	0,1 N KOH	wie vorher
Polyethylenglycolterephthalat	Anilin 130 ± 3 °C	0,1 N KOH in Ethanol bei 40 ± 3 °C	visuell m. Thymolphthalein oder elektrometrisch
lineare, gesättigte Polyester	Aceton: Alkohol = 3:1 (wasserfrei)	0,05 n Natriumalkoholat	potentiometrisch
	Aceton: H_2O 5:1 (65 °C)	0,05 N Natriumalkoholat	potentiometrisch

1.2.2.1.1.2. COOH-Bestimmung über Kation-Anion-Komplexe

COOH-Endgruppen in Polymeren können auch durch die aus der Tensidanalytik bekannten Anfärbemethoden sehr empfindlich nachgewiesen und bestimmt werden. Nach diesen reagieren die COOH-gruppenhaltigen Makromoleküle mit entgegengesetzt geladenen Farbstoffionen direkt oder über ein Ionenpaar zu Kation-Anion-Komplexen, was mit einem Farbwechsel verbunden ist. Als Reagenz zum COOH-Nachweis wird Rhodamin 6 GX (Farbindex 45 160) verwendet. Von diesem werden 3 mg in 2,5 m*l* Phosphatpuffer (pH 10—12) gelöst und danach sofort unter Licht- und Sauerstoffausschluß bei 25 °C mit 100 m*l* Benzen extrahiert. Der Farbstoffextrakt ist bei Lagerung über festem NaOH im Dunkeln monatelang haltbar. Zum COOH-Nachweis bzw. zur Bestimmung wird 0,02—0,2 g Polymeres in 15—20 cm^3 Benzen aufgelöst und mit der gleichen Menge der Farbstofflösung versetzt. Ein Farbumschlag von gelb nach rosa zeigt COOH-Gruppen an. Die untere Nachweisgrenze dieses Anfärbetestes hängt von der Säurestärke der Endgruppen ab. Für relativ schwache Säuren, wie sie im allgemeinen bei Polymeren vorliegen, liegt das Minimum bei n_{end} von 10^{-5} [2].

1.2.2.1.2. NH_2-Endgruppenbestimmung

Als Endgruppe linearer Polymerer tritt die NH_2-Gruppe bei handelsüblichen Polymeren nur in den Polyamiden auf. Sie wird hier acidimetrisch durch Titration mit 0,1 N HCl-Lösungen bestimmt. Als Lösungsmittel wird bei Homopolyamiden ein Gemisch aus Phenol:Ethanol:H_2O = 45:30:25, bei Copolyamiden das in Tab. 2 angeführte verwendet. Im Gegensatz zur COOH-Endgruppenbestimmung in Polyamiden wird die acidimetrische NH_2-Bestimmung vom Polymerisationsgrad beeinflußt. Ihre Empfindlichkeit nimmt mit steigendem Polymerisationsgrad ab, da das Dissoziationsgleichgewicht der Aminogruppe bei Titration mit starken Säuren auch durch die Dissoziation der CONH-Gruppen der Kette und das Lösungsmittel (schwache Säure) mitbestimmt wird. Wegen des direkten Zusammenhangs zwischen dem Polymerisationsgrad P mit den Konzentrationen an Amino - (c_A) und Amidgruppen (c_D) gemäß

$$c_D = (P - 1)\, c_A \tag{2}$$

nimmt das Potential bei der potentiometrischen Bestimmung mit steigendem P ab, so daß bei P = 100 die obere Einsatzgrenze erreicht ist. Wesentlich empfindlicher ist die spektrometrische NH_2-Gruppenbestimmung nach Umsatz der Aminogruppe mit 2,4-Dinitrofluorbenzen in Gegenwart von Natriumhydrogencarbonat:

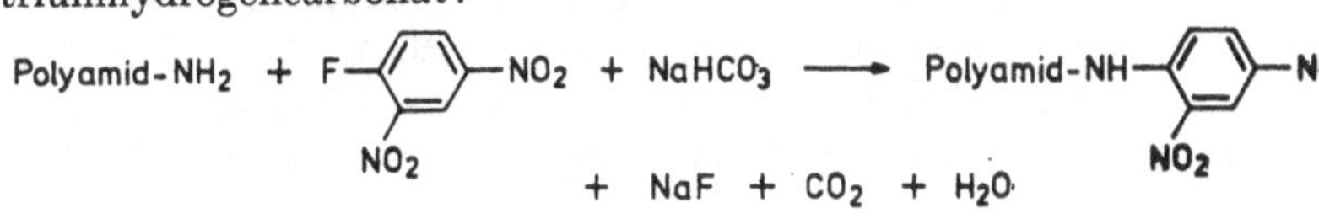

(3)

bei dem ein gelbgefärbtes Polyamid entsteht, dessen Lösung in o-Cresol spektrometrisch vermessen werden kann [1].

1.2.2.1.3. SH-Endgruppenbestimmung

SH-Gruppen fungieren u. a. in flüssigen Thioplasten sowie auch in Präpolymeren des Butadiens als Endgruppen. Zu ihrer analytischen Bestimmung wird die Tendenz der Salzbildung und die der leichten Oxidierbarkeit ausgenutzt [3]. Für die Endgruppenanalytik in Polymeren wird sowohl die Argentometrie als auch die Jodometrie herangezogen. Die Salzbildung mit Silberionen wird durch H_2S und elementaren Schwefel gestört; Oxydationsreaktionen sind auf primäre SH-Gruppen, wie sie u. a. in den Endgruppen vorliegen, beschränkt.

Die argentometrische Bestimmung wird gewöhnlich nach der von KOLTHOFF et al. angegebenen Methode der ampèrometrischen Titration mit rotierender Platinelektrode durchgeführt [4]. Als Bezugselektrode dient eine Quecksilberelektrode, die mit einer Kaliumjodid- und Quecksilber-II-jodid enthaltenden gesättigten Kaliumchloridlösung überschichtet ist. Beide Elektroden werden über einen mit gesättigter Kaliumnitratlösung und 3%-igem Agar-Agar gefüllten Stromschlüssel verbunden. Als Lösungsmittel für die Untersuchungssubstanz können z.B. Nitrobenzen, Tetrahydrofuran und Ethanol eingesetzt werden. Der Diffusionsstrom wird mit einem Mikroampèremeter gemessen und der Verbrauch an 0,05 N $AgNO_3$-Lösung wie üblich graphisch ermittelt (s. auch 1.2.3.). Für die jodometrische SH-Endgruppenbestimmung wird meistens die bekannte Indikation mit Stärke herangezogen. Wegen der häufig notwendigen 2-Phasentitration gibt man die Jodlösung in der Regel im Überschuß zu und titriert mit Natriumthiosulfatlösung zurück. Unter Annahme gleicher Endgruppen der linearen Kette und Vernachlässigung eventuell vorhandener Kettenverzweigungen gilt für

$$\overline{M}_n = \frac{66{,}14}{\%\,\mathrm{SH}} \tag{4}$$

1.2.2.1.4. OH-Endgruppen

Ihre Bestimmung in Polymeren ist trotz aller Fortschritte der modernen Analytik bisher nur befriedigend gelöst. Wie auch bei der Analytik niedermolekularer hydroxylgruppenhaltiger Verbindungen liegen die Ursachen vor allem an dem Reaktionsverhalten der OH-Gruppe selbst, der Hydrolyseanfälligkeit ihrer Reaktionsprodukte, geringer Selektivität auch zwischen den Isomeren, ungenügender Empfindlichkeit und Zuverlässigkeit und auch an der Assoziationstendenz der OH-Gruppe, die sich besonders auf die IR-spektrometrische Bestimmung bemerkbar macht. Bei Reaktionen an Polymeren wirken sich außerdem noch die begrenzte Löslichkeit sowie Nachbargruppeneffekte erschwerend aus. Auch heute noch werden die chemischen Methoden der OH-Endgruppenbestimmung gegenüber den physikalischen bevorzugt, da die Nachweisempfindlichkeit gewöhnlich größer und der apparative Aufwand erheblich geringer ist. Nach chemischen Verfahren werden die Hydroxylgruppen mit geeigneten Reagenzien umgesetzt und die Reaktionsprodukte entweder isoliert und getrennt untersucht (indirekte Methode) oder der Reaktionsumsatz und damit der Hydroxylgruppengehalt direkt aus dem Reagenzverbrauch ermittelt. Trotz der vielen Reaktionsmöglichkeiten der OH-Endgruppen konzentrieren sich die in der Praxis eingeführten Verfahren auf folgende Reaktionen:

- katalysierte Veresterung mit Säureanhydriden bzw. Säurechloriden;
- Umsetzung mit Alkyl- oder Arylisocyanaten zu den entsprechenden Urethanen und
- Reaktion des aktiven Wasserstoffs mit Grignard-Reagenz, Lithiumaluminiumhydrid oder Trimethylsilylchlorid.

Nähere analytische Hinweise zu den Reaktionen werden u. a. von Kaiser gegeben [3]; Tab. 3 enthält Angaben über die bei Polymeren praktizierten Methoden und Arbeitsbedingungen. Wie zu entnehmen, werden Veresterungsreaktionen bevorzugt und unter diesen kommt wiederum denen besondere Bedeutung zu, die zu farbigen und damit kolorimetrisch leicht erfaßbaren Verbindungen führen. Vom Standpunkt der Empfindlichkeit verdienen auch die Reaktionen mit Isocyanaten besondere Beachtung, da sie nicht nur schnell und vollständig ablaufen, sondern u. a. eine gaschromatographische Bestimmung des Reagenzverbrauches ermöglichen. Dagegen sind alle Verfahren, die auf Reaktionen des aktiven Wasserstoffs beruhen, wegen der geringen Selektivität weit weniger zu empfehlen.

In Analogie zur Carboxylgruppenbestimmung (s. 1.2.2.1.1.2.) lassen sich auch OH-Endgruppen nach Reaktion mit Anhydriden 2-basischer Säuren oder auch Chlorsulfonsäure mit dem Anfärbetest unter Verwendung von Rhodamin 6 GX nachweisen und bestimmen. Zur direktiven Anfärbung hydroxylgruppenhaltiger Polymerer kann nach Palit „Rose-Bengal-Reagenz" verwendet werden, welches bei Gegenwart von Basenspuren einen rosa Farbton ergibt [5].

1.2.2.2. Radiochemische Verfahren zur Endgruppenbestimmung

Radiochemischen Analysenverfahren kommt wegen ihrer hohen Empfindlichkeit größte Bedeutung für die Endgruppenbestimmung zu. Der breiten Anwendung sind aber durch die erforderlichen Sicherheitsmaßnahmen und

Tabelle 3: Methoden und Arbeitsbedingungen der OH-Endgruppenbestimmung bei Polymeren [1]

Polymeres	Reaktionstyp	Reagenz	Katalysator	Lösungsmittel	Erfassungsmethode
Polyester, gesättigt	Veresterung	Essigsäureanhydrid	p-Toluensulfonsäure	Ethylacetat	Bestimmung des Reagenzverbrauches durch Volumetrie
Polyethylenglycolterephthalat	Veresterung	3,5-Dinitrobenzoylchlorid	Pyridin	Nitrobenzen	potentiometr. Titration des Reagenzverbr. mit glycolischer NaOH
Polyethylenglycolterephthalat	Veresterung	o-Sulfobenzoesäureanhydrid	ohne	Nitrobenzen	potentiometr. Bestg. des Reagenzverbrauches mit 0,1 N NaOH
Polyethylenoxid	Veresterung	Phthalsäureanhydrid	Pyridin	Pyridin	potentiometr. Bestimmung des Reagenzverbrauches
Polyethylenoxid	Veresterung	3,5-Dinitrobenzoylchlorid	Dimethylformamid	Dimethylformamid	Isolieren des Esters durch $CHCl_3$-Extraktion u. kolorimetr. Bestimmung
Polyethylenoxid	Veresterung	Acetylchlorid	Zn-Pulver	Toluen	Bestimmung des Reagenzverbrauches durch Abnahme der IR-Absorption
Polyethylenoxid	Urethanbildung	Phenylisocyanat	Zinn-II-octoat	Benzen, Toluen, Dioxan	Bestimmung des Reagenzverbrauches durch Gaschromatographie
Präpolymere des Butadiens	Umsatz mit $LiAlH_4$	$LiAlH_4$		Thf	Volumetrische Bestimmung des Reaktionsproduktes

Ausrüstungen gewisse Grenzen gesetzt, so daß diese Untersuchungen vornehmlich in Spezialeinrichtungen durchgeführt werden. Von den möglichen radiochemischen Analysenverfahren werden die Isotopenmarkierungen z.B. durch Verwendung isotopenhaltiger Initiatoren während der Polymerisation sowie Reaktionen am Polymeren mit markierten Reagenzien und Austauschmethoden bevorzugt. Wegen der leichten Austauschbarkeit des H-Atoms werden in der Praxis der Endgruppenanalytik vor allem Deuterium- und Tritiumaustauschverfahren genutzt. Sie sprechen auf alle austauschfähigen H-Atome an, sind also wie die oben erwähnten Verfahren der Reaktionen des aktiven Wasserstoffs von geringerer Spezifität. So wird z.B. in Polyestern nur die Summe aus COOH- und OH-Endgruppen erfaßt, so daß die getrennte Bestimmung eine Kombination der D_2O-Austauschmethode mit einer volumetrischen COOH-Gruppenbestimmung erfordert. Die apparative Anordnung, Versuchsdurchführung und -auswertung sind am Beispiel der Endgruppenbestimmung in Polyethylenglycolterephthalat in [1] ausführlich dargelegt.

1.2.2.3. Physikalische Methoden

Von den physikalischen Verfahren der Endgruppen- und damit Molmassenbestimmung werden UV-, IR- und NMR-spektroskopische in der Literatur mitgeteilt. Grundvoraussetzung ihrer Anwendung ist die Konzentrationsproportionalität der Signalintensitäten charakteristischer Endgruppensignale sowie deren hohe Empfindlichkeit. Diese wird durch ungenügende Bandentrennung, Präparationsprobleme oder störende Verunreinigung — insbesondere Wasserspuren — oftmals so eingeschränkt, daß die obere Einsatzgrenze physikalischer Verfahren zur $\overline{M}_n$-Bestimmung — trotz großer apparativer und methodischer Fortschritte — nur bei der IR-Spektroskopie im günstigsten Fall bei $7 \cdot 10^4$ g/mol, sonst aber weit darunter liegt.

Problematik und Ergebnisse infrarotspektroskopischer $\overline{M}_n$-Bestimmungen sind in einigen Übersichtsarbeiten dargelegt [6—8]. Zur Molmassenbestimmung wird die Extinktion einer gut aufgelösten, starken Bande nach der Flächenmethode gemessen und — bei Kenntnis der molaren Extinktionskoeffizienten direkt — oder sonst über eine Eichkurve ausgewertet. Es besteht auch die Möglichkeit des Intensitätsvergleichs mit einer schwachen Bande der Kettenbausteine, vornehmlich mit Ober- und Kombinationsschwingungen [6]. Eine Zusammenstellung geeigneter IR-Banden für die $\overline{M}_n$-Bestimmung bei Polymeren ist neben den molaren Extinktionskoeffizienten und günstigen Präparationstechniken in Tab. 4 gegeben. Die Extinktionskoeffizienten sind von den apparativen Voraussetzungen und den gewählten Systemen abhängig und wenig genau, aus ihrer Angabe soll nur ein Anhaltspunkt für die zu erwartende Empfindlichkeit abgeleitet werden.

Tabelle 4: IR-Banden von Polymerendgruppen und Untersuchungsbedingungen

Polymer	charakterist. Bande d. Endgruppen	Wellenzahl d. Bandenmaxima (cm^{-1})	molarer Extinktionskoeffizient $\varepsilon(m^2 \cdot mol^{-1})$	Probenpräparation	maximal bestimmbares $\overline{M}_{n_{end}}$ (g/mol)	Literatur
Polystyren (initiiert m. 3-Brombenzoylperoxid)	$\nu_{C=O}$	1 720		3% in CCl_4	$3 \cdot 10^4$	[9]
Polystyren (initiiert m. Diacylperoxiden)	$\nu_{C=O}$	1 724		4% in CCl_4	$7 \cdot 10^4$	[10]
Polyacrylnitril (Redoxpolymerisat m. $NaHSO_3$)	$\nu_{s\,S-O}$	1 043 (stark) 1 200 (schwach)		KBr-Preßling	$5-7 \cdot 10^4$	[11]
Polycarbonat	ν_{O-H}/(phenol) γ_w(CH) (Phenylendgr.)	3 597 638		5% in Methylenchlorid		[1]
Polyethylenglycol	ν_{O-H}(trans) ν_{O-H} ν_{O-H}(assoz.) $H_2O_{(a)}$	3 640 3 605 3 505 3 705	13 13 26 15	Lösung in CCl_4	$4 \cdot 10^4$	[6]
Polyester aus Adipinsäure + Hexandiol 1,6.	ν_{O-H}(frei) ν_{O-H}(ass.) ν_{O-H}(COOH frei)	3 640 3 555 3 540	13 26 14	Lösung in CCl_4	$3,5 \cdot 10^3$	[6]

	$\nu_{C=O}$(1. Oberschw.)	3 455	0,8			
	ν_{O-H}(COOH) (ass.)	3 300	31			
	H_2O (*a*)	3 705	15			
Polyethylen-glycoltere-phthalat	ν_{O-H}(COOH) (ass.)	3 300		Folie	$1 \cdot 10^4$	[6]
	ν_{O-H}(ass.)	3 550				
	H_2O_a	3 630				
	Phenylen (1. Oberschw.)	4 080				

Tabelle 5: Versuchsergebnisse IR-spektrometrischer $\overline{M}_n$-Bestimmungen an PS

I (mm)	I_0 (mm)	$\lg \frac{I_0}{I}$	c_{end} ($g \cdot l^{-1}$)	$\overline{M}^{IR}_{n_{end}}$ ($g \cdot mol^{-1}$)
121,5	142,2	0,06834	0,769	23400
125,6	142,0	0,05331	0,600	30000
132,0	142,3	0,03262	0,369	48800

Für die IR-spektrometrisch gemessene zahlenmittlere Molmasse $\overline{M}_{n_{\text{end}}}^{\text{IR}}$ gilt bei Gleichheit beider Endgruppen:

$$\overline{M}_{n_{\text{end}}}^{\text{IR}} = \frac{q \cdot M_{\text{end}} \cdot c}{c_{\text{end}}} = 2M_{\text{end}} \cdot \varepsilon \cdot l \cdot c = k \cdot c \qquad (5)$$

M_{end} = Molmasse der Endgruppen; c_{end} = Endgruppenkonzentration in $g \cdot l^{-1}$; c = Polymerkonzentration gesamt in $g \cdot l^{-1}$; ε = Extinktionskoeffizient der Endgruppenbande in $g^{-1}\ cm^{-1}\ l$; l = Schichtdicke in cm.

Der Einsatzbereich IR-spektrometrischer $\overline{M}_n$-Bestimmungen kann nach Gl. (5) vor allem über ε (Tab. 4) und die Polymerkonzentration beeinflußt werden. Letztere beträgt bei dem bevorzugten Arbeiten in Lösung gewöhnlich 3–5 Gew.%. Durch Arbeiten mit KBr-Preßlingen oder Gieß- bzw. Schmelzfilmen läßt sich die Empfindlichkeit der Endgruppenbestimmung zwar steigern, jedoch müssen dann Störeinflüsse durch intra- und intermolekulare Wechselwirkungen sowie H_2O-Spuren und vor allem durch Streueffekte berücksichtigt werden. Streulicht tritt beim Arbeiten mit Folien selbst dann noch auf, wenn die Streuung an den Folienoberflächen durch Immersion in einem Lösungsmittel eliminiert ist. Von einer Erhöhung von M_{end} in Gl. (5) durch chemische Modifizierung ist zur Empfindlichkeitssteigerung physikalischer Verfahren im allgemeinen abzuraten, da schon die quantitative Verfolgung der Reaktion selbst mit größerer Genauigkeit möglich ist und zur Endgruppenbestimmung allein ausreicht. Wie aus Tab. 4 zu entnehmen, wird die Lage des Bandenmaximums durch die Nachbargruppen beeinflußt (z.B. die Bande der assoziierten OH-Gruppen), entferntere Kettenglieder sind ohne Einfluß auf das Schwingungsverhalten der Endgruppen. Die starke Eigenassoziation der OH- und auch COOH-Gruppe wird durch Arbeiten bei höheren Temperaturen verringert. Wesentlich komplizierter ist das Problem der Bandentrennung bei stark überlagerten Banden wie z.B. bei den OH-Schwingungen. Bei Gültigkeit des Lambert-Beerschen Gesetzes, d. h. in hoch verdünnten Lösungen und Arbeiten mit monochromatischem Licht verhalten sich die Extinktionen der einzelnen Komponenten bei einer gegebenen Wellenzahl additiv:

$$\frac{E\ \text{ges.}\ (\tilde{\nu}_i)}{l} = \varepsilon_1 \tilde{\nu}_1 c_1 + \varepsilon_2 \tilde{\nu}_2 c_2 \qquad (6)$$

Zur Konzentrationsbestimmung der gesuchten Nachbargruppen müssen auch die Konzentrationen und Extinktionskoeffizienten der die Überlagerung bedingenden Gruppen bekannt sein.

Zu ihrer Bestimmung gibt es folgende Möglichkeiten:

- graphische oder mathematische Bandentrennung;
- Extinktionsmessung bei n Wellenzahlen und Aufstellung eines linearen Gleichungssystems (n = Anzahl überlagerter Banden);

- Ermittlung von Bandenformfaktoren;
- Bandenabtrennung durch Kompensation mit strahlenpolymerisierten Polymeren.

Für die graphische oder mathematische Bandenanalyse sind Kenntnisse über Bandenprofil und Symmetrie vorauszusetzen, die Rechnungen werden heute gewöhnlich mit Kurvenanalysatoren durchgeführt. Die Verfahrensweise zur Ermittlung von Bandenformfaktoren wird in 1.2.3.3. am Beispiel der IR-spektroskopischen Molmassenbestimmung von Polyethylenglycol ausführlich beschrieben. Das Prinzip der Bandenkompensation durch Vergleich mit einer endgruppenfreien, sonst aber identischen Polymerprobe gleicher Schichtdicke wird in Kap. 3. am Beispiel der Kurzkettenverzweigungsbestimmung in Polyethylen dargelegt. Störungen durch Schichtdickenunterschiede beider Folien werden durch den Einsatz keilförmiger Kompensationsfolien eliminiert. Sofern die Endgruppen von den Initiatoren abhängen, können diese durch strahlenchemisch initiierte Polymerisate kompensiert werden.

1.2.3. Versuchsbeispiele mit Auswertung

1.2.3.1. Molmassenbestimmung eines linearen, gesättigten Polyesters durch chemische Bestimmung der COOH- und OH-Endgruppen

1.2.3.1.1. Carboxylgruppenbestimmung mit Natriumalkoholat in wasserfreiem Medium [12]

0,5 – 1,0 g des Polyesters wird in 25 m*l* Aceton gelöst, mit 12,5 m*l* Ethanol abs. versetzt und sofort mit 0,05 N Natriummethylatlösung potentiometrisch mit der Meßkette:

$$GE/\text{Meßlösung}/KNO_3\,(\text{ges.}),\ 2\%\ \text{Agrar-Agar}/KCL\,(\text{ges.}),\ Hg_2Cl_2\,(\text{ges.})/Hg$$

titriert. Anstelle der Glaselektrode (*GE*) kann auch eine Wismutelektrode eingesetzt werden. Die Lösung wird während der Titration magnetisch gerührt. Kurz vor dem Äquivalenzpunkt titriert man mit Zugabe von 0,1 m*l*. Das Nähern des Äquivalenzpunktes erkennt man an der Vergrößerung der Potentialdifferenz. Man titriert noch zwei Zugaben über den Äquivalenzpunkt hinaus. Bei Vorliegen eines reinen Polyesters erhält man eine einfache *S*-förmige Titrationskurve (s. Abb. 1,

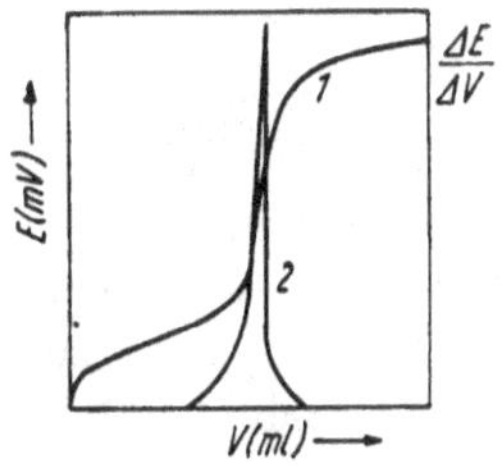

Abb. 1: Potentiometrische Titrationskurven
Kurve 1 – $E = f(V)$
Kurve 2 – $\Delta E/\Delta V = f(V)$

Kurve 1). Enthält der Polyester von der Kondensation her noch freie Dicarbonsäure z.B. Maleinsäure, so werden infolge der unterschiedlichen Protolysekonstanten der Carboxylgruppen in diesen Verbindungen drei Potentialsprünge beobachtet. Der erste Sprung entspricht der Absättigung der ersten Carboxylgruppe der freien Dicarbonsäure, der zweite Sprung resultiert aus der Neutralisation der Carboxylendgruppe des Polyesters und der dritte entspricht der Neutralisation der zweiten Carboxylgruppe der Dicarbonsäure. Auf die Möglichkeit der simultanen Bestimmung zweier Polyester sowie des Einsatzes von Tetramethylammoniumhydroxid bzw. Tetrabutylammoniumhydroxid als Tritrator sei hier nur verwiesen [13].

Die Auswertung kann graphisch oder rechnerisch erfolgen. Gewöhnlich werden die gemessenen Potentialwerte (E) als Funktion der zugesetzten Titratorvolumina (V) registriert oder graphisch aufgetragen (Abb. 1, Kurve 1). Bei symmetrischem Verlauf entspricht der zum Wendepunkt gehörende Abszissenwert dem Äquivalenzvolumen ($V_Ä$). Ebenso kann $V_Ä$ aus der Lage des Maximums beim Auftragen der Differenzenquotienten $\frac{\Delta E}{\Delta V}$ gegen V (Abb. 1, Kurve 2) ermittelt werden. Eine rechnerische Auswertmethode hat u. a. HAHN beschrieben [14]. Aus $V_Ä$ erhält man die Säurezahl SZ (definiert als mg KOH pro g Substanz) und $\overline{M}_{n_{\mathrm{end}}}$ nach Gl. (7) und (8)

$$SZ = \frac{V_Ä \cdot 2{,}8 \cdot F}{m} \tag{7}$$

$$\overline{M}_{n_{\mathrm{end}}} = \frac{q \cdot 5{,}6 \cdot 10^4}{SZ} = \frac{q \cdot m \cdot 1000\ \mathrm{(g/mol)}}{V_Ä \cdot N \cdot F} \tag{8}$$

$V_Ä =$ Titrationsverbrauch in ml; m = Polymereinwaage in g; F = Faktor der 0,05 N Na-methylatlösung; N = Normalität der Natriummethylatlösung.

Das beschriebene Verfahren ist bis zu Molmassen von $2{,}5 \cdot 10^4$ g/mol anwendbar. Da bei der technischen Synthese von Polyestern die Möglichkeit des Vorliegens von Molekülen mit 2 OH- bzw. COOH-Endgruppen sowie freier Säure und Säureanhydrid nicht ausgeschlossen werden kann, ist die COOH-Endgruppenbestimmung zur Kontrolle noch durch eine OH-Endgruppenbestimmung zu ergänzen. Zur Bestimmung von freier Säure und Säureanhydrid siehe unter [1].

1.2.3.1.2. OH-Endgruppengehalt – Hydroxylzahl (*OHZ*)

Der Gehalt an OH-Endgruppen bzw. die *OHZ* wird aus dem Verbrauch an Acetanhydrid bei der Acetylierung in Ethylacetat in Gegenwart von p-Toluensulfonsäure ermittelt [15]. Bei dieser Veresterungsmethode muß dem Gehalt an freier Dicarbonsäure, Säureanhydrid und den COOH-Endgruppen Rechnung getragen werden. Sie werden durch die scheinbare Säurezahl „SZ_s" erfaßt, die durch Titration des Polyesters in Ethanol:Benzen = 1:1 -Lösung mit 0,1 N ethanolischer KOH nach der Indikatormethode bestimmt wird [16]. Bei der Titration in Gegenwart von Ethanol als Lösungsmittel wird das Dicarbonsäureanhydrid in den Halbester überführt, so daß nur eine Carboxylgruppe berücksichtigt werden muß.

Zur Bestimmung der *OHZ* bzw. des $\overline{M}_n$-Wertes wird 1,000 g des Polyesters in einem 100 m*l*-Erlenmeyerkolben mit 5,00 m*l* Acetylierungsreagenz bei aufgelegtem Uhrglas 10 min bei 50 °C ± 1 grd. im Wärmeschrank erwärmt, umgeschüttelt und 5 min bei 50 °C belassen. Nach 5 min Abkühlen werden 2 m*l* Wasser und 10,00 m*l* Pyridin-Wasser-Gemisch 1 : 1 zugefügt, der Kolben verschlossen und nach 5 min Standzeit bei Raumtemperatur mit 0,5 N methanolischer KOH bis zum Farbumschlag von Phenolphthalein titriert. In gleicher Weise wird für den Blindwert verfahren. (a, b = Titratorverbrauch in m*l* für den Haupt- (b) und Blindversuch (a)). Das Acetylierungsreagenz wird durch Auflösen von 14,4 g p-Toluensulfonsäure in 360 m*l* Ethylacetat und Zutropfen von 120 m*l* Acetanhydrid unter ständigem Rühren erhalten.

Die *OHZ* wird nach Gl. (9) und damit $\overline{M}_{n_{\text{end}}}$ – in Analogie zu Gl. (8) – nach Gl. (10) berechnet.

$$OHZ = \frac{(a-b) \cdot 28{,}05}{m} + SZ_s \qquad (9)$$

$$\overline{M}_{n_{\text{end}}} = \frac{q \cdot 5{,}6 \cdot 10^4}{OHZ} \quad (\text{g mol}^{-1}) \qquad (10)$$

1.2.3.2. Infrarotspektrometrische Endgruppenbestimmung in Polystyren [10]

Bei der radikalischen Polymerisation von Styren mit dem Diacylperoxid der p-Azobenzencarbonsäure werden Katalysatorbruchstücke des Typs:

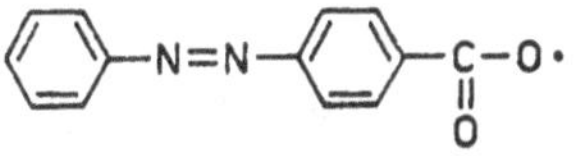

(I)

als Endgruppen in das Makromolekül eingebaut. Dieses enthält somit Esterendgruppen, die bei 1724 cm^{-1} ($\nu_{C=O}$), 1275 cm^{-1} und 1115 cm^{-1} (C–O Arylesterbanden) absorbieren. Die Extinktionen der Banden sind konzentrationsproportional und verhalten sich umgekehrt proportional zu den Viskositätsmitteln der Molmasse. Sie stehen deshalb mit der Molmasse des Polymeren in Verbindung und erlauben eine IR-spektrometrische $\overline{M}_n$-Bestimmung bis zu Molmassen von $\sim 7 \cdot 10^4$ g/mol.

Zur $\overline{M}_{n_{\text{end}}}$-Bestimmung wird das Polystyren nach einer präparativen Fraktioniermethode in weitgehend molekulareinheitliche Fraktionen zerlegt (s. Kap. 2.) und von den Fraktionen jeweils eine 4%ige Lösung in CCl_4 hergestellt. Diese wird in einem 2-Strahl-IR-Spektrometer bei einer Küvettenschichtdicke von 0,35 mm und Spaltprogramm 3 im Bereich zwischen 700 cm^{-1} bis 2000 cm^{-1} vermessen. Zur quantitativen Bestimmung wird die Bande bei 1724 cm^{-1} nach dem Grundlinienverfahren ausgewertet. Der Endgruppengehalt der Probe wird einer Eichkurve (Abb. 2) entnommen. Diese wird durch Extinktionsmessungen der

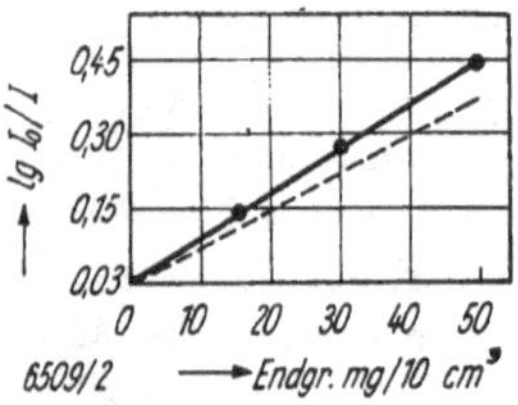

Abb. 2: Eichkurve zur IR-spektrometrischen Endgruppenbestimmung in PS

Absorption der 1724 cm^{-1} Bande von Mischungen der Modellsubstanz mit PS. Gestrichelte Kurve – ohne PS-Zusatz

$\nu_{C=O}$-Bande an Mischungen aus thermisch oder strahlenpolymerisiertem PS mit 4-Benzenazobenzoesäure-β-phenylester unter sonst gleichen experimentellen Bedingungen wie bei der Probe, aufgestellt. Die Synthese der niedermolekularen Modellsubstanz ist in [10] beschrieben.

Für die Auswertung wird angenommen, daß jede Polystyrenmolekel 2 gleiche Endgruppen hat, was im vorliegenden Falle bei Fraktionen im Molmassenbereich zwischen $1{,}5 \cdot 10^4$ g/mol und $5{,}0 \cdot 10^4$ g/mol annähernd zutrifft. Zur Umrechnung der Eichkurve der Modellsubstanz in die der eigentlichen Endgruppen der Formel *I* werden die Konzentrationen mit dem Faktor 0,6819 multipliziert, der sich aus dem Quotienten der Molmassen von Endgruppe und Modellsubstanz ergibt. Für $\overline{M}_{n_{\text{end}}}^{\text{IR}}$ ergibt sich nach Gl. (5) mit $q = 2$, $c = 40\ \text{g} \cdot l^{-1}$ und $M_{\text{end}} = 225{,}23\ \text{g} \cdot \text{mol}^{-1}$

$$\overline{M}_{n_{\text{end}}}^{\text{IR}} = \frac{1{,}8018 \cdot 10^4}{c_E}\ \text{g} \cdot \text{mol}^{-1} \tag{11}$$

c_E = Endgruppenkonzentration in $\text{g} \cdot l^{-1}$

Einige Versuchsergebnisse sind in Tab. 5 zusammengestellt.

1.2.3.3. IR-spektrometrische $\overline{M}_{n_{\text{end}}}$-Bestimmung eines Polyethylenglycols [6] – Beispiel quantitativer Analysen bei Bandenüberlagerung

Zur Endgruppenbestimmung wird die Intensität der ν_{OH}-Schwingung mit der schwach absorbierender Schwingungen der Kettenbausteine verglichen. Als Vergleichsbande wird die Oberschwingung der CH_2-Gruppe ausgewählt, deren Intensität bei 4010 cm^{-1} proportional der CH_2-Gruppenkonzentration ist. Durch die Vergleichsmessung wird das Konzentrationsverhältnis

$$\frac{c_r}{c_{r'}} = \frac{K_r(\tilde{\nu}_r)\, k_{r'}}{K_{r'}(\tilde{\nu}_{r'})\, k_r} \tag{12}$$

r, r' = Laufzahlen der Molekelgruppe, $K(\tilde{\nu}_r)$ = Absorption = $\ln I_0(\tilde{\nu}_r)/I(\tilde{\nu}_r)$, k_r = spez. Absorptionskonstante bestimmt, wodurch die Konzentrations- und Schichtdickenbestimmung entfallen. Wegen der Überlagerung der ν_{OH}-Bande durch Assoziationsbanden müssen die gemessenen Intensitäten $K(\tilde{\nu}_r)$ der Absorption an der Stelle $\tilde{\nu}_r$ um die mitbestimmte Intensität $K_{r'}(\tilde{\nu}_{r'})$ der Nachbarbande korrigiert werden. Unter Einführen der Bandenformfaktoren

$$g_{r'}(\tilde{\nu}_r) = \frac{K_{r'}(\tilde{\nu}_r)}{K_{r'}(\tilde{\nu}_{r'})} \tag{13}$$

gilt dann für die gemessene Intensität der Absorption:

$$K(\tilde{\nu}_r) = K_r(\tilde{\nu}_r) + \sum_{r' \neq r} K_r(\tilde{\nu}_{r'})\, g_{r'}(\tilde{\nu}_r) \tag{14}$$

(s. a. Abb. 3).

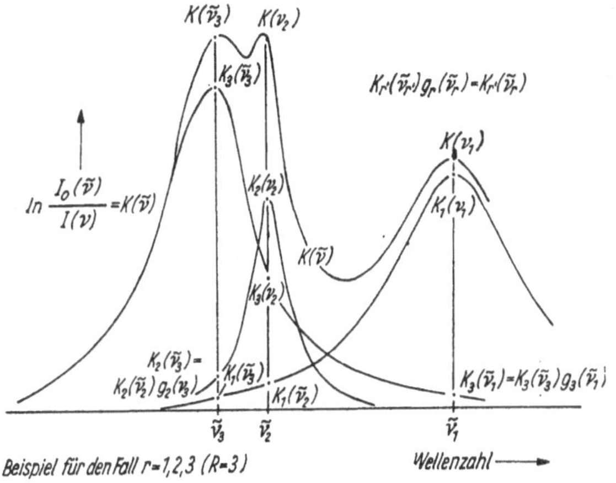

Abb. 3: Beispiel einer Spektrenanalyse für den Fall $r = 1, 2, 3$

Die gesuchten Werte $K_r(\nu_r)$ werden aus den Meßwerten am besten durch das GAUSS-SEIDELsche Iterationsverfahren 1. Art berechnet.

$$K_r(\tilde{\nu}_r) = \lim_{i\to\infty} K^{(i)}(\tilde{\nu}_r) \tag{15}$$

$$K^{(i)}(\tilde{\nu}_r) = K(\tilde{\nu}_r) - \sum_{r' \neq r} K^{(i-1)}(\tilde{\nu}_r)\, g_{r'}(\tilde{\nu}_r)$$

$$K^{(0)}(\tilde{\nu}_r) \equiv K(\tilde{\nu}_r)$$

Die Bandenformfaktoren und spezifischen Absorptionskoeffizienten werden durch Untersuchungen an Modellsubstanzen bestimmt. Sie müssen die in der Molekelgruppe enthaltenen Banden in verschiedenen Konzentrationsverhältnissen enthalten. Für n Banden müssen $n + 1$ Eichsubstanzen vermessen werden. Die Werte sind neben den Meßwerten in Tab. 6 zusammengestellt.

Tabelle 6: Messergebnisse der IR-spektroskopischen $\overline{M}_n$-Bestimmung von PEG [6]

Banden-Nr. (r)	Bandenbezeichnung	Wellenzahl $\tilde{\nu}_r$ (cm^{-1})	$K(\tilde{\nu}_r)$	spez. Absorptionskonstante $k_r/m^2 \cdot mol^{-1}$	Bandenformfaktoren $g_{r,r'}(\tilde{\nu}_r)$				
					r'				
					1	2	3	4	5
1	Kombination	4 010	1,1960	0,15	1	0,02	0,01	0,01	0,01
2	H_2O-asym.	3 705	0,3335	15	0,20	1	0,10	0,05	0,04
3	OH-trans	3 640	0,3910	13	0,12	0,26	1	0,10	0,06
4	OH-gauche	3 605	0,8740	13	0,10	0,30	0,20	1	0,16
5	OH-assoz.	3 505	0,9890	26	0,05	0,08	0,01	0,02	1

Tabelle 7: Ergebnisse der Gauss-Seidel-Iteration zur Bestimmung $K_r(\tilde{\nu}_r)$ nach Gl. (15)

r	0	1	2	3
	$K^{(0)}(\tilde{\nu}_r)$	$K^{(1)}(\tilde{\nu}_r)$	$K^{(2)}(\tilde{\nu}_r)$	$K^{(3)}(\tilde{\nu}_r)$
1	1,1960	1,1668	1,1835	1,1781
2	0,3335	−0,0281	0,0426	0,0123
3	0,3910	0,0141	0,1636	0,1202
4	0,8740	0,4180	0,6219	0,5622
5	0,9890	0,8811	0,9244	0,9124

Zur Bestimmung der Molmasse von Polyethylenglycol (PEG) werden Meß- und Vergleichsküvette (Schichtdicke 70 mm) mit CCl_4 gefüllt und der H_2O-Gehalt durch Sieden unter die spektroskopische Nachweisgrenze gebracht. Der H_2O-Gehalt wird durch Messung der $\tilde{\nu}_{OH}$-Schwingung bei 3705 cm^{-1} ($\tilde{\nu}_2$) bestimmt. Daraufhin wird soviel PEG in die Meßküvette gegeben, daß K (3605 cm^{-1}) ≈ 1 ist. Es werden die Intensitäten der Absorption bei 4010 cm^{-1} ($\tilde{\nu}_1$), 3640 cm^{-1} ($\tilde{\nu}_3$), 3605 cm^{-1} ($\tilde{\nu}_4$) und 3505 cm^{-1} ($\tilde{\nu}_5$) bei 77 °C in einem Zweistrahlspektrometer bei einer spektralen Spaltbreite von 5 cm^{-1} gemessen. Die $K(\tilde{\nu}_r)$-Werte werden durch Gl. (15) in die $K_r(\tilde{\nu}_r)$-Werte der isolierten Banden korrigiert und daraus $\overline{M}^{IR}_{n_{end}}$ nach der Gl. (16) berechnet.

$$\overline{M}^{IR}_{n_{end}} = 44 \frac{K_1(\tilde{\nu}_1)}{K_3(\tilde{\nu}_3) + K_4(\tilde{\nu}_4) + 1/2\ K_5(\tilde{\nu}_5)} + 18 \text{ g/mol} \qquad (16)$$

Mit den in den Tab. 7 enthaltenen Meß- und korrigierten Werten der GAUSS-SEIDEL-Iteration ergibt sich für das untersuchte Beispiel eines PEG 4000:

$$\overline{M}^{IR}_{n_{end}} = \frac{44 \cdot 85 K^{(3)}(\tilde{\nu})_1}{K^{(3)}(\tilde{\nu}_3) + K^{(3)}(\tilde{\nu}_4) + \frac{1}{2} K^{(3)}(\tilde{\nu}_5)} + 18 \text{ g/mol}$$

$$= \frac{3740 \cdot 1{,}1781}{0{,}1202 + 0{,}5622 + \frac{1}{2}\,0{,}9124} + 18 \text{ g/mol} = \underline{\underline{3900 \text{ g/mol}}}$$

Literatur

[1] SCHRÖDER, E., FRANZ, J. u. HAGEN E., „*Ausgewählte Methoden zur Plastanalytik*", Akademie-Verlag Berlin 1976, S. 374

[2] PALIT, S. R. u. MUKHERJEE A. R., J. Polymer Sci. **58** (1962), 1243

[3] KAISER, R., „*Quantitative Bestimmung organischer funktioneller Gruppen*", Akademische Verlagsanstalt Frankfurt/Main 1966

[4] KOLTHOFF, J. M., STRICKS, W. u. MORRAN, L., Analytic Chem. **26** (1954), 366

[5] PALIT, S. R., Analytic Chem. **33** (1961), 1441

[6] LANGBEIN, G., Kolloid Z. — Z. Polymere **200** (1964), 10

[7] HUMMEL, D. u. SCHOLL F., „*Atlas der Kunststoff-Analyse*", Bd. I, Carl-Hanser-Verlag München 1968

[8] DECHANT, J., „*Ultrarotspektroskopische Untersuchungen an Polymeren*", Akademie-Verlag Berlin 1972

[9] PFANN, H. F., WILLIAMS, V. Z. u. MARK, H., J. Polymer Sci. **1** (1946), 14

[10] KÄMMERER, H., ROCABOY, F., STEINFORT, K. u. KERN W., Makromolekulare Chem. **53** (1962), 80

[11] JAMADERA, R., J. Polymer Sci. **50** (1961), 4

[12] FIJOLKA, P., Plaste und Kautschuk **10** (1963), 582

[13] SCHULZ, G., Dissertation, Humboldt-Universität Berlin 1967

[14] HAHN, F. L., Z. anal. Chem. **163** (1958), 169

[15] TGL 26125 Blatt 17

[16] TGL 14087

1.3. Bestimmung der zahlenmittleren Molmasse von Polymeren durch osmotische Messung — Membranosmose

1.3.1. Einführung

Die osmotische Molmassenbestimmung gehört zu den wichtigsten Untersuchungsmethoden der Polymercharakterisierung, mit der das Zahlenmittel der Molmasse bestimmt werden kann. Der $\overline{M}_n$-Wert ist für kinetische Untersuchungen von größter Bedeutung und zeichnet sich bei Copolymerisaten und Polymergemischen gegenüber dem Gewichtsmittelwert durch komplikationslose Messung und Auswertung aus, da sich der $\overline{M}_n$-Wert eines Mehrkomponentensystems additiv aus den $\overline{M}_n$-Werten der Komponenten zusammensetzt.

$$\overline{M}_n^{AB} = \overline{M}_n^A + \overline{M}_n^B \tag{1}$$

mit

$$\overline{M}_n^A = \frac{\sum\limits_i n_i M_i^A}{\sum\limits_i n_i} \qquad \overline{M}_n^B = \frac{\sum\limits_i n_i M_i^B}{\sum\limits_i n_i}$$

Die Osmometrie zählt zu der Gruppe von Absolutmethoden, die auf kolligativen Eigenschaften, d. h. Eigenschaften, die die Aktivität des Lösungsmittels in einer Lösung des Polymeren messen, beruht. Das chemische Potential des Lösungsmittels in einer polymeren Lösung ist außer von der Zahl der gelösten Partikel auch von Druck und Temperatur abhängig und unterscheidet sich von dem des reinen Lösungsmittels. Der Potentialunterschied kann isotherm durch Erhöhung des Druckes in der Lösung und isobar durch Erhöhung der Temperatur der Lösung ausgeglichen werden. Je nach der Meßmethodik unterteilt man die osmotischen Verfahren in Membranosmometrie und Dampfdruckosmometrie, letztere wird in Kapitel 1.4. behandelt.

1.3.2. Theoretische Grundlagen

Bei der Membranosmose wird der hydrostatische Überdruck in einer Polymerlösung gemessen. Er entsteht, wenn zwei Lösungen unterschiedlicher Konzentration, z.B. Polymerlösung und reines Lösungsmittel, durch eine semipermeable Membran getrennt sind. In der Polymerlösung ist das chemische Potential des Lösungsmittels geringer als im reinen Lösungsmittel. Durch die Membran, die ideal semipermeabel sein soll, d. h. undurchlässig für die gelösten Moleküle, diffundieren Lösungsmittelmoleküle in die Polymerlösung solange ein, bis der Potentialunterschied Null ist. Bei dem für Membranosmometer üblichen Aufbau ist das dann erreicht, wenn der hydrostatische

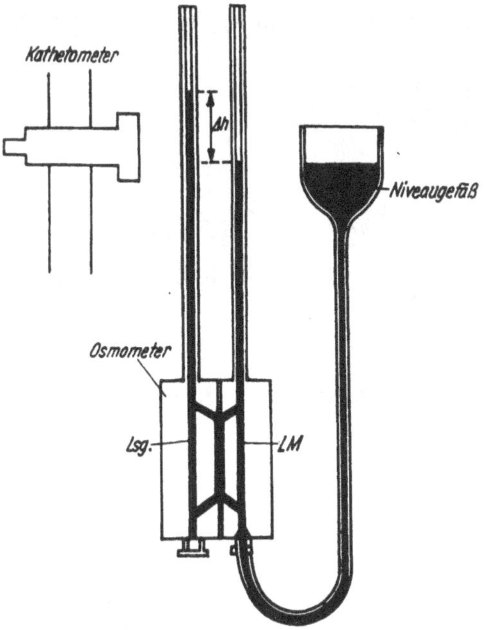

Abb. 4: Schematische Darstellung eines Zweikammerosmometers nach WULF-KAPELLE

Lsg. – Lösungskammer
LM – Lösungsmittelkammer

Druck einer Flüssigkeitssäule der Höhe Δh dem durch den Potentialunterschied $\Delta\mu_A$ bedingten osmotischen Druck π gleich ist.

Über die Druckabhängigkeit des chemischen Potentials läßt sich der Zusammenhang zwischen $\Delta\mu_A$ und π herleiten. Im osmotischen Gleichgewicht muß bei isothermer Betrachtung gelten

$$(\mu'_{0A})_{P_0} = (\mu''_A)_{P_0+\pi} \tag{2}$$

einfach gestrichen – Lösungsmittelkammer
zweifach gestrichen – Lösungskammer
P_0 = Außendruck

Die Änderung des Lösungspotentials in der Lösungskammer bei Erhöhung des Druckes um π ist gegeben durch das Integral von p_0 bis $p_0 + \pi$ der partiellen Ableitung des Potentials nach dem Druck.

$$(\mu'_{0A})_{P_0} = (\mu''_A)_{P_0} + \int_{P_0}^{P_0+\pi} \left(\frac{\partial \mu''_A}{\partial p}\right)_T dp \tag{3}$$

$$= (\mu''_{0A} + RT \ln a_A)_{P_0} + \int_{P_0}^{P_0+\pi} \left(\frac{\partial \mu''_{0A}}{\partial p}\right)_T dp$$

$$+ RT \int_{P_0}^{P_0+\pi} \left(\frac{\partial \ln a_A}{\partial p}\right)_T dp$$

Die partiellen Ableitungen des Standardpotentials μ_{0A} und der Aktivität a des Lösungsmittels ergeben:

$$\left(\frac{\partial \mu_{0A}}{\partial p}\right)_T = \overline{V}_{0A}\,, \qquad \left(\frac{\partial \ln a_A}{\partial p}\right)_T = \frac{\overline{V}_A - \overline{V}_{0A}}{RT} \tag{4}$$

$\overline{V}$ = part. molare Volumina

$$(\mu'_{0A})_{P_0} = (\mu''_{0A} + RT \ln a_A)_{P_0} + \overline{V}''_{0A}\,\pi + RT\,\frac{(\overline{V}''_A - \overline{V}''_{0A})\,\pi}{RT} \tag{5}$$

Da die Standardpotentiale in beiden Kammern gleich sind, vereinfacht sich die Beziehung zu:

$$\overline{V}''_A \pi = -RT \ln a_A = -\Delta\mu_A \tag{6}$$

Nach der Theorie von Flory und Huggins gilt für die freie Mischungsenthalpie einer polymeren Lösung:

$$\Delta G_m = RT(n_A \ln \Phi_A + n_B \ln \Phi_B + \chi n_A \Phi_B) \tag{7}$$

χ = Wechselwirkungsparameter nach Huggins
n = Molzahl
Φ = Volumenbruch

Das chemische Potential des Lösungsmittels in der polymeren Lösung erhält man durch partielle Differentiation von ΔG_m nach n_A. Dabei ist zu berücksichtigen, daß Φ_A und Φ_B Funktionen von n_A sind.

$$\Delta\mu_A = \mu_A - \mu_{0A} = RT\left[\ln \Phi_A + \left(1 - \frac{V_A}{V_B}\right)\Phi_B + \chi\Phi_B^2\right] \tag{8}$$

V_A, V_B = molare Volumina

Entwickelt man $\ln \Phi_A$ nach Taylor in eine Reihe und bricht nach dem 2. Glied ab,

$$\ln \Phi_A = \ln(1 - \Phi_B) = -\Phi_B - \Phi_B^2/2 \tag{9}$$

erhält man nach Einsetzen der umgeformten Gl. (8) in Gl. (6)

$$\pi = -\frac{RT}{\overline{V}_A}\left[-(V_A/V_B)\,\Phi_B - (1/2 - \chi)\,\Phi_B^2\right] \tag{10}$$

Berücksichtigt man weiter, daß $\Phi_B = c_B/\varrho_B$ und $V_B = M_B/\varrho_B$ (ϱ = Dichte) ist, kann für den mit der Konzentration reduzierten osmotischen Druck geschrieben werden:

$$\frac{\pi}{c_B} = \frac{RT}{M_B} + \frac{RT(1/2 - \chi)}{\varrho_B^2\,\overline{V}_A}\,c_B \tag{11}$$

Bei polydispersen Proben ist der osmotische Druck die Summe der osmotischen Drucke π_i aller Komponenten i der Molmasse M_i und der Konzentration $c_{B,i}$. Für die osmotischen Partialdrücke gilt Gl. (11). Ausführen der Summation zeigt, daß bei polydispersen Proben M_B durch die zahlenmittlere Molmasse $\overline{M}_n$ zu ersetzen ist.

Bei konzentrierten Polymerlösungen, gewöhnlich ab 1 Gew%, kann die TAYLOR-Reihe nicht nach dem 2. Glied abgebrochen werden. Der reduzierte osmotische Druck muß dann durch eine Reihe mit steigenden Potenzen der Konzentration dargestellt werden:

$$\frac{\pi}{c_B} = \frac{RT}{\overline{M}_n} + Bc_B + Cc_B^2 + \dots$$

$$= RT\left(\frac{1}{\overline{M}_n} + A_2 c_B + A_3 c_B^2 + \dots\right) \tag{12}$$

Die Größen B, C usw., die Virialkoeffizienten des osmotischen Druckes, sind ein Maß für die zwischenmolekularen Wechselwirkungskräfte in der polymeren Lösung. B wird gewöhnlich in N cm^4 g^{-2} angegeben. Oft wird auch B/RT als 2. osmotischer Virialkoeffizient A_2 definiert (z.B. bei Lichtstreuungsmessungen), der dann die Dimension cm^3 mol g^{-2} hat. Aus dem experimentell gut bestimmbaren B-Wert (Polymerlösung so verdünnt, daß C = 0) lassen sich der HUGGINSsche Wechselwirkungsparameter χ (Vergleich von Gl. (12) und (11)) und aus der Temperaturabhängigkeit Verdünnungsenthalpie ΔH_A und Verdünnungsentropie ΔS_A errechnen:

$$\chi = \frac{1}{2} - \frac{B\varrho_B^2 \overline{V}_A}{RT} \tag{13}$$

$$\Delta S_A = -(\partial \Delta\mu_A/\partial T)_{p,n_B} = -\left[\frac{R}{\overline{M}_n} + c_B\left(\frac{\partial B}{\partial T}\right)_{p,n_B}\right] c_B \overline{V}_A \tag{14}$$

$$\Delta H_A = \left(\partial\left(\frac{\Delta\mu_A}{T}\right)\Big/\partial T\right)_{p,n_B} T^2 = [(\partial B/\partial T)_{p,n_B} \cdot T - B]\, c_B^2 \overline{V}_A \tag{15}$$

$$\left(\frac{\partial \overline{V}_A}{\partial T} = 0, \quad \frac{\partial \overline{V}_A}{\partial p} = 0, \quad \frac{\partial c_B}{\partial T} = 0\right)$$

Unter Berücksichtigung von Gl. (6), mit der die Potentialdifferenz berechnet werden kann, gilt näherungsweise:

$$\Delta\mu_A = -\pi \overline{V}_A = -\left[\frac{RT}{\overline{M}_n} + Bc_B\right] c_B \overline{V}_A \tag{16}$$

$$\Delta S_A = \frac{\overline{V}_A(T_1)\,\pi(T_1) - \overline{V}_A(T_2)\,\pi(T_2)}{T_1 - T_2} \tag{17}$$

$$\Delta H_A = \frac{\overline{V}_A(T_1)\,\pi(T_1)/T_1 - \overline{V}_A(T_2)\,\pi(T_2)/T_2}{1/T_1 - 1/T_2} \quad (T_1 > T_2) \tag{18}$$

1.3.3. Einführung in das Experiment

Membranosmometer bestehen im allgemeinen aus einer temperierbaren Meßzelle, die durch die semipermeable Membran in zwei Kammern unterteilt ist.

Als Membranmaterial wird für organische Lösungsmittel bevorzugt regenerierte Cellulose (verseiftes Celluloseacetat) und für wäßrige Lösungsmittel Celluloseacetat und Cellulosenitrat verwendet. Membranen aus synthetischen Polymeren, z.B. Polyurethan, Polyacrylnitril, Polyethylen, sind bis jetzt nur versuchsweise zur Anwendung gekommen.

In automatischen Geräten sind die Membranen meist waagerecht, sonst gewöhnlich senkrecht eingespannt. Bei den klassischen Meßanordnungen ist die Lösungskammer mit einer Kapillare zur Messung der Steighöhe versehen, in der Lösungsmittelkammer befindet sich häufig eine Referenzkapillare, durch die die Einflüsse von Temperaturschwankungen und Benetzungseffekten berücksichtigt werden können (Abb. 4, S. 37).

Die Meßtechniken zur Bestimmung des osmotischen Druckes lassen sich in statische, dynamische und Kompensationsverfahren unterteilen. Bei der statischen Meßmethode geht man von einer Steighöhendifferenz „Null" aus. Das Gleichgewicht stellt sich durch Eindiffundieren von Lösungsmittel in die Lösungskammer selbst ein. Der zeitliche Verlauf der Steighöhenänderung wird aufgenommen. Man kann auch umgekehrt verfahren, d. h. eine Steighöhe vorgeben, die nach vorangegangener Testmessung über dem zu erwartenden Endwert des hydrostatischen Druckes liegt. In beiden Fällen müssen dieselben Endwerte erhalten werden. Den sicheren Wert erhält man, indem man beide Methoden kombiniert und zwischen beiden Einstellkurven, die einen über die Zeit t exponentiellen Verlauf zeigen, interpoliert. Diese Methode eignet sich nur für Polymerfraktionen mit einer Molmasse >20000 g mol^{-1}. Die Einstellzeit liegt bei 4 Tagen.

Bei dynamischen Meßmethoden wird die Einströmgeschwindigkeit des Lösungsmittels zu einem vom Gleichgewicht noch weit entfernten Zeitpunkt gemessen. Den so erhaltenen Werten haften jedoch Unsicherheiten infolge notwendiger Extrapolation auf $t = \infty$ an.

Bei Kompensationsverfahren wird der Veränderung der Steighöhe in der Lösungskapillare durch kontinuierliche Veränderung der Steighöhendifferenz solange entgegengewirkt, bis das osmotische Gleichgewicht eingestellt ist.

Eine Kombination von dynamischer- und Kompensationsmethode stellt das Verfahren nach Wulf und Kapelle [1] dar. Die Steighöhendifferenz wird solange kontinuierlich verändert, bis ein deutlich sichtbares Auswandern des Meniskus in der Lösungskapillare nicht mehr zu beobachten ist. Dieser Vorgang entspricht der Kompensationsmethode. Es wird dann der Verlauf der Permeationsgeschwindigkeit des Lösungsmittels in die Lösungskammer beobachtet und ein Korrekturglied errechnet, das je nach der Richtung der Meniskusänderung (Zu- bzw. Abnahme) zum Kompensationswert addiert oder davon subtrahiert wird.

Die Einstellgeschwindigkeit des osmotischen Druckes nimmt einen exponentiellen Verlauf, der in der Nähe des Gleichgewichtes durch eine lineare Beziehung angenähert werden kann.

Das Korrekturglied wird gemäß Gl. (19) bestimmt:

$$\Delta h_{\mu\Delta} = \Delta h_0 + \lim_{\Delta t \to \infty} \left(\frac{1}{\zeta} \frac{\Delta h_t}{\Delta t} \right) \tag{19}$$

$\Delta h_{\mu\Delta}$ = Steighöhendifferenz im Gleichgewicht
Δh_0 = Steighöhendifferenz zu Beginn der Messung
Δh_t = Änderung der Steighöhendifferenz in der Zeit Δt
Δt = Zeitintervall zwischen zwei Messungen
ζ = Einstellkonstante nach Kuhn [3]

Für Messungen nach dem statischen Meßprinzip werden gewöhnlich Osmometer nach Hellfritz [2] verwendet. Elektronisch gesteuerte vollautomatische Membranosmometer arbeiten oft nach der Kompensationsmethode. Volumenänderungen von 10^{-6} cm^3 reichen bei schnell messenden Osmometern bereits aus, um innerhalb von Zehntelsekunden einen hydrostatischen Gegendruck automatisch zu erzeugen, der das Fließen des Lösungsmittels verhindert. Zur Steuerung des hydrostatischen Druckes kann z.B. eine Luftblase dienen, die sich in einer Kapillare befindet, die mit der Lösungsmittelkammer verbunden ist. Über eine Lichtschranke wird die Bewegung eines mit Lösungsmittel gefüllten Niveaugefäßes ausgelöst. Bleibt die Luftblase in Ruhe, d. h. es tritt kein Lösungsmittel durch die Membran, ist der durch die Lage des Niveaugefäßes bestimmte hydrostatische Druck dem osmotischen Druck gleich. Eine andere mögliche Meßanordnung von kommerziellen Osmometern arbeitet ohne automatische Kompensation. Ein Druckmeßsystem ist mit der nach außen hin abgeschlossenen Lösungsmittelkammer verbunden. Durch Permeation von Lösungsmittel in die Lösungskammer entsteht ein Unterdruck, der die weitere Verdünnung der Lösung verhindert, wenn er dem osmotischen Druck gleich ist.

Die Porengröße der Membran bestimmt die untere Meßgrenze, die bei $2 \cdot 10^4$ g/mol, in günstigen Fällen auch darunter, liegt. Die Membranen, die an das verwendete Lösungsmittel und die Meßtemperatur stufenweise gewöhnt werden, sind einige Monate gebrauchsfähig, verlieren aber im Laufe von Wochen ihre Durchlässigkeit durch Altern und Entquellen, so daß lange Einstellzeiten notwendig sind. Je dünner die Membran ist, je mehr sie vom verwendeten Lösungsmittel aufgequollen wird und je höher der Diffusionskoeffizient der Selbstdiffusion der Lösungsmittelmoleküle ist, desto kleiner ist die Einstellzeit. Neue Membranen lassen sich durch Vermessen von Polymerstandards leicht überprüfen.

Dichtheit des Osmometerkörpers und Temperaturkonstanz der Meßanordnung sind wichtige Voraussetzungen für eine gute osmotische Messung. Schwierig ist es, folgende Fehlerquellen zu erkennen und auszuschalten:

- Balloneffekt (druckabhängiges elastisches Auswölben der Membran, das zu einer Änderung des Kammervolumens und folglich auch der hydrostatischen Steighöhendifferenz führt)

- Membranasymmetrie (hervorgerufen durch unterschiedliche Kapillarradien oder oberflächenaktive Stoffe in der Lösung)
- Adsorption an der Membran. Dieser Fehler ist vermeidbar, wenn die Membran vor der Messung mit der zu messenden Substanz beladen wird.
- Partielle Permeation des Gelösten. Der osmotische Druck fällt im Laufe der Zeit ab. Der Wert für $\overline{M}_n$ wird verfälscht und zu groß gemessen, auch wenn die Meßgröße auf die Zeit Null extrapoliert wird.

Die obere Meßgrenze der Membranosmometrie liegt in der Größenordnung 10^6 g/mol und wird durch die Genauigkeit der Messung der kleinen Steighöhen bzw. Druckdifferenzen (bei 30% Fehler) bestimmt. Die Konzentration der polymeren Lösung kann zur Vergrößerung des Meßsignals nicht beliebig erhöht werden, da höhere Konzentrationen die Auswertung der Messung durch nicht zu vernachlässigende höhere Virialkoeffizienten erschweren. Auch bilden die Polymermoleküle bei höheren Konzentrationen ein Verhakungsnetzwerk, dessen Netzwerkdichte aus Messungen des osmotischen Druckes bei Konzentrationen oberhalb einer kritischen beschreibbar ist. Bei assoziatbildenden Polymeren müssen die zahlenmittleren Molmassen in verschiedenen Lösungsmitteln und bei unterschiedlichen Temperaturen gemessen werden. Stimmen sie überein, kann Assoziation ausgeschlossen werden. Die zahlenmittlere Molmasse reagiert auf die Existenz von Assoziaten nicht so empfindlich wie die gewichtsmittlere Molmasse. Auf das Vorhandensein von Assoziation kann auch aus dem Verlauf der $\frac{\pi}{c_B}$-c_B-Kurve geschlossen werden, die bei kleinen Konzentrationen ein Minimum aufweist.

1.3.4. Versuchsbeispiel mit Auswertung

Die membranosmometrische Molmassenbestimmung wird am Beispiel einer PVC-Probe demonstriert, von der auch der 2. Virialkoeffizient zur Einschätzung des Lösungszustandes im vorgegebenen Lösungsmittel Cyclohexanon bei 25 °C berechnet wird. Zunächst soll die Messung in einem Wulf-Kapelle-Osmometer beschrieben werden. Da der reduzierte osmotische Druck π/c_B bei Polymeren konzentrationsabhängig ist, müssen Steighöhenmessungen bei verschiedenen Konzentrationen durchgeführt werden.

Dazu werden 4 Lösungen in einem Konzentrationsbereich von zwei bis sieben g/l hergestellt. In die Kammer, die mit dem Niveaugefäß verbunden ist, wird das gereinigte und destillierte Lösungsmittel eingefüllt, in die zweite Kammer wird die Lösung eingebracht. Bei dem Aufsetzen der Kapillaren muß darauf geachtet werden, daß diese völlig dicht aufsitzen und keine Luftblasen eingeschlossen sind. Die Zelle wird dann in das Temperierbad gestellt. Beide Menisken in den Kapillaren sollen sich auf gleicher Höhe befinden. Nach kurzem Temperieren werden sie noch einmal abgeglichen (Absaugen der Lösung bzw. des Lösungsmittels mit einer Injektionsspritze mit feiner Kanüle). Die Lösungskapillare wird innen von anhaftender Flüssigkeit gereinigt, da sonst bei der kurzen Einstellzeit Fehler durch die nachlaufende Lösung entstehen können. Das Fadenkreuz des Kathetometers wird nun auf den Meniskus der Lösung in der Kapillare eingestellt. Durch eindiffundierendes Lösungsmittel steigt der Meniskus in der Kapillare langsam an, d. h. er wandert aus dem Fadenkreuz aus. Durch Absenken des Niveaugefäßes wird der Diffusion des Lösungsmittels in die Lösungskammer entgegengewirkt. Das Fadenkreuz des Kathetometers wird jeweils wieder auf den Meniskus der Lösung nachgestellt. So wird das Niveaugefäß und damit die Steighöhe des Lösungsmittels schrittweise abgesenkt, bis die Steighöhendifferenz einen dem Gleichgewicht angenäherten Wert Δh_0 erreicht. Dann wandert der Meniskus der Lösung erst nach fünf bis zehn Minuten merklich aus dem Fadenkreuz heraus. In Zeitintervallen von zehn bis fünfzehn Minuten wird die Steighöhendifferenz Δh_t und die dazugehörige Zeitdifferenz Δt abgelesen und tabelliert. Etwa vier bis sechs Messungen sind notwendig, um das Korrekturglied graphisch auswerten zu können. Vor Messung einer neuen Konzentration wird die Lösungskammer mit zwei bis drei ml der neuen Lösung gespült.

Bei den sehr kurzen Meßzeiten, die zur Bestimmung der Steighöhendifferenzen nach obiger Methode benötigt werden, muß jedoch mit einem verstärkten Einfluß des Balloneffektes gerechnet werden. Bei jeder Veränderung der Steighöhendifferenz durch äußere Eingriffe wird die Membran aus ihrer Ruhelage gebracht. Die dadurch bedingte Volumenänderung geht nicht sofort zurück. Die Membran „fließt" nur allmählich in die dem hydrostatischen Druck entsprechende Gleichgewichtslage.

Das Korrekturglied wird graphisch bestimmt. Man berechnet die in Tab. 8 zusammengestellten Größen:

Tabelle 8: Meßgrößen zur Bestimmung des Korrekturgliedes

t/min	h_A/cm	h_{AB}/cm	$\Delta h_0/\text{cm}$	$\Delta h_t/\text{cm}$	$\frac{\Delta h_t}{\Delta t}\Big/ 10^{-3}\,\text{cm}\,\text{min}^{-1}$	$\frac{\Delta h_t}{\zeta \Delta t}\Big/ \text{cm}$	$\sum \Delta h_t/\text{cm}$
0	15,3425	9,7060	5,6365	0	0	0	0
14		9,6660		0,0400	2,86	3,50	0,0400
24		9,6475		0,0185	1,85	2,27	0,0585
34		9,6350		0,0125	1,25	1,53	0,0710
64		9,6170		0,0180	0,60	0,735	0,0890

h_A = Steighöhe des Lösungsmittels in der Kapillare
h_{AB} = Steighöhe der Lösung in der Kapillare
ζ = Einstellkonstante, hier $8{,}16 \cdot 10^{-4}\,\text{min}^{-1}$

Die Einstellkonstante ζ ist ein Maß für die Durchlässigkeit der Membran. Befindet sich in der Lösungskammer reines Lösungsmittel und eine Steighöhendifferenz wird eingestellt, permeiert Lösungsmittel durch die Membran. Aus der zeitlichen Änderung der Steighöhendifferenz kann ζ berechnet werden.

$$\zeta = \frac{\lg p(t=0) - \lg p(t)}{t} = \frac{\lg \Delta h(t)}{t}. \tag{20}$$

(Für die Auswertung nach Gl. (19) muß die Einstellkonstante nicht bekannt sein, da sie nur den Anstieg der Extrapolationsgeraden bestimmt.)

Nun trägt man die Werte für $\frac{1}{\zeta}\frac{\Delta h_t}{\Delta t}$ in Abhängigkeit von $\sum \Delta h_t$ auf und erhält eine Gerade (Abb. 5). Durch Extrapolation des Ausdruckes $\frac{1}{\zeta}\frac{\Delta h_t}{\Delta t}$ auf Null erhält man das Korrekturglied, das bei Zunahme (Abnahme) der Steighöhe zum Wert Δh_0 addiert (subtrahiert) wird. Der daraus resultierende Wert $\Delta h_{\mu A}$ entspricht der Steighöhendifferenz im Gleichgewicht.

Der osmotische Druck ergibt sich gemäß Gl. (21) zu:

$$\pi = \Delta h_{\mu A} \varrho_A g + h_m(\varrho_{AB} - \varrho_A)\, g \tag{21}$$

$\Delta h_{\mu A}$ = Gesamtsteighöhe
ϱ = Dichte (Index AB = Lösung)
g = 9,81 m/s^2.
h_m = Abstand des unteren Meniskus von der Membran

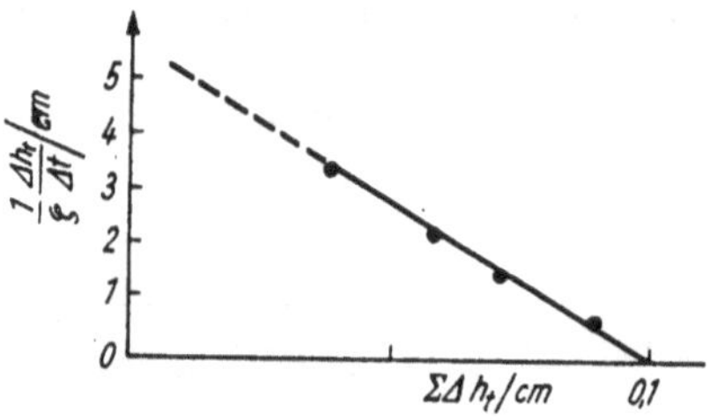

Abb. 5: Graphische Ermittlung des Korrekturgliedes
(PVC in Cyclohexanon; $c_B = 6{,}0\ \mathrm{g}l^{-1}$)
$\Delta h_{\mu A} = \Delta h_0 + \lim_{t\to\infty} \sum \Delta h_t = (5{,}64 + 0{,}10)$ cm $= 5{,}74$ cm

Da für verdünnte Lösungen $\varrho_A \approx \varrho_{AB}$ ist, entfällt in Gl. (21) das zweite Glied bei der Auswertung.

Zur Ermittlung der Molmasse wird der mit der Konzentration reduzierte osmotische Druck π/c_B über der Konzentration c_B aufgetragen und auf die Konzentration $c_B = 0$ extrapoliert. Nach Gl. (12) kann aus dem Ordinatenabschnitt $\overline{M}_n$ und aus dem Anstieg der 2. Virialkoeffizient errechnet werden. In Tab. 9 sind die Steighöhendifferenzen im Gleichgewicht der unterschiedlich konzentrierten PVC-Lösungen aufgeführt, aus denen nach Gl. (21) π berechnet wird.

Der Auftragung π/c_B gegen c_B kann der Ordinatenabschnitt

$$\left(\frac{\pi}{c_B}\right)_{c_B\to 0} = 6{,}31\ \mathrm{N\,cm\,g^{-1}}$$

Tabelle 9: Gleichgewichtssteighöhen und daraus berechnete osmotische Drücke

c_B/gl^{-1}	$\Delta h_{\mu_A}/\text{cm}$	$\pi/10^{-3}\ \text{N cm}^{-2}$	$\frac{\pi}{c_B}\Big/ \text{N cm g}^{-1}$
2,6	2,095	19,45	7,48
3,5	2,89	26,84	7,67
4,7	4,28	39,74	8,46
6,0	5,74	53,30	8,88
6,7	6,655	61,80	9,22

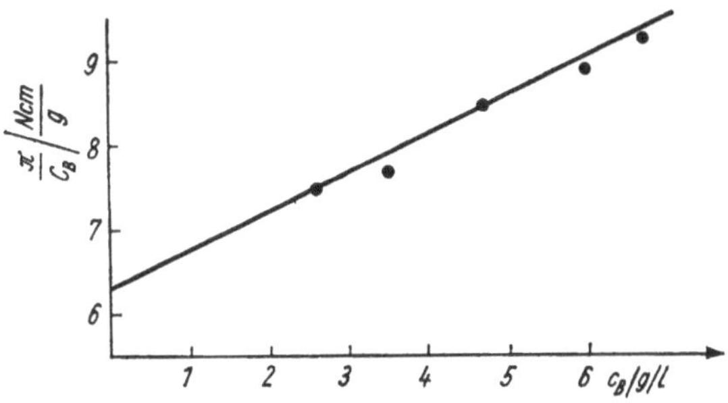

Abb. 6: Konzentrationsabhängigkeit des reduzierten osmotischen Druckes

entnommen werden, aus dem dann die zahlenmittlere Molmasse berechnet wird

$$\overline{M}_n = \frac{RT}{\left(\frac{\pi}{c_B}\right)_{c_B \to 0}} = 3{,}9 \cdot 10^4\ \text{g mol}^{-1}$$

Der Anstieg der $\frac{\pi}{c_B}$ — c_B-Geraden ist der B-Wert oder — bei Division durch RT — der A_2-Wert.

$$B = \frac{\Delta\left(\frac{\pi}{c_B}\right)}{\Delta c_B} = 0{,}42 \cdot 10^3\ \text{N cm}^4\ \text{g}^{-2}$$

$$A_2 = \frac{B}{RT} = 1{,}7 \cdot 10^{-3}\ \text{cm}^3\ \text{mol g}^{-2}$$

In den meisten analytischen Laboratorien werden heute automatische oder schnell messende Osmometer eingesetzt. Abb. 7 zeigt die Schreiberkurve einer Messung mit einem Osmometer der Firma Knauer (Berlin-West), das den Unterdruck in einer abgeschlossenen Lösungsmittelkammer elektronisch mißt. Die Einstellzeiten sind je nach Lösungsmittel und Durchlässigkeit der Membran zwischen 2 und 20 Minuten. Die Anzeige des Unterdruckes wird mit einem Niveaugefäß geeicht, so daß direkt Steighöhendifferenzen von 2,5 bis 40 cm abgelesen werden können. Zur Messung wird wenig Lösung gebraucht, ca. 2 cm³, so daß das Gerät gut zum Vermessen von Fraktionen geeignet ist. Aus den der Schreiberkurve entnommenen Steighöhendifferenzen wird dann, wie bereits gezeigt, der osmotische Druck berechnet und das Osmotogramm gezeichnet.

Beim bisherigen Vorgehen wurden die höheren Virialkoeffizienten ignoriert. Oft ist es von Vorteil, als erste Näherung $A_3 = 0{,}25\, A_2^2$ zu setzen und $\left(\frac{\pi}{c_B}\right)^{0,5}$ gegen c_B aufzutragen. Meßpunkte höherer Konzentration tragen

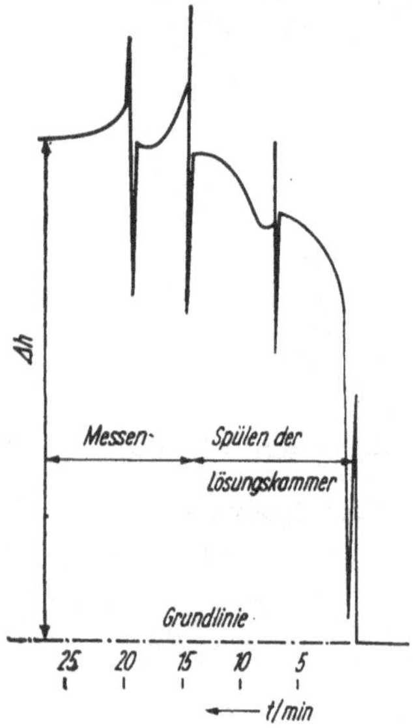

Abb. 7: Schreiberkurve der Messung des osmotischen Druckes mit einem elektronischen Osmometer

dann zur Festlegung der Extrapolationsgeraden bei und der Ordinatenabschnitt

$$\left(\frac{\pi}{c_B}\right)^{0,5}_{c_B \to 0} = \left(\frac{RT}{\overline{M}_n}\right)^{0,5} \tag{22}$$

kann genauer bestimmt werden.

Der relative Fehler der $\overline{M}_n$-Bestimmung mittels Membranosmose kann pauschal mit 5 bis 10% angegeben werden.

Literatur

[1] Wulf, K. u. Kapelle R., Faserforsch. u. Textiltechn. **14** (1963), 157
[2] Hellfritz, H., Makromolekulare Chem. **7** (1951), 184
[3] Schulz G. V. u. Kuhn, Wo. H., Makromolekulare Chem. **50** (1961), 37

1.4. Bestimmung der zahlenmittleren Molmasse von Polymeren durch osmotische Messungen — Dampfdruckosmose

1.4.1. Einleitung

Bei der Bestimmung der zahlenmittleren Molmasse von Polymermolekülen kleiner $2 \cdot 10^4$ g/mol versagt die Membranosmose, da gelöste Moleküle durch die Membran in die Lösungskammer permeieren. Von diesen Produkten läßt sich dann außer durch isotherme Destillation, Kryoskopie oder Ebullioskopie auch mit der Dampfdruckosmose das Zahlenmittel der Molmasse bestimmen. Seit der Entdeckung und Beschreibung des Meßphänomens 1930 ist sie durch zahlreiche apparative Verbesserungen und den Vertrieb guter kommerzieller Geräte zu einer Standardmethode, besonders zur Präpolymerencharakterisierung, geworden.

1.4.2. Meßprinzip und theoretische Grundlagen

Für die Dampfdruckosmose gelten die gleichen theoretischen Überlegungen, wie für die Membranosmose. Gemessen wird wieder die Differenz der chemischen Potentiale zwischen dem reinen Lösungsmittel und dem Lösungsmittel in der Lösung. In einer gesättigten Lösungsmittelatmosphäre — Lösungsmitteldampf (Dampfdruck $p(T)$)-Luft-Gemisch — befinden sich zwei Thermistoren. Auf diese wird je ein Lösungsmitteltropfen und ein Tropfen einer Lösung der zu vermessenden Substanz bekannter Konzentration gebracht. Der Dampfdruck des Lösungsmittels in der Lösung ist geringer als der des reinen Lösungsmittels. Lösungsmittel aus dem Dampfraum kondensiert auf dem Lösungstropfen. Die frei werdende Kondensationswärme erwärmt die Lösung und erhöht deren Dampfdruck. Im Gleichgewicht sind die Dampfdrucke beider Tropfen gleich und die Temperatur des Lösungstropfens hat sich um ΔT erhöht. ΔT steht mit der Aktivität des Lösungsmittels in der Lösung in folgendem Zusammenhang:

$$\Delta T = -\frac{RT^2}{LM_A} \ln a_A \tag{1}$$

L = Verdampfungswärme des Lösungsmittels (J g^{-1})

Aus den Gln. (6) und (10) des Versuches 1.3. kann $\ln a_A$ entnommen werden

$$\ln a_A = -\left(\frac{V_A}{V_B}\right) \Phi_B - (1/2 - \chi)\, \Phi_B^2 \tag{2}$$

V = Molvolumen
Φ = Volumenbruch

Da $\Phi_B = c_B/\varrho_B$ und allgemein $V = \frac{M}{\varrho}$ ist, erhält man nach Einsetzen in Gl. (2):

$$\ln a_A = -\frac{M_A c_B}{M_B \varrho_A} - A_{2,v} M_A \frac{c_B^2}{\varrho_A} \tag{3}$$

$$A_{2,v} = (1/2 - \chi) \frac{1}{\varrho_B^2 V_A}$$

Einsetzen von Gl. (3) in Gl. (1) und Umrechnen der Massenkonzentration c_B in das in der Dampfdruckosmometrie übliche Konzentrationsmaß Massenanteil c ($c \approx c_B/\varrho_A$) ergibt die Bestimmungsgleichung für die Molmasse der gelösten Substanz, bei polydispersen Proben das Zahlenmittel, und den 2. Virialkoeffizienten (Konzentration der Lösung so klein, daß höhere Virialkoeffizienten vernachlässigbar sind).

$$\frac{\Delta T}{c} = K_e^{\text{th}} \left(\frac{1}{\overline{M}_n} + A_{2,v} \varrho_A c \right) \tag{4}$$

$A_{2,v}$ = 2. Virialkoeffizient der Dampfdruckosmose in $cm^3\,mol\,g^{-2}$ (die Virialkoeffizienten der Dampfdruckosmose sind nicht mit den membranosmotischen identisch, da die Messungen isobar durchgeführt werden)

c in g/kg Lösung

$$K_e^{\text{th}} = \frac{RT^2}{L}$$

Da entsprechend Gl. (4) ein mit thermodynamischen Überlegungen herleitbarer Zusammenhang zwischen Meßgröße (Temperaturdifferenz) und Molmasse existiert, könnte die Dampfdruckosmose als Absolutmethode zur Molmassenbestimmung gelten. Experimente mit Substanzen bekannter Molmasse zeigen aber, daß Abweichungen der Meßwerte auftreten, die durch Ersetzen der theoretischen Eichkonstante K_e^{th} durch eine experimentell bestimmte ausgeglichen werden können. Die experimentelle Eichkonstante K_e^{exp} setzt sich aus der theoretischen Eichkonstante und einer Apparatekonstante k_e zusammen, die von Wärmeleitungs- und Diffusionsvorgängen in der Dampfphase und in den beiden Tropfen in unübersichtlicher Weise bestimmt wird.

Verschiedene Autoren [1—3] haben für ihre speziellen Meßanordnungen dampfdruckosmotische Konstanten berechnet und Wärmebilanzen des Lösungstropfens aufgestellt. Die wesentlichen Beiträge zu den Wärmeverlusten sind:

— Wärmeleitung durch die Gasphase

$$\dot{Q}_g = -S k_g \Delta T_{10}$$

S = Formfaktor nach Langmuir (5)

$$S = 4\pi r_Z \frac{r_Z}{r_Z - r_{Tr}}$$

r_Z = Radius einer Kugel mit der Oberfläche der Meßzelle
r_{Tr} = Radius des Lösungstropfens
k_g = Wärmeleitzahl des Lösungsmitteldampf-Luft-Gemisches
ΔT_{10} = Temperaturdifferenz Lösungstropfen — Zelle

— Wärmestrahlung

$$\dot{Q}_s = -4\sigma A \varepsilon T_0^3 \Delta T_{10}^4 \tag{6}$$

σ = STEFAN-BOLTZMANNsche Konstante
A = Tropfenoberfläche
ε = Emissivität der Tropfenoberfläche

— Wärmeleitung durch die Zuleitungsdrähte der Thermistoren

$$\dot{Q}_d = -2\pi \frac{r^2_{Pt}}{l_{Pt}} k_d \Delta T_{10} \tag{7}$$

r_{Pt} = Radius der Platinzuleitungsdrähte
l_{Pt} = Länge der Platinzuleitungsdrähte
k_d = Wärmeleitzahl des Platins

Kühlt sich der Lösungstropfen ab, befindet sich die Lösung nicht mehr im thermodynamischen Gleichgewicht mit der Umgebung. Der entstandene Potentialunterschied bewirkt weitere Kondensation von Lösungsmittel auf dem Lösungstropfen, um durch die entstehende Kondensationswärme die Wärmeverluste auszugleichen. Die Folge ist eine Abnahme der Konzentration der Lösung durch Erhöhung des Lösungsmittelanteils.

$$\dot{Q}_k = L\dot{m}_L \tag{8}$$

$\dot{m}_L$ ist die pro Zeiteinheit kondensierende Lösungsmittelmenge, die z.B. über eine Größenbestimmung des Lösungstropfens gemessen werden kann.

Die Konzentration der Lösung und damit das Meßsignal wird zeitabhängig. Je größer die Konzentration der Lösung und je kleiner die Molmasse der gelösten Substanz ist, desto stärker ist die Temperaturabnahme mit der Zeit. Neben der Wärmezufuhr durch Kondensation erwärmt der Meßstrom durch beide Thermistoren die Tropfen. Aus dem Gesagten folgt, daß die Temperaturdifferenz zwischen beiden Thermistoren, die gemessen wird, nicht der Temperaturdifferenz Lösung-Lösungsmittel entsprechen muß. Entsprechend den Bedienungsanweisungen kommerzieller Dampfdruckosmometer soll das Meßsignal nach einer bestimmten Zeit abgelesen werden. Genauer ist es aber — besonders bei Messungen an Substanzen mit $\overline{M}_n < 10^3$ g/mol — die Zeitabhängigkeit der Meßgröße aufzunehmen und auf die Meßzeit $t = 0$ zu extrapolieren.

Neuere Ergebnisse systematischer Untersuchungen haben ergeben, daß die experimentell bestimmte Eichkonstante mit steigender Molmasse der Eichsubstanz abnimmt.

1.4.3. Einführung in das Experiment

Die Meßmethodik dampfdruckosmotischer Messungen unterscheidet sich grundlegend von der der Membranosmose. Meßgröße ist hier die Temperaturdifferenz zwischen dem reinen Lösungsmittel und der Polymerlösung. Die Temperaturänderung liegt unter 0,1 grd. Das Problem, derart geringe Temperaturabweichungen noch genau messen zu können, läßt sich mit Hilfe von Thermistoren elegant lösen. Bei Temperaturdifferenzen <3 grd gilt für den Thermistorwiderstand

$$R(T) = R(T_0) \exp\left[B\left(\frac{1}{T} - \frac{1}{T_0}\right)\right] \tag{9}$$

B = Thermistorkonstante

Die aus der Temperaturänderung resultierende Widerstandsänderung ist

$$\Delta R = -R(T)\frac{B}{T^2}\Delta T \tag{10}$$

Für osmotische Messungen geeignete Thermistoren haben einen Widerstand von ca. $10^5\ \Omega$ bei 25 °C. Bei einer Temperaturänderung von $1 \cdot 10^{-3}$ grd beträgt die Widerstandsänderung ungefähr 5 Ω. Die in kommerziellen Dampfdruckosmometern zur Widerstandsmessung verwendeten Brückenschaltungen (Abb. 8) können Widerstandsänderungen bis zu $5 \cdot 10^{-4}$% messen.

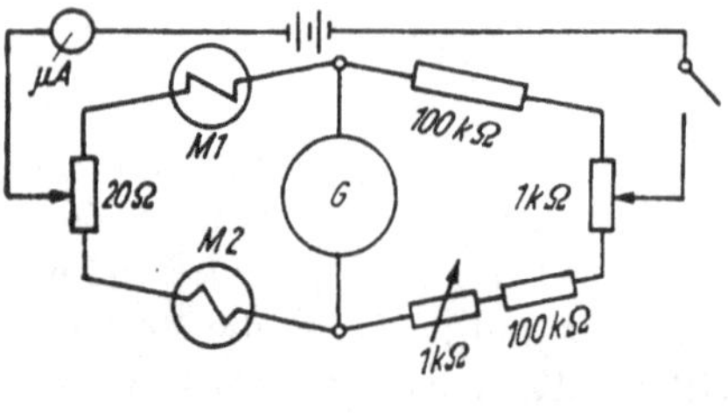

Abb. 8: Brückenschaltung nach WHEATSTONE

M 1 – Thermistor mit Lösungsmitteltropfen
M 2 – Thermistor mit Lösungstropfen
G – Nullinstrument

Die Wahl der Meßtemperatur ist von den verwendeten Lösungsmitteln abhängig. Allgemein gilt, daß der günstigste Meßbereich etwa 60 grd unterhalb des Siedepunktes des Lösungsmittels liegt.

Eine sorgfältige Reinigung des Lösungsmittels kann bei schwerflüchtigen Verunreinigungen entfallen, sofern Eichung und Messung mit Lösungsmittel gleicher Charge vorgenommen wurden. Dagegen stören leichtflüchtige Verunreinigungen des Lösungsmittels und führen zu einer schleichenden Einstellung des Meßwertes.

Die Reproduzierbarkeit der Meßergebnisse hängt in hohem Maße von der Gestaltung der Meßzelle ab, die z.B. durch eine elektrische Proportionalregelung auf $\pm 10^{-3}$ grd pro Stunde temperiert wird. Dabei haben Glaszellen den Vorteil, daß sie auf Grund der schlechten Wärmeleitfähigkeit auftretende Temperaturschwankungen dämpfen. In die Meßzelle eingebrachte Filterpapierdochte tauchen in das Lösungsmittel ein und tragen dadurch zur schnellen Sättigung des Dampfraumes mit Lösungsmittel bei. Die Dauer der Gleichgewichtseinstellung (2 ... 30 min) von Systemen, deren Zeitabhängigkeit der Temperaturdifferenz vernachlässigt werden kann, ist von verschiedenen Faktoren (Lösungsmittel, Substanz, Temperatur) abhängig. Bei der Aufbringung der Tropfen auf die Thermistorperlen sollte eine Mindestgröße nicht unterschritten werden, da die Meßergebnisse sonst schlecht reproduzierbar sind.

Handelsübliche Dampfdruckosmometer bestehen aus dem Dampfdruckosmometerkopf, der Regelung für die Meßzellentemperatur und der Meßbrücke zur Widerstandsmessung.

Abb. 9 zeigt den Aufbau des Dampfdruckosmometerkopfes. Die Meßzelle besteht aus einem temperierbaren Aluminiumblock, in dem sich ein Becherglas mit Lösungsmittel befindet. Durch eine Teflondichtung wird der mit Dampf gesättigte Meßraum nach außen abgeschlossen. In die Mitte des Becherglases ragen die Thermistoren als Temperaturfühler hinein. Im oberen Ge-

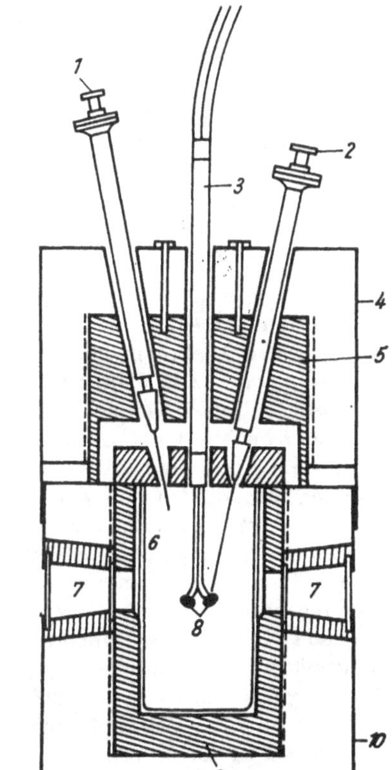

Abb. 9: Schematische Darstellung eines Dampfdruckosmometerkopfes (Hersteller: Fa. Knauer, Berlin-West)

1 – Spritze in Ruhestellung
2 – Spritze beim Aufgeben eines Tropfens auf den Thermistor
3 – Meßsonde mit zwei abgeglichenen Thermistoren
4 – Abnehmbarer Kopf, der die Heizung für die Spritzen enthält
5 – Metallblock zur Thermostatierung der Spritzen
6 – Verdampfergefäß aus Glas mit Filterpapiereinlage
7 – Wärmeschutzfilter der Beobachtungsfenster
8 – Abgeglichene Thermistoren der Meßsonde
9 – Meßzelle (thermostatierter Aluminiumblock)
10 – Gehäuse

häuseblock sind Öffnungen, durch welche die Spritzen in die Meßzelle eingeführt werden können, mit deren Hilfe Lösungsmittel und Lösung auf die Thermistorperlen aufgetragen werden.

Von der Genauigkeit der Eichkonstantenbestimmung hängt der absolute Fehler der dampfdruckosmometrischen Molmassenbestimmung ab. Weitere Fehler resultieren aus:

- Extrapolation auf $c = 0$
- Assoziation oder Dissoziation der gelösten Moleküle
- nichtflüchtige niedermolekulare Verunreinigungen der Probe, die sehr stark die mittlere Molmasse erniedrigen.

Bei größeren Wärmeverlusten ist die Zeitabhängigkeit der Temperaturdifferenz aufzunehmen und auf $t = 0$ zu extrapolieren.

1.4.4. Versuchsbeispiel mit Auswertung

m Versuchsbeispiel soll die Bestimmung der zahlenmittleren Molmasse und des 2. Virialkoeffizienten einer Polystyrenprobe beschrieben werden.

Das Becherglas in der Meßzelle wird mit Lösungsmittel, hier Toluen, gefüllt und Dochte eingesetzt. Die Siedetemperatur von Toluen unter Normalbedingungen ist 383,7 K, so daß als günstigste Meßtemperatur 323 K an der Temperaturregeleinrichtung des Dampfdruckosmometers eingestellt werden kann. Die erforderliche gute Temperaturkonstanz in der Meßzelle ist bei Temperaturen unter 330 K nach ca. 2 h, bei Temperaturen oberhalb 330 K nach ca. 2–6 h erreicht.

Um die zahlenmittlere Molmasse dampfdruckosmometrisch bestimmen zu können, muß die Eichkonstante des Gerätes unter den konkreten Meßbedingungen bekannt sein. Von 4 Lösungen der Eichsubstanz, z.B. Benzil (M = 210,24 g mol^{-1}) im Konzentrationsbereich 10 ... 40 g/kg in Toluen werden die Temperaturdiffe renzen gemessen. Obwohl die Thermistoren der Meßsonde auf gleichen und Temperaturkoeffizienten ausgesucht sind, besteht doch eine Widerstands-Ohmwert differenz, die vor Beginn der Messung ausgeglichen werden muß. Zur Nulleinstellung des Gerätes werden auf Lösungs- und Lösungsmittelthermistor je ein Tropfen Lösungsmittel gegeben und nach beendeter Gleichgewichtseinstellung der Nullpunkt am Anzeigeinstrument der Meßbrücke eingestellt. Bringt man anschließend auf eine Thermistorperle wieder Lösungsmittel und auf die zweite nach gründlichem Spülen einen Tropfen Lösung, so stellt sich eine Temperaturdifferenz ein, die über eine Widerstandsmessung mit der Brückenschaltung gemessen wird. Für jede Konzentration ist die Messung mehrmals zu wiederholen. Gegebenfalls ist der Verdünnungseffekt durch Aufnahme der Zeitabhängigkeit der Temperaturdifferenz durch Extrapolation auf $t = 0$ zu korrigieren.

Entsprechend Gl. (4) und dem im Anschluß Gesagten gilt für die der Temperaturdifferenz proportionale Meßgröße ΔR

$$\frac{\Delta R}{c} = (K_e^{\text{exp}})' \left(\frac{1}{M_B} + A_{2,v}\varrho_A c\right) \qquad (K_e^{\text{exp}})' = K_e^{\text{th}} k_e K' \tag{11}$$

K' = Umrechnungsfaktor von ΔR in ΔT, Gl. (10)

Mißt man ΔR von Lösungen verschiedener Konzentration, reduziert die Meßgröße mit der Konzentration und extrapoliert grafisch $\Delta R/c$ auf $c = 0$, kann $(K_e^{\text{exp}})'$ berechnet werden.

$$(K_e^{\text{exp}})' = \left(\frac{\Delta R}{c}\right)_{c \to 0} M_B \tag{12}$$

Nun werden die Lösungen der zu untersuchenden Polystyrenprobe vermessen und der auf $c = 0$ extrapolierte reduzierte Meßeffekt $\Delta R/c$ grafisch ermittelt.

Die zu bestimmende Molmasse $\overline{M}_n$ ergibt sich dann aus

$$\overline{M}_n = \frac{(K_e^{\text{exp}})'}{\left(\frac{\Delta R}{c}\right)_{c \to 0}} \tag{13}$$

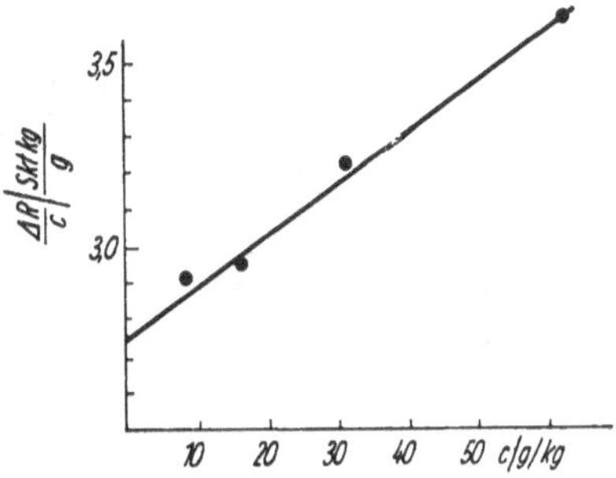

Abb. 10: Extrapolation des reduzierten Meßsignals auf unendlich verdünnte Lösung ($c = 0$)

Der Anstieg der $\frac{\Delta R}{c}$-c-Geraden ist einem scheinbaren 2. Virialkoeffizienten $A_{2,v}$ proportional, der bei Kenntnis der theoretischen Eichkonstante in den 2. osmotischen Virialkoeffizienten $A_{2,0}$ umgerechnet werden kann [4]:

$$A_{2,0} = A_{2,v} - \left(\frac{V_A}{\overline{M}_n^2}\right)\left\{\left(\frac{RT}{L} - \frac{1}{2}\right)\left(\frac{K_e^{\text{exp}}}{K_e^{\text{th}}}\right)^2 + \frac{K_e^{\text{exp}}}{K_e^{\text{th}}} - \frac{1}{2}\right\} \tag{14}$$

Für Molmassen $> 3 \cdot 10^3$ g/mol ist das Zusatzglied vernachlässigbar klein und $A_{2,v}$ ist dem 2. Virialkoeffizienten der Osmose gleich. Aus den Messungen der Temperaturdifferenz (bzw. der ihr äquivalenten Größe ΔR) der Eichsubstanz Benzil wurde die Eichkonstante $(K_e^{\text{exp}})'$ berechnet, die im Beispiel

$$(K_e^{\text{exp}})' = 1{,}6 \cdot 10^4 \text{ Skt kg mol}^{-1}$$

Tabelle 10: Meßwerte der Polystyrenprobe in Toluen

c/g kg^{-1}	7,8	15,6	31,1	62,2
ΔR/Skt				
1. Messung	21,9	47,2	97,5	224
2. Messung	23,6	42,8	103	221
3. Messung	22,9	45,0	100,5	230
Mittelwert				
$\overline{\Delta R}$/Skt	22,8	45,0	100	225
$\frac{\overline{\Delta R}}{c}\Big/$Skt kg g^{-1}	2,92	2,88	3,22	3,62

sein soll. Die Meßgrößen der Polystyrenprobe sind in Tab. 10 zusammengefaßt und in Abb. 10 aufgetragen.

Für $\left(\frac{\overline{\Delta R}}{c}\right)_{c\to 0}$ kann aus der grafischen Darstellung 2,76 Skt kg g^{-1} entnommen werden. Nach Gl. (13) ist dann

$$\overline{M}_n = \frac{1{,}6 \cdot 10^4\ \text{Skt kg g}}{2{,}76\ \text{mol Skt kg}} = 5{,}8 \cdot 10^3\ \text{g/mol}$$

Entsprechend dem zur Gültigkeit von Gl. (14) Gesagten, ist $A_{2,v} = A_{2,0}$ und nach Gl. (11)

$$A_{2,v} = \frac{d\left(\frac{\overline{\Delta R}}{c}\right)\Big/dc}{(K_e^{\text{exp}})'\,\varrho_A}$$

Einsetzen entsprechender Werte ergibt

$$A_{2,v} = 10 \cdot 10^{-4}\ \text{mol cm}^3\ \text{g}^{-2}$$

Die zahlenmittleren Molmassen können mit der Dampfdruckosmose auf 3 ... 5% genau bestimmt werden. Der Fehler des 2. Virialkoeffizienten ist höher (10%).

Literatur

[1] Wachter, A. H. u. W. Simon, Analytic. Chem. **41** (1969), 90
[2] Chylewski, Ch. u. W. Simon, Helv. chim. Acta **47** (1964), 515
[3] Bersted, B. H., J. appl. Polymer Sci. **17** (1973), 1415; **18** (1974), 2399
[4] Kamide, K., Terakawa, T. u. H. Uchiki, Makromolekulare Chem. **177** (1976), 1447

1.5. Bestimmung des Gewichtsmittels der Molmasse von Polymeren durch Lichtstreuungsmessungen

1.5.1. Einführung

Die Lichtstreuung präsentiert sich als eine Methode, mit der nicht nur die gewichtsmittlere Molmasse gemessen wird, sondern auch eine Vielzahl von Informationen über das Makromolekül in der Lösung und dessen Wechselwirkung mit dem Lösungsmittel gewonnen werden [1, 2]. Der im Vergleich zu den osmotischen Methoden größere Aufwand an experimenteller Arbeit, z.B. komplizierte Reinigungsprozeduren, wird durch die Informationsfülle gerechtfertigt. Die räumliche Ausdehnung, d. h. Trägheitsradius bzw. Fadenendenabstand der gelösten Makromoleküle und ihre geometrische Form können aus der Winkelabhängigkeit der Intensität des von einer Polymerlösung gestreuten Lichtes bestimmt werden. Die Konzentrationsabhängigkeit der Streuintensität wird zur Berechnung des 2. Virialkoeffizienten und anderer thermodynamischer Daten herangezogen. Alle Effekte, die einen Einfluß auf Winkel- und Konzentrationsabhängigkeit der Streuintensität haben, z.B. Teilchengrößenverteilung, Zusammensetzung von Copolymeren [3], Struktur der konzentrierten polymeren Lösung, Verzweigungen der Makromoleküle, Größe und Struktur von Molekülaggregationen, können mit der Lichtstreuung untersucht werden. Zu beachten ist, daß die Lichtstreuung eine globale Beschreibung der vermessenen Polymeren zuläßt. Aussagen zum inneren Aufbau des Polymermoleküls aus den gemessenen Mittelwerten können erst in Verbindung mit aus Modellvorstellungen hergeleiteten Strukturparametern (Bindungslänge, -winkel, Rotationsbehinderung) getroffen werden. Bei der Auswertung der Lichtstreumessungen müssen zahlreiche Annahmen und Vereinfachungen gemacht werden, deren Gültigkeit für das jeweilig untersuchte System zu überprüfen ist.

1.5.2. Theoretische Grundlagen

Wird ein Lichtstrahl der Intensität I_0 (Primärstrahl) durch ein Medium geschickt, erfährt er eine Schwächung durch Absorption (Wärme) und Streuung. Das Primärlicht sei monochromatisch. Stimmen Streulicht und Primärlicht in Frequenz und Phase überein, spricht man von kohärenter Streuung, auf die sich hier beschränkt werden soll.

Primär- und Sekundärstrahl (Streulicht) unterscheiden sich durch Intensität, Fortpflanzungsrichtung und Polarisationszustand. Trifft die elektromagnetische Welle Licht auf ein einzelnes isoliert zu betrachtendes Molekül, so wird durch das elektrische Feld $\mathfrak{E}$ der Lichtwelle ein Dipolmoment induziert. Der induzierte Dipol, der mit der Frequenz der erregenden Lichtwelle schwingt, ist die Quelle der Streustrahlung.

$$\mathfrak{p} = \alpha\mathfrak{E} \quad (1)$$

$$\mathfrak{E} = \mathfrak{E}_0 \cdot \cos 2\pi\nu t \quad (2)$$

$$\mathfrak{p} = \alpha \cdot \mathfrak{E}_0 \cos 2\pi\nu t \quad (3)$$

$\mathfrak{p}$ = Diploment
α = Polarisierbarkeit
ν = Frequenz des Erregerlichtes

Die abgestrahlte Dipolenergie I_s ist durch die zeitliche Änderung des Dipolmomentes bestimmt:

$$I_s = \frac{2}{3c^3}\left|\overline{\frac{d^2\mathfrak{p}}{dt^2}}\right|^2 \quad (4)$$

c = Lichtgeschwindigkeit ($3 \cdot 10^8$ ms^{-1})

Gl. (3) in (4) eingesetzt, ergibt die Rayleighsche Formel:

$$I_s = \frac{8}{3}\pi I_0 \left(\frac{2\pi}{\lambda_0}\right)^4 \alpha^2 \quad (5)$$

$\lambda_0 = c/\nu$

$I_0 = \frac{c}{8\pi}\mathfrak{E}_0^2$

Die von den Molekülen ausgehenden Streustrahlen interferieren. Sind die Abstände zwischen den Streuzentren genügend groß (verdünnte Lösung), und beträgt der Teilchendurchmesser D weniger als $\lambda/20$, kann die Interferenz vernachlässigt werden und die Intensität der Gesamtstrahlung I ist gegeben durch Gl. (6):

$$I = N_s I_s = \tau I_0 \quad (6)$$

mit:

$$\tau = \frac{128\pi^4}{3\lambda_0^4} N_s \alpha^2 \pi \quad (7)$$

τ = Trübungskoeffizient oder Trübung
N_s = Zahl der Streuzentren
λ_0 = Wellenlänge im Vakuum

Die Polarisierbarkeit α des Einzelteilchens ist mit der Dielektrizitätskonstante ε und somit auch mit dem Brechungsindex n verknüpft.

$$\alpha = \frac{\varepsilon - 1}{4\pi}\frac{1}{N_s} = \frac{n^2 - 1}{4\pi}\frac{1}{N_s} \quad (8)$$

$$\tau = \frac{32}{3}\pi^3 \frac{(n-1)^2}{N_s \lambda_0^4} \quad (9)$$

(wenn $n \approx 1$ ist, gilt: $(n^2 - 1) \approx 2(n - 1)$).

Betrachtet man die Streuung an Teilchen in einer verdünnten Lösung, so ergibt sich die Intensität der Streustrahlung der gelösten Teilchen als Differenz aus der Streustrahlung der Lösung und des Lösungsmittels. Die Polarisierbarkeit α_B des gelösten Moleküls ist abhängig von den Eigenschaften des Lösungsmittels.

$$\alpha_B = \frac{n^2 - n_A^2}{4\pi N_{s,B}} = \frac{2n_A(n - n_A)}{4\pi N_{s,B}} \tag{10}$$

mit $N_{s,B} = N_L \cdot \frac{c_B}{M_B}$ folgt daraus für α_B:

$$\alpha_B = \frac{2n_A M_B(n - n_A)}{4\pi N_L c_B} \tag{11}$$

Damit ist die Trübung τ molmassenabhängig.

$$\tau = \frac{32\pi^3 n_A^2}{3N_L\lambda_0^4}\left\{\frac{(n - n_A)}{c_B}\right\}^2 c_B M_B \tag{12}$$

n_A = Brechungsindex des Lösungsmittels
n = Brechungsindex der Lösung
N_L = Loschmidtsche Zahl ($6{,}025 \cdot 10^{23}$ mol^{-1})
$N_{s,B}$ = Zahl der gelösten Teilchen
$(n - n_A)/c_B$ = (dn/dc_B) = Brechungsinkrement
c_B = Konzentration (g/cm^3)
M_B = Molmasse (g/mol)

In den bisherigen Betrachtungen war die Lösung so stark verdünnt, daß keine Wechselwirkung zwischen den gelösten Partikeln auftreten konnte. Lichtstreuung läßt sich aber nur bei Konzentrationen messen, bei denen die Wechselwirkung zwischen den Teilchen der Lösung nicht mehr zu vernachlässigen ist. Die Eigenschaften des wechselwirkungsfreien Systems ergeben sich dann durch Extrapolation auf $c_B = 0$.

Schwingende Dipole strahlen Energie senkrecht zur Schwingungsebene ab. Wird der Dipol mit polarisiertem Licht zur Schwingung angeregt (Schwingungsrichtung in Abb. 11a z-Achse; Abb. 11b $\perp$ zur z-Achse), so ergeben sich für den Beobachter in der x-y-Ebene folgende Intensitätsverteilungen:

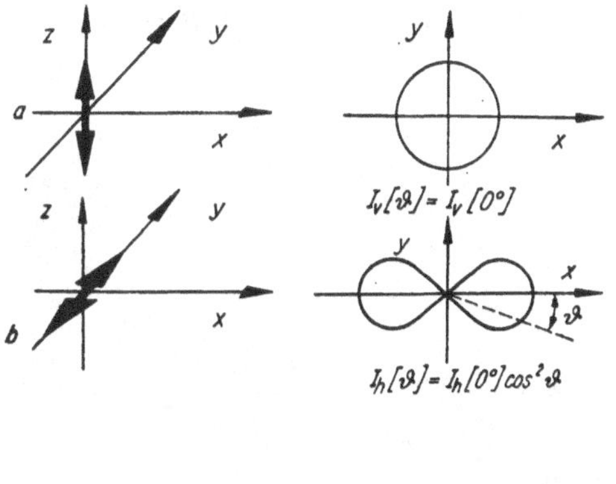

Abb. 11: Winkelabhängigkeit der Intensität des Streulichtes bei polarisiertem Erregerlicht
a) vertikal polarisiertes Licht (I_v)
b) horizontal polarisiertes Licht (I_h)

Für unpolarisiertes Licht (u) ist die Streuintensität die Summe aus Vertikal- und Horizontalkomponente:

$$I_u(\vartheta) = I_u(0°)\,\frac{1 + \cos^2\vartheta}{2} \tag{13}$$

ϑ = Winkel zwischen Einfalls- und Beobachtungsrichtung

Gemessen wird die reduzierte Streuintensität I_{red} (auch als RAYLEIGH-Verhältnis bezeichnet), die gemäß Gl. (14) definiert ist:

$$I_{\text{red}}(\vartheta, c_B) = \frac{I(\vartheta, c_B)\,R^2}{I_0 V_0} \tag{14}$$

$I(\vartheta, c_B)$ = gemessene Intensität einer Lösung der Konzentration c_B beim Winkel ϑ
R = Abstand zwischen dem Detektor und dem streuenden Volumen
V_0 = streuendes Volumen (vom Detektor bei der Messung erfaßte Lösungsmenge)

Für die Lichtstreugleichung gilt dann:

$$\frac{Kc_B}{I_{\text{red}}(\vartheta, c_B)} = \frac{1}{\overline{M}_w} + 2A_2c_B \tag{15}$$

mit K (optische Konstante) $= \dfrac{4\pi^2 n_A^2}{N_L \lambda_0^4}\left(\dfrac{dn}{dc_B}\right)^2$.

Sind die Teilchen, an denen das Licht gestreut wird $> \lambda/20$, wird das Streu licht durch Interferenz der von verschiedenen Streuzentren des Teilchens ausgehenden Streustrahlen geschwächt.

Zur Beschreibung der Winkelabhängigkeit des Streulichtes großer Partikel wird die sogenannte Streufunktion $P(\vartheta)$ eingeführt, die definiert ist als:

$$P(\vartheta) = \frac{I(\vartheta)}{I(\vartheta = 0°)}\,; \qquad P(\vartheta = 0°) = 1 \tag{16}$$

Der Streufunktion kommt bei der Lichtstreuung polymerer Lösungen große Bedeutung zu, da über sie der Zusammenhang zwischen Winkelabhängigkeit des Streulichtes und den Parametern der Molekülgeometrie gegeben ist. Für verschiedene Teilchenformen ergeben sich unterschiedliche Streufunktionen.

Die Streufunktion für eine lineare Kette mit dem Trägheitsradius r ist durch Gl. (17) gegeben:

$$\begin{aligned} P(\vartheta) &= (2/x^2)\,[e^{-x} - (1 - x)] \\ x &= (16\pi^2/\lambda^2)\,r^2 \sin^2\frac{\vartheta}{2} \\ h &= 6r^2 \end{aligned} \tag{17}$$

h = Fadenendenabstand

Gl. (18) ist die Streufunktion einer Kugel des Durchmessers D und Gl. (19) die Streufunktion eines Stabes der Länge L.

$$P(\vartheta)_{\text{Kugel}} = [(3/x^3)\,(\sin x - x\cos x)]^2 \tag{18}$$

$$x = (2\pi/\lambda)\, D \sin \vartheta/2$$

$$r^2 = \frac{3}{20} D^2$$

$$P(\vartheta)_{\text{Stab}} = \frac{1}{x}\int_0^{2x} (\sin u/u)\, du - (\sin x/x)^2 \tag{19}$$

$$x = (2\pi/\lambda)\, L \sin \vartheta/2$$

$$r^2 = \frac{L^2}{12}$$

Sind die Molmassen kleiner als 10^5 g/mol ist $P(\vartheta)$ für alle Winkel innerhalb der Fehlergrenzen gleich Eins, so daß keine Aussage über die Teilchengröße gemacht werden kann. Für kleine $x(M < 10^6$ g/mol) können Gl. (17) bis (19) in Reihen entwickelt werden, die bei Abbruch nach dem 1. Glied übereinstimmende Ausdrücke ergeben. Eine Ermittlung der Teilchenform aus Lichtstreumessungen ist dann nicht möglich.

Wird die Polydispersität der Makromoleküle berücksichtigt, gilt für die reziproke Streufunktion $P(\vartheta)^{-1}$:

$$P(\vartheta)^{-1} = 1 + \frac{16\pi^2}{3\lambda^2}\,\overline{r_z^2}\,\sin^2\frac{\vartheta}{2} \tag{21}$$

Die Lichtstreugleichung für polydisperse Makromoleküle ist damit:

$$\frac{Kc_B}{I_{\text{red}}(\vartheta, c_B)} = \frac{1}{\overline{M}_w}\left[1 + \frac{16\pi^2}{3\lambda^2}\,\overline{r_z^2}\,\sin^2\frac{\vartheta}{2}\right] + 2A_2 c_B \tag{20}$$

λ = Wellenlänge im Medium der Brechzahl n ($\lambda = \lambda_0/n$)

Extrapoliert man Kc_B/I_{red} nach $c_B = 0$ (wechselwirkungsfreies System), kann die Dimension der streuenden Partikel aus dem Anstieg der Extrapolationskurve errechnet werden. Der Anstieg der Extrapolationskurve $\vartheta = 0$ (interferenzfreies System) ist A_2 proportional. Die gewichtsmittlere Molmasse erhält man aus Kc_B/I_{red} für $c_B = 0$ und $\vartheta = 0$.

Aus der Betrachtung des asymptotischen Verhaltens von $P(\vartheta)$, d. h. x (und damit ϑ) sehr groß, ergibt sich, daß der Anstieg der Asymptote ein Maß für den zahlenmittleren Fadenendenabstand ist. Der Achsenabschnitt der Asymptote bei $\sin^2\frac{\vartheta}{2} = 0$ ergibt $1/2\overline{M}_n$ · (Diese Berechnungen gelten für Moleküle mit Gauss'scher Dichteverteilung.)

$$\overline{h_n^2} = \frac{3\lambda^2\,(\text{Anstieg der Asymptote})}{8\pi^2\,(\text{Achsenabschnitt der Asymptote})} \tag{22}$$

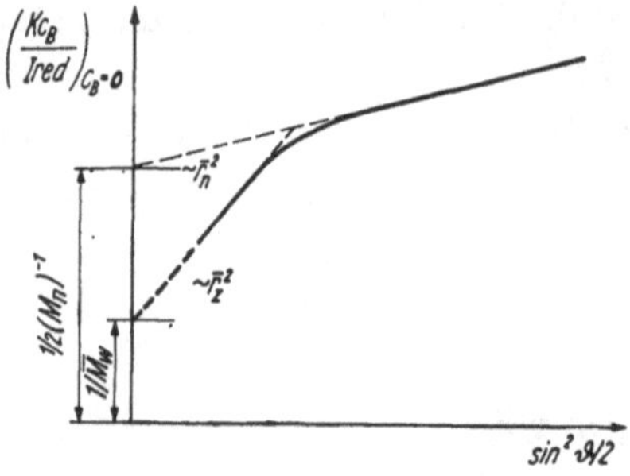

Abb. 12: Abhängigkeit der auf $c_B = 0$ extrapolierten Kc_B/I_{red}-Werte von $\sin^2 \vartheta/2$ einer polydispersen Probe zur Veranschaulichung des asymptotischen Verhaltens

Die Polydispersität hat somit Einfluß auf die Winkelabhängigkeit der Streuintensität.

In thermodynamisch guten Lösungsmitteln werden die Makromoleküle aufgeweitet. Sie zeigen Abweichungen zum Verhalten einer GAUSS-Kette. Diese Abweichungen werden durch den Parameter ε' beschrieben, der aus dem Exponenten a der KUHN-MARK-HOUWINK-Gleichung berechnet werden kann.

$$\varepsilon' = \frac{2a - 1}{3} \tag{23}$$

Für den Zusammenhang zwischen Trägheitsradius und Fadenendenabstand gilt dann:

$$\overline{r^2} = \frac{\overline{h^2}}{(2 + \varepsilon')(3 + \varepsilon')} \tag{24}$$

Der ausgeschlossene Volumeneffekt ($\varepsilon' > 0$) ändert den Verlauf der Streufunktion in der gleichen Art wie die Polydispersität, so daß beide Einflüsse auf die Winkelabhängigkeit der Streufunktion und damit auf die Winkelabhängigkeit der Streuintensität schwer oder gar nicht zu trennen sind.

Befinden sich große Partikel in der Lösung (z.B. Mikrogele oder Assoziate), zeigt die Streufunktion im niederen Winkelbereich eine starke Krümmung.

Die Winkelabhängigkeit der Streuintensität liefert wichtige Informationen über Größe, Form und Polydispersität der streuenden Partikel. Leider überlagern sich die den Verlauf der Streufunktion bestimmenden Effekte, so daß im allgemeinen nur $\overline{M}_w$, $\overline{r_z^2}$ und A_2 mit zufriedenstellender Genauigkeit bestimmt werden können.

1.5.3. Einführung in das Experiment

Licht einer bekannten Wellenlänge (bei Quecksilberhochdrucklampen 546 nm oder 436 nm) und eines definierten Polarisationszustandes durchstrahlt eine Polymerlösung, die sich in einer Glasküvette befindet. Das seitlich gestreute Licht wird bei verschiedenen Beobachtungswinkeln mit einem Sekundärelektronenvervielfacher (SEV) gemessen, der auf einem Kreis um die Küvette bewegt wird. Die Intensität des Primärstrahls steuert oft die am SEV anliegende Hochspannung, um Helligkeitsschwankungen der Lampe auszugleichen. Die Glasküvette befindet sich in einer temperierbaren Umgebung, z. B. einem Bad mit einer Flüssigkeit, dessen Brechungsindex dem des Küvettenglases gleich ist. Aus der Literatur sind verschiedene Meßanordnungen bekannt, die auch als Labormuster gefertigt wurden [4, 5, 6].

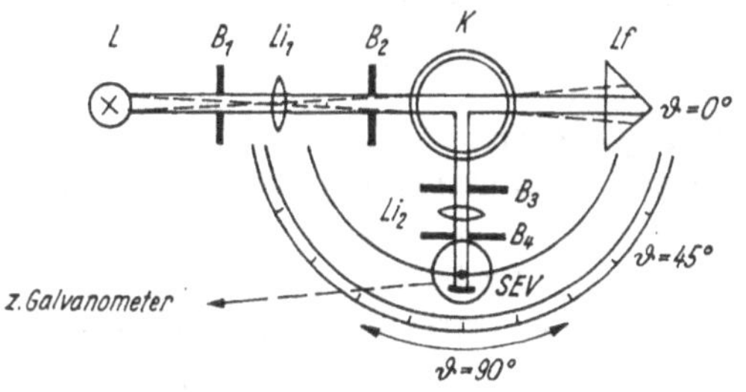

Abb. 13: Schema einer Lichtstreuapparatur

L – Lichtquelle
B_1 – B_4 Blenden
K – Küvette mit Polymerlösung
Lf – Lichtfalle für Primärstrahl
SEV – Sekundärelektronenvervielfacher
Li_1, Li_2 – Linsen

Abb. 13 zeigt den schematischen Aufbau einer Lichtstreuapparatur.

Neben der Streuintensität müssen zur Auswertung – entsprechend der Lichtstreugleichung – der Brechungsindex des Lösungsmittels und das Brechungsinkrement bekannt sein. Da die beiden letzten Größen den Absolutwert der Molmasse bestimmen, müssen sie möglichst genau gemessen werden. dn/dc_B errechnet man aus der Änderung des Brechungsindexes Δn mit der Polymerkonzentration. Dabei wird gefordert, daß die noch meßbare Differenz der Brechungsindizes Δn in der Größenordnung 10^{-6} liegt, so daß meist mit Differentialrefraktometern , seltener mit Interferometern, gemessen wird.

Die Größe des Brechungsinkrementes bestimmt neben der Konzentration und der gewichtsmittleren Molmasse die Intensität des Streulichtes. Es sollte nicht kleiner als 0,1 g/cm³ sein. Die für Lichtstreumessungen erforderliche Konzentration (in g/cm³ Lösung) der Polymerlösung ist ungefähr

$$c_B > \frac{1}{\left(\frac{dn}{dc_B}\right)^2 \overline{M}_w} \tag{25}$$

$\frac{dn}{dc_B}$ in cm³/g

$\overline{M}_w$ in g/mol

Große Aufmerksamkeit und sauberes experimentelles Arbeiten verlangt die Reinigung der Lösungen und des Lösungsmittels. Staubpartikel verfälschen die Streuintensitäten besonders im Bereich kleiner Beobachtungswinkel, ermöglichen Fehlinterpretationen und erschweren die für die Auswertung notwendigen Extrapolationen. Zur Entstaubung der Lösung und des Lösungsmittels gibt es prinzipiell zwei Methoden, die zur Anwendung kommen können.

a) Zentrifugieren

Die Lösungen werden bei ca. 25000 U/min eine Stunde lang zentrifugiert. Mit einer staubfreien Pipette wird dann aus jeder zentrifugierten Lösung der obere Teil abgezogen, ohne diese aufzurühren. Das Pipettieren muß spätestens 10 min nach Beendigung des Zentrifugierens abgeschlossen sein.

b) Filtration

Die Lösungen werden mehrmals durch Glasfritten vom Typ G 5 (oder Millipore-Filter 0,45) mit Stickstoff in die sauberen und staubfreien Meßküvetten gedrückt.

Durch die Reinigungsprozedur kann die Probe in ihrer ursprünglichen Zusammensetzung und auch die Lösungskonzentration verändert werden, da Partikel großer Molmasse ($> 10^7$ g/mol), z.B. Mikrogele, das sind u. a. schwach vernetzte Produkte, abgetrennt werden können. Um bei mikrogelhaltigen und hochmolekularen Proben reproduzierbare Ergebnisse zu erhalten, empfiehlt es sich stets, die gleiche Methodik für die Probenreinigung anzuwenden und gleiche Reinigungsgeräte einzusetzen. Die Konzentration der Lösungen muß nach der Reinigung bestimmt und gegebenenfalls korrigiert werden.

Die Lichtstreugleichungen (15) bzw. (21) beschreiben den Zusammenhang zwischen der reduzierten Streuintensität $I_{\text{red}}(\vartheta)$ und den Kenngrößen des Makromoleküls. $I_{\text{red}}(\vartheta)$ ist nach Gl. (14) die Streuintensität beim Beobachtungswinkel ϑ, bezogen auf ein Streuvolumen von 1 cm³, den Beobachtungsabstand 1 cm und die Primärintensität $I_0 = 1\ \text{cm}^{-1}$. Da diese definierten Bedingungen nur mit erheblichem apparativen Aufwand eingehalten werden können, wird in handelsüblichen Geräten kein Absolutwert der reduzierten Streuintensität, sondern ein Relativwert gemessen. Die absoluten Streuintensitäten von Standardsubstanzen (z. B. Benzen) oder Streustandards (Glaskörper) sind bekannt und ermöglichen ein Eichen der Meßanordnung. Aus der Notwendigkeit der Eichung resultieren Fehler in der Absolutbestimmung der gewichtsmittleren Molmassen, da die absoluten Streuintensitäten (RAYLEIGH-Verhältnisse) der Standards nicht genau bekannt sind. Weitere Unsicherheiten und Fehlerquellen sind in der notwendigen Extrapolation der Meßgrößen auf wechselwirkungs- und interferenzfreies System zu suchen. Die kleinsten Beobachtungswinkel gebräuchlicher Lichtstreuapparaturen sind etwa 20 ... 30°, so daß die Extrapolation auf den Beobachtungswinkel $\vartheta = 0$ besonders bei polydispersen und stark mikrogelhaltigen Produkten problematisch ist. Die Extrapolation auf $c_B = 0$ wird erschwert, da bei großen Molekülen bereits bei Konzentrationen unter 1 g/100 cm³ Verhakungsnetzwerke auftreten, die ein anderes Streuverhalten als Einzelmoleküle zeigen. Auch die Assoziation von Makromolekülen hat einen großen Einfluß auf die gewichtsmittlere Molmasse, da sie den hochmolekularen Anteil der Probe erhöht. Bei assoziationsfähigen Polymeren ist es erforderlich, Molmassen bei verschiedenen Temperaturen und in unterschiedlichen Lösungsmitteln zu messen und zu vergleichen.

Die Methode der Lichtstreuung ist anwendbar auf Moleküle mit Molmassen zwischen $5 \cdot 10^3$ und 10^7 g/mol. Copolymere sind durch Messungen in mehreren Lösungsmitteln nach besonderen Verfahren [3] zu charakterisieren, da $\overline{M}_w$ im Gegensatz zu $\overline{M}_n$ nicht additiv ist.

1.5.4. Versuchsbeispiele mit Auswertung

Zur Einarbeitung in die Methode der Lichtstreuung empfiehlt es sich, ein relativ problemlos zu messendes System, z. B. Polystyrenstandard in Benzen, auszuwählen und die gewichtsmittlere Molmasse, den 2. Virialkoeffizienten und den Trägheitsradius zu bestimmen.

Das Herstellen der Lösungen ist besonders bei assoziatbildenden Polymeren für richtige Meßergebnisse von besonderer Bedeutung. So können z. B. Unterschiede in den Messungen von einzeln eingewogenen Lösungen und denen einer Verdünnungsreihe auftreten.

Schwer lösliche Polymere werden in Wärme (Vorsicht, Gefahr der thermischen Schädigung der Probe) unter mehrstündigem Schütteln gelöst. Zur kurzzeitigen Unterbindung der Assoziatbildung können die Lösungen abgeschreckt und dann vermessen werden.

Am ausgewählten Beispiel werden die Messungen an 5 Polystyren-Benzen-Lösungen der Konzentration $1 \cdot 10^{-3}$ bis $5 \cdot 10^{-3}$ g/cm³ ausgeführt. Lösungen, Lösungsmittel und Küvetten werden sorgfältig gereinigt. Der Meßbottich des Lichtstreugerätes wird auf die gewählte Meßtemperatur, z.B. 25 °C temperiert, Wellenlänge (z.B. 546 nm) und Polarisationszustand des Lichtes (z.B. unpolarisiert) eingestellt. Zur Eichung der Anzeige des Gerätes wird ein Benzenstandard benutzt, dessen Streuintensität in Skalenteilen beim Beobachtungswinkel $\vartheta = 90°$ gemessen wird.

Für die reduzierte Streuintensität gilt dann bei unpolarisiertem Licht:

$$I_{\text{red}}(\vartheta, c_B) = \frac{I_{\text{red}}^{\text{St}}(90°)}{I_{\text{gem}}^{\text{St}}(90°)} I(\vartheta, c_B) \sin \vartheta \frac{2}{1 + \cos^2 \vartheta} \tag{26}$$

$I(\vartheta, c_B)$ = Differenz der Streuintensitäten der polymeren Lösung der Konzentration c_B bei ϑ und der Streuintensität des reinen Lösungsmittels bei ϑ in Skt.

$I_{\text{red}}^{\text{St}}(90°)$ = absolute reduzierte Streuintensität des Standards bei $\vartheta = 90°$, für Benzen bei 25 °C, $\lambda_0 = 546$ nm ist $I_{\text{red}}^{\text{St}} = 16{,}4 \cdot 10^{-6}$ cm^{-1}

$I_{\text{gem}}^{\text{St}}(90°)$ = gemessene Streuintensität des Standards bei $\vartheta = 90°$ in Skt.

Die Größe sin ϑ korrigiert das winkelabhängige Streuvolumen V_0. Diese Korrektur ist notwendig, da die Streuintensität des Standards bei $\vartheta = 90°$ gemessen wird und $V_0(\vartheta = 90°) = V_0(\vartheta) \sin \vartheta$ ist. Der Faktor $\left(\frac{1 + \cos^2 \vartheta}{2}\right)$ berücksichtigt den Einfluß des Polarisationszustandes auf die Winkelabhängigkeit (Gl. (13)). Die Zahlenwerte für den Ausdruck $\sin \vartheta/(1 + \cos^2 \vartheta)$ sind in der Tab. 11 aufgeführt.

Tabelle 11: Hilfsgrößen, die zur Auswertung der Lichtstreumessungen benötigt werden

Winkel (°)	$\sin^2 \frac{\vartheta}{2}$	$\frac{\sin\vartheta}{1 + \cos^2 \vartheta}$
30	0,067	0,286
37,5	0,104	0,374
45	0,146	0,471
60	0,250	0,693
75	0,370	0,905
90	0,500	1,000
105	0,630	0,905
120	0,750	0,693
135	0,854	0,471
142,5	0,895	0,374
150	0,933	0,286

Die reduzierte Streuintensität des Standards, seine relative Streuintensität und der Faktor 2 werden bei der Auswertung in die optische Konstante einbezogen.

Die Größe $\frac{Kc_B}{I_{\text{red}}(c_B, \vartheta)}$ wird zur Vereinfachung der Auswertung durch die identische Größe $\frac{K'c_B}{I_{\text{korr}}(c_B, \vartheta)}$ ersetzt.

$$K' = \frac{2\pi^2 n_A^2 \left(\frac{dn}{dc_B}\right)^2 I_{\text{gem}}^{\text{St}}\,(90°)}{I_{\text{red}}^{\text{St}}\,(90°)\, N_L \lambda_0^4} f' \tag{27}$$

$$I_{\text{korr}}(\vartheta, c_B) = [I_{\text{Lsg}}(\vartheta, c_B) - I_{\text{Lm}}(\vartheta)] \frac{\sin \vartheta}{1 + \cos^2 \vartheta} \tag{28}$$

(Gl. (27) gilt für unpolarisiertes Licht!)

$I_{\text{Lsg}}(\vartheta, c_B)$ = gemessene Intensität einer Lösung der Konzentration c_B beim Winkel ϑ

$I_{\text{Lm}}(\vartheta)$ = gemessene Intensität des Lösungsmittels beim Winkel ϑ

f' = CABANNES-Faktor; er berücksichtigt die Depolarisation:

$$f' = \frac{6 + 6\sigma_p}{6 - 7\,\sigma_p}$$

$$\sigma_p = \frac{I_{\text{Lsg},h}(90°) - I_{\text{Lm},h}(90°)}{I_{\text{Lsg},v}(90°) - I_{\text{Lm},v}(90°)}$$

Index h: Horizontalkomponente der Streuintensität,
Index v: Vertikalkomponente der Streuintensität.
(Der CABANNES-Faktor ist bei Polymeren mit M > 5 · 10⁴ g/mol = 1.)

Mit dem so geeichten Lichtstreugerät werden nun die eigentlichen Messungen der Streuintensität vorgenommen.

Die Küvetten werden in den Meßbottich des Lichtstreugerätes eingesetzt und nach einer Temperierzeit (bei 25° C ca. 20 min) die Messung des Streulichtes durchgeführt. Man stellt dazu nacheinander die Winkel zwischen 30° und 150° in Abständen von 15° ein und liest die entsprechenden Skalenteile am Galvanometer ab. Hat man von jedem Winkel ϑ einen Wert $I(\vartheta)$ gemessen, so wird die Küvette um ca. 90° im Meßbottich gedreht und die Messung wiederholt. Weichen die bei den einzelnen Winkeln gemessenen Werte bei beiden Meßreihen nicht voneinander ab, so erübrigt sich eine dritte Messung. Stimmen die Werte bei einander entsprechenden Winkeln nicht überein, so ist noch eine dritte Messung durchzuführen, vor der die Küvette nochmals um 90° zu drehen ist. Dieser Vorgang wird für sämtliche eingewogenen Proben sowie für das Lösungsmittel wiederholt.

Die Auswertung der Messung kann mit der Methode von ZIMM erfolgen, bei der man in einem Diagramm auf $\vartheta = 0$ und $c_B = 0$ extrapolieren kann (andere Auswertverfahren sind möglich, s. Tab. 14). Im ZIMM-Diagramm trägt man $\frac{K' c_B}{I_{\text{korr}}(\vartheta, c_B)}$ gegen $\sin^2\frac{\vartheta}{2} + kc_B$ auf (k ist so groß zu wählen, daß $kc_{B,\max}$ 0,5 ... 1 beträgt, k ist meist 100, wenn als Konzentrationsmaß g/cm³ gewählt wird). Nachdem die optische Konstante K berechnet wurde (n_A und dn/dc_B seien bereits gemessen), können die zur Auftragung benötigten Größen in einer Tabelle zusammengestellt werden.

$\lambda_0 = 546$ nm; $\quad I^{\text{st}}_{\text{red}} = 16{,}4 \cdot 10^{-6}\ \text{cm}^{-1}$, $\quad \frac{dn}{dc_B} = 0{,}106\ \frac{\text{cm}^3}{\text{g}}$

$T = 298$ K $\quad I^{\text{st}}_{\text{gem}} = 100$ Skt $\quad n_A = 1{,}5020$

$k = 100$

$K = 0{,}570\ \frac{\text{mol cm}^3}{\text{g}^2}$

Tabelle 12: Streuintensitäten und aus ihnen berechnete Größen, die für die Auf-

Konzentration c_B/g cm^{-3}	berechnete Größen	Winkel ϑ			
		30	37,5	45	60
0	I_{Lm}/Skt	270	210	170	130
$1 \cdot 10^{-3}$	I_{Lsg}/Skt	720	540	425	292
	$I_{\text{Lsg}} - I_{\text{Lm}}$	450	330	255	162
	I_{korr}	128,7	123,4	120,1	112,3
	$\frac{K'c_B}{I_{\text{korr}}}$ 10^{-5} mol g^{-1}	0,443	0,462	0,475	0,508
	$\sin^2 \vartheta/2 + 100\,c_B$	0,167	0,204	0,246	0,350
$2 \cdot 10^{-3}$	I_{Lsg}/Skt	995	741	590	402
	I_{korr}	207,4	198,6	197,8	188,5
	$\frac{K'c_B}{I_{\text{korr}}}$ 10^{-5} mol g^{-1}	0,550	0,574	0,576	0,605
	$\sin^2 \vartheta/2 + 100c_B$	0,267	0,304	0,346	0,450
$3 \cdot 10^{-3}$	I_{Lsg}/Skt	1160	880	696	466
	I_{korr}	254,5	250,6	247,7	232,8
	$\frac{K'c_B}{I_{\text{korr}}}$ 10^{-5} mol g^{-1}	0,672	0,682	0,690	0,734
	$\sin^2 \vartheta/2 + 100c_B$	0,367	0,404	0,446	0,550
$4 \cdot 10^{-3}$	I_{Lsg}/Skt	1280	970	765	515
	I_{korr}	288,9	284,2	280,2	266,8
	$\frac{K'c_B}{I_{\text{korr}}}$ 10^{-5} mol g^{-1}	0,789	0,802	0,814	0,855
	$\sin^2\vartheta/2 + 100c_B$	0,467	0,504	0,546	0,650
$5 \cdot 10^{-3}$	I_{Lsg}/Skt	1323	1005	797	540
	I_{korr}	301,2	297,3	295,3	284,1
	$\frac{K'c_B}{I_{\text{korr}}}$ 10^{-5} mol g^{-1}	0,946	0,959	0,965	1,003
	$\sin^2 \vartheta/2 + 100c_B$	0,567	0,604	0,646	0,750

Sind die $\frac{K'c_B}{I_{\text{korr}}}$-Werte bei entsprechenden $\left(\sin^2 \frac{\vartheta}{2} + kc_B\right)$-Werten im vorbereiteten ZIMM-Diagramm (Abb. 14) eingetragen, verbindet man jeweils die Punkte, die bei gleicher Konzentration oder gleichem Winkel gemessen wurden. Die Verbindungskurven, im Idealfall Geraden, entsprechen der Winkelabhängigkeit der reziproken Streuintensität bei konstanter Konzentration bzw. der Konzentrationsabhängigkeit bei konstantem Streuwinkel. Die Extrapolationskurve auf $c_B = 0$ erhält man, wenn man die Kurven kontragung nach Zimm erforderlich sind

75	90	105	120	135	142,5	150
108	100	108	130	170	208	272
220	200	210	255	348	429	556
112	100	102	125	178	221	284
101,4	100	92,3	86,6	83,4	82,7	81,2
0,562	0,57	0,617	0,658	0,680	0,690	0,702
0,470	0,600	0,730	0,850	0,954	0,995	1,033
300	272	279	350	476	588	764
173,8	172	154,8	152,5	144,1	142,1	140,7
0,656	0,663	0,737	0,748	0,791	0,802	0,810
0,570	0,700	0,830	0,950	1,054	1,095	1,133
350	312	335	417	573	710	915
219,0	212	205,4	198,9	189,8	187,7	183,9
0,781	0,807	0,832	0,860	0,901	0,911	0,930
0,670	0,800	0,930	1,050	1,154	1,195	1,233
390	345	370	468	647	800	1038
255,2	245	237,1	234,2	224,7	221,4	219,1
0,893	0,931	0,962	0,973	1,015	1,030	1,041
0,770	0,900	1,030	1,150	1,254	1,295	1,333
418	365	395	490	687	854	1105
280,55	265	259,7	249,5	243,5	241,6	238,2
1,016	1,075	1,097	1,142	1,170	1,180	1,196
0,870	1,00	1,130	1,250	1,354	1,395	1,433

stanter Winkel über den Punkt der niedrigsten Konzentration (bei $\vartheta = 30°$, $c_B = 1 \cdot 10^{-3}$ g/cm³, $\frac{K'c_B}{I_{\text{korr}}} = 0{,}443 \cdot 10^{-5}$ g/mol) hinaus verlängert. Der zu $c_B = 0$ und $\vartheta = 30°$ gehörende Wert $\frac{K'c_B}{I_{\text{korr}}(30°, 0)}$ ist der Verlängerung bei $\sin^2 \frac{30}{2} + \text{k} \cdot 0 = 0{,}067$ zu entnehmen $\left(\frac{K'c_B}{I_{korr}(30°, 0)} = 0{,}315 \cdot 10^{-5} \text{ mol/g}\right)$. Analog ergeben sich für alle Winkel die $K'c_B/I_{\text{korr}}(\vartheta, 0)$-Werte (in Abb. 14

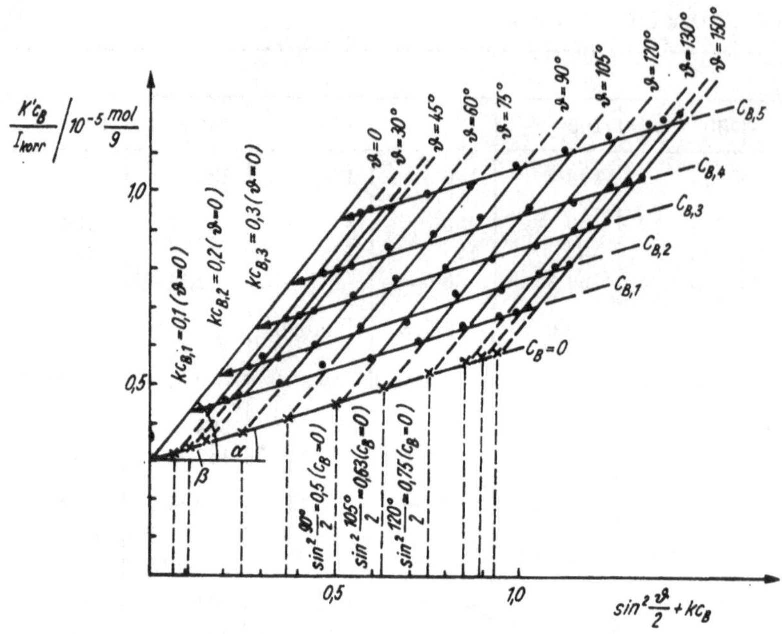

Abb. 14: ZIMM-Diagramm einer Polystyrenprobe in Benzen

durch Kreuze gekennzeichnet), deren Verbindung die Extrapolationskurve auf $c_B = 0$ ist. Verlängert man die Kurven gleicher Konzentration über den kleinsten Beobachtungswinkel (30°) hinaus, ist beim Abszissenwert kc_B der zu $\vartheta = 0$ und c_B gehörende $\dfrac{K'c_B}{I_{\text{korr}}(0, c_B)}$-Wert zu entnehmen $\left(\vartheta = 0 \rightarrow \rightarrow \sin^2\dfrac{\vartheta}{2} = 0\right)$. Für $c_{B1} = 1 \cdot 10^{-3}$ g/cm³ wird bei $k\,c_{B1} = 0{,}1$ g/cm³ $\dfrac{K'c_B}{I_{\text{korr}}(0, c_{B1})} = 0{,}43 \cdot 10^{-5}$ mol/g abgelesen. Die Verbindung aller auf analoge Weise erhaltenen Punkte $\dfrac{K'c_B}{I_{\text{korr}}(0, c_B)}$ (in Abb. 14 durch Dreiecke gekennzeichnet) ist die gesuchte Extrapolationskurve für $\vartheta = 0$.

Aus der Lichtstreugleichung ergibt sich, daß

$$\lim_{\substack{c_B \to 0 \\ \vartheta \to 0}} \frac{K' \cdot c_B}{I_{\text{korr}}(\vartheta, c_B)} = \frac{1}{\overline{M}_w} \quad \text{ist.} \tag{29}$$

Der Schnittpunkt der beiden Extrapolationskurven mit der Ordinate $\dfrac{K' \cdot c_B}{I_{\text{korr}}(\vartheta, c_B)}$ ergibt also als Achsenabschnitt $1/\overline{M}_w$.

Die Extrapolation auf $c_B = 0$ (wechselwirkungsfreies System) ergibt:

$$\lim_{c_B \to 0} \frac{K' \cdot c_B}{I_{\text{korr}}(\vartheta, c_B)} = \frac{1}{\overline{M}_w} + \frac{1}{\overline{M}_w}\left(\frac{16}{3}\pi^2 \cdot \frac{\overline{r_z^2}}{\lambda^2} \cdot \sin^2\frac{\vartheta}{2}\right) \tag{30}$$

Aus dem Anstieg der Kurve der auf $c_B = 0$ extrapolierten $\frac{K' \cdot c_B}{I_{\text{korr}}(\vartheta,\ c_B)}$-Werte kann der Trägheitsradius berechnet werden.

$$\tan\alpha = \frac{d\left(\lim\limits_{c_B \to 0} \frac{K' c_B}{I_{\text{korr}}(\vartheta,\ c_B)}\right)}{d\sin^2\frac{\vartheta}{2}} = \frac{16\pi^2}{3\lambda^2 \overline{M}_w}\,\overline{r_z^2} \tag{31}$$

Wird auf $\vartheta = 0$ extrapoliert, (d. h. Ausschließen der intermolekularen Interferenz) erhält man gemäß Gl. (32):

$$\lim_{\vartheta \to 0} \frac{K' c_B}{I_{\text{korr}}(\vartheta, c_B)} = \frac{1}{\overline{M}_w} + 2A_2 c_B \tag{32}$$

den zweiten Virialkoeffizienten:

$$\tan\beta = \frac{d\left(\lim\limits_{\vartheta \to 0} \frac{K' c_B}{I_{\text{korr}}(\vartheta, c_B)}\right)}{dc_B} = 2A_2 \tag{33}$$

Im ZIMM-Diagramm der Abb. 14 ist der Achsenabschnitt

$$\lim_{\substack{c_B \to 0 \\ \vartheta \to 0}} \frac{K' c_B}{I_{\text{korr}}(\vartheta, c_B)} = 0{,}30 \cdot 10^{-5}\ \text{mol/g}$$

Die gewichtsmittlere Molmasse der untersuchten Polystyrenprobe ist $\overline{M}_w = 3{,}3 \cdot 10^5$ g/mol.

Aus den Anstiegen $\tan\alpha = 0{,}30 \cdot 10^{-5}$ mol/g und $\tan\beta = 12{,}6 \cdot 10^{-4}$ mol cm³/g² werden der 2. Virialkoeffizient

$$A_2 = 6{,}3 \cdot 10^{-4}\ \frac{\text{cm}^3\ \text{mol}}{\text{g}^2}$$

und der Trägheitsradius $\overline{r_z^2} = 25 \cdot 10^{-12}$ cm² berechnet.

Eine schnelle Bestimmung der gewichtsmittleren Molmasse ist mit der Dissymmetriemethode möglich. Sie beruht auf der Auswertung der Messungen der Streuintensitäten bei $\vartheta = 45°$, 90° und 135°.

Die Dissymmetrie z wird mit Gl. (34) berechnet:

$$z = \frac{I_{\text{red}}(45°, 0)}{I_{\text{red}}(135°, 0)} = \frac{P(45°)}{P(135°)} \tag{34}$$

Bei Kenntnis des Typs der Streufunktion kann aus Tabellen beim gemessenen z die Streufunktion bei $\vartheta = 90°$, $P(90°)$ und D/λ abgelesen werden. D ist eine charakteristische Teilchengröße, die bei Kettenmolekülen $(\overline{h_z^2})^{1/2}$ entspricht. $\overline{M}_w$ ist dann:

$$\overline{M}_w = P^{-1}(90°) \cdot [Kc_B/I_{\text{red}}(90°)]^{-1}_{c_B=0} \tag{35}$$

In unserem Beispiel ist $z = 90/48 = 1{,}875$. Aus Tab. 13 kann für polydisperse Ketten durch lineare Interpolation $P^{-1}(90°) = 1{,}7$ berechnet werden. Eingesetzt in Gl. (35) ist $\overline{M}_w$ dann:

$$\overline{M}_w = (1{,}7/0{,}49) \cdot 10^5 \text{ g/mol} = 3{,}5 \cdot 10^5 \text{ g/mol}$$

Mit $D/\lambda = 0{,}34$ (linear interpoliert) erhält man

$$\overline{r_z^2} = \frac{\lambda^2(D/\lambda)^2}{6} = 26 \cdot 10^{-12} \text{ cm}^2$$

in guter Übereinstimmung mit den Ergebnissen der Auswertung nach ZIMM.

Tabelle 13: Dissymmetrie $z = \dfrac{I_{\text{red}}(\vartheta = 45°, 0)}{I_{\text{red}}(\vartheta = 135°, 0)}$ und P^{-1} (90°) als Funktion von D/λ
(Streufunktion für polydisperse Ketten mit einer SCHULZ-ZIMM-Verteilung)

D/λ	Stab		Monodisperse Ketten		Polydisperse Ketten		Kugeln	
	z	P^{-1} (90°)	z	P^{-1} (90°)	z	P^{-1} (90°)	z	P^{-1} (90°)
0,05	1,006	1,006	1,014	1,012	1,016	1,016	1,011	1,010
0,10	1,032	1,023	1,065	1,065	1,094	1,066	1,061	1,041
0,15	1,070	1,050	1,135	1,103	1,200	1,148	1,136	1,090
0,20	1,127	1,089	1,257	1,183	1,340	1,236	1,255	1,171
0,25	1,210	1,144	1,410	1,290	1,519	1,391	1,441	1,280
0,30	1,279	1,207	1,585	1,434	1,715	1,520	1,695	1,439
0,35	1,372	1,288	1,790	1,612	1,924	1,760	2,080	1,622
0,40	1,495	1,377	2,020	1,809	2,151	2,051	1,657	1,930
0,45	1,620	1,486	2,283	2,049	2,360	2,330	3,692	2,341
0,50	1,753	1,608	2,534	2,320	2,569	2,642	5,810	2,780
0,55	1,895	1,744	2,796	2,660	2,778	2,987		
0,60	1,971	1,860	3,060	2,982	2,980	3,365		
0,65	2,058	2,010	3,303	3,413	3,169	3,776		
0,70	2,106	2,193	3,521	3,814	3,354	4,218		
0,75	2,160	2,361	3,745	4,348	3,523	4,695		
0,80	2,200	2,500	3,915	4,776	3,681	5,205		

Außer den beiden vorgestellten sind noch weitere Extrapolationsmethoden zur Auswertung von Lichtstreuergebnissen, besonders bei polydispersen, hochmolekularen und speziellen Polymeren üblich.

Tabelle 14: Extrapolationsmethoden zur Auswertung von Lichtstreuergebnissen

Methode	grafische Auftragung	Bemerkung	Literatur
YANG	$\left(\frac{Kc_B}{I_{red}}\right)_{c_B\to 0} \Big/ \sin^2 \vartheta/2$ gegen $(\sin^2 \vartheta/2)^{-1}$	getrennte Extrapolation auf $c_B = 0$; sehr große Molmassen	J. Pol. Sci. **26** (1957), 305
GUINIER	$\lg (I_{red}/c_B)_{c_B\to 0}$ gegen $\sin^2 \vartheta/2$	getrennte Extrapolation auf $c_B = 0$, besonders für polydisperse und mikrogelhaltige Proben (Teilchengrößenverteilung) geeignet	Ann. Physik **12** (1939), 161
LANGE	$\left(\frac{I_{red}}{Kc_B}\right)_{c_B\to 0} \Big/ \sin^2 \vartheta/2$ gegen $\sin^2 \vartheta/2$	getrennte Extrapolation auf $c_B = 0$, Bestimmung des Mikrogelgehalts	Kolloid Z. Z. Polymere **240** (1970), 747
WIJK/STAVERMAN	$\left(\frac{Kc_B}{I_{red}}\right)$ gegen $\sin^2 \vartheta/2 - k\,c_B$	besonders für Proben mit gekrümmten Streukurven bei kleinem ϑ geeignet	J. Pol. Sci. A – 2 4 (1966), 1011
BERRY	$\left(\frac{Kc_B}{I_{red}}\right)^{1/2}_{c_B\to 0}$ gegen $\sin^2 \vartheta/2$	getrennte Extrapolation auf $c_B = 0$, spezielle Polymere	J. chem. Physics **44** (1966), 4550
getrennte Extrapolation	$\left(\frac{Kc_B}{I_{red}}\right)_{c_B\to 0}$ gegen $\sin^2 \vartheta/2$	getrennte Extrapolation auf $c_B = 0$	

Der Fehler der Molmassenbestimmung ist vom Verlauf der beiden Extrapolationskurven und damit von der Genauigkeit der Extrapolation, der Ungenauigkeit der Eichung, der Bestimmung des Brechungsinkrements und der Brechzahl abhängig und ist im allgemeinen 5–10%.

Literatur

[1] HUGLIN, M. B., „*Light Scattering from Polymer Solutions*", Academic Press London und New York 1972

[2] Eskin, W. E., „*Lichtstreuung an Polymerlösungen*" (russ.), Verlag Wissenschaft, Moskau 1974
[3] Bushuk, W. u. H. Benoit, Canad. J. Chem. **36** (1958), 1616
[4] Cantow, H. J. u. G. V. Schulz, Z. physik. Chem., Neue Folge, **1** (1954), 365
[5] Kretschmar, R., Plaste u. Kautschuk **12** (1965), 195
[6] Ruscher, Ch., Dautzenberg, H. u. J. Dechant, Faserforsch. u. Textiltechn. **16** (1965), 558

1.6. Sedimentation und Diffusion

1.6.1. Einführung

Die Untersuchung von Transportvorgängen in Lösung bildet die Grundlage einer Reihe von Molmassenbestimmungsmethoden. Der Massetransport kann durch Diffusionskoeffizient, Sedimentationskoeffizient und Viskosität charakterisiert werden. Alle drei hängen von Größe und Form der gelösten Partikel ab.

Unterschichtet man z.B. verdünnte Lösungen unterschiedlicher Konzentration eines Polymeren, beginnt ein Konzentrationsausgleich, die Diffusion dessen Massestrom gleich dem Produkt aus Konzentrationsgradienten und Diffusionskoeffizienten ist. Ist die Beziehung zwischen dem auf die Konzentration $c_B = 0$ extrapolierten Diffusionskoeffizienten (Diffusionskonstante) und der Molmasse bekannt, kann allein aus einer Diffusionsmessung die Molmasse bestimmt werden. Auch die Molmassenverteilung bzw. ein Uneinheitlichkeitsparameter lassen sich abschätzen. Messungen der Diffusionskoeffizienten ausreichender Genauigkeit gehören aber zu den technisch schwierigsten Messungen der physikalischen Chemie, so daß sie meist nur in Verbindung mit dem Sedimentationskoeffizienten oder der Grenzviskosität zur Ermittlung der Molmasse dienen.

Eine in der Polymercharakterisierung universell einsetzbare Methode ist die Ultrazentrifugation, bei der die Bewegung gelöster Teilchen im Schwerefeld beobachtet wird [1]. Neben der Bestimmung unterschiedlicher Mittelwerte der Molmasse (je nach Auswerteverfahren und experimenteller Durchführung $\overline{M}_w$, $\overline{M}_z$ und Exponentenmittel) und der Molmassenverteilung können die Teilchengrößenverteilungen von Dispersionen und bei Copolymeren (besonders Pfropfcopolymere) durch Ultrazentrifugation im Dichtegradienten chemische Heterogenitätsverteilungen gemessen werden.

1.6.2. Theoretische Grundlagen

Unter Einfluß eines Schwerefeldes wandern die in einer Lösung befindlichen Partikel. Ist die Dichte des Gelösten größer als die des Lösungsmittels sedimentieren sie, d. h. sie bewegen sich in Richtung des Schwerefeldes zum

Boden der Meßzelle. Anderenfalls flotieren sie und wandern zum Meniskus der Lösung. Sind alle in einer Lösung vorliegenden Moleküle gleich groß, gleich schwer und von gleicher Gestalt, und würde nur das Schwerefeld einer Ultrazentrifuge wirken, könnte eine scharfe Grenzfläche zwischen sedimentierenden Partikeln und dem Lösungsmittel beobachtet werden. In Wirklichkeit aber wirkt die Diffusion (BROWNsche Bewegung) der Wanderung im Schwerefeld entgegen und verwischt die Grenzfläche. Bei Polymeren ist zusätzlich mit dem Einfluß der Polymolekularität zu rechnen.

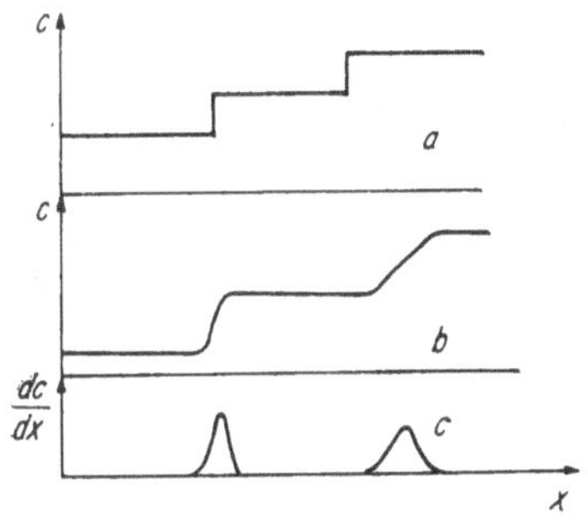

Abb. 15: Konzentrationsverlauf in der Meßzelle (x = Ortskoordinate, Abstand von der Rotationsachse)

a) ideal einheitliche Fraktionen, ohne Berücksichtigung der Diffusion

b) ideal einheitliche Fraktionen unter Berücksichtigung der Diffusion

c) Konzentrationsgradient des Konzentrationsverlaufs von b)

Grundsätzlich sind zwei verschiedene Meßmethoden in der Ultrazentrifugation möglich: Geschwindigkeitsmessungen und Messungen im Sedimentationsgleichgewicht.

In der Geschwindigkeitsultrazentrifuge wird aus Messungen der Sedimentationsgeschwindigkeit die Teilchengröße, Teilchenform und die Verteilungsbreite der gelösten Polymermoleküle bestimmt. Anwendbar ist dieses Verfahren auf Moleküle mit Molmassen oberhalb $2 \cdot 10^4$ g mol^{-1}.

Läßt man genügend lange das Schwerefeld der Ultrazentrifuge wirken, stellt sich ein dynamisches Gleichgewicht über dem Boden der Meßzelle ein. Entsprechend der barometrischen Höhenformel, wird es zu einer Partikelverteilung kommen, aus der das Teilchengewicht und eventuell die Verteilungskurve berechnet werden können. Die Methode der Gleichgewichts-

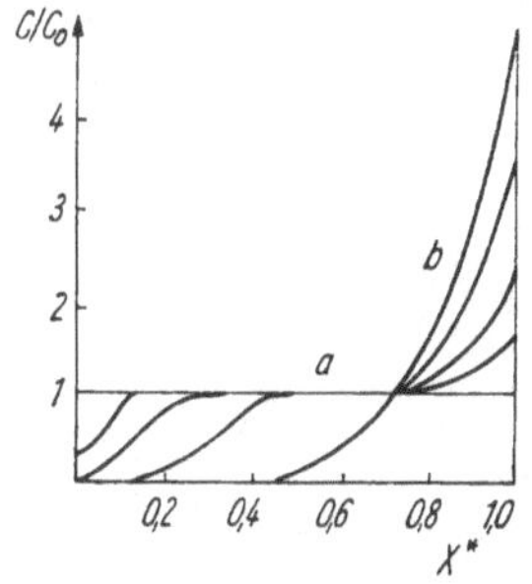

Abb. 16: Schematische Darstellung des Konzentrationsverlaufs in der Meßzelle der Ultrazentrifuge bei verschiedenen Zeiten

a) Anfangskonzentration

b) Gleichgewichtseinstellung

(c/c_0 = Konzentrationsverhältnis, x^* reduzierte Ortskoordinate) ultrazentrifugation ist auf Moleküle mit Molmassen von 10^3 bis 10^6 g mol^{-1} beschränkt, da sonst zu lange Meßzeiten zur Gleichgewichtseinstellung notwendig sind.

Ist die Drehzahl der Ultrazentrifuge so groß, daß die Diffusion gegenüber der Sedimentation vernachlässigt werden kann, wird die auf das sedimentierende Teilchen wirkende Kraft nur durch dessen effektive Masse und die Zentrifugalbeschleunigung bestimmt.

$$K_w = m_{\text{eff}}\omega^2 x \qquad (1)$$

ω = Winkelgeschwindigkeit (= 2π Drehzahl)
x = Abstand Teilchen — Rotationszentrum

Die effektive Masse ist die um den Auftrieb korrigierte Masse des Teilchens.

$$m_{\text{eff}} = \frac{M_B}{N_L}(1 - \varrho_A v_B) \qquad (2)$$

ϱ_A = Dichte des Lösungsmittels
v_B = partielles spezifisches Volumen
M_B = Molmasse
N_L = Loschmidt-Zahl ($6{,}025 \cdot 10^{23}$ mol^{-1})

Das Teilchen wird bei seiner Wanderung durch eine geschwindigkeitsabhängige Reibungskraft K_r behindert.

$$K_r = f\,dx/dt \qquad (3)$$

f = Reibungskoeffizient

Im Gleichgewicht beider Kräfte bewegt sich das Teilchen unbeschleunigt, d. h. mit konstanter Geschwindigkeit. Es ist

$$K_w = K_r \qquad (4)$$

$$\omega^2 x \frac{M_B}{N_L}(1 - \varrho_A v_B) = f\frac{dx}{dt}$$

Führt man entsprechend Svedberg für die Wanderungsgeschwindigkeit, bezogen auf die Zentrifugalbeschleunigung, den Sedimentationskoeffizienten s ein,

$$s = \frac{dx}{dt}\Big/\omega^2 x \qquad (5)$$

(als Maßeinheit für s wird häufig das Svedberg = $10^{-13}s$ verwendet) erhält man aus der Gleichgewichtsbedingung

$$M_B = \frac{fsN_L}{1 - \varrho_A v_B} \qquad (6)$$

Gl. (6) enthält den Reibungskoeffizienten der Sedimentation f, der durch Ausdrücke, die andere Meßgrößen enthalten, ersetzt werden kann. So ist z.B. der Reibungskoeffizient für unsolvatisierte kugelförmige Partikel des Radius R_k in einem Medium der Viskosität η_A nach STOKES:

$$f_k = 6\pi\eta_A R_k \tag{7}$$

Für nichtkugelförmige Teilchen ist aus Messungen des Diffusionskoeffizienten ein Reibungskoeffizient f_D zugänglich:

$$f_D = \frac{kT}{D} \tag{8}$$

D = Diffusionskoeffizient
k = BOLTZMANNsche Konstante

Experimente haben ergeben, daß der Reibungskoeffizient der Diffusion gleich dem der Sedimentation ist. Nach Einsezten von Gl. (8) in Gl. (6) ergibt sich die SVEDBERG-Gleichung

$$M_B = \frac{RTs}{(1 - \varrho_A v_B)\, D} \tag{9}$$

R = universelle Gaskonstante ($= kN_L$), $R = 8{,}317 \frac{\text{J}}{\text{mol grd}}$

Der Reibungskoeffizient kann auch aus Viskositätsmessungen bestimmt werden. Es gilt

$$f_\eta = f_A\, 6\pi\eta_A (\overline{r^2})^{0,5} \tag{10}$$

f_A = Asymmetriefaktor, der die Beziehung zwischen Radius und Trägheitsradius $(\overline{r^2})^{0,5}$ und die Abweichungen vom Reibungskoeffizienten der unsolvatisierten Kugel beschreibt.

Der Trägheitsradius kann mit der FOX-FLORY-Gleichung (Gl. (7) des Versuches 1.7.)

$$[\eta] = \Phi(\overline{r^2}/M_B)^{3/2}\, M_B^{0,5}$$

Φ = Durchspülungskonstante

substituiert werden.

$$f_\eta = f_A\, 6\pi\eta_A \left(\frac{[\eta]}{\Phi}\right)^{1/3} M_B{}^{1/3} \tag{11}$$

Einsetzen von Gl. (11) in die Gl. (6) führt zur MANDELKERN-FLORY-SCHERAGA-Gleichung.

$$M_B = \left(\frac{N_L \eta_A}{(6\pi f_A)^{-1}\,(1 - \varrho_A v_B)\, \Phi^{1/3}}\right)^{3/2} [\eta]^{1/2}\, s^{3/2} \tag{12}$$

In der Literatur wird oft $6\pi f_A = p$ und $\Phi^{1/2} p^{-1} = \beta$ gesetzt. Φ, p und β sind für verschiedene Modelle (Kugel, Ellipse, Knäuel) berechnet worden und können der Literatur, z.B. [2] entnommen werden.

Durch Integration von Gl. (5) wird eine Bestimmungsgleichung für den Sedimentationskoeffizienten s abgeleitet.

$$s = \frac{\ln x_1 - \ln x_0}{\omega^2 (t_1 - t_0)} \approx \frac{2(x_1 - x_0)}{(x_1 + x_0)\,\omega^2 (t_1 - t_0)} \quad \text{für} \quad (x_1 - x_2) \ll x_0 \qquad (13)$$

Es wurde bereits darauf hingewiesen, daß die Diffusion der Sedimentation entgegen wirkt. Betrachtet man einen Querschnitt der Fläche q in der Meßzelle, dann ist der Massestrom der Diffusion durch q:

$$\frac{dm_D}{dt} = -Dq \frac{\partial c_B}{\partial x} \qquad (14)$$

Es sedimentiert durch q je Zeiteinheit die Masse m_s

$$\frac{dm_s}{dt} = c_B q \frac{\partial x}{\partial t} = s c_B \omega^2 x q \qquad (15)$$

Der resultierende Massestrom durch q ist also

$$\frac{dm}{dt} = \frac{dm_s}{dt} + \frac{dm_D}{dt} = \left(s c_B \omega^2 x - D \frac{\partial c_B}{\partial x}\right) q \qquad (16)$$

Die sich zwischen den Abständen vom Rotationszentrum x und $x + dx$ befindende Substanzmenge nimmt in der Zeit dt um

$$-\frac{\partial}{\partial x}\left(s c_B \omega^2 q x - Dq \frac{\partial c_B}{\partial x}\right) dx \qquad (17)$$

ab. Die Änderung der Konzentration im Volumenelement $q\,dx$, multipliziert mit $q\,dx$, ist $(\partial c_B/\partial t)\, q\,dx$. Da die Meßzellen sektorförmig sind, ist q nicht konstant.

$$q = \varphi x h \qquad (18)$$

φ = Sektorwinkel der Meßzelle
h = Höhe der Meßzelle

Die zeitliche Änderung der Konzentration am Ort x wird durch die sich so ergebende LAMMsche Differentialgleichung beschrieben.

$$\frac{\partial c_B}{\partial t} \varphi x h\, dx = \frac{\partial}{\partial x}\left[-s c_B \omega^2 \varphi x^2 h + D \varphi x h \frac{\partial c_B}{\partial x}\right] dx$$

$$\frac{\partial c_B}{\partial t} = \frac{1}{x} \frac{\partial}{\partial x}\left[-s c_B \omega^2 x^2 + D x \frac{\partial c_B}{\partial x}\right] \qquad (19)$$

Wird die Drehzahl der Ultrazentrifuge so eingestellt, daß $(\partial c_B/\partial t) = 0$ ist $\left(\frac{dm_D}{dt} + \frac{dm_s}{dt} = 0\right)$, kann s aus der Konzentrationsänderung bei Änderung der Ortskoordinate x errechnet werden (Methode der Gleichgewichtsultrazentrifuge oder Sedimentationsgleichgewicht). Wenn $(\partial c_B/\partial t) = 0$ ist, muß in Gl. (19) der Ausdruck in der Klammer Null sein.

$$s\omega^2 c_B x - D\frac{\partial c_B}{\partial x} = 0 \tag{20}$$

Ersetzt man nun den Sedimentationskoeffizienten mit der SVEDBERG-Gleichung (9), erhält man für die Ortsabhängigkeit der Konzentration

$$\frac{1}{c_B}\frac{\partial c_B}{\partial x} = \frac{d\ln c_B}{dx} = \frac{M_B\omega^2 x(1 - \varrho_A v_B)}{RT} \tag{21}$$

(Die Ableitungen sind nur richtig, wenn die Reibungskräfte der Diffusion und der Sedimentation gleich groß und D und s unabhängig von c_B sind.)

Wird Gl. (21) integriert, kann ein Ausdruck für die Konzentrationsverteilung über dem Meßzellenboden abgeleitet werden, der der barometrischen Höhenformel entspricht.

$$c_B = c_{B,0}\exp\left[\frac{M_B}{2RT}(1 - \varrho_A v_B)\,\omega^2(x^2 - x_b^2)\right] \tag{22}$$

$c_{B,0}$ = Konzentration am Boden der Meßzelle $(x = x_b)$

Aus den an zwei Orten x_1 und x_2 gemessenen Konzentrationen $c_{B,1}$ und $c_{B,2}$, kann die Molmasse M_B berechnet werden. Am Ort x_1 gilt

$$\ln c_{B,1} = \ln c_{B,0} + \frac{M_B}{2RT}(1 - \varrho_A v_B)\,\omega^2(x_1^2 - x_b^2) \tag{23}$$

Analog zu Gl. (23) ist die Konzentration am Ort x_2

$$\ln c_{B,2} = \ln c_{B,0} + \frac{M_B}{2RT}(1 - \varrho_A v_B)\,\omega^2(x_2^2 - x_b^2) \tag{24}$$

Subtrahiert man die natürlichen Logarithmen,

$$\ln c_{B,2} - \ln c_{B,1} = \ln\frac{c_{B,2}}{c_{B,1}} = \frac{M_B}{2RT}(1 - \varrho_A v_B)\,\omega^2(x_2^2 - x_1^2) \tag{25}$$

und stellt nach der Molmasse um,

$$M_B = \frac{2RT\ln\frac{c_{B,2}}{c_{B,1}}}{(1 - \varrho_A v_B)\,\omega^2(x_2^2 - x_1^2)} \tag{26}$$

erhält man die gesuchte Bestimmungsgleichung.

Die bisher angeführten Gleichungen gelten nur im Idealzustand, d. h. in der wechselwirkungsfreien Lösung. Der Sedimentationskoeffizient s ist aber abhängig von der Konzentration und sein reziproker Wert kann durch eine Reihe mit steigenden Potenzen der Konzentration dargestellt werden.

$$\frac{1}{s} = \frac{1}{s_0} + k'c_B + k''c_B^2 \tag{27}$$

Da in die Auswertung der Ultrazentrifugenmessungen der auf $c_B = 0$ extrapolierte Sedimentationskoeffizient s_0, oft als Sedimentationskonstante bezeichnet, eingeht, muß — wie bei allen Molmassenbestimmungsmethoden-eine Konzentrationsreihe vermessen werden.

Eine polydisperse Probe zeigt bei der Zentrifugation keine scharfe Grenzschicht zwischen dem sedimentierenden Polymeren und dem überstehenden polymerfreien Lösungsmittel. Da die Partikel mit der großen Molmasse schneller sedimentieren, als die mit der kleinen, muß das Konzentrationsprofil die Molmassenverteilung der polymeren Probe widerspiegeln. Störend wirkt hier natürlich die Diffusion, besonders bei langen Laufzeiten, die ebenfalls die Konzentrationsprofile verbreitert. Die Molmassenabhängigkeit des auf $c_B = 0$ extrapolierten Sedimentationskoeffizienten kann analog der der Grenzviskosität geschrieben werden.

$$s_0 = KM_B^u \tag{28}$$

Unter der Voraussetzung, daß eine entsprechende Eichbeziehung Gl. (28) durch Vermessen von Polymerfraktionen vorliegt, die Verteilung der Sedimentationskoeffizienten gemessen wurde und diese ausschließlich durch die Massenanteile der einzelnen Molekülspezies und nicht durch andere Faktoren, wie zwischenmolekulare Wechselwirkungen und Diffusionseinflüsse, bestimmt wird, kann man die Molmassenverteilung aus Ultrazentrifugenmessungen ermitteln (siehe Auswertebeispiel).

Mit der Ultrazentrifuge können unterschiedliche Mittelwerte der Molmasse bestimmt werden. Wird die Molmasse aus dem Verhältnis s/D mit der Svedberg-Gleichung ausgerechnet, ergeben sich je nach Mittelwertbildung von s und D für die Molmasse verschiedene $\overline{M}_{s,D}$. Die Kombination $\overline{s}_w$ und $\overline{D}_w$ führt zu einem Mittelwert $\overline{M}_{s_w,D_w}$ (doppeltes Gewichtsmittel), der zwischen zahlenmittlerer und gewichtsmittlerer Molmasse liegt.

Befindet sich eine polydisperse Probe im Sedimentationsgleichgewicht, ist der Konzentrationsgradient (Gl. (21)) proportional der Summe der Produkte aus Molmasse und Konzentration der einzelnen Komponenten.

$$\frac{dc_B}{dx} = \frac{\omega^2 x(1 - \varrho_A v_B)}{RT} \sum_i c_{B,i} M_i \tag{29}$$

An jedem Ort x der Meßzelle kann das Gewichtsmittel $\overline{M}_{w,x}$ oder das z-Mittel (Ultrazentrifugenmittel) $\overline{M}_{z,x}$ errechnet werden.

$$\overline{M}_{w,x} = \frac{\sum_i c_{B,i}(x)\, M_i}{\sum_i c_{B,i}(x)} = \frac{dc_B}{dx} \frac{RT}{\omega^2 x(1 - \varrho_A v_B)\, c_B(x)} \tag{30}$$

$$\overline{M}_{z,x} = \frac{\sum_i c_{B,i}(x)\, M_i^2}{\sum_i c_{B,i}(x)\, M_i} = \frac{d}{dx}\left(\frac{dc_B}{dx}\right) \frac{RT}{\omega^2 x(1 - \varrho_A v_B)\dfrac{dc_B}{dx}} - \frac{RT}{\omega^2 x^2(1 - \varrho_A v_B)} \tag{31}$$

Durch Integration von Gl. (30) und Gl. (31) über die Länge der Meßzelle lassen sich Ausdrücke für die Berechnung der gewichtsmittleren Molmasse,

$$\overline{M}_w = \frac{\int_{x_m}^{x_b} \overline{M}_{w,x} x c_B(x)\, dx}{\int_{x_m}^{x_b} x c_B(x)\, dx} = \frac{RT[c_B(x_b) - c_B(x)]}{(1 - \varrho_A v_B)\, \omega^2 \int_{x_m}^{x_b} x c_B(x)\, dx} \tag{32}$$

und des Ultrazentrifugenmittels der Molmasse

$$\overline{M}_z = \frac{\int_{x_m}^{x_b} \overline{M}_{z,x} \frac{dc_B}{dx}\, dx}{\int_{x_m}^{x_b} \frac{dc_B}{dx}\, dx} = \frac{RT\left[\left(\frac{dc_B}{dx}\right)_b \Big/ x_b - \left(\frac{dc_B}{dx}\right)_m \Big/ x_m\right]}{(1 - \varrho_A v_B)\, \omega^2 [c_B(x_b) - c_B(x_m)]} \tag{33}$$

der untersuchten Proben herleiten [3].

$\overline{M}_n$ ergibt sich aus Gl. (34), die gültig ist, wenn die Beobachtungszone unmittelbar über dem Zellenboden liegt.

$$\overline{M}_n = \frac{RT \int_{x_m}^{x_b} c_B(x)\, dx}{(1 - \varrho_A v_B)\, \omega^2 x_b \int_{x_m}^{x_b} dx \int_{x_m}^{x_b} c_B(x)\, dx} \tag{34}$$

x_m = Ortskoordinate des Meniskus
x_b = Ortskoordinate des Zellenbodens

1.6.3. Einführung in das Experiment

Die Ultrazentrifuge hat seit ihrer Einführung zur Beobachtung des Sedimentationsvorganges durch The Svedberg zu Beginn der Zwanziger Jahre eine ständige technische Verbesserung erfahren. In der Abb. 17 ist der prinzipielle Aufbau einer Ultrazentrifuge gezeigt.

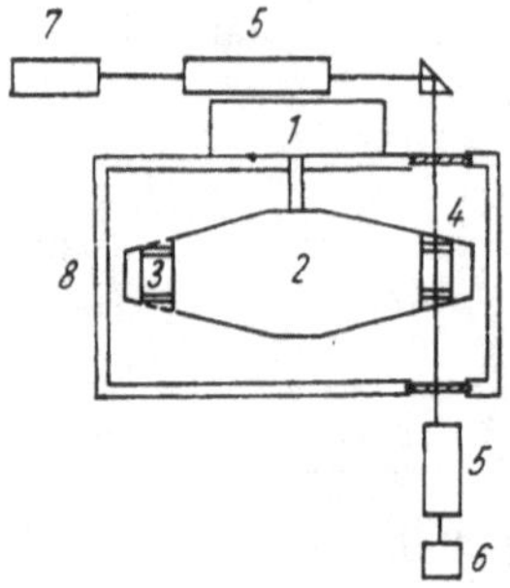

Abb. 17: Schematische Darstellung einer Ultrazentrifuge
1 – Motor und Getriebe
2 – Rotor
3 – Meßzelle
4 – Quarzfenster
5 – Optik
6 – Lichtquelle
7 – Registriereinrichtung (Kamera, *SEV*)
8 – temperierbarer Mantel

Bei (60–70) 10^3 Umdrehungen je Minute werden bei einem mittleren Abstand der Meßzelle von der Rotationsachse von 6–7 cm Zentrifugalbeschleunigungen von $(2-4)10^5$ g (g = Erdbeschleunigung) erreicht. Die Maximalbeschleunigung wird durch die Festigkeit des Rotormaterials, meist Duraluminium-, Titan- oder Chrom-Nickel-Stahl-Legierungen, beschränkt. Im Rotor befinden sich zwei oder mehr Bohrungen parallel zur Rotorachse, die die Meßzellen aufnehmen. Es sind bereits Ultrazentrifugen im Einsatz, in denen bei einem recht erheblichen apparativen Aufwand bis zu 5 Proben gleichzeitig vermessen werden können. Zum Schutz gegen Unfälle läuft der Rotor in einer Stahlkammer, die zur Unterdrückung der Reibungswärme entweder mit Öldiffusionspumpen evakuierbar ist, oder mit Wasserstoff, der ein guter Wärmeleiter ist, von etwa 10^3 Pa gefüllt ist. Die Temperatur des Rotors muß während der Messung auf $\pm 0{,}1$ grd konstant gehalten werden. Die Meßtemperatur kommerzieller Ultrazentrifugen ist von 20 °C bis 150 °C regulierbar.

Der Rotor selbst hängt meist an einer dünnen Welle, die elastisch ist, um ihn auszubalancieren und aus der evakuierbaren Stahlkammer herausführt. Für den Antrieb des Rotors werden verschiedene Systeme eingesetzt. Die ersten Ultrazentrifugen von Svedberg hatten am Ende der Drehachse Turbinen, die meist mit Drucköl betrieben wurden. Bekannt sind auch Ultrazentrifugen mit luftgetriebenen Turbinen. In jüngster Zeit hat sich der Antrieb des Rotors mit einem Elektromotor durchgesetzt, der entweder über ein Getriebe oder direkt mit dem Rotor verbunden ist. Die Drehzahl kann bis auf 30 Umdrehungen je Minute konstant gehalten werden.

Die 0,2 bis 3 cm langen Meßzellen, die die Probe aufnehmen, sind sektorförmig mit einem Sektorwinkel von 2° bis 4° und haben Quarz- oder Saphirfenster. Zur Verfolgung der Vorgänge in der Ultrazentrifuge muß die Konzentration der Lösung am Ort x gemessen werden. Dazu sind prinzipiell refraktometrische Methoden (Interferenzoptik, Schlierenoptik) und Absorptionsmessungen (Absorptionsoptik) denkbar. Alle drei optischen Systeme sind sowohl für Sedimentations- als auch für Diffusionsmessungen in gleicher Weise einsetzbar.

Die Absorption von Licht kann zur Bestimmung des Konzentrationsverlaufes herangezogen werden, wenn die gelösten Teilchen in einem bestimmten Wellenlängenbereich stärker absorbieren als das Lösungsmittel. So weisen zahlreiche Proteine und auch Polystyren im nahen UV-Gebiet starke Absorptionsbanden auf, die die Konzentrationsbestimmung ermöglichen. Ein Vorteil der Absorptionsoptik liegt in der Möglichkeit, Lösungen geringer Konzentration (etwa 10^{-5} g cm^{-3}) zu vermessen. Ein Nachteil älterer Meßanordnungen ist die komplizierte Auswertung über fotografierte und eichbedürftige Schwärzungskurven, der aber in modernen Geräten durch den Einsatz der Photomultiplier und der Möglichkeit des punktförmigen Abtastens der Zelle aufgehoben wird.

Die refraktometrischen Verfahren beruhen auf der Abhängigkeit des Brechnungsindexes der Lösung von der Konzentration der gelösten Partikel. Das genaueste Verfahren ist die LAMM-sche Skalenmethode (Abb. 18).

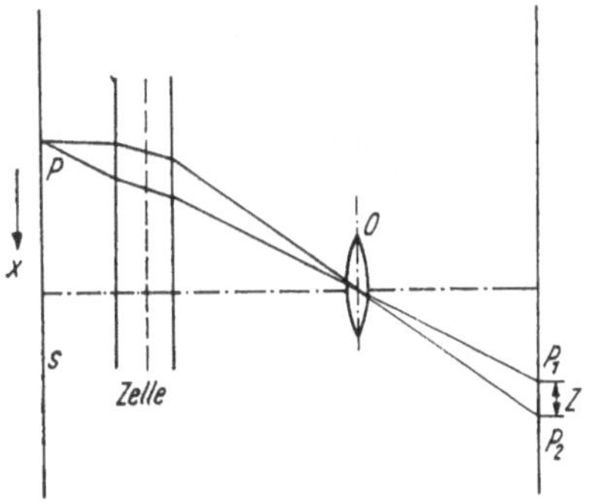

Abb. 18: Schema des Strahlenganges bei der LAMMschen Skalenmethode

Beim Durchgang durch die mit einem homogenen Medium gefüllte Zelle wird ein vom Punkt P einer Skala S ausgehender Lichtstrahl gebrochen, parallel verschoben und durch die Linse auf dem Schirm in P_1 abgebildet. Wenn längs der Zellenhöhe jedoch ein Konzentrationsgradient vorhanden ist, wird der Lichtstrahl nach der Richtung wachsender Brechungsindizes gekrümmt und trifft den Schirm im Punkt P_2, der gegenüber P_1 um die Strecke Z verschoben ist. Z ist proportional der Änderung des Brechungsindexes mit dem Ort und damit auch proportional dem Konzentrationsgradienten. Die zu verschiedenen Versuchszeiten fotografierte Skala wird dann mit der Bezugsskala verglichen (Abb. 19).

Nach einer Methode von PHILPOT und SVENSON (Schlierenoptik), die allerdings nicht so genau ist, kann die Kurve des Konzentrationsgradienten dc_B/dx direkt dargestellt werden. Eine waagerechte Schlitzblende wird mit einer Schlierenlinse, die vor der Meßzelle angebracht ist, auf einer fotografischen Platte abgebildet. Vor dem Kameraobjektiv befindet sich ein schräger Spalt und zwischen Objektiv und Platte eine Zylinderlinse. Der in Abb. 20

ausgezogene Strahl geht durch eine Schicht konstanten Brechungsindexes in der Zelle. Der Schrägspalt läßt einen Mittelstrahl der Schlitzblende in seiner Mitte durch, der auf der fotografischen Platte den Punkt P_1 ergibt. Der gestrichelte Strahl tritt durch das Maximum des Gradienten des Brechungsindexes und der Schrägspalt läßt einen seitlichen Strahl der Schlitzblende auf die Platte gelangen. Er ergibt dort den Punkt P_2, das Maximum des Konzentrationsgradienten. Der Schrägspalt läßt also nur den Teil der Strahlen, die von der Schlitzblende ausgehen, passieren, die einem bestimmten dn/dx entsprechen. Über die Neigung des Schrägspaltes kann die Ordinate der Kurve des Konzentrationsgradienten verändert werden.

Mit einer Interferenzoptik wird die Verschiebung von Interferenzlinien beobachtet, deren Zahl proportional dem Brechungsindexunterschied und demnach dem Konzentrationsunterschied ist.

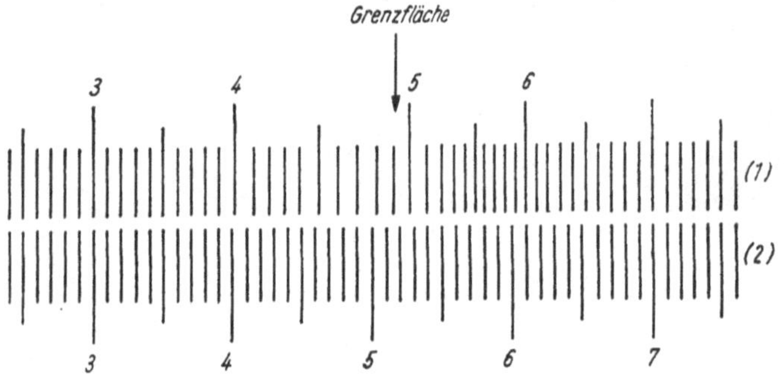

Abb. 19: Skalenaufnahme eines Sedimentationsversuchs

1 – Versuchsbeginn
2 – Bezugsskala

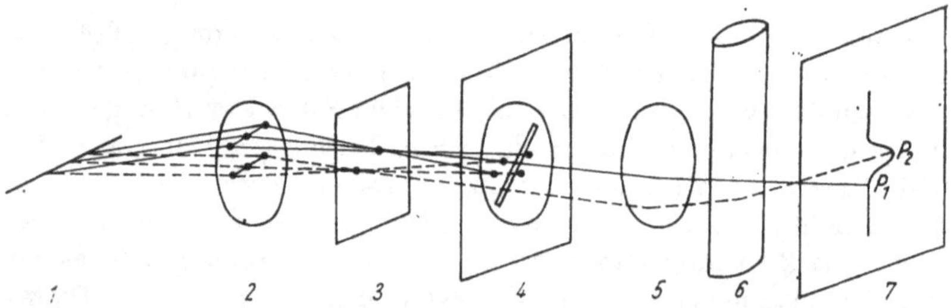

Abb. 20: Schema des Strahlenganges einer Schlierenoptik nach PHILPOT und SVENSON

1 – Schlitzblende
2 – Schlierenlinse
3 – Meßzelle
4 – Schrägspalt
5 – Objektiv
6 – Zylinderlinse
7 – Fotoplatte

Aus den in 1.6.2. dargelegten theoretischen Grundlagen und Ableitungen ließen sich bereits prinzipielle Verfahrensweisen für eine Messung in der Ultrazentrifuge herleiten. Gebräuchlich sind folgende Arbeitstechniken:

Messen der Sedimentationsgeschwindigkeit

Die Drehzahl der Ultrazentrifuge wird so groß gewählt, daß die Sedimentationsgeschwindigkeit sehr viel größer als die Diffusionsgeschwindigkeit ist. Die Bewegung des Konzentrationsgradienten wird gemessen und s entsprechend seiner Definition Gl. (5) bzw. der durch Integration hergeleiteten Gl. (13) errechnet. Da wegen der Molmassenverteilung und des (geringen) Diffusionseinflusses die Trennfläche zwischen Lösung und Lösungsmittel nicht scharf ist, verfolgt man den Sedimentationsgipfel. Seine Lage wird zu verschiedenen Zeiten t_1 und t_0 ausgemessen. Ist die Kurve des Konzentrationsgradienten asymmetrisch, wird mit einer empirischen statistischen Näherungsformel ein Gewichtsmittel des Sedimentationskoeffizienten $\bar{s}_w$ bestimmt.

$$\bar{s}_w = \frac{3\, s_m - s_{\max}}{2} \tag{35}$$

s_m ist der Sedimentationskoeffizient, der sich aus der Bewegung des Medianwertes der dc_B/dx-Kurve ergibt und $s_{\max}$ der sich aus der Bewegung des Maximums der dc_B/dx-Kurve ergebende.

Lösungen des Polymeren unterschiedlicher Konzentration (bei Schlierenoptik $(1-10)\,10^{-3}$ g cm^{-3}) müssen vermessen werden, um auf $c_B = 0$ extrapolieren zu können. Es ist nicht erforderlich, die Lösungen so sorgfältig wie die der Lichtstreumessungen zu reinigen, da grobe Verunreinigungen schnell zu Beginn des Zentrifugierens sedimentieren. Die Meßzellen werden nicht völlig mit der Lösung gefüllt, um auch zu Beginn des Zentrifugierens einen Konzentrationsgradienten und damit eine definierte Ortskoordinate des Meniskus' zu haben. Die Meßtemperatur wird eingestellt und der Antrieb der Ultrazentrifuge eingeschaltet. Nach einer Anlaufphase von 5 bis 10 Minuten hat die Zentrifuge dann die gewünschte Drehzahl erreicht. Ist der Diffusionskoeffizient bekannt oder kann er gemessen werden, setzt man die auf $c_B = 0$ extrapolierten Diffusions- und Sedimentationskoeffizienten in die SVEDBERG-Gleichung (9) ein.

Im Nenner der Gl. (9) stehen die Dichte des Lösungsmittels und das partielle spezifische Volumen des Polymeren. Beide Größen sind druckabhängig. Während des Zentrifugierens baut sich in der Meßzelle ein Druckgradient auf, dessen Einfluß korrigiert werden sollte (Druck am Meniskus etwa 0,1 MPa, am Zellenboden bis 50 MPa). Durch die Molmassenverteilung wird die Gradientenkurve proportional zu t und durch die Diffusion proportional zu $t^{0,5}$ verbreitert. Die Diffusionsverbreiterung wird durch Extrapolation der Meßergebnisse auf $t = \infty$ korrigiert.

Ist die $[\eta]$-M-Beziehung des zu untersuchenden Produktes bekannt, kann auch ohne Kenntnis von D die gewichtsmittlere Molmasse aus der MANDELKERN-FLORY-SCHERAGA-Gleichung (12) errechnet werden.

Sedimentationsgleichgewicht

Bei geringen Drehzahlen des Rotors stellt sich nach langen Meßzeiten ein Gleichgewicht zwischen Sedimentation und Diffusion ein. Die Änderung der Konzentration mit der Zeit am Ort x ist Null und die LAMMsche Differentialgleichung vereinfacht sich zur Gl. (20), aus der dann mit der SVEDBERG-Gleichung Gl. (21) hervorgeht, die nach M_B umgestellt werden kann:

$$M_B = \frac{RT}{(1 - \varrho_A v_B)\,\omega^2 c_B x} \frac{\partial c_B}{\partial x} \tag{36}$$

Durch Integration von (21) konnte Gl. (26) hergeleitet werden, die ebenfalls eine Bestimmungsgleichung für die Molmasse ist. Beide Gleichungen gelten nur exakt im Thetalösungsmittel, sonst wird nur eine scheinbare Molmasse ermittelt. Die wahre Molmasse ergibt sich aus der Auftragung von $(M_B)^{-1}$ gegen c_B bei Extrapolation auf $c_B = 0$. Die Mittelwerte der Molmasse polydisperser Proben bestimmt man mit Hilfe der Gln. (32) bis (34).

Methode des Übergangszustandes nach ARCHIBALD

Um die langen Einstellzeiten des Sedimentationsgleichgewichtes zu umgehen, aber dennoch ohne Bestimmung des Diffusionskoeffizienten auszukommen, ist es nach ARCHIBALD [4, 5] auch möglich, die Konzentrationsmessungen kurz nach Beginn der Sedimentation, etwa am Meniskus oder am Boden der Meßzelle, vorzunehmen. Da die gelöste Substanz in die Meßzelle weder hereinnoch herauswandern kann, ist an diesen Stellen ebenfalls die Bedingung $dm/dt = 0$ erfüllt. Aus der Polymerkonzentration am Meniskus, $c_{B,m}$, und $(\partial c_B/\partial x)_m$ kann mit Gl. (36) die gewichtsmittlere Molmasse ermittelt werden, die wieder nur eine scheinbare $\overline{M}_{w,\mathrm{app}}$ ist. Am Meniskus nimmt nämlich der Anteil der Moleküle mit großer Molmasse ab, die ja schneller sedimentieren, und der Anteil der Moleküle kleiner Molmasse wächst. Um die wahre Molmasse zu bestimmen, mißt man nach verschiedenen Laufzeiten $\overline{M}_{w,\mathrm{app}}$ und extrapoliert auf $t = 0$. Die extrapolierten Molmassen sind konzentrationsabhängig, so daß noch $(\overline{M}_{w,\mathrm{app}}\,(t = 0))^{-1}$ gegen c_B aufgetragen und auf $c_B = 0$ extrapoliert werden muß. Enthält die polymere Probe sehr hochmolekulare Anteile, z.B. aggregierte Moleküle, kann am Meniskus die Molmasse des aggregierten Produktes bestimmt werden. Ist die Molmasse der Gesamtprobe gesucht, muß die Abhängigkeit der scheinbaren Molmasse von der Drehzahl gemessen und auf $\omega = 0$ extrapoliert werden.

Methode des Übergangszustandes nach TRAUTMAN [6]

Die Zahl der Umdrehungen je Minute des Rotors wird gegenüber der vorigen Methode erhöht. Während des Zentrifugenlaufes wird der Gradient der Polymerkonzentration am Meniskus $(\partial c_B/\partial x)_m$ und die Abnahme der Polymerkonzentration am Meniskus $\Delta c_{B,m}$ solange gemessen, bis sich eine reine Lösungsmittelschicht am Meniskus gebildet hat. Es gilt

$$\overline{M}_w c_{B,0} - \overline{M}_Z \Delta c_{B,m} = \frac{(\partial c_B/\partial x)_m \, RT}{\omega^2 x_m^2 (1 - \varrho_A v_B)} \tag{37}$$

$c_{B,0}$ = Polymerkonzentration der Ausgangslösung

Man trägt $(\partial c_B/\partial x)_m$ gegen $\Delta c_{B,m}$ auf und extrapoliert auf $\Delta c_{B,m} = 0$. Mit dem extrapolierten Wert des Konzentrationsgradienten und Gl. (37) kann dann eine scheinbare Molmasse berechnet werden, die wieder auf $c_B = 0$ extrapoliert wird.

Ultrazentrifugation im Dichtegradienten

Bei der Ultrazentrifugation im Dichtegradienten wird das Polymere in einem Gemisch zweier oder mehrerer Lösungsmittel unterschiedlicher Dichte gelöst. Während des Zentrifugenlaufes stellt sich in der Meßzelle ein Dichtegradient ein und die gelösten Moleküle bewegen sich zu der Stelle in der Meßzelle, an der ihre Dichte mit der des Lösungsmittelgemisches übereinstimmt. Wegen der BROWNschen Bewegung bilden sie eine Zone, die bei chemisch, sterisch und molmasseneinheitlichen Polymeren die Form einer GAUSS-Kurve hat und deren Breite mit zunehmender Molmasse abnimmt. Für die Verteilung der Konzentration um den Abstand $\bar{x}$ von der Rotorachse gilt:

$$c_B(x) = c_B(\bar{x}) \exp(-(x - \bar{x})^2/2\sigma^2) \tag{38}$$

$$\sigma = RT \Bigg/ \left[M_B \omega^2 \bar{x} \left(\frac{d\varrho}{dx}\right)_{\bar{x}} v_B \right] \tag{39}$$

$(d\varrho/dx)_{\bar{x}}$ = Dichtegradient bei $\bar{x}$

Besonders gut ist die Ultrazentrifugation im Dichtegradienten zur Aufstellung der Verteilung der Zusammensetzung von Copolymeren, insbesondere der Pfropfcopolymeren, geeignet, deren Cokomponenten unterschiedliche Dichte haben [7]. Auch die Bestimmung der Taktizität von Homopolymeren ist möglich, da unterschiedlich stereospezifische Moleküle verschiedene partielle spezifische Volumina haben.

1.6.4. Versuchsbeispiel mit Auswertung

Das Aufstellen einer Molmassenverteilungskurve aus Messungen des Sedimentationskoeffizienten wird am Beispiel einer Polystyrenprobe demonstriert.

Die Messungen werden am Thetapunkt (Lösungsmittel Cyclohexan, $T_\Theta = 307$ K) ausgeführt, da hier die Virialkoeffizienten der Konzentrationsabhängigkeit von s und D Null sind. Experimente ergaben [8], daß die 2. Virialkoeffizienten tatsächlich den Wert Null haben, aber nicht die zahlenmäßig kleinen 3. Virialkoeffizienten. Man wählt darum zweckmäßigerweise eine niedrige Polymerkonzentration.

200 mg der Polystyrenprobe werden in einem 100 cm³-Maßkolben eingewogen und mit Cyclohexan aufgefüllt. Die Probe wird bei 40 °C unter Schütteln gelöst und in die Meßküvette der Ultrazentrifuge gegeben. Die Ultrazentrifuge ist auf 307 K temperiert. Nach etwa 10 Minuten ist die gewünschte Drehzahl $50 \cdot 10^3$ Umdrehungen/Minute erreicht und die Sedimentationsdiagramme werden zu verschiedenen Zeiten aufgenommen. Abb. 21 zeigt schematisch eine PHILPOT-SVENSON-Aufnahme.

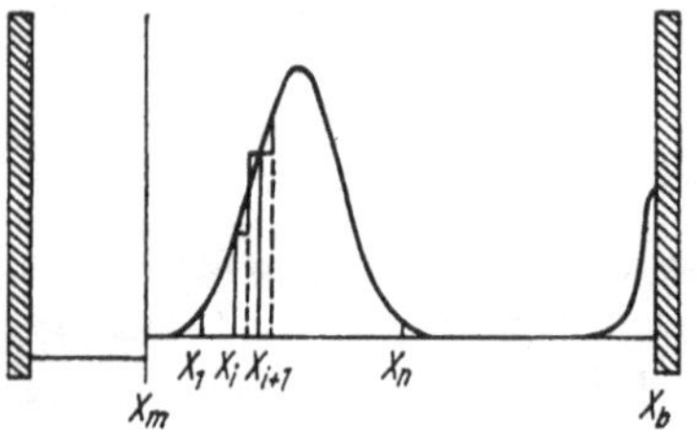

Abb. 21: Zerlegung einer PHILPOT-SVENSON-Aufnahme (Gradientenkurve) in äquidistante Abschnitte

Der Konzentrationsgradient ist in Abhängigkeit des Abstandes vom Rotationszentrum dargestellt. Die Kurve des Konzentrationsgradienten wird in äquidistante Abschnitte unterteilt und die Höhen gemessen. Wegen der Sektorform der Zelle müssen die dc_B/dx-Werte korrigiert werden. Dazu multipliziert man die Gradientenwerte am Ort x_i mit $(x_i/x_0)^2$. x_0 ist der Abstand des Wanderungsbeginns vom Rotationszentrum. Die korrigierten Werte sind in Abhängigkeit von x in Tab. 15 aufgeführt und in Abb. 22 dargestellt.

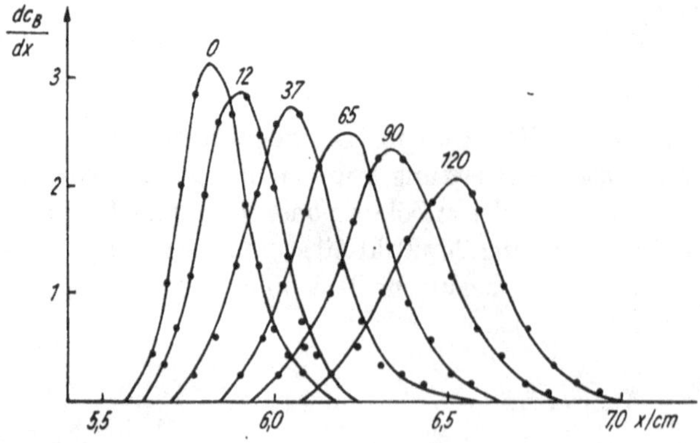

Abb. 22: PHILPOT-SVENSON-Aufnahmen der Sedimentation von Polystyren in Cyclohexan bei verschiedenen Meßzeiten (in min)

Tabelle 15: Ausgemessene Höhen der Gradientenkurve $\Delta h(x_i)$
$x_{i+1} = x_1 + i\,\Delta x$

t/min	0	12	37	65	90	120
x_1/cm	5,65	5,68	5,73	5,91	6,02	6,17
Δx/mm	0,4	0,4	0,6	0,6	0,7	0,7
Δh für						
$i = 0$	0,4	0,3	0,25	0,25	0,25	0,25
$i = 1$	1,1	0,65	0,6	0,6	0,5	0,5
$i = 2$	2,0	1,15	1,25	1,1	1,0	1,0
$i = 3$	2,8	1,9	1,9	1,75	1,7	1,5
$i = 4$	3,2	2,6	2,6	2,3	2,25	1,8
$i = 5$	3,1	2,8	2,65	2,5	2,25	2,1
$i = 6$	2,7	2,8	2,15	2,1	1,8	1,75
$i = 7$	1,8	2,5	1,25	1,4	1,2	1,1
$i = 8$	1,25	2,0	0,75	0,9	0,65	0,65
$i = 9$	0,7	1,3	0,3	0,6	0,4	0,35
$i = 10$	0,4	0,75	0,25	0,25	0,2	0,2
$i = 11$	0,25	0,4	0,15	0,15	0,1	0,1
$i = 12$		0,25				
F	7,88	7,78	8,46	8,34	8,61	7,91

F = Fläche unter der Gradientenkurve

Die Fläche unter dem Sedimentationspeak wird ausplanimetriert oder berechnet (z. B. mit der Höhenformel). Sie entspricht der Gesamtmenge des sedimentierenden Polymeren. Unterteilt man nun die Sedimentationspeaks in genügend viele Abschnitte, die bestimmte Massenanteile der Probe enthalten (hier zur Vereinfachung nur 10%, 25%, 50%, 75% und 90%), kann die Wanderung der entsprechenden Massenanteile beobachtet werden. Die den Massenanteilen entsprechenden x-Werte der Sedimentationskurven zu verschiedenen Zeiten sind in Tab. 16 aufgeführt. Wegen der endlichen Anlaufphase der Ultrazentrifuge ist die Bestimmung der Konzentrationsgradienten bei $t = 0$ problematisch. Die Zeit des Versuchsbeginns wird als

$$t_0 = \tfrac{1}{3}\, t_{\text{wahr}} \text{ festgelegt} \tag{40}$$

t_{wahr} = Zeit bis zum Erreichen der gewählten Drehzahl

Nach Gl. (13) kann der Sedimentationskoeffizient s aus dem Anstieg der Auftragung des natürlichen Logarithmus des Abstandes der zu den ausgewählten Massenanteilen gehörenden Ortskoordinaten in Abhängigkeit von der Zeit errechnet werden (Abb. 23).

$$s = \frac{\Delta \ln x}{\omega^2 \Delta t} \tag{41}$$

Tabelle 16: Ortskoordinaten entsprechender integraler Massenanteile (in %) zu verschiedenen Zeiten

t/min	10 %		25 %		50 %		75 %		90 %	
	x/cm	ln x	x/cm	ln x	x/cm	ln x	x/cm	ln x	x/cm	ln x
0	5,70	1,741	5,75	1,749	5,82	1,761	5,88	1,771	5,93	1,780
12	5,75	1,749	5,82	1,761	5,90	1,775	5,96	1,785	6,04	1,798
37	5,87	1,770	5,94	1,782	6,05	1,800	6,11	1,810	6,18	1,821
65	6,01	1,793	6,07	1,803	6,20	1,825	6,28	1,838	6,37	1,852
90	6,12	1,812	6,21	1,825	6,34	1,847	6,43	1,861	6,54	1,878
120	6,26	1,834	6,37	1,852	6,53	1,876	6,64	1,893		

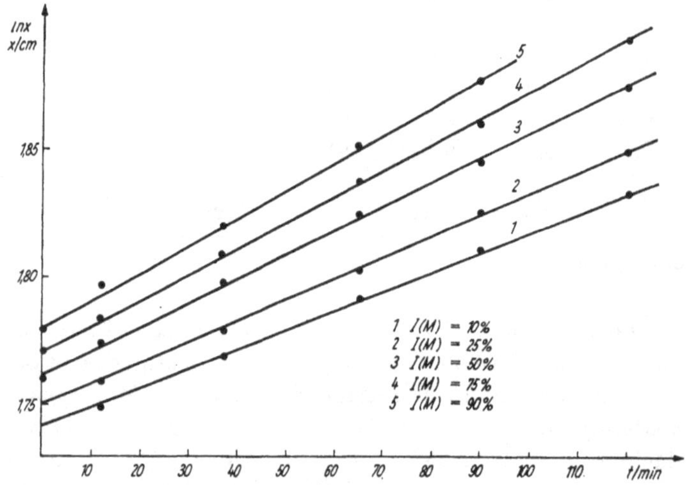

Abb. 23: Auftragung des natürlichen Logarithmus der Ortskoordinate gegen die Zeit für unterschiedliche integrale Massenanteile zur Auswertung nach Gl. (41)

Der Literatur wird die Beziehung zwischen Sedimentationskoeffizient und Molmasse für das System Polystyren-Cyclohexan bei 307 K entnommen [9, S. 272].

$$s = 1{,}55\ 10^{-2}\ \overline{M}_w^{0{,}5} \qquad (42)$$

$\overline{M}_w$ in gmol^{-1}
s in 10^{-13} s

Über den Sedimentationskoeffizient können jetzt den Massenanteilen mittlere Molmassen zugeordnet werden (Tab. 17).

Die sich ergebende integrale Massenverteilung ist in Abb. 24 dargestellt.

Tabelle 17: Anstiege der $\ln x - t$-Darstellung (Abb. 23) und mit Gl. (41) errechnete Sedimentationskoeffizienten, aus denen mit Gl. (42) $\overline{M}_w$ errechnet wird.

$I(m)/\%$	$\tan\alpha/10^{-4}\,\text{min}^{-1}$	$s/10^{-13}\,s$	$\overline{M}_w/10^3\,\text{g mol}^{-1}$
10	7,75	4,72	93
25	8,33	5,07	107
50	9,58	5,83	142
75	10,33	6,29	165
90	11,0	6,69	186

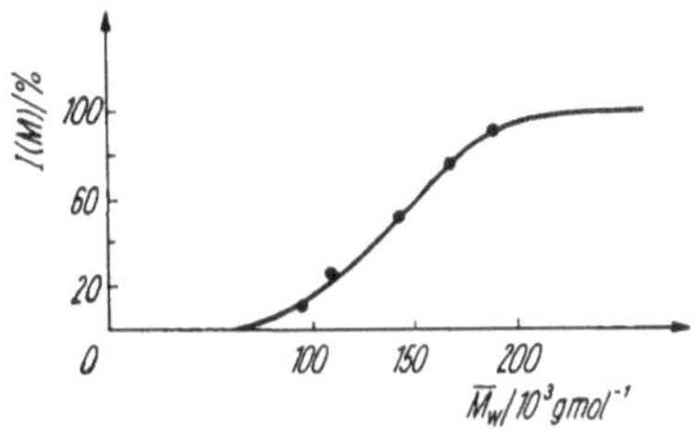

Abb. 24: Integrale Molmassenverteilung der untersuchten Polystyrenprobe

Soll der Diffusionseinfluß korrigiert werden, trägt man $(\ln x_i/x_m)/t$ gegen t^{-1} auf und erhält den Sedimentationskoeffizient als Grenzwert

$$s = \frac{1}{\omega^2} \lim_{t^{-1} \to 0} (\ln x_i/x_m)/t \tag{43}$$

Sind entsprechende Zahlenwerte bekannt, kann der Druckeinfluß mit dem Kompressibilitätsfaktor k korrigiert werden.

$$k = \frac{\eta_A(p)\,[1 - \varrho_A(p_0)\, v_B(p_0)]}{\eta_A(p_0)\,[1 - \varrho_A(p)\, v_B(p)]} \tag{44}$$

Wurde die Konzentrationsabhängigkeit des Diffusions- und Sedimentationskoeffizienten gemessen (Tab. 18), kann mit der Svedberg-Gleichung die mittlere Molmasse $\overline{M}_{s,D}$ errechnet werden. Dazu trägt man D gegen c_B und s^{-1} gegen c_B (entsprechend Gl. (27)) auf und entnimmt der grafischen Darstellung die auf $c_B = 0$ extrapolierten Diffusions- und Sedimentationskoeffizienten. Man kann aber auch gleich das Verhältnis D/s auf $c_B = 0$ extrapolieren. Auf beiden Wegen wird das richtige Ergebnis erhalten.

Aus Abb. 25 können entnommen werden:

$$\lim_{c_B \to 0} s^{-1} = 0{,}224\ 10^{13}\ s^{-1}$$

$$^{s}c_{B\to 0} = 4{,}46\ 10^{-13}\ s$$

$$\lim_{c_B \to 0} D = 5{,}22\ 10^{-7}\ cm^2\ s^{-1}$$

Tabelle 18: Konzentrationsabhängigkeit des Sedimentations- und Diffusionskoeffizienten von Polystyren in Toluen bei 293 K, entnommen [10]

$c_B/10^{-3}$ g cm^{-3}	1	2	3	4
$s/10^{-13}$ s	4,09	3,72	3,43	3,20
$s^{-1}/10^{13}$ s^{-1}	0,24	0,27	0,29	0,31
$D/10^{-7}$ cm^2 s^{-1}	5,35	5,47	5,50	5,70
$\frac{D}{s}\Big/ 10^6$ cm^2 s^{-1}	1,31	1,47	1,60	1,78

$v_B \varrho_A = 0{,}795$

und $\lim\limits_{c_B \to 0}(D/s) = 1{,}15\ 10^6$ cm^2 s^{-2}

Setzt man die Werte in Gl. (9) ein, erhält man für beide Extrapolationswege übereinstimmend

$$\overline{M}_{s,D} = 102 \cdot 10^3 \text{ g mol}^{-1} .$$

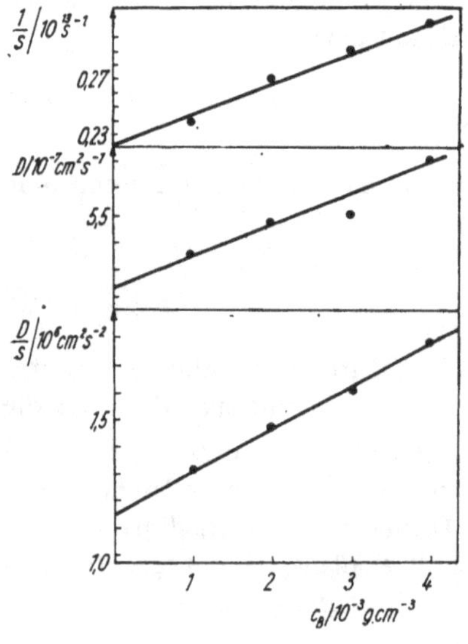

Abb. 25: Extrapolationskurven des reziproken Sedimentationskoeffizienten, des Diffusionskoeffizienten und des Verhältnisses D/s

1.6.5. Die Bestimmung des Diffusionskoeffizienten

Die Bestimmung des Diffusionskoeffizienten D in Gl. (9) beruht auf dem Zusammenhang zwischen der Konzentrationsänderung je Zeiteinheit dc_B/dt und dem Konzentrationsgefälle, der im 2. FICKschen Gesetz formuliert ist:

$$\frac{dc_B}{dt} = D \frac{\partial^2 c_B}{\partial x^2} \tag{45}$$

(D unabhängig von c_B.)

Die Lösungen der partiellen Differentialgleichung (45) hängen von der Geometrie der Meßanordnung und den Rand- und Anfangsbedingungen ab. Für den Fall, daß die gelösten Partikel in ihr eigenes Lösungsmittel diffundieren ist zur Zeit $t = 0$ für alle negativen x die Konzentration gleich $c_{B,0}$ und für alle positiven x $c_B = 0$. Unter den Annahmen, daß D unabhängig von der Konzentration ist und die Gesamtkonzentration unverändert bleibt, kann Gl. (45) integriert werden.

$$c_B(x, t) = \frac{c_{B,0}}{2}\left(1 - \frac{2}{\sqrt{\pi}} \int_0^y e^{-y^2}\, dy\right) \tag{46}$$

$y = x/2Dt$
$c_{B,0}$ = Anfangskonzentration

Bei der Beobachtung der Diffusion mit der PHILPOT-SVENSON-Methode erhält man den Konzentrationsgradienten

$$\frac{dc_B}{dx} = \frac{c_{B,0}}{2\sqrt{\pi Dt}} e^{-x^2/4Dt} \tag{47}$$

mit dem Maximum der Höhe h bei $x = 0$.

$$h = \frac{c_{B,0}}{2\sqrt{\pi Dt}} \tag{48}$$

Umstellen ergibt die Bestimmungsgleichung für den Diffusionskoeffizienten

$$D = \frac{c_{B,0}^2}{4\pi t h} \tag{49}$$

Literatur

[1] ELIAS, H. G., „*Theorie und Praxis der Ultrazentrifugentechnik*", Firmendruck der Beckman Instr. GmbH München
[2] SCHERAGA, H. A. u. L. MANDELKERN, J. Amer. chem. Soc. **75** (1953), 179
[3] LANSING, W. D. u. E. O. KRAEMER, J. Amer. chem. Soc. **57** (1935), 1369
[4] ARCHIBALD, W. J., J. phys. Colloid Chem. **51** (1947), 1204
[5] ELIAS, H. G., Angew. Chem. **73** (1961), 209
[6] TRAUTMAN, R., J. physic. Chem. **60** (1956), 1211
[7] HERMANS, J. J., Ber. Bunsenges. physik. Chem. **70** (1966), 280
[8] CANTOW, H. J., Makromolekulare Chem. **30** (1959), 169

[9] McCormick, H. W., „*Sedimentation*", Chapter C. 2 in: „*Polymer Fractionation*", ed. M. J. R. Cantow, Academic Press, New York, London 1967
[10] Meyerhoff, G., Z. physik. Chem. Neue Folge, **23** (1960), 100

1.7. Bestimmung des Viskositätsmittels $\overline{M}_\eta$ von Polymeren

1.7.1. Einführung

Die Viskosimetrie von Polymerlösungen ist die am häufigsten angewandte Methode zur Charakterisierung von Makromolekülen, weil sie schnell und ohne großen Aufwand zahlreiche Informationen über die Mikrostruktur der Polymermoleküle liefert. Dies sind u. a. Aussagen über die mittlere Molekülgröße, Trägheitsradien und Fadenendenabstände linearer und verzweigter Moleküle, über die lang- und kurzreichenden Wechselwirkungsparameter der Theorie des ausgeschlossenen Volumens und damit über die Güte der Lösungsmittel, ferner über die übermolekularen Strukturen konzentrierter Polymerlösungen und -schmelzen sowie deren Fließ- und Relaxationsverhalten.

Die Viskosimetrie ist keine Absolutmethode der Molmassenbestimmung, da bisher noch nicht der exakte Zusammenhang zwischen der Meßgröße Grenzviskosität und der Molmasse herleitbar ist.

1.7.2. Theoretische Grundlagen [1, 2]

Grundlage der viskosimetrischen Untersuchungsmethoden ist die Erkenntnis, daß eine Flüssigkeit durch ein eingebrachtes Teilchen eine Viskositätserhöhung erfährt, die proportional seinem Volumen ist. Da bei polymerhomologen Reihen das Volumen der Makromoleküle mit der Molmasse zunimmt, muß ein Zusammenhang zwischen Viskositätserhöhung und Molmasse bestehen. Die relative Viskositätserhöhung bezeichnet man im allg. als spezifische Viskosität η_{sp}.

$$\eta_{sp} = \frac{\eta - \eta_0}{\eta_0} = \frac{\eta}{\eta_0} - 1 = \eta_{rel} - 1 \tag{1}$$

η = Viskosität der Lösung
η_0 = Viskosität des Lösungsmittels
η_{rel} = Viskositätsverhältnis oder relative Viskosität

η_{sp} ist konzentrationsabhängig und wird von den Wechselwirkungskräften beeinflußt. Um die Viskositätserhöhung durch die gelösten Makromoleküle zu charakterisieren, wird darum η_{sp} mit der Konzentration reduziert und die reduzierte spezifische Viskosität auf unendliche Verdünnung extrapoliert. Da die Viskositätserhöhung vom Scher- oder Geschwindigkeitsgefälle G abhängt, muß auch der Grenzübergang nach $G = 0$ ausgeführt werden. Die sich aus der Grenzwertbildung ergebende Größe ist die Grenzviskosität oder der STAUDINGER-Index $[\eta]$.

$$[\eta] = \lim_{\substack{c_B \to 0 \\ G \to 0}} \frac{\eta_{sp}}{c_B} \tag{2}$$

Die empirisch gefundene KUHN-MARK-HOUWINK-Gleichung gibt den Zusammenhang zwischen Grenzviskosität und Molmasse wieder.

$$[\eta] = K\overline{M}^a \tag{3}$$

Die Größen K und a, die nicht exakt theoretisch berechnet werden können, müssen über Eichmessungen bestimmt werden. Sie sind von der geometrischen Gestalt (hydrodynamisches Volumen) und damit auch von der Wechselwirkung mit dem Lösungsmittel abhängig.

Die Grenzviskosität einer polydispersen Probe ist ein Gewichtsmittel, es gilt die empirische Beziehung (PHILIPPOFFsche Regel):

$$[\eta] = \frac{\sum_i w_i \, [\eta]_i}{\sum w_i} \tag{4}$$

Die über Gl. (3) berechnete Molmasse ist ein Viskositätsmittel $\overline{M}_\eta$, das als Exponentenmittel (siehe 1.1.) von der Größe des Exponenten a abhängt:

$$\overline{M}_\eta = \left(\frac{\sum_i w_i M_i^a}{\sum_i w_i} \right)^{1/a} \tag{5}$$

Für $a = 1$ ist $\overline{M}_\eta$ mit dem Gewichtsmittel und für $a = -1$ mit dem Zahlenmittel der Molmasse identisch. Ein Viskositätsmittel ergibt sich nur dann aus Gl. (3), wenn die zur Aufstellung der Gleichung verwendeten Proben entweder molekulareinheitlich waren oder deren Viskositätsmittel bekannt war. In den anderen Fällen ist K von der Uneinheitlichkeit der Eichsubstanzen abhängig. Liegen die zur Eichung benutzten Proben nicht molekulareinheitlich vor, ist aber deren Molmassenverteilung bekannt, können die Einflüsse des Typs und der Breite der Molmassenverteilung z.B. mit q-Faktoren korrigiert werden. Erstmals wurde von NEWMAN u. Mitarb. [3] ein q-Faktor für den Fall abgeleitet, daß die Molmasse durch Lichtstreuung ($\overline{M}_w$) gemessen wurde.

$$q_n = \frac{(\mu_n^{(1)})^{3/2}}{\mu_n^{(3/2)} \, (\mu_n^{(0)})^{1/2}} \tag{6}$$

μ = Momente der Verteilungsfunktionen (siehe 1.1.)

Gl. (6) korrigiert zum Beispiel die Beziehung zwischen der zahlenmittleren Molmasse und $[\eta]$. Ist die Molmassenverteilung nicht zu breit ($\overline{M}_w/\overline{M}_n < 3$), ist das Viskositätsmittel nur um wenige Prozent kleiner als das Gewichtsmittel. Die Bestimmung der Konstanten der Gl. (3) ist dann aus der Abhängigkeit der Grenzviskosität von der gewichtsmittleren Molmasse der Eichproben möglich.

Für einige Modelle können der Exponent a und die Konstante K der KUHN-MARK-HOUWINK-Gleichung berechnet werden. Ausgangspunkt der Viskositätstheorie für Polymermoleküle ist ein Makromolekül, dessen Segmente eine GAUSSsche Dichteverteilung um den Schwerpunkt aufweisen. FOX und FLORY konnten 1949 eine universelle Viskositätsfunktion herleiten, die die Grenzviskosität mit dem Trägheitsradius verknüpft:

$$[\eta] = \Phi \frac{\left(\overline{r_n^2}\right)^{3/2}}{\overline{M}_n} \tag{7}$$

Φ = Durchspülungskonstante

Die Grenzviskosität ist demnach proportional dem Quotienten aus dem effektiven Knäuelvolumen und der Molmasse. Der Proportionalitätsfaktor, die Durchspülungskonstante Φ, ist von der Segmentverteilung um den Schwerpunkt des Makromoleküls und so von dessen geometrischer Form und den Wechselwirkungskräften innerhalb der Lösung abhängig.

$$\Phi = \Phi_0(1 - 2{,}63\,\varepsilon' + 2{,}86\,\varepsilon'^2) \tag{8}$$

Φ_0 = Durchspülungskonstante eines Knäuels im Thetazustand
= $4{,}18 \cdot 10^{24}$ (mol Makromolekül)$^{-1}$; bezogen auf den Trägheitsradius
ε' = Parameter, der die Abweichung des realen Lösungszustandes vom Thetazustand charakterisiert
$\varepsilon' = \frac{2a - 1}{3}$

Aus der Irrflugstatistik kann unter Berücksichtigung von Bindungslänge und Valenzwinkel eine fiktive Abmessung, die ungestörte Dimension r_0, realisiert im Thetazustand, hergeleitet werden. Die Abweichung der wahren Moleküldimension wird durch Einführen eines Expansionskoeffizienten $\alpha = (\overline{r^2}/\overline{r_0^2})^{1/2}$ berücksichtigt.

$$[\eta] = [\eta]_\Theta\,\alpha^3$$

$$[\eta]_\Theta = \Phi_0 \frac{\left(\overline{r_0^2}\right)^{3/2}}{\overline{M}_n} \tag{9}$$

$[\eta]_\Theta$ = Grenzviskosität im Thetazustand

Der Expansionskoeffizient ist eine Funktion von zwei Parametern, dem kurzreichenden Wechselwirkungsparameter, der die Wechselwirkung nächster Nachbarn berücksichtigt, und dem weitreichenden Wechselwirkungsparameter, der von den Wechselwirkungen zwischen Segmenten verschiedener Makromoleküle abhängt. Allgemein erhält man nach Einsetzen entsprechender Ausdrücke der „Zwei-Parameter-Theorie" für α in Gl. (9)

$$\frac{[\eta]}{\overline{M}_n^{1/2}} = K_0 + \Phi_0 A_2 \overline{M}_n^{1/2}$$

$$K_0 = \Phi_0(\overline{r_0^2}/\overline{M}_n)^{3/2}; \qquad A_2 = \beta/M_0^2 \tag{10}$$

M_0 = Molmasse der Monomereinheit

Bei Auftragung von $[\eta]/\overline{M}_n^{1/2}$ gegen $\overline{M}_n^{1/2}$ kann als Achsenabschnitt K_0 abgelesen und die ungestörte Dimension berechnet werden. Aus dem Anstieg ergibt sich das sogenannte ausgeschlossene Volumen β, das mit dem 2. Virialkoeffizienten im Zusammenhang steht.

Der analytische Zusammenhang zwischen $\overline{r^2}$ und $\overline{M}$ bestimmt letztlich den Exponenten der KUHN-MARK-HOUWINK-Gleichung. Im Thetazustand ist das Quadrat des Trägheitsradius direkt proportional der Molmasse, so daß im Fall des undurchspülten Knäuels $a = 0{,}5$ ist. Die Abweichung der $\overline{r^2}$-$\overline{M}$-Relation von der im Thetazustand kann durch den Parameter ε' Gl. (8) gekennzeichnet werden, der um so größer ist, je besser der thermodynamische Lösungszustand ist.

$$\overline{r^2} \sim \overline{M}^{1+\varepsilon'} \tag{11}$$

Im Grenzfall des frei durchspülten Knäuels ist $a = 1$, bei guten Lösungsmitteln liegt a im Bereich 0,6 bis 0,9.

Da für unsolvatisierte oder gleich solvatisierte Kugeln konstanter Dichte $(\overline{r^2})^{3/2} \sim M$ ist, muß hier die Grenzviskosität unabhängig von der Molmasse sein.

Im Bereich sehr großer Molmassen wird das Makromolekül mit steigender Molmasse immer stärker kontrahieren und sich dem Viskositätsverhalten der Kugel annähern. Sehr kleine Moleküle ($M < 5 \cdot 10^3$ g/mol) knäueln noch nicht und können Grenzviskositäts-Molmasse-Relationen wie starre Stäbchen, $a = 2$, zeigen. Verzweigte und schwach vernetzte Produkte kontrahieren stärker als lineare Moleküle gleicher Molmasse und haben gegenüber dem linearen Produkt veränderte Grenzviskositäts-Molmasse-Relationen. Unterschiede im Viskositätsverhalten von linearen und verzweigten Produkten können zur Bestimmung der Verzweigungszahl dienen.

1.7.3. Einführung in das Experiment

Die Viskosität hochpolymerer Lösungen wird meist in drei Viskosimetertypen gemessen: Kapillarviskosimeter, Rotationsviskosimeter und Fallkörperviskosimeter. Am häufigsten werden zur Bestimmung der Grenzviskosität Kapillarviskosimeter verwendet.

Nach dem HAGEN-POISEUILLEschen Gesetz

$$\eta = \frac{\pi \, \Delta p \; r^4}{8\, lv} t \qquad (12)$$

Δp = $\varrho g h$ (Druckdifferenz)
t = Durchflußzeit
l = Kapillarlänge
r = Kapillarradius
h = Steighöhe

ist die dynamische Viskosität bei konstantem Durchlaufvolumen v und konstanten Apparatedimensionen dem Produkt aus der Durchlaufzeit t durch die Kapillare und der Dichte der Lösung ϱ bzw. des Lösungsmittels ϱ_0 proportional. Man braucht daher zur Bestimmung der relativen und spezifischen Viskositäten nicht die absoluten Viskositätswerte zu ermitteln. Da die Dichten von Lösungsmittel und Lösung nur wenig verschieden sind, $\varrho \approx \varrho_0$, werden diese vernachlässigt und nur die Durchlaufzeiten der Lösung t und die des Lösungsmittels t_0 gemessen. Die so bestimmten Viskositäten sind aber durch verschiedene Effekte verfälscht. Die Flüssigkeit wird beim Eintritt in die Kapillare beschleunigt und verliert potentielle Energie, die in Reibungswärme umgewandelt wird. Das nur für unendlich lange Kapillaren gültige HAGEN-POISEUILLEsche Gesetz muß mit der HAGENBACH-Korrektur ergänzt werden, die von der apparativen Gestaltung des Viskosimeters abhängt.

$$\eta = \frac{\pi \, \Delta p \; r^4}{8 lv} t - \frac{c' v \varrho}{8 \pi l t} \qquad (13)$$

c' = Konstante ($\approx$1,12)

Mit wachsender Durchlaufzeit wird das Korrekturglied kleiner, so daß es bei geeigneter Dimensionierung der Viskosimeter (genügend enge und lange Kapillaren) vernachlässigt werden kann. Der Einfluß der Oberflächenspannung auf die Viskosität kann durch Verwendung von Viskosimetern mit hängendem Niveau vernachlässigbar klein gemacht werden.

Kapillarviskosimeter können in zwei Typen unterschieden werden: OSTWALD-Viskosimeter und UBBELOHDE-Viskosimeter (Abb. 26).

In der Polymercharakterisierung hat sich das UBBELOHDE-Viskosimeter, an dem für spezielle Zwecke Verbesserungen angebracht wurden, durchgesetzt. Viskosimeterkapillaren sind etwa 10 bis 20 cm lang und haben einen inneren Durchmesser von 0,3 bis 0,4 mm. Oberhalb der Kapillare befindet sich ein durch Eichmarken begrenzter Behälter für das Meßvolumen.

Über ein U-Rohr am Ende der Kapillare kann ein Vorratsgefäß angeschlossen sein, indem die polymere Lösung durch Zugabe von Lösungsmittel verdünnt werden kann. Das Ende der Kapillare ist über ein zusätzliches

Rohr belüftet, so daß der hydrostatische Druck unabhängig von der Flüssigkeitsmenge im Vorratsgefäß ist (hängendes Niveau). Da die Viskositätsmessungen häufig im Routinemeßbetrieb eingesetzt werden, sind heute automatisch registrierende Viskosimeter üblich. Die für das Meßvolumen notwendige Durchlaufzeit wird bei diesen mit Fotozellen gemessen.

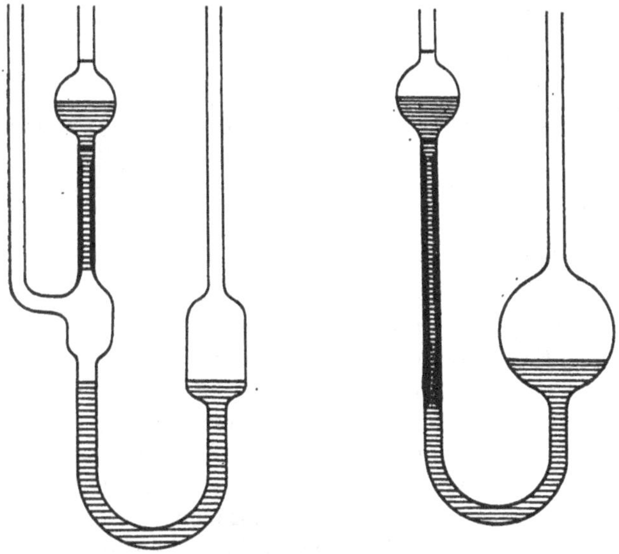

Abb. 26: Schematische Darstellung eines Ubbelohde-Viskosimeters (links) und eines Ostwald-Viskosimeters (rechts)

Der Kapillardurchmesser eines Viskosimeters wird so gewählt, daß die relativen Viskositäten zwischen 1,2 und 2 liegen. Die Konzentration der polymeren Lösung soll 0,1 bis 1 g/100 cm³ betragen. Bei zu kleinen Konzentrationen zeigen die Viskositätswerte Anomalien, deren Ursachen ungeklärt sind (Adsorptionseffekte, Einwaagefehler ?). Höherkonzentrierte Lösungen können Strukturviskosität aufweisen und erschweren die notwendige Extrapolation auf $c_B = 0$. Eine Extrapolation auf $G = 0$ ist bei den fast nur verwendeten genormten Kapillarviskosimetern und den geringen Polymerkonzentrationen nicht erforderlich, wenn $[\eta] < 500$ g/cm³ ist. Für hochmolekulare Proben ($\overline{M} > 5 \cdot 10^5$ g mol^{-1}) nimmt die relative Viskosität mit steigendem Schergefälle ab (Strukturviskosität). Durch lange gewendelte Kapillaren läßt es sich wirkungsvoll herabsetzen, so daß große Grenzviskositäten richtig gemessen werden.

Die zur Ermittlung der Grenzviskosität notwendige Extrapolation auf $c_B = 0$ wird meist grafisch vorgenommen. Häufig verwendet man dazu Auftragungen, die sich aus Gleichungen von Schulz-Blaschke, Huggins oder Kraemer ergeben.

SCHULZ-BLASCHKE-Gleichung

$$\frac{\eta_{sp}}{c_B} = [\eta] + k_{SB} [\eta] \eta_{sp} \qquad (14)$$

HUGGINS-Gleichung

$$\frac{\eta_{sp}}{c_B} = [\eta] + k_H [\eta]^2 c_B \qquad (15)$$

KRAEMER-Gleichung

$$\frac{\ln \eta_{rel}}{c_B} = \frac{\ln (\eta_{sp} + 1)}{c_B} = [\eta] + (k_K - 0{,}5) [\eta]^2 c_B \qquad (16)$$

$\frac{\ln \eta_{rel}}{c_B}$ = inhärente Viskosität

Alle drei Gleichungen sind Potenzreihenentwicklungen, die nach dem zweiten Glied abgebrochen wurden. Sie lassen sich ineinander überführen. Bei Auftragung von η_{sp}/c_B gegen η_{sp}, η_{sp}/c_B gegen c_B oder $\ln \eta_{rel}/c_B$ gegen c_B erhält man bei nicht zu hohen Polymerkonzentrationen Geraden mit der Grenzviskosität als Achsenabschnitt. Aus dem Anstieg lassen sich die entsprechenden Konstanten k_{SB}, k_H bzw. k_K berechnen, die u. a. vom Lösungszustand, Meßtemperatur, Struktur des Polymeren abhängen. Die SCHULZ-BLASCHKE-Konstante hat für gute Lösungsmittel den Wert 0,28—0,30, die HUGGINS-Konstante 0,3—0,4. In thermodynamisch schlechten Lösungsmitteln (Thetalösungsmittel) ist k_H häufig 0,5. Hat man die Konstante einer der Gleichungen (14—16) für ein zu untersuchendes System bei definierten Bedingungen gemessen, kann $[\eta]$ mit Einpunktmessungen bestimmt werden.

In der Produktionskontrolle ist es üblich, die Viskosität nur bei einer bestimmten Polymerkonzentration, meist 0,5 oder 1 g/100 cm³, zu messen. Hieraus berechnet man dann den sogenannten K_F- oder FIKENTSCHER-Wert nach der Gl. (17).

$$\lg \eta_{rel} = \left(\frac{75\, k^2 c_B}{1 + 1{,}5\, k c_B}\right) + k c_B \qquad (17)$$

$K_F = 1000\, k$

Der Zusammenhang zwischen $\lg \eta_{rel}/c_B$ bzw. η_{rel} und K_F ist tabelliert. Die FIKENTSCHER-Gleichung gilt nur in guten Lösungsmitteln und ist theoretisch schlecht fundiert.

Viskosimetrische Messungen erfordern eine gute Temperaturkonstanz, da bereits Temperaturänderungen von 0,1 grd Fehler von 1% der η_{rel}-Werte verursachen. Weitere Fehlerquellen sind: schiefe Aufhängung der Viskosimeter im Temperierbad und sich daraus ergebende Unterschiede im hydrostatischen Druck der Messungen Lösungsmittel und Lösung; Parallaxenfehler bei der visuellen Beobachtung; Konzentrationsänderungen durch Verdampfen von Lösungsmittel; Assoziation, Vernetzung oder Abbau des Polymeren; Mikrogelgehalt und ungenügende Auflösung des Polymeren; eventuelle Strukturviskosität bei hohen Molmassen.

1.7.4. Versuchsbeispiel mit Auswertung

1.7.4.1. Molmassenbestimmung

Die Verfahrensweise bei einer viskosimetrischen Molmassenbestimmung soll am Beispiel einer linearen Polyethylenprobe (Niederdruckpolyethylen) demonstriert werden.

Lösungsmittel (n-Decalin) und Meßtemperatur (135 °C) werden von den Meßbedingungen der der Auswertung zugrundeliegenden $[\eta]$-$\overline{M}$-Relation festgelegt. Die Messungen werden in einem UBBELOHDE-Viskosimeter nach BERGER-DECKERT (Abb. 27) ausgeführt, das speziell für Hochtemperaturmessungen geeignet ist [4]. Die gewählte Kapillare ist vom Typ K 5.

Das BERGER-DECKERT-Viskosimeter ist ein Verdünnungsviskosimeter, in dem durch Verdünnen einer Stammlösung eine Verdünnungsreihe hergestellt werden kann. Es können aber Unterschiede zwischen den Messungen

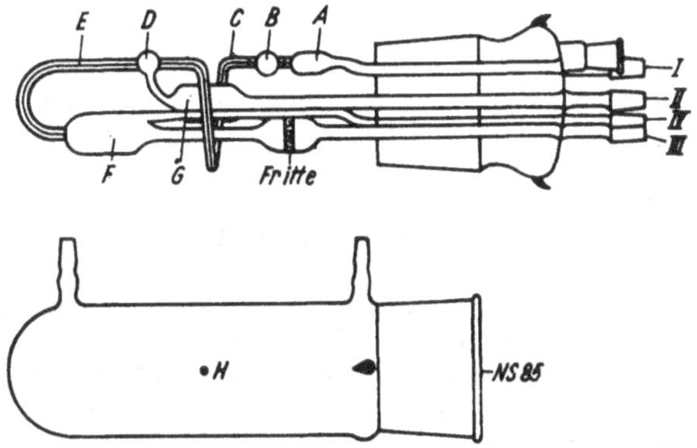

Abb. 27: Hochtemperatur-Verdünnungsviskosimeter nach BERGER-DECKERT

I – Viskosimeterrohr
II – Luftrohr (Belüftung bzw. Druckausgleich)
III – Steig- und Einfüllrohr
IV – Gaseinleitungs- oder Entleerungsrohr
A – Puffergefäß
B – Meßvolumen (0,5 ... 0,8 cm^3)
C – Kapillarrohr (etwa 200 mm lang)
D – Kugel zur Ausbildung des hängenden Niveaus
E – Kapillare zum Lösebehälter
F – Vorratsgefäß (30 cm^3)
G – Verdünnungsgefäß (15 cm^3)
H – Thermostatiergefäß

einer Verdünnungsreihe und Lösungen aus Einzeleinwaagen auftreten, da die Viskosität von der Anordnung der Makromoleküle in der Lösung abhängt. In Lösungen der höchsten Meßkonzentration können z.B. Verhakungen und Verschlaufungen existieren, die an einer Abhängigkeit der Durchlaufzeit von der Zahl der Durchläufe durch die Kapillare erkennbar sind. Diese müssen sich beim Verdünnen nicht lösen. Im Beispiel soll eine Messung an Lösungen aus Einzeleinwaagen erläutert werden.

Fünf Lösungen im Konzentrationsbereich 0,1 bis 0,5 g/100 cm^3 Lösung werden durch Einwaage der entsprechenden Probemenge im Maßkolben hergestellt. In den zu 2/3 mit n-Decalin gefüllten Maßkolben wird zur Verhinderung des oxidativen Abbaus der Probe etwa 0,1% N-Phenyl-β-naphthylamin (bezogen auf die Probenmenge) zugegeben. Nach einer Vortemperierung werden die Kolben verschlossen und bei 135 °C etwa zwei Stunden bis zur völligen Auflösung im Schüttelwärmeschrank geschüttelt. Mit n-Decalin von 135 °C werden die Maßkolben aufgefüllt und nochmals etwa 15 min geschüttelt. Lösungen und Lösungsmittel müssen zum Abtrennen von Staubteilchen gereinigt werden. Dazu kann eine Glasfritte im Einfüllrohr des Viskosimeters eingeschmolzen sein. Bei hochmolekularen und mikrogelhaltigen Produkten kann eine Konzentrationsbestimmung nach der Reinigung notwendig sein.

Das Viskosimeter wird auf 135 °C temperiert. Während der Messung ist auf Temperaturkonstanz zu achten, da die Viskosität der Polyethylenlösungen stark temperaturabhängig ist. Wie bei Viskositätsmessungen mit Kapillarviskosimetern üblich, werden die Durchflußzeiten (in Sekunden) des reinen Lösungsmittels t_0 und der Polymerlösung gemessen. Es sollen jeweils fünf Einzelmessungen jeder Konzentration ausgeführt werden. Beim Einfüllen der Polymerlösung mittels Injektionsspritze ist schnelles Arbeiten erforderlich, da sonst die Lösung abkühlt und das Polymere ausfällt. Nach einer Messung wird die vermessene Lösung entfernt und die nächste, höherkonzentrierte Lösung in das Viskosimeter gefüllt. Nach mehrmaligem Spülen der Kapillare kann dann diese vermessen werden.

Bei einer Verdünnungsreihe wird folgendermaßen verfahren: 5 m*l* der Stammlösung werden in das Viskosimeter gefüllt. Nach der Durchführung der Messung wird die nächste Konzentration durch Zugabe von 1 m*l* heißem n-Decalin und Spülen der Meßkugel hergestellt und wiederum gemessen. Danach gibt man 1,5 m*l*, 2,5 m*l* und schließlich 5 m*l* n-Decalin zu.

Aus den Durchflußzeiten t und t_0 werden die relativen und die spezifischen Viskositäten wie folgt ermittelt:

$$\eta_{\text{spez}} = \eta_{\text{rel}} - 1 = \frac{\eta - \eta_0}{\eta_0} = \frac{t - t_0}{t_0} \tag{18}$$

Die gemessenen Durchlaufzeiten, die mit Gl. (18) berechneten spezifischen Viskositäten und die reduzierten Viskositäten sind in Tab. 19 zusammengestellt.

Abb. 28 zeigt die Auftragung nach SCHULZ-BLASCHKE.

Tabelle 19: Durchlaufzeiten, spezifische und reduzierte Viskositäten einer Polyethylenprobe

$c_B/10^{-3}$ g cm^{-3}	$\bar{t}$/s	η_{sp}	η_{sp}/c_B/cm$^3 \cdot$g^{-1}
1,3240	138,2	0,133	100,7
2,4808	153,4	0,258	104,0
3,2244	163,6	0,342	105,9
4,1632	177,0	0,451	108,4
4,9917	189,4	0,553	110,8
0	121,95		

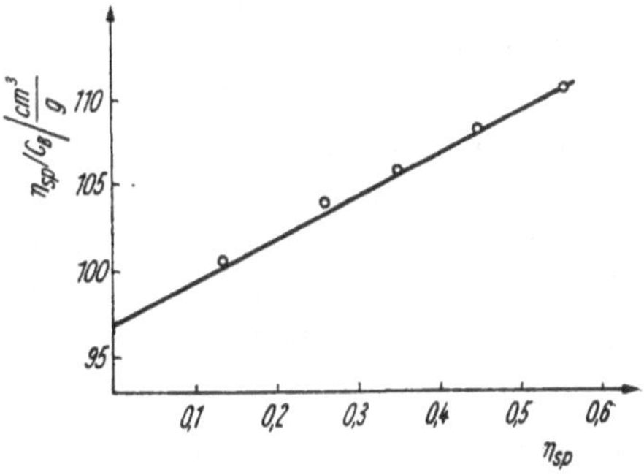

Abb. 28: Auftragung der Werte von Tab. 19 nach SCHULZ-BLASCHKE

Aus der grafischen Darstellung wird als Achsenabschnitt die Grenzviskosität $[\eta] = 96{,}8$ cm^3/g abgelesen. Die SCHULZ-BLASCHKE-Konstante ist $k_{SB} = 0{,}29$.

Bei der Berechnung der Molmassen aus Grenzviskositäten ist die gewählte Dimension der Grenzviskosität zu beachten (hier cm^3/g), da häufig auch die Dimension dl/g $= 100$ cm^3/g ($[\eta]$ dann oft als Z_η bezeichnet) Verwendung findet.

Die der Literatur [5] entnommene $[\eta]$-$\overline{M}$-Relation lautet:

$$[\eta]^{135\,°\mathrm{C}}_{\text{n-Decalin}} = 6{,}2 \times 10^{-2}\, \overline{M}^{0{,}70} \tag{19}$$

Setzt man die gemessene Grenzviskosität in Gl. (19) ein, erhält man die gesuchte Molmasse der untersuchten Probe

$$\overline{M}_\eta = 3{,}6 \times 10^4 \text{ g/mol}$$

Der Gesamtfehler der Molmassenbestimmung wird vom Meßfehler der Grenzviskosität, der etwa 5 bis 10% beträgt, und der Gültigkeit der gewählten $[\eta]$-$\overline{M}$-Beziehung bestimmt. Es empfiehlt sich, bei viskosimetrisch ermittelten Molmassen stets die der Berechnung zugrunde gelegte $[\eta]$-$\overline{M}$-Beziehung mitanzugeben.

1.7.4.2. Aufstellen einer $[\eta]$-$\overline{M}$-Beziehung

Um aus Grenzviskositätsmessungen die Molmasse ausrechnen zu können, ist man auf die Gl. (3) angewiesen, die den Zusammenhang zwischen $[\eta]$ und $\overline{M}$ herstellt. Bei engverteilten Fraktionen kann die mit einer beliebigen Methode gemessene Molmasse gegen die Grenzviskosität doppeltlogarithmisch aufgetragen werden. Der Anstieg der sich ergebenden Geraden ist der Exponent der Kuhn-Mark-Houwink-Beziehung a und ihr Achsenabschnitt die Konstante K. Wie bereits ausgeführt wurde, ist bei nicht zu breiten Molmassenverteilungen $\overline{M}_\eta$ nur wenig kleiner als $\overline{M}_w$, so daß in erster Näherung durch Auftragen von $\lg[\eta]$ als Funktion von $\lg \overline{M}_w$ K und a mit genügender Genauigkeit ermittelt werden können. Die Übereinstimmung mit den wahren Werten ist um so besser, je näher a dem Wert eins ist, d. h. je stärker das Knäuel aufgeweitet ist. Wird Gl. (3) mit wenig einheitlichen Proben aufgestellt, gibt man oft die gewählte Methode der Molmassenbestimmung an. Diese $[\eta]$-$\overline{M}$-Beziehungen können nur zur Molmassenbestimmung dienen, wenn der Untersuchungsgegenstand die gleiche Uneinheitlichkeit aufweist, wie die Eichprobe. Da dies selten der Fall ist, empfiehlt es sich, generell die zahlenmittlere Molmasse nur bei extrem einheitlichen Proben zur Grundlage der Konstantenbestimmung zu machen.

Sind von den Eichproben Verteilungstyp, zahlen- und gewichtsmittlere Molmassen bekannt, kann der Auftragung von $\lg[\eta]$ gegen $\lg \overline{M}_w$ ein scheinbarer Exponent a entnommen werden. Der Zusammenhang zwischen $\overline{M}_n$, $\overline{M}_w$ und $\overline{M}_\eta$ ist für verschiedene Molmassenverteilungstypen bekannt. So gilt z.B. für die logarithmische Normalverteilung:

$$\overline{M}_\eta = \overline{M}_w \left(\frac{\overline{M}_w}{\overline{M}_n}\right)^{(a-1)/2} \quad (20)$$

Durch Einsetzen des scheinbaren a in Gl. (20) wird ein vorläufiges $\overline{M}_\eta$ berechnet. Trägt man dieses und $[\eta]$ doppeltlogarithmisch auf, kann wieder ein a bestimmt werden, mit dessen Hilfe aus Gl. (20) wieder ein $\overline{M}_\eta$ berechnet wird. Die geschilderte Prozedur muß so oft wiederholt werden, bis der Exponent a konstant bleibt und damit seinen wahren Wert angenommen hat.

Die Gültigkeit der experimentell aufgestellten $[\eta]$-$\overline{M}$-Beziehung darf a priori nicht über den Molmassenbereich der für die Eichung zur Verfügung stehenden Proben ausgedehnt werden. Makromoleküle mit Molmassen kleiner 10^4 g mol^{-1} und hochmolekulare Proben müssen, wie in 1.7.2. erläutert wurde, keinen linearen Verlauf von $\lg[\eta]$-$\lg \overline{M}$ zeigen. Eine $[\eta]$-$\overline{M}$-Beziehung, die auch für kleine Molmassen gültig ist, kann bei einigen Polymeren durch Einfügen eines Korrekturgliedes b_η zur Grenzviskosität aufgestellt werden. Trägt man $[\eta]$ gegen $\overline{M}$ auf, kann bei $\overline{M} = 0$ $[\eta] = b_\eta$ abgelesen werden. In den meisten Fällen ist $|b_\eta|$ etwa 1 cm³/g. Wenn man nun lg $([\eta] + b_\eta)$ als Funktion von lg $\overline{M}$ darstellt, erhält man auch im Bereich kleiner Molmassen eine Gerade, aus deren Verlauf sich K und a bestimmen lassen. Für hohe Werte der Grenzviskosität ist b_η vernachlässigbar klein, so daß sich die für große Molmassen gültige $[\eta]$-$\overline{M}$-Beziehung ergibt.

In Tab. 20 sind Grenzviskositäten von Polystyrenfraktionen unterschiedlicher Molmasse aufgeführt.

Tabelle 20: Grenzviskositäten von Polystyrenfraktionen in Benzen (T = 293 K)

$[\eta]$ cm³ g⁻¹	lg $[\eta]$	M g mol⁻¹	lg M	$\{[\eta] - b_\eta\}$ cm³ g⁻¹	lg $\{[\eta] - b_\eta\}$
2,90	0,46	1180	3,07	1,8	0,26
3,80	0,58	2170	3,34	2,7	0,43
6,40	0,81	5900	3,77	5,3	0,72
13,7	1,14	18,5 × 10³	4,27	12,6	1,10
51,5	1,71	124 × 10³	5,09	50,4	1,70
110	2,04	313 × 10³	5,50	108,9	2,04
162	2,21	520 × 10³	5,72	160,9	2,21

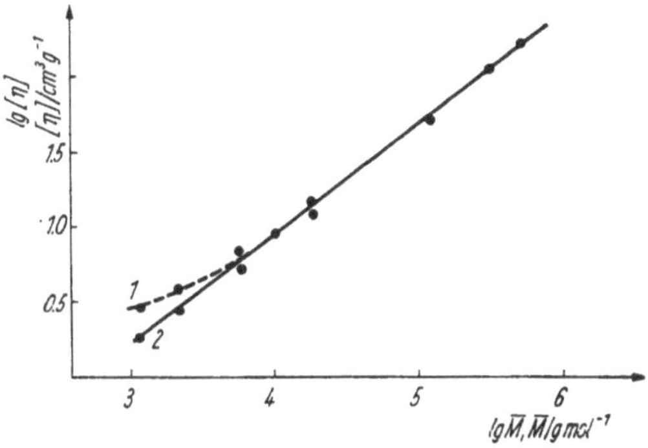

Abb. 29: Doppeltlogarithmische Darstellung von $[\eta]$ und $\overline{M}$

Kurve *1* — ohne Korrektur
Kurve *2* — mit Korrektur

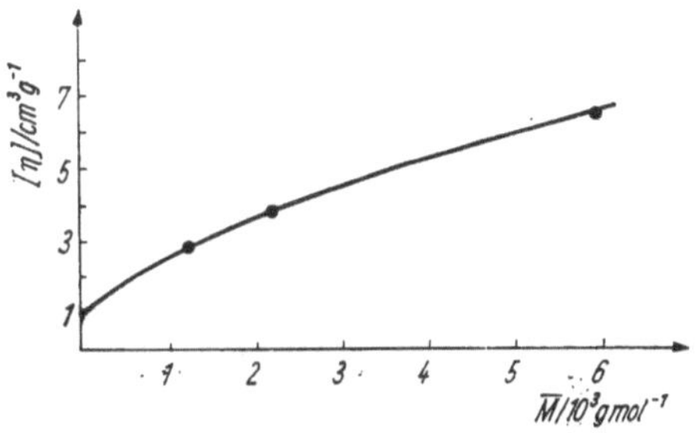

Abb. 30: Auftragung von $[\eta]$ gegen $\overline{M}$ zur Ermittlung von b_η

Trägt man lg[η] gegen lg $\overline{M}$ auf, erhält man Kurve 1 in Abb. 29. Sie zeigt deutlich eine Krümmung im Bereich kleiner Molmassen.

Korrigiert man mit dem der Abb. 30 entnommenem $b_\eta = 1{,}1$ cm³/g, ergibt sich Kurve 2 in Abb. 29, die im gesamten Molmassenbereich linear ist.

Aus dem Anstieg der Geraden wird $a = 0{,}72$ und der Achsenabschnitt 1,2 10^{-2} errechnet. Die gesuchte [η]-$\overline{\text{M}}$-Relation lautet also für Polystyren in Benzen bei 293 K:

$$[\eta]_{20^\circ\,\text{C}}^{\text{Benzen}} = b_\eta + 1{,}2\;10^{-2}\;\overline{M}^{0{,}72} \tag{21}$$

$b_\eta = 1{,}1\ \text{cm}^3/\text{g}$
$[\eta]$ in cm^3/g

Literatur

[1] Schurz, J., „*Viscositätsmessungen an Hochpolymeren*“, Berliner Union Kohlhammer, Stuttgart 1972
[2] Meyerhoff, G., Fortschr. Hochpolymeren-Forsch. **3** (1961), 59
[3] Newman, S., Krigbaum, W. R. Laugier, C. u. P. J. Flory, J. Polymer Sci. **14** (1954), 451
[4] Langhammer, G., Berger, R. u. H. Seide, Plaste u. Kautschuk **11** (1964), 472
[5] Chiang, R. J., Polymer Sci. **36** (1959), 91

2. Bestimmung der Molmassenverteilung und chemischen Heterogenität

2.1. Molmassenverteilung

2.1.1. Einleitung

Schon seit den Anfängen der makromolekularen Chemie stellt die Bestimmung der Molmassenverteilung ein zentrales Problem dar, das gleichrangig neben der eigentlichen Molmassenbestimmung steht. Ihm wurden deshalb auch eine kaum überschaubare Zahl von Einzelarbeiten sowie einige umfangreiche Monographien [1—4] und Übersichtsartikel (z.B. [5—8]) gewidmet. In theoretischen und experimentellen Arbeiten der Struktur-Eigenschaftsforschung wird immer wieder auf den bedeutenden Einfluß der Molmassenverteilung auf das Eigenschaftsspektrum von Polymeren im festen Zustand, Schmelzen und Lösungen hingewiesen. Während bei kinetisch ideal verlaufenden Reaktionen noch eine theoretische Vorausberechnung der Molmassenverteilung vorgenommen werden kann [4], ist das bei großtechnischen Ansätzen durch Prozeßschwankungen und Reaktoreinflüsse nur noch bedingt, bei verarbeiteten Polymeren dagegen nicht mehr möglich, da während des Verformungsprozesses unkontrollierbare chemische und mechanochemische Vorgänge ablaufen. Gerade aber die durch den Verformungsprozeß aufgeprägte Mikro- und übermolekulare Struktur ist für den Werkstoffeinsatz die entscheidende Größe. So bleibt die experimentelle Bestimmung — zumindest bei technischen Produkten — nach wie vor die einzige exakte Erfassungsmöglichkeit der Molmassenverteilung und damit auch die sicherste Basis für die Eigenschaftsprognose. Grundprinzip aller experimentellen Verfahren zur Bestimmung der Molmassenverteilung (*MV*) ist die Fraktionierung, d. h. die Auftrennung der Substanz in weitgehend molekulareinheitliche Fraktionen, aus deren Massenanteilen m_i und Molmassen M_i die Verteilungsfunktionen konstruiert werden. Neben dieser analytischen Zielstellung der Fraktionierung kommt auch der präparativen Variante wegen der Erforschung der Struktur-Eigenschafts-Relationen noch heute große Bedeutung zu. Bei dieser liegt die Zielsetzung in der Gewinnung größerer Mengen (10—100 g) molekulareinheitlicher Substanzen.

Der Begriff „Fraktionierung", der sich früher lediglich auf Trennprozesse nach der Molekülgröße beschränkte, hat heute universelle Bedeutung und dient als Oberbegriff für Verfahren zur Auftrennung von Makromolekülen

Tabelle 21: Trenneffekte und Verfahren zur Polymerfraktionierung

Trenneffekte	Trennverfahren
1. **Thermodynamische Eigenschaften**	Fällungsfraktionierung Fraktionierte Extraktion
Löslichkeit	Lösungsfraktionierung ohne oder mit Trägermaterial – mit Lösungs-/Fällungsmittel- und oder Temperaturgradienten – als Ein- oder Vielstufenprozeß in Trennsäulen auch mit Variation des Druckes
Schmelzverhalten	Zonenschmelzverfahren (auf kristallisierbare Polymere beschränkt)
2. **Grenzflächenenergetische Effekte**	
Adsorbierbarkeit	Dünnschichtchromatographie (bevorzugt für Trennung von Copolymeren nach der chem. Heterogenität)
3. **Kinetische und Teilchengrößeneffekte**	
Diffusionsgeschwindigkeit Sedimentationsgeschwindigkeit	Ultrazentrifugation (S. 1.6.)
Wanderungsgeschwindigkeit im elektrischen Feld	Elektrophorese in Gegenwart von Trägermaterialien, in dünnen Schichten oder Säulen
Gelpermeation Gelfiltration	Gelpermeationschromatographie auf dünnen Schichten oder in Säulen mit porösen anorganischen oder organischen Gelen ohne oder mit Druckanwendung

nach allen Parametern der Mikrostruktur z.B. der chemischen Zusammensetzung und Sequenzlänge bei Copolymerisaten (chemische Heterogenität bzw. Sequenzlängenverteilung), der Taktizität und anderer.

2.1.2. Trennprinzipien der Fraktionierung

Die wesentlichsten Trennverfahren für Polymere basieren auf thermodynamischen und kinetischen Eigenschaften oder nutzen die unterschiedlichen hydrodynamischen Volumina der gelösten Moleküle direkt zur Trennung aus. Eine Übersicht der den wichtigsten Verfahren zugrunde liegenden Trenneffekte vermittelt Tab. 21.

Danach erfolgt die Auftrennung der Makromoleküle überwiegend in der Lösung. Gewöhnlich überlagern sich bei den Verfahren mehrere Trenneffekte (z.B. Löslichkeit-Adsorption-Diffusion), oftmals wird eine Überlagerung zur Erhöhung der Trenneffektivität auch bewußt angestrebt.

Zur analytischen Fraktionierung von Homopolymerisaten ist die Gelpermeationschromatographie heute die Methode der Wahl (s. auch 2.5.). Für die Fraktionierung von Co- bzw. Pfropfpolymerisaten, d. h. Multikomponentensystemen, die sich sowohl in der Polymolekularität als auch in der chemischen Heterogenität und Sequenzlängenverteilung unterscheiden, hat dagegen die Lösefraktionierung vorrangige Bedeutung. Sie wird hier oft mit der Gelpermeationschromatographie gekoppelt. Trotz der geringen Selektivität der Löslichkeit, die ja außer von der Molekülgröße auch von der chemischen Zusammensetzung, Stereokonfiguration, Verzweigung und Vernetzung abhängt, wird sie noch oft zur Fraktionierung genutzt, da sie durch breite Variationsmöglichkeiten der Verfahrensparameter z.B. Temperatur, Druck, Lösungsmittel(L)-Fällungsmittel(F)-Kombination u. a. günstige experimentelle Voraussetzungen besitzt. Mit zunehmender Bereitstellung kommerzieller Flüssigkeitschromatographen wird besonders der Löse- oder Elutionsfraktionierung künftig mehr Aufmerksamkeit gewidmet werden.

2.1.3. Theoretische Grundlagen der Löslichkeitsfraktionierung

Alle theoretischen Arbeiten zur Beschreibung der Löslichkeitsfraktionierungen auf thermodynamischer Grundlage gehen von der Vorstellung eines Entmischungsvorganges der ursprünglich homogenen Lösungen bei entsprechenden kritischen Bedingungen aus. Das Polymere mit dem Polymerisationsgrad P_i verteilt sich zwischen den beiden koexistierenden flüssigen Phasen im Gleichgewicht gemäß:

$$\ln \frac{\Phi_i'}{\Phi_i''} = -\sigma P_i \tag{1}$$

Φ_i' = Volumenbruch des i-meren in der Solphase, Φ_i'' entsprechender Volumenbruch in der Gelphase

Der für die Gleichgewichtslage entscheidende Verteilungskoeffizient σ hängt vom Polymeren selbst, dessen Molmasse und Verteilungsfunktion, sowie der Konzentration und Wechselwirkung mit dem Lösungsmittel ab und kann nach der FLORY-HUGGINS-Theorie [9] für quasibinäre Systeme nach Gl. (2) berechnet werden:

$$\sigma = \Phi_B'\left(1 - \frac{1}{\overline{P}_n'}\right) - \Phi_B''\left(1 - \frac{1}{\overline{P}_n''}\right) + \chi\,(\Phi_A'^2 - \Phi_A''^2) \tag{2}$$

$\Phi_B = \sum \Phi_{iB}$ des Polymeren, Φ_A = Volumenbruch des Lösungsmittels,
χ = Wechselwirkungsparameter

Für die kritischen Größen $\Phi_{B,C}$ und χ_C ergibt sich mit den bekannten Phasenstabilitätskriterien

$$\left(\frac{\partial \ln a_A}{\partial \Phi_B}\right)_{P,T} = 0; \qquad \left(\frac{\partial^2 \ln a_A}{\partial \Phi_B^2}\right)_{P,T} = 0 \tag{3}$$

a = Aktivität

nach Berechnungen von KONINGSVELD [12]:

$$\Phi_{B,C} = \frac{1}{1 + \overline{P}_w \cdot \overline{P}_z^{-1/2}} \tag{4}$$

$$\chi_C = \frac{1}{2}\left[(1 + \overline{P}_w^{-1/2})^2 + \frac{(\overline{P}_z^{1/2} - \overline{P}_w^{1/2})^2}{\overline{P}_w \cdot \overline{P}_z^{1/2}}\right] \tag{5}$$

$\overline{P}_w$, $\overline{P}_z$ = Gewichts- bzw. z-Mittel des Polymerisationsgrades

Die kritischen Größen sind demnach vom Polymerisationsgrad und dessen Verteilungsfunktion $H(P)$ abhängig und streben bei unendlichen Polymerisationsgraden gegen 0 bzw. 0,5.

Gl. (1) entspricht der von SCHULZ [10] auf der Grundlage der für Polymere erweiterten BRÖNSTEDschen Gleichung erhaltenen und experimentell bestätigten Beziehung:

$$\ln \frac{m_i'}{m_i''} = \ln \gamma - \sigma P_i \tag{6}$$

mit m_i'/m_i'' dem Massenverhältnis des Polymeren in beiden Phasen und γ dem Phasenvolumenverhältnis. Die Trenneffektivität, d. h. die möglichst quantitative Anreicherung der niedermolekularen Komponente im Sol und der höhermolekulareren im Gel hängt nach Gl. (6) hauptsächlich von γ und σ ab. Infolge fehlender Berücksichtigung der Konzentrations-, Molmassen- und Druckabhängigkeit des χ-Parameters ermöglichen Gl. (1) und (6) nur eine qualitative Beschreibung des Trennprozesses der Löslichkeitsfraktionierung. Bessere Übereinstimmung zwischen Theorie und Experiment kann für quasibinäre Systeme isobarer Prozesse nach KONINGSVELD dann erreicht werden, wenn der konstante χ-Parameter in Gl. (2) durch den Ausdruck

$$\chi = a + \frac{b_{(0)} + \frac{b_{(1)}}{\overline{P}_n}}{1 - c\Phi_B} \tag{7}$$

ersetzt wird [11]. Hierin sind a, $b_{(0)}$, $b_{(1)}$ und c systemspezifische Konstanten. $b_{(0)}$ berücksichtigt die Temperaturabhängigkeit von χ, die linear zu $1/T$ angenommen wird, $b_{(1)}$ die Molmassenabhängigkeit und c den Verdünnungseinfluß auf die Lösungsmittel-Polymer-Segment-Kontaktzahl.

Aus den Schwierigkeiten experimenteller Bestimmung dieser Konstanten und der Tatsache, daß auch zahlreiche andere Relationen in der Literatur veröffentlicht sind, folgt zwangsläufig der Schluß, daß eine quantitative Beschreibung der Löslichkeitsfraktionierungen selbst quasibinärer Systeme derzeitig noch nicht gegeben ist. Viel stärker trifft diese Feststellung für die in der Praxis wichtigeren quasiternären Systeme aus Lösungs- und Fällungsmittel sowie polydispersem Polymeren zu.

Angesichts dieser Situation sind für das Verständnis der Löslichkeitsfraktionierung und deren Optimierung experimentell fundierte Arbeiten wie z.B. die von Klein [7, 8] von großem Wert. Nach diesen wird der Trennprozeß der Fällungs- bzw. Lösungsfraktionierung nicht als Entmischungs- sondern als Löslichkeitsgleichgewicht betrachtet, bei dem sich eine „gesättigte" Lösung mit dem „Bodenkörper" (Gel) im Gleichgewicht befindet. Löslichkeitskurven verdünnter Polymerlösungen hängen nach der allgemeinen Formulierung:

$$\gamma^* = f(c_B, M_B, T, L/F) \tag{8}$$

γ^* = Gewichtsbruch von $F/(L + F)$

von der Konzentration, Molmasse, Temperatur und dem Lösungs-Fällungsmittelpaar ab und können experimentell durch Trübungstitrationen ermittelt werden (s. a. 2.4.). Trübungskurven geben nur die Abhängigkeit der Trübungstemperatur bzw. -zusammensetzung von der Polymerkonzentration an, unterscheiden sich also grundsätzlich von den Koexistenz- und Gleichgewichtskurven, die durch Untersuchung der Zusammensetzung koexistierender Phasen bei Änderung einer Variablen erhalten werden. Klein stellt also nicht die Frage nach der Phasenzusammensetzung bezüglich der 3 Komponenten: P (Polymer) L und F, sondern die für die Fraktionierung entscheidendere nach dem Mengenverhältnis einer gegebenen Polymermenge in beiden Phasen. Aus dem experimentell ermittelten Löslichkeitsdiagramm der Einzelkomponenten (Abb. 31) kann das Entmischungsverhalten des polydispersen Systems mit Hilfe eines Claesson-Diagramms [13] dargestellt werden (Abb. 32).

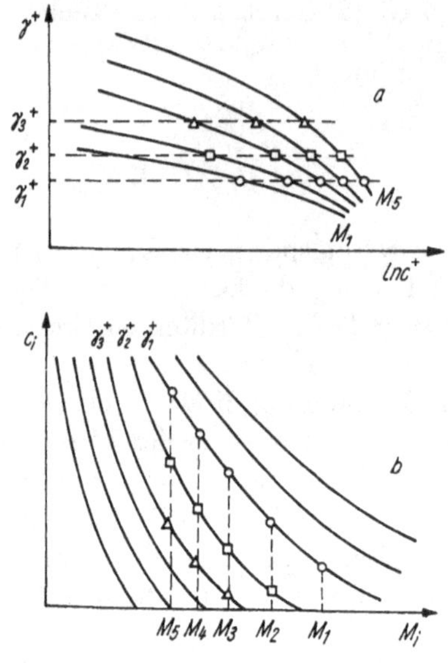

Abb. 31: Zur Konstruktion des Löslichkeitsdiagramms aus den Gleichgewichtskurven [7]

a) Gleichgewichtskurven für verschiedene Polymerspezies M_i aus Trübungstitrationen (T = konst.)
c^+ = ideale Gleichgewichtskonzentration

b) Löslichkeitslinien $c_i = f(M_i)$ für konstante Lösebedingungen (γ, T = konst.)

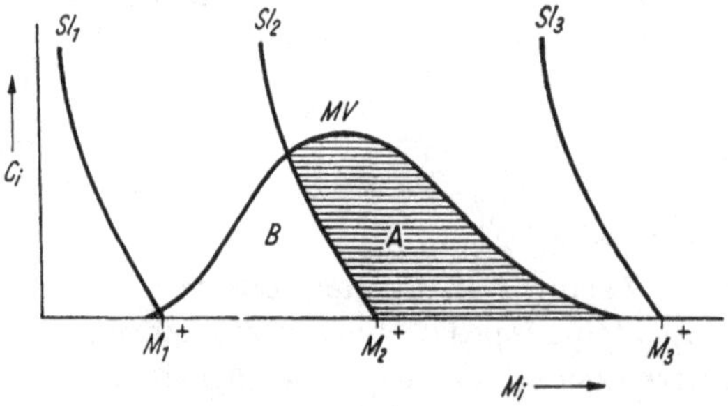

Abb. 32: CLAESSON-Diagramm zur grafischen Behandlung der Polymerfraktionierung

c_i = Sättigungskonzentration
Sl = Löslichkeitslinie
M_i^+ = kritische Molmasse der Polymerlöslichkeit
M_i = Molmasse der Kompenente i
MV = Molmassenverteilung

Dieses zeigt den Zusammenhang zwischen den Sättigungskonzentrationen c_i der einzelnen Polymerspezies mit der Molmasse M_i bei gegebenen Lösebedingungen an. Die c_iM_i-Funktionen werden allgemein als Löslichkeitslinien bezeichnet. Mit Hilfe der Löslichkeitslinien und der in das Diagramm eingezeichneten Molmassenverteilung der zu fraktionierenden Substanz können Aussagen über die Phasentrennung während der Fraktionierung gewonnen werden. Sie tritt bei Überschreiten der Sättigungskonzentration bei einer entsprechenden Molmasse ein (s. Abb. 32).

Im Falle der Lösungsfraktionierung befindet sich das Polymere z.B. zu Beginn in der Gelphase (Sl_1). Bei abnehmendem γ-Wert der L/F-Zusammensetzung bzw. ansteigender Temperatur wird Teil B des Polymeren aufgelöst ($Sl_1 \rightarrow Sl_2$). Bei der Fällungsfraktionierung dagegen liegen die Moleküle zu Beginn in gelöster Form vor (Sl_3) und Teil A fällt bei Änderung der Löslichkeitsbedingungen von $Sl_3 \rightarrow Sl_2$ als Gel aus. Die bisherigen Betrachtungen setzten ein ideales Mischungsverhalten voraus, bei dem keine wechselseitige Beeinflussung der Löslichkeit der Einzelkomponenten auftritt. In realen Polymermischungen weicht die Gleichgewichtskonzentration der Mischung c_i, Misch. von der idealen Gleichgewichtskonzentration c_i^+ der Einzelkomponente ab. Durch Zusatz einer bestimmten Komponente zu einer polydispersen verdünnten Polymerlösung tritt Löslichkeitsverminderung ein. Sie wird durch einen „Aktivitätskoeffizienten“ f nach

$$c_i, \text{Misch} \cdot f = c_i^+ \qquad (9)$$

beschrieben. Bei Untersuchung der Fällungsfraktionierung wurden bei hochmolekularen Fraktionen f-Werte zwischen 1,5—2,0 und im mittleren Bereich der MV 1,3—1,5 gefunden [7]. Bei den niedermolekularen Fraktionen sind die Aktivitätskoeffizienten $<1{,}3$. Nur in hochverdünnten Lösungen, wie sie bei entsprechender Prozeßführung bei der Lösefraktionierung vorliegen, ist kein Einfluß der Aktivitätskoeffizienten auf den Trennvorgang zu verzeichnen. Aus diesem und weiteren Gründen ist die Lösefraktionierung bei analytischen Zielstellungen der Fällungsfraktionierung in der Trenneffektivität weit überlegen. Es wird deshalb in dem folgenden experimentellen Kapitel nur noch auf die Lösefraktionierung eingegangen.

2.1.4. Arbeitsbedingungen der Lösefraktionierung

2.1.4.1. Experimentelle Gestaltung der Lösefraktionierung

Zur Lösefraktionierung werden die Polymeren gewöhnlich auf ein Trägermaterial aufgebracht und in Säulenanordnung mit L/F-Gemischen fallender γ-Werte in diskontinuierlicher oder kontinuierlicher Arbeitstechnik bei konstanter Temperatur oder mit Temperaturgradient abgelöst. Trägerlose Verfahren wie z.B. die Flüssig-flüssig-Extraktion sind von untergeordneter Bedeutung. Als Trägermaterial können u. a. perforierte Aluminiumfolien, Baumwollgewebe, Glaskugeln mit 0,1 mm Durchmesser, Seesand entsprechender Korngröße oder Silikagele Einsatz finden. Sie müssen gut vorgereinigt und bei aktiven Adsorbentien wie z.B. Kieselgel zur Absättigung der aktiven Zentren durch Behandeln mit Dimethyldichlorsilanlösungen in n-Hexan und anschließendem Trocknen und Erhitzen auf 130 °C vorbehandelt sein. Der Einsatz von perforierten Aluminiumfolien oder Gewebestreifen als Trägermaterial ist nur bei anschließender Schüttelextraktion als Elutionsprozeß zu empfehlen. Das bekannteste Verfahren dieser Versuchsanordnung ist bisher das von Fuchs mitgeteilte [14]. Bei Kolonnenanordnung werden Glaskugeln und Seesand als Trägermaterial bevorzugt, die zu wählenden Säulendimensionen hängen vor allem von der Nachweisempfindlichkeit der für die Konzentrationsbestimmung in den Fraktionen eingesetzten Detektoren ab. Bei der klassischen Arbeitsweise mit gravimetrischer Konzentrationsbestimmung nach Ausfällung der Proben, Reinigung und Trocknung werden Säulenabmessungen von:

Länge:	1,00–1,20 m
Innendurchmesser:	1,0–4,0 cm

eingesetzt. Versuchsanordnungen mit Probenverteilung auf das gesamte Trägermaterial werden als Löse- oder Elutionsfraktionierung, solche mit begrenzter Ablösezone und anschließender Wanderungsstrecke als Elutionschromatographie bezeichnet. Die von Baker-Williams eingeführte Elutionschromatographie mit Temperatur- und L/F-Gradient ist wegen des sich kontinuierlich wiederholenden Lösungs-Fällungsprozesses unter der Bezeichnung Lösungs-Fällungschromatographie bekannt [15]. Trotz der Säulenanordnung sind auch die elutionschromatographischen Verfahren Einstufenverfahren, da die mehrstufigen einen mehrmaligen Phasenwechsel voraussetzen. Die Baker-Williams-Fraktionierung ist eine kontinuierliche Lösefraktionierung, die bei Kolonnenendtemperatur arbeitet, der Temperaturgradient ist ohne Einfluß auf die Trennleistung, verbessert allenfalls die Gleichgewichtseinstellung.

2.1.4.2. Optimale Verfahrensparameter der Lösefraktionierung

Die Trenneffektivität, d. h. die Erzielung weitgehend molekulareinheitlicher Fraktionen, kann bei der Lösefraktionierung über folgende Verfahrensparameter beeinflußt werden:

- Lösungsmittel/Fällungsmittel-Paar
- γ-Gradient des Elutionsgemisches
- $\Delta\gamma$ (= Schrittbreite der Fraktionierung)
- Beladung des Trägermaterials
- Kontaktzeit
- Arbeitsweise — kontinuierlich — diskontinuierlich

2.1.4.2.1. Auswahlkriterien optimaler *L/F*-Systeme

Die Auswahl geeigneter *L/F*-Kombinationen kann nach thermodynamischen Größen oder aufgrund experimenteller Ergebnisse der Trübungstitration vorgenommen werden. Zur thermodynamischen Klassifizierung der Lösungsmittel wird der Wechselwirkungsparameter χ (Gl. (2), (5)) herangezogen. Sein Wert darf für das Lösungsmittel nur wenig kleiner und für das Fällungsmittel nur wenig größer 0,5 betragen, d. h. eine gute Auftrennung wird bei Fraktionierungen in der Nähe des Θ-Gebietes (s. a. Kap. 4.1.) erreicht. Nach Untersuchungen von KONINGSVELD [5] werden beste Resultate erhalten, wenn der χ_{LB} Parameter zwischen Lösungsmittel und Polymerem 0,45 und der zwischen Polymer und Fällungsmittel χ_{FB} 0,60 beträgt. Unter diesen Bedingungen liegt die größte Mischungslücke vor. Außerdem wird die Trenneffektivität durch eine positive Konzentrationsabhängigkeit des χ-Parameters $\partial\chi/\partial\Phi_B$ begünstigt.

Sind die Werte der χ-Parameter nicht zugänglich, kann eine grobe Abschätzung des Lösungsvermögens der Lösungsmittel auch über die Löslichkeitsparameter δ_i gemäß der aus der Gittertheorie abgeleiteten vereinfachten Gleichung

$$\chi_{AB} = \frac{(\delta_A - \delta_B)^2 \, V_A}{RT} \tag{10}$$

vorgenommen werden (s. auch 4.2.2. u. 4.2.3.). Mit $\chi_c = 0{,}5$ für unendlich große Moleküle an der Phasengrenze ergibt sich aus (10)

$$(\delta_A - \delta_B)^2 = \frac{RT_c}{2V_A} \tag{11}$$

für die Bedingung der Löslichkeit (T_c kritische Temperatur, V_A Molvolumen des Lösungsmittels). χ- und Löslichkeitsparameter können auch Tabellenwerken entnommen werden [16].

Fehlen auch diese Informationsmöglichkeiten, so kann die *L/F*-Auswahl mit Hilfe der Trübungstitration erfolgen. Trübungskurven weisen verschiedene Formen auf. Diese werden hauptsächlich durch die Molmassenverteilung und die *L/F*-Kombination beeinflußt. Eine schematische Darstellung dieser Einflußfaktoren zeigt Abb. 33 nach Arbeiten von GRUBER [17]. Danach ist eine *L/F*-Kombination zur Lösungsfraktionierung umso geeigneter, je flacher die Trübungskurve und je steiler die daraus zu ermittelnde Löslichkeitslinie *Sl* verläuft.

2.1.4.2.2. Optimaler γ^*-Gradient des Elutionsgemisches

Der γ^*-Gradient des Elutionsgemisches muß den Löslichkeitsbedingungen genau angepaßt werden, was durch die Trübungstitrationskurve realisiert

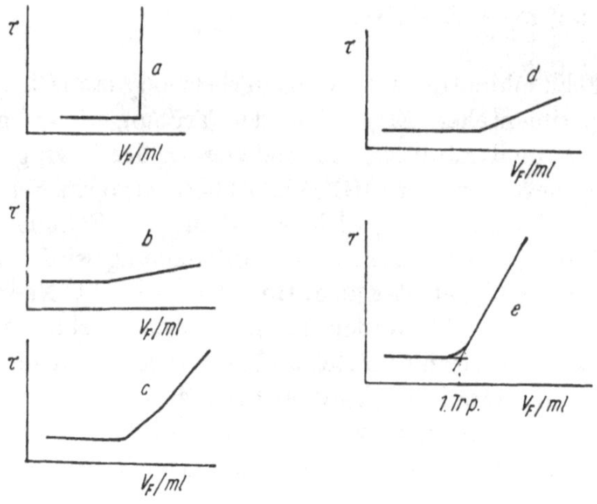

Abb. 33: Schematische Darstellung des Verlaufs von Trübungskurven bei unterschiedlicher Molmassenverteilung und Polymer — *L/F*-Wechselwirkung

a — enge Molmassenverteilung, starkes Fällungsmittel
b — breite Molmassenverteilung, schwaches Fällungsmittel
c — breite Molmassenverteilung, starkes Fällungsmittel
d — Knick tritt erst bei relativ hoher Trübung auf
e — Idealfall

werden kann. Da die Polymermenge auf alle Fraktionen möglichst gleich verteilt sein sollte, ist ein logarithmischer γ^*-Gradient, der in der Literatur häufig empfohlen wird, ungeeignet. Die Berechnung des logarithmischen γ^*-Gradienten kann nach folgender Gleichung vorgenommen werden:

$$c_F = c_{F,\infty} + (c_{F,0} - c_{F,\infty}) \exp - \frac{v_t}{V} \tag{12}$$

c_F = Konzentration des Fällungsmittels zur Zeit t
$c_{F,\infty}$ = Fällungsmittelkonzentration im Vorratsgefäß
$c_{F,0}$ = Fällungsmittelkonzentration im Mischgefäß
v_t = Durchflußgeschwindigkeit
V = Mischvolumen

Ein logarithmischer γ^*-Gradient bringt im hochmolekularem Bereich keine gute Auftrennung, da sich die Hauptmenge des Polymeren im hochmolekularen Bereich zusammendrängt (s. Abb. 34).

2.1.4.2.3. Schrittbreite der Fraktionierung

Als Schrittbreite $\Delta\gamma^*$ wird die Veränderung von γ^* pro Fraktionsschritt bezeichnet. $\Delta\gamma^*$ beeinflußt die Trennschärfe der Fraktionierung stark. Die Einheitlichkeit der Fraktionen nimmt mit abnehmender Schrittbreite zu, geht aber bei gegebener Konzentration gegen einen Grenzwert. Im Hauptablösebereich darf $\Delta\gamma^*$ nur 0,001–0,002 betragen. Die Zahl der Fraktionen soll etwa bei 10 bis maximal 15 liegen.

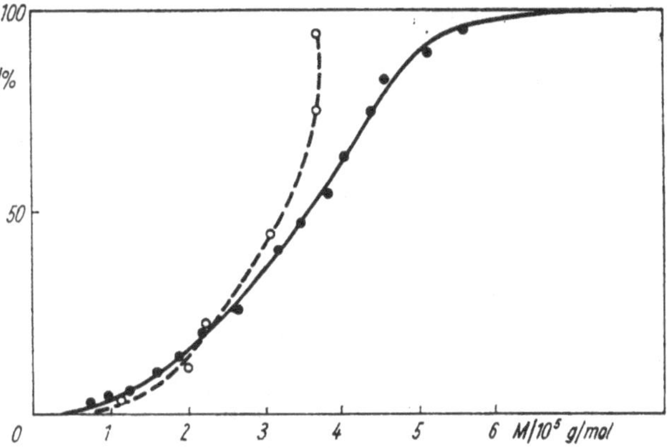

Abb. 34: Vergleichende Gegenüberstellung der Lösefraktionierung von PS mit logarithmischem (○) bzw. angepaßtem (●) γ^*-Gradient

2.1.4.2.4. Beladung des Trägermaterials

Probenaufgabe und Beladung sind weitere für die Trennschärfe der Fraktionierung entscheidende Teilprozesse. Die Probenaufgabe wird außerhalb der Trennsäule vorgenommen. Hierzu wird eine etwa 1%ige Polymerlösung in einem guten Lösungsmittel mit dem Trägermaterial vermischt und das Lösungsmittel langsam unter Rühren abgedampft. Während des Abdampfungsvorganges findet schon eine Vorfraktionierung statt, da sich die großen Moleküle bei abnehmendem Lösungsmittelgehalt zuerst auf der Trägeroberfläche niederschlagen. Die Beladung hat bei der Lösefraktionierung die gleiche Bedeutung wie die Ausgangskonzentration bei der Fällungsfraktionierung, d. h. sie muß möglichst gering sein. Sie hängt von der Verteilungsbreite der MV ab und darf bei eng verteilten Produkten ($\overline{M}_w/\overline{M}_n < 1{,}5$) 2 mg/g Trägermaterial nicht überschreiten. Bei breiter verteilten Produkten können wegen der jeweils geringeren Partialkonzentration 4–8 mg Probenmaterial auf 1 g Trägersubstanz aufgebracht werden. Bei breiteren Verteilungen ist der Beladungseffekt von geringer Bedeutung, man kommt außerdem mit einer geringeren Anzahl von Fraktionen aus. Zu hohe Beladung äußert sich in einer vorgetäuschten engeren Verteilung bzw. in krassen Fällen in einem Umbiegen der Verteilungskurve. Bei Substanzen mit breiter Verteilung muß nur der γ^*-Gradient richtig gewählt werden, die Beladung ist in weiten Grenzen variabel. Bei engen Verteilungen ist die Beladung und die Kontaktzeit für die Schärfe der Fraktionierung entscheidend. Das beladene Trägermaterial wird entweder durch Aufschlämmen mit Fällungsmittel ganz über die Säule verteilt oder nur auf den oberen Teil dieser aufgebracht. Oftmals wird auch ein getrennter Säulenkopf benutzt, in den das beladene Trägermaterial eingefüllt wird. Eine Trennsäule mit vorgeschalteter Mischeinrichtung für das Elutionsgemisch zeigt Abb. 35.

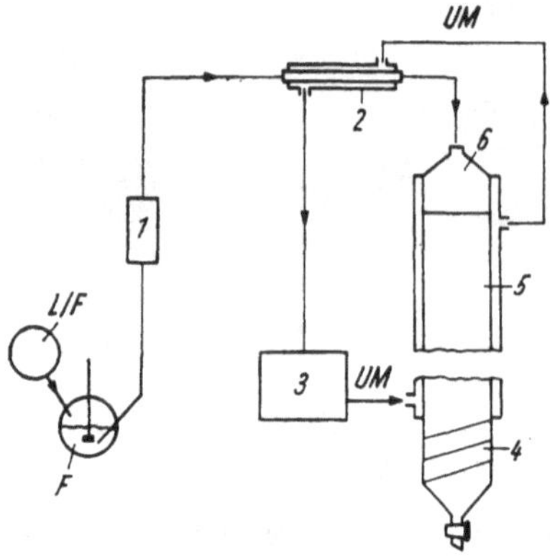

Abb. 35: Schematische Darstellung einer Trennsäule zur Elutionsfraktionierung von Polymeren

1 – Mikrodosierpumpe
2 – Vorerhitzer
3 – Thermostat
4 – Sumpfheizung
5 – Kolonne
6 – Probenaufgabezone
UM – Umlaufmittel
F – Fällungsmittel
L – Lösungsmittel

2.1.4.2.5. Kontaktzeit und Arbeitsweise

Die Kontaktzeit zur Einstellung des Löslichkeitsgleichgewichtes hängt von der Beladung ab. Sie liegt nach Angaben von Fuchs bei diskontinuierlicher Arbeitsweise bei 20 min [14], nach systematischen Untersuchungen von Klein, soll sie für die Fraktionierung eng verteilter Produkte nicht unter 2 h betragen, da bei einer mittleren Beladung von 1,8 mg/cm² Oberfläche schon etwa 40–50 Polymerschichten übereinander liegen. Bei den für die industrielle Praxis heute ausschließlich diskutablen kontinuierlichen Verfahren sind Durchflußgeschwindigkeiten bei Normaldruck von 100–120 m*l*/h optimal, obgleich bei kontinuierlichen Verfahren Trennschärfeverluste generell in Kauf genommen werden müssen. Sie können nur durch sorgfältigste Auswahl der Arbeitsbedingungen ausgeglichen werden und sind für jedes veränderte Produkt neu anzupassen. Während zu hohe Durchflußgeschwindigkeiten in der Säule auch zu Turbulenzen führen können, haben zu geringe Trennschärfeverluste durch Rückdiffusion zur Folge. Neben der bisher betrachteten einstufigen, isothermen Arbeitsweise mit L/F-Gradient ist auch noch die anisotherme mit konstantem γ^*-Wert von Bedeutung [18]. Hierbei wird bei konstanter Temperatur mit einem L/F-Gemisch konstanten γ^*-Wertes so lange eluiert, bis kein Polymeres mehr im Eluat ist. Erst dann wird die Temperatur gesteigert und mit gleichem Elutionsgemisch erneut bis zur Polymerfreiheit eluiert. Durch diese Mehrstufenelution werden schärfere Fraktionen erhalten.

2.1.4.3. Aufarbeitung und Charakterisierung der Fraktionen

Zur Aufstellung der Verteilungsfunktionen müssen die in den Fraktionen enthaltenen Partialkonzentrationen m_i und die dazugehörigen Molmassen M_i bestimmt werden. Wie in 2.1.4.1. bereits angedeutet, wird die m_i-Bestimmung gewöhnlich gravimetrisch nach Ausfällen mit überschüssigem Methanol, Reinigen und Trocknen vorgenommen.

Zur M_i-Bestimmung werden die in Kap. 1. angegebenen Verfahren herangezogen. Bei der gravimetrischen m_i-Bestimmung muß der Lösungsmittelretention in Polymeren Rechnung getragen werden, die eine Folge der Diffusionsbehinderung unterhalb der Einfriertemperatur ist. Sie ist von der Wechselwirkung mit dem Polymeren, der Temperatur und Schichtdicke des Prüfkörpers abhängig. Zur Verdrängung zurückgehaltener polarer Lösungsmittel kommen nur polare Extraktionsmittel mit möglichst hohem Dampfdruck in Betracht. Am geeignetesten sind hierzu Methanol oder Aceton, deren Retention nach 30stündiger Trocknung bei 60 °C und 13,3 Pa z.B. bei PAN $<0{,}02\%$ beträgt [19]. Die klassischen Aufarbeitungsverfahren werden mehr und mehr durch automatische abgelöst. Als Detektor zur m_i-Bestimmung von Homopolymerisaten hat sich der Brechungsindex (refractiv index) RI-Detektor bewährt, da sich der Brechungsindex der Mischung additiv aus den Indizes der Komponenten zusammensetzt und bei großen Molmassen unabhängig von diesen ist. Der sich bei der Elutionsfraktionierung gewöhnlich ständig ändernden L/F-Zusammensetzung muß durch Vergleichsmessung Rechnung getragen werden. Bei entsprechend großen Extinktionskoeffizienten können auch der UV – bzw. IR-Detektor zur m_i-Bestimmung Einsatz finden. Die Anwendung eines Viskosimeterdetektors zur M_i-Bestimmung ist nach bisherigen Erfahrungen zu empfehlen und für die M_i-Bestimmung durch Trübungstitration gilt das in 2.4. Gesagte. Für wissenschaftliche Untersuchungen ist deshalb auch heute noch den absoluten Molmassenbestimmungen der in den Fraktionen gelösten Substanzen der Vorzug zu geben.

2.1.4.4. Trennschärfeuntersuchungen

Zur Bestimmung von Verteilungsfunktionen der Molmasse sind Untersuchungen der Trennschärfe unerläßlich. Die einfachste und schnellste Möglichkeit, um Aussagen über die Trennschärfe zu erhalten, sind Trübungstitrationsmessungen an den Fraktionen, die mit der Trübungskurve des unfraktionierten Produktes verglichen werden. Ein steiler Verlauf der Trübungskurve deutet auf eine relativ eng verteilte Fraktion hin. Es können jedoch keine Absolutwerte für die Uneinheitlichkeit der Fraktionen aus diesen Untersuchungen bestimmt werden. Diese können nur aus den von den Fraktionen gemessenen $\overline{M}_w$- bzw. $\overline{M}_n$-Werten berechnet werden. Eine Fraktion ist gut fraktioniert, wenn $\overline{M}_w/\overline{M}_n < 1{,}05$ ist. Wegen der Fehler bei den Molmassenbestimmungen ist auch dieses Kriterium für die Fraktionierung recht unsicher. Weiterhin kann geprüft werden, ob die Beziehung:

$$[\eta] = \frac{\sum m_i[\eta_i]}{\sum m_i} \tag{13}$$

bzw. die von Hosemann [20] aufgestellte Gleichung:

$$U = U' + \overline{U}_{Fr}(1 + U') \tag{14}$$

erfüllt ist $\left(U = \text{Uneinheitlichkeit } \frac{\overline{M}_w}{\overline{M}_n} - 1\right.$ des Ausgangspolymeren, $\overline{U}_{Fr}$ = mittlere Uneinheitlichkeit der Fraktionen, U' = aus den Fraktionen berechnete Uneinheitlichkeit des Ausgangspolymeren). Für eine gute Fraktionierung muß $U_{Fr} < 0{,}01$ und $U = U'$ sein. Eine aufwendigere, doch sehr sichere Methode zur Trennschärfeprüfung ist die Refraktionierung, wozu heute überwiegend die *GPC* herangezogen wird.

2.1.4.5. Aufstellung der Verteilungskurve

Zur Aufstellung der *MV* wird zunächst die Summe der m_i-Werte auf eins normiert, d. h. jeder m_i-Wert wird durch die Summe aller Auswaagen dividiert. Aus den vorliegenden Wertepaaren $m_i(M_i)$ wird die *MV* grafisch dargestellt. Die integrale *MV* $I_m(M)$ erhält man unter Berücksichtigung der Überlappung der einzelnen Fraktionen (s. Abb. 36) nach Schulz durch Auftragen

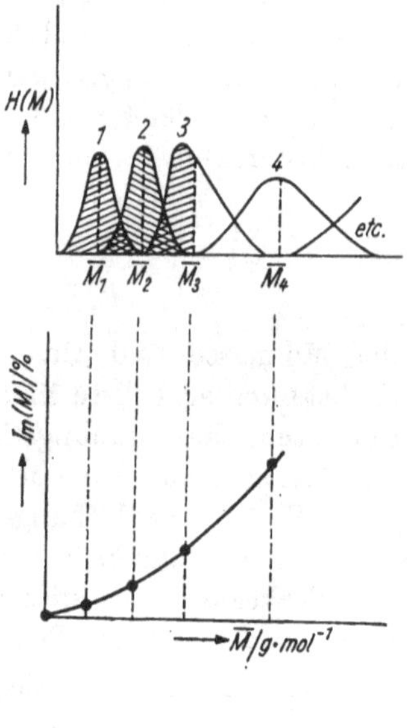

Abb. 36: Konstruktion der integralen Verteilungskurve der Molmasse $I_m(M_i)$ nach Schulz [10] unter Berücksichtigung der Überlappung der einzelnen Fraktionen

der integralen Massenverteilung gegen die Molmasse der Fraktionen [10]

$$I_m(M_i) = \frac{m_i}{2} + \sum_{j=1}^{j=i-1} m_j \tag{15}$$

Diesem Auswerteverfahren liegt die Annahme des Vorliegens symmetrischer Verteilung der Fraktionen zugrunde. Ein weiteres Auswerteverfahren, welches ebenfalls der Uneinheitlichkeit der Fraktionen Rechnung trägt und direkt die differentielle Massenverteilung der Molmasse $H(M)$ ergibt, wird von BEALL vorgeschlagen [21]. Aus der nach Gl. (15) berechneten integralen Molmassenverteilung läßt sich die differentielle Massenverteilung gemäß:

$$H(M) = \frac{dI_m(M)}{dM} \tag{16}$$

durch Differentiation bestimmen. Diese kann grafisch oder durch Aufstellen eines Differenzenschemas auf numerischem Wege vorgenommen werden [22].

Die nach Gl. (15) erhaltenen integralen Verteilungen sind — strenggenommen — Treppenkurven. Da $M \gg Mo$ (Molmasse des Monomeren), kann man trotz der diskreten Werte von ΔM anstelle der Summierung die Integration durchführen.

2.1.4.6. Bestimmung der Uneinheitlichkeit und der Polydispersität

Als charakteristische Größe für die Breite der Verteilungskurven wird bei Polymeren überwiegend die Uneinheitlichkeit U angegeben.

$$U = \frac{\overline{M}_w}{\overline{M}_n} - 1 \quad \text{bzw.} \quad U = \frac{\overline{P}_w}{\overline{P}_n} - 1 \tag{17}$$

P = Polymerisationsgrad

Die Uneinheitlichkeit bezieht sich nur auf die zahlenmäßige Häufigkeitsverteilung $h(M)$ bzw. $h(P)$. Diese ist mit $H(M)$ durch die Beziehung

$$h(M) = \frac{H(M)}{M} \quad \text{bzw.} \quad h(P) = \frac{H(P)}{P} \tag{18}$$

verbunden. Für $H(M)$ wird ein der Uneinheitlichkeit analoges Maß, die Polydispersität g_w^2, eingeführt:

$$g_w^2 = \frac{\overline{M}_z}{\overline{M}_w} - 1 \quad \text{bzw.} \quad \frac{\overline{P}_z}{\overline{P}_w} - 1 \tag{19}$$

Beide Größen lassen sich aus den Fraktionierdaten entsprechend der Definitionen von $\overline{M}_n$, $\overline{M}_w$, $\overline{M}_z$ (s. Kap. 1.1.) leicht berechnen. Eine Übersicht aller Größen zur Auswertung von Verteilungsfunktionen enthält außerdem Tab. 22.

Tabelle 22: Größen zur Auswertung von Verteilungsfunktionen der Molmasse

Bezeichnung	mathematische Formulierungen	Erläuterung
n_P bzw. n_M ($n_P = n_M$)	$\sum^{\infty} n_P = \frac{1}{\overline{P}_n}$	Bruchzahl der Mole mit dem Polymerisationsgrad P bzw. der Molmasse M in der Masse von M_0-Gramm Ausgangspolymerem (M_0 = Molmasse der Monomereinheit).
m_P, m_M ($m_P = m_M$)	$\sum_1^{\infty} m_P = \sum_{M_0}^{\infty} m_M = 1$	Masse der Makromoleküle mit dem Polymerisationsgrad P bzw. der Molmasse M in 1 g Ausgangssubstanz
$n_{P,i}, m_{P,i}$		Molbruchteil bzw. Grammbruchteil der experimentell erhaltenen i-ten-Fraktion mit P bzw. $M = P_i$ bzw. M_i
$h(P); h(M)$	$\int_0^{\infty} h(P)\,dP = \int_0^{\infty} h(M)\,dM = \frac{1}{\overline{P}_n}$	Stetige Verteilungsfunktion, die die Bruchzahl der Mole P bzw. M in M_0-Gramm Ausgangspolymerem angibt. (Zahlenmäßige Häufigkeitsverteilung)
$H(P); H(M)$	$H(P) = P\,h(P)$ $H(M) = M\,h(M) = H(P)/M_0$ $H(P) = \frac{dI(P)}{dP}$	Stetige Verteilungsfunktion, die den Grammbruchteil der Moleküle mit P bzw. M in 1 g Ausgangssubstanz angeben. (Massenmäßige Häufigkeitsverteilung).
$I(P); I(M)$	$I(P) = \int_0^P H(P)\,dP$ $I(M) = \int_0^M H(M)\,dM$	Stetige „Integralverteilung" bzw. integrale Massenverteilung von P bzw. M
$\mu^{(m)}(x)$	$\mu^{(m)}(x) = \int_0^{\infty} x^m f(x)\,dx$	Moment der Verteilung $f(x)$ einer zwischen 0 und ∞ variierenden Wahrscheinlichkeitsveränderlichen.
$\mu^{(0)}(x)$	$\mu^{(0)}(x) = \int_0^{\infty} x^0 f(x)\,dx = 1$	0. Moment von $f(x)$.

Tabelle 22 (Fortsetzung)

Bezeichnung	mathematische Formulierungen	Erläuterung
	bei Normierung:	
	$\mu_n^{(0)}(P) = 1$; bzw.	
	$\mu_w^{(0)}(P) = 1$ gilt allgemein:	
$\mu_n^{(m)}(P)$	$\mu_n^{(m)}(P) = \overline{P}_n \cdot \mu_w^{(m-1)}(P)$	Relation zwischen Zahlen- und Gewichtsmittelwert und der $H(P)$ bzw. $h(P)$
$\mu_w^{(m)}(P)$	$\mu_w^{(m)}(P) = \frac{1}{\overline{P}_n} \cdot \mu_n^{(m+1)}(P)$	
	z. B.	
	$\mu_n^{(1)}(P) = \overline{P}_n$; $\mu_w^{(1)}(P) = \overline{P}_w$	
	$\mu_n^{(2)}(P) = \overline{P}_n \cdot \overline{P}_w$; $\mu_w^{(2)}(P) = \overline{P}_w \cdot \overline{P}_z$	
	$\mu_n^{(3)}(P) = \overline{P}_n \cdot \overline{P}_w \cdot \overline{P}_z$;	
σ_n^2	$\sigma_n^2 = \mu_n^{(2)}(P) - [\mu_n^{(1)}(P)]^2 = \overline{P}_w \cdot \overline{P}_n - \overline{P}_n^2$	Varianz der Polymerisationsgradverteilung $h(P)$
σ_n	$\sigma_n = \sqrt{\sigma_n^2}$	σ_n = Standardabweichung von $h(P)$
U	$U = \sigma_n^2/\overline{P}_n^2 = \overline{P}_w/\overline{P}_n - 1$	Uneinheitlichkeit der $h(P)$-Kurve
σ_w^2	$\sigma_w^2 = \mu_w^{(2)}(P) - [\mu_w^{(1)}(P)]^2 = \overline{P}_z \cdot \overline{P}_w - \overline{P}_w^2$	Varianz der $H(P)$-Verteilung
g_w^2	$g_w^2 = \sigma_w^2/\overline{P}_w^2 = \overline{P}_z/\overline{P}_w - 1$	Polydispersität der $H(P)$-Verteilung

2.1.5. Verteilungsfunktionen der Molmasse und ihre mathematische Behandlung

Auf die Möglichkeit der Berechnung von Molmassenverteilungen aus kinetischen Daten wurde einleitend bereits hingewiesen. Zahlreiche Beispiele für Polymerisations- und Polykondensationsreaktionen wurden u. a. von PEEBLES zusammengestellt [4]. Daneben sind aber auch empirisch gefundene Verteilungsfunktionen sowohl für die Technik als auch die wissenschaftliche Arbeit von Wert und oft die einzige Möglichkeit zur Beschreibung der Molmassenverteilung komplizierter Reaktionen. Eine Übersicht der wichtigsten Verteilungsfunktionen und deren mathematischer Behandlung gibt BERGER [23].

Nach dem Funktionstyp unterscheidet man:

- logarithmierte GAUSS-Verteilungen und
- Exponentialverteilungen

Erstere werden häufig auch als logarithmierte Normalverteilungen bezeichnet. Sie lassen sich in generalisierter Form als 2-Parameter-Gleichung darstellen:

$$H(P) = \frac{1}{\ln \sigma_P (2\pi)^{0.5}} \frac{P^z}{P_0^{z+1} y} \exp\left[-\frac{(\ln P - \ln P_0)^2}{2(\ln \sigma_P)^2}\right] \tag{20}$$

σ_p = Standardabweichung von ln P, P_0 = Polymerisationsgrad bei $I(P) = 1/2$

Mit $z = -1$ und $y = 1$ erhält man die WESSLAU-Verteilung:

$$H(P) = \frac{1}{\ln \sigma_P (2\pi)^{0.5}} P^{-1} \exp\left[-\frac{(\ln P - \ln P_0)^2}{2(\ln \sigma_P)^2}\right] \tag{21}$$

bzw.

$$h(P) = \frac{1}{\ln \sigma_P \, (2\pi)^{0.5}} P^{-2} \exp\left[-\frac{(\ln P - (\ln P_0)^2}{2(\ln \sigma_P)^2}\right] \tag{22}$$

Für die Mittelwerte der Polymerisationsgrade ergeben sich, wenn $\int_0^\infty H(P)\, dP = 1$ gesetzt wird, über die Momente der Verteilungsfunktion:

$$\overline{P}_n = P_0 \exp\left[-(\ln \sigma_p)^2/2\right] \tag{23a}$$

$$\overline{P}_w = P_0 \exp\left[(\ln \sigma_p)^2/2\right] \tag{23b}$$

$$\overline{P}_z = P_0 \exp\left[3(\ln \sigma_p)^2/2\right] \tag{23c}$$

Daraus erhält man

$$P_0 = (\overline{P}_n \cdot \overline{P}_w)^{1/2} \tag{24}$$

und

$$\overline{P}_w/\overline{P}_n = \overline{P}_z/\overline{P}_w = \exp \sigma_p^2 \tag{25}$$

Das Maximum der $H(P)$-Funktion liegt bei $\overline{P}_n^{3/2}/\overline{P}_w^{1/2}$ und das der $h(P)$-Funktion bei $\overline{P}_n^{5/2}/\overline{P}_w^{3/2}$. Abb. 37 zeigt die $h(P)$ – Abb. 38 die $H(P)$-Funktion der logarithmierten Normalverteilung für $\overline{P}_n = 100$ und variable $\overline{P}_w$-Werte in Abhängigkeit von P.

Zur Ermittlung der P_0 – und σ_p-Werte der logarithmierten Normalverteilungen trägt man die Fraktionierdaten $I_m(P)$ gegen P in ein logarithmiertes Summenwahrscheinlichkeitsnetz ein. Bei diesem ist die Ordinate nach dem GAUSSschen Integral und die Abszisse logarithmisch geteilt. Aus dem Schnittpunkt der Geraden der Verteilungskurve mit der Geraden für $I_m(P) = 0{,}5$ wird der Wert für ln P_0 erhalten. Bei $I_m(P) = 0{,}500 + 0{,}341$ ist $\ln P - \ln P_0 = \pm \sigma_p$.

Die WESSLAU-Verteilung ist eine empirische Verteilungsfunktion, die zur Beschreibung breiter Verteilungen geeignet ist. Sie wird häufig für die Auswertung der Fraktionierdaten von Hochdruck – PE (PE-ND) verwendet.

Nach MUSSA [24] kann für die Grenzviskosität $[\eta]$ eine der Gl. (21) analoge Beziehung (Gl. 26) abgeleitet werden, sofern das Viskositätsgesetz

$[\eta] = K \cdot M^a$ erfüllt ist. Es gilt dann für

$$H([\eta]) = \frac{1}{a \cdot \sigma_P \cdot \pi^{0,5}} \cdot \frac{1}{[\eta]} \cdot \exp\left[-\frac{\ln^2 \frac{[\eta]}{[\eta]_0}}{(a \cdot \sigma_P)^2}\right] \tag{26}$$

a = Exponent der KUHN-MARK-HOUWINK-Gleichung

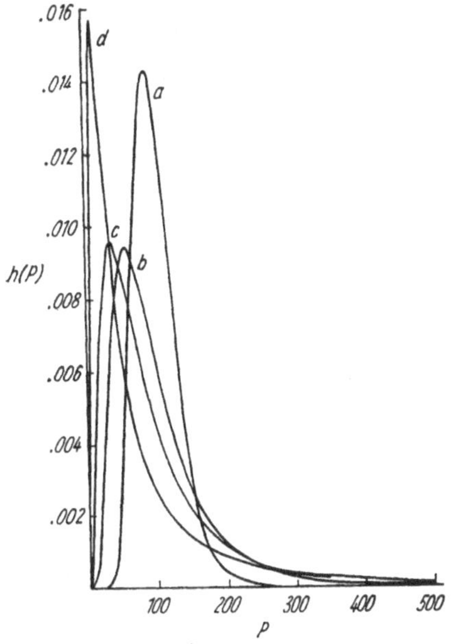

Abb. 37: $h(P)$-Funktion für die logarithmierte Normalverteilung als Funktion von P für $\overline{P}_n = 100$. $\overline{P}_w = 110$ (a); 150 (b); 200 (c); 500 (d)

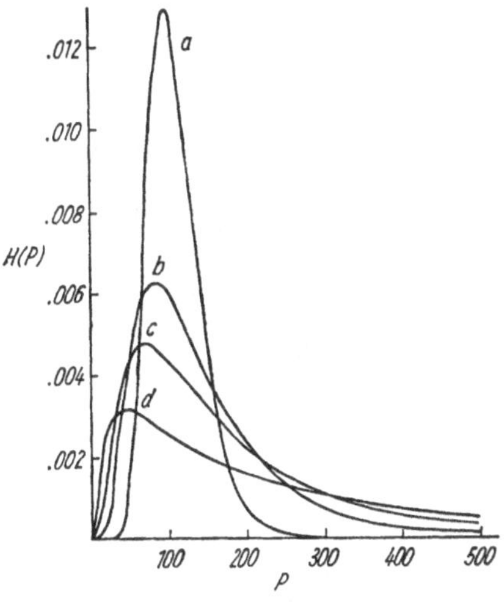

Abb. 38: $H(P)$-Funktion für die logarithmierte Normalverteilung als Funktion von P für $\overline{P}_n = 100$ und gleichen $\overline{P}_w$-Werten wie bei Abb. 37

$[\eta]_0$ wird wiederum aus dem Schnittpunkt der Verteilungskurve mit der Gerade bei $I([\eta]) = 0{,}5$ und σ_P aus dem Anstieg der Geraden erhalten.

$$\left(\frac{dI\,([\eta])}{d[\eta]}\right)_{[\eta]=[\eta]_0} = H([\eta]_0) \tag{27}$$

und

$$a\sigma_P = \frac{1}{H([\eta])_0 \sqrt{\pi}\,[\eta]_0} \tag{28}$$

Setzt man in Gl. (20) $z = 0$ und $y = \exp(\sigma_p^2/2)$, erhält man die LANSING-KRÄMER-Verteilung

$$H(P) = \frac{1}{\ln\,\sigma_P(2\pi)^{0.5}} \cdot \frac{1}{P_0 \cdot \exp\left(\frac{\sigma_P^2}{2}\right)} \cdot \exp\left[-\frac{\ln^2 \frac{P}{P_0}}{2(\ln\,\sigma_P)^2}\right] \tag{29}$$

Die wichtigsten Exponentialverteilungen lassen sich in generalisierter Form durch die KOTLIAR-Funktion darstellen [25]:

$$H(P) = K'P^k e^{-yP^b} \tag{30a}$$

bzw.

$$h(P) = K'P^{k-1} e^{-yP^b} \tag{30b}$$

mit

$$K' = \frac{(k+1 \cdot y)^{\frac{(k+1)}{b}}}{\Gamma\left[\frac{k+1}{b} + 1\right]} \tag{30c}$$

und

$$y = \frac{k}{P_{\max}} \quad k = \text{Kopplungskonstante}, \ P_{\max} = \overline{P}_n$$

Gl. (30a) und (30b) gehen für

$b = 1$; $k > 0$ in die SCHULZ-ZIMM-
und für $b = k + 1$; $k > 0$ in die TUNG-Verteilung über.

Für die Momente der Verteilung gilt allgemein:

$$\mu_n^{(m)}(P) = K' \int_0^\infty P^{k+m-1} \exp(-yP^b)\, dP$$

$$= \frac{(k+1) \cdot \Gamma\left(\frac{k+m}{b} + 1\right)}{(k+m) \cdot y^{\frac{m-1}{b}} \cdot \Gamma\left(\frac{k+1}{b} + 1\right)} \tag{31}$$

Γ = Gammafunktion; $\Gamma(k+1) = k! = k\Gamma(k)$; $\Gamma(k) = (k-1)!$

$\mu_n^{(m)}$ wird auf das Integral

$$\int_0^\infty x^n e^{-ax}\, dx = \frac{\Gamma(n+1)}{a^{n+1}} = \frac{n!}{a^{n+1}} \tag{32}$$

zurückgeführt.

Mit $b = 1$, entsprechend einer SCHULZ-ZIMM-Verteilung, erhält man aus Gl. (30a) durch Logarithmieren eine lineare Funktion:

$$\lg H(P) = \lg K' + k(\lg P - P \cdot 0{,}4343/P_{\max}) \tag{33}$$

Durch Auftragen der experimentell bestimmten $\lg H(P)$-Werte gegen $\lg P - P \cdot 0{,}4343/P_{\max}$ ergeben sich im Idealfall Geraden mit dem Anstieg k, der Kopplungskonstanten. $k = 1$ entspricht einem Abbruch der radikalischen Polymerisation durch Disproportionierung, $k = 2$ einem Rekombinationsabbruch, bei Übertragungsreaktionen wird oft $k \approx 1{,}5$ gefunden. Die Art des Kettenabbruchs bestimmt auch die Breite der Molmassenverteilung, denn

die Uneinheitlichkeit U ist für die SCHULZ-ZIMM-Verteilung umgekehrt proportional zu k, wie nachfolgend aufgezeigt wird:
Mit

$$h(P) = \frac{\left(\frac{k}{\overline{P}_n}\right)^{k+1}}{k!} P^{k-1} \exp - kP/\overline{P}_n \tag{34}$$

und

$$H(P) = \frac{\left(\frac{k}{\overline{P}_n}\right)^{k+1}}{k!} P^{k} \exp - kP/\overline{P}_n \tag{35}$$

ergibt sich nach Gl. (31) und (32) für die Momente $\mu_n^{(m)}(P)$ und $\mu_w^{(m)}(P)$

$$\mu_n^{(m)}(P) = \frac{\overline{P}_n^{m-1}}{k!\, k^{m-1}} (k + m - 1)! \tag{36a}$$

$$\mu_w^{(m)}(P) = \left(\frac{\overline{P}_n}{k}\right)^m \frac{(k + m)!}{k!} \tag{36b}$$

und mit den Definitionen $\overline{P}_n = \mu_n^{(1)}(P)/\mu_n^{(0)}(P)$ und $\overline{P}_w = \mu_w^{(1)}(P)$ bzw. $\mu_n^{(2)}(P)/\mu_n^{(1)}(P)$

$$\overline{P}_n = \frac{\overline{P}_n}{k!\, k^{(0)}} \cdot k! \; ; \tag{37a}$$

$$\overline{P}_w = \overline{P}_n \frac{(k + 1)}{k}, \tag{37b}$$

und damit

$$U = \frac{\overline{P}_w}{\overline{P}_n} - 1 = \frac{k + 1}{k} - 1 = \frac{1}{k} \tag{38}$$

Ohne auf weitere Ableitungen einzugehen, erhält man analog dazu für

$$\overline{P}_z = \overline{P}_n \frac{(k + 2)}{k} \qquad g_w^2 = \frac{1}{k + 1} \tag{39}$$

und

$$\overline{P}_n : \overline{P}_w : \overline{P}_z = 1 : (1 + U) : (1 + 2U) \tag{40}$$

Für $\overline{P}_v$ ergibt sich nach SCHULZ, HENRICI-OLIVÉ und OLIVÉ [26] angenähert

$$\overline{P}_v \approx \overline{P}_n \left(1 + \frac{1 + a}{2k}\right) \tag{41}$$

a = Exponent der KUHN-MARK-HOUWINK-Gleichung

bzw. genauer

$$\overline{P}_v = \frac{\overline{P}_n}{k} \left[\frac{\Gamma(1 + k + a)}{\Gamma(1 + k)}\right]^{1/a} \tag{42}$$

Abb. 39 und 40 zeigen die $h(P)$ – bzw. $H(P)$-Funktionen der Schulz-Zimm-Verteilungen mit $k = 2$ in Abhängigkeit von P.

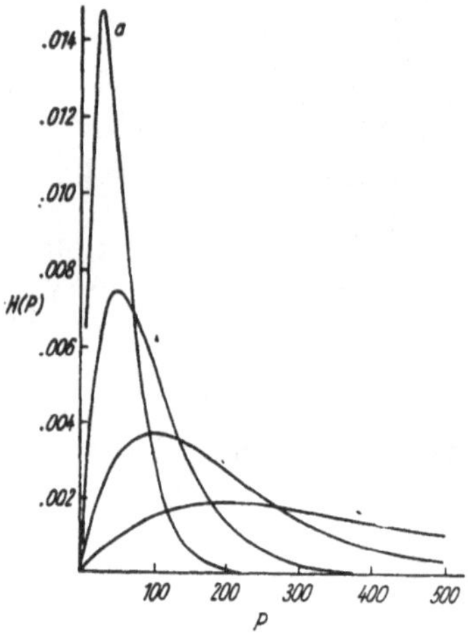

Abb. 39: $h(P)$-Funktion der Schulz-Zimm-Verteilung mit $k = 2$ in Abhängigkeit von P

	a	b	c	d
$\overline{P}_n$	50	100	200	400
$\overline{P}_w$	75	150	300	600

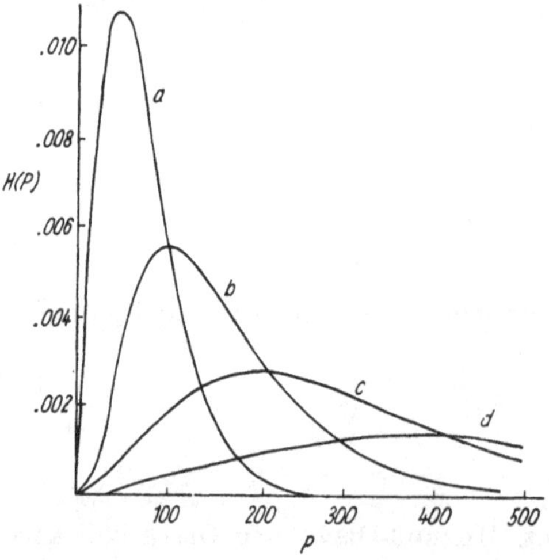

Abb. 40: $H(P)$-Funktion der Schulz-Zimm-Verteilung mit $k = 2$ in Abhängigkeit von P. $\overline{P}_w$- und $\overline{P}_n$-Werte wie bei Abb. 39

Die Schulz-Zimm-Verteilungen werden oft als „Normalverteilungen" bezeichnet, da sie für viele Polyreaktionen zutreffen.

Für $k = 1$ ergibt sich aus Gl. (34)

$$h(P) = \left(\frac{1}{\overline{P}_n^2}\right) \exp\left(-P/\overline{P}_n\right) \approx \left(\frac{1}{\overline{P}_n^2}\right) \cdot \left(1 - \frac{1}{\overline{P}_n}\right) \quad (43)$$

Ersetzt man in (35) $\exp - k/\overline{P}_n$ durch q, so erhält man bei $k = 1$ die von SCHULZ ursprünglich aufgestellte Gleichung

$$H(P) = (-\ln q)^2\, Pq^P\,, \tag{44}$$

die mit $-\ln q \approx 1 - q$ in die 1-Parameter-Gleichung von SCHULZ-FLORY

$$H(P) = Pq^P\,(1 - q)^2 \tag{45}$$

übergeht. Diese wurde speziell für Polykondensationsreaktionen abgeleitet. q entspricht bei diesen dem Reaktionsumsatz.

POISSON-Verteilungen treffen hauptsächlich für ionisch polymerisierte Produkte zu. Für sie gilt

$$H(P) = \frac{\overline{P}_n^P \cdot P \exp(-\overline{P}_n)}{P!\,\overline{P}_n} \tag{46}$$

bzw.

$$h(P) = \frac{\overline{P}_n^P \exp(-\overline{P}_n)}{P!\,\overline{P}_n} \qquad \text{wenn } \mu_n^{(0)}(\overline{P}) = \frac{1}{\overline{P}_n} \tag{47}$$

$\overline{P}_w$ ergibt sich gemäß Gl. (48a) zu:

$$\overline{P}_w = \frac{\overline{P}_n^2 + 3\overline{P}_n + 1}{\overline{P}_n + 1} \tag{48a}$$

und näherungsweise daraus:

$$\overline{P}_w \approx 1 + \overline{\mathrm{P}}_n \tag{48b}$$

$$U = 1/\overline{P}_n \tag{48c}$$

Zwischen der $h(P)$ – und der $H(P)$-Funktion besteht bei diesen engen Verteilungen gewöhnlich kein großer Unterschied, die Verteilungsbreite steigt mit steigendem $\overline{P}_n$-Wert an (Abb. 41).

Die in der Praxis wegen relativ einfacher Auswertung häufig bevorzugte, zunächst empirisch gefundene WEIBULL-TUNG-Verteilung wird gewöhnlich

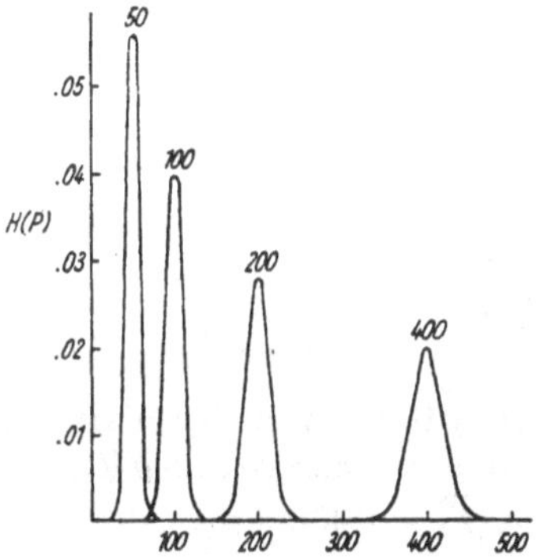

Abb. 41: POISSON-Verteilungen als Funktion von P mit steigenden $\overline{P}_n$-Werten

in folgender Form dargestellt:

$$H(P) = ybP^{b-1} \exp(-yP^b) \tag{49}$$

oder

$$I(P) = 1 - \exp(-yP^b) \tag{50}$$

Die Werte für y und b werden durch Auftragen von

$$\ln P \text{ gegen } \ln\left[\ln \frac{1}{1 - I(P)}\right]$$

aus dem Ordinatenabschnitt (y) und dem Anstieg (b) der Geraden erhalten.

Weiterhin gilt für die Weibull-Tung-Verteilung:

$$P_{\max} = \left(\frac{1}{y}\right)^{1/b} \left(1 - \frac{1}{b}\right)^{1/b} \tag{51}$$

$$\overline{P}_n = \left(\frac{1}{y}\right)^{1/b} \cdot \left[\Gamma\left(1 - \frac{1}{b}\right)\right]^{-1} \tag{52}$$

$$\overline{P}_w = \frac{\Gamma\left(1 + \frac{1}{b}\right)}{y^{1/b}}, \quad (53), \quad \overline{P}_z = \frac{\Gamma\left(1 + \frac{2}{b}\right)}{y^{1/b}\Gamma\left(1 + \frac{1}{b}\right)} \tag{54}$$

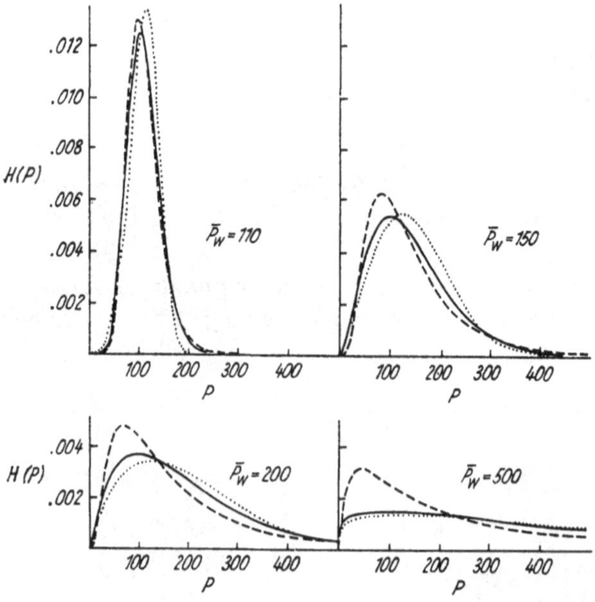

Abb. 42: Vergleichende Gegenüberstellung der $H(P)$-Funktionen bei Weibull-Tung (------), Schulz (———) und logarithmierter Normalverteilung (......) als Funktion von P und verschiedenen $\overline{P}_w$-Werten ($\overline{P}_n = 100$).

Eine vergleichende grafische Gegenüberstellung der WEIBULL-TUNG-, SCHULZ- und logarithmischen Normalverteilung bei variablen $\overline{P}_w$-Werten zeigt abschließend Abb. 42.

2.2. Chemische Heterogenität

2.2.1. Einführung

Die Verteilung der chemischen Zusammensetzung von Copolymerisaten wird als chemische Heterogenität bezeichnet. Sie ist von den Reaktivitätsparametern und vom Copolymerisationsumsatz abhängig und kann bei Kenntnis dieser Daten annähernd vorausberechnet werden [9, 27]. Infolge der Komplikationen bei der nichtidealen Copolymerisation ist eine experimentelle Überprüfung der Ergebnisse jedoch unerläßlich, zumal dann, wenn Abschätzungen über die Eigenschaften vorgenommen werden sollen. Die Eigenschaften von Copolymerisaten hängen außer von der Molmasse und deren Verteilung auch wesentlich von der chemischen Zusammensetzung, deren Verteilung und der Verteilung der Sequenzlängen ab. Die Copolymeren-Charakterisierung stellt deshalb ein recht kompliziertes Problem dar. Zur Bestimmung der chemischen Heterogenität bedient man sich u. a. der Fraktionierung und anschließender Analyse der Fraktionen, ferner der Dünnschichtchromatographie, Trübungstitration, Lichtstreuungsmessungen in verschiedenen Lösungsmitteln, Sedimentationsanalyse mit der Ultrazentrifuge und der NMR-Spektroskopie. Der Einsatz der Methoden ist oft von der Polarität der Comonomeren abhängig oder wird durch die mittlere Zusammensetzung stark eingeschränkt. Das universellste Verfahren ist noch das der Fraktionierung unter Ausnutzung von Löslichkeitsunterschieden, welches zur Ausschaltung stärkerer Überlagerungseffekte infolge der Molmassenverteilung oftmals der *GPC* nachgeschaltet wird.

Zur Charakterisierung der konstitutiven Uneinheitlichkeit werden im wesentlichen 3 Parameter herangezogen, die auf einer Betrachtung der Momente der Verteilung der chemischen Zusammensetzung E basieren. Es sind dies:
das erste Moment der Massenverteilung der Komponente i:

$$\overline{E} \equiv \mu_m^{(1)}(E) = \frac{\sum m_i E_i}{\sum m_i} \tag{55}$$

die Standardabweichung, als Maß der Breite der Verteilung:

$$\sigma_m^2 \equiv \mu_m^{(2)}(E) - [\mu_m^{(1)}(E)]^2 = \sum m_i (E_i - \overline{E})^2 / \sum m_i \tag{56}$$

$\overline{E}$ = arithmetischer Mittelwert

und die Schiefe Ω, als Maß für die Symmetrie:

$$\Omega_m \equiv \frac{\nu_m^{(3)}}{2(\nu_m^{(2)})^{3/2}} = \frac{\dfrac{\sum m_i(E_i - \overline{E})^3}{\sum m_i}}{2\left\{\dfrac{\sum m_i(E_i - \overline{E})^2}{\sum m_i}\right\}^{3/2}} \tag{57}$$

Wenn $\Omega_m = 0$ ist, handelt es sich um eine symmetrische Verteilung. In den Beziehungen (55)—(57) entsprechen die μ_r den Momenten der Komponentenverteilung und die ν_r den Momenten der Produktverteilung. Das Moment der Produktverteilung ist gegeben durch:

$$\nu_m^{(q)}(E) = \frac{\sum m_i(E_i - \overline{E})^q}{\sum m_i} \tag{58}$$

Weitere Größen zur Charakterisierung der Uneinheitlichkeit hinsichtlich der chemischen Zusammensetzung sind u. a. die Größen U_1 und V_1 (das Teilungsverhältnis).

$$U_1 = U_1^+ + U_1^-$$

$$U_1^+ = \frac{\sum m_{i,1}^+ \cdot \Delta E_{i,1}^{+'}}{\sum m_{i,1}^+}; \qquad U_1^- = \frac{\sum m_{i,1}^- \cdot \Delta E_{i,1}^-}{\sum m_{i,1}^-} \tag{59}$$

und

$$V_1 = U_1^+ / U_1^- \tag{60}$$

V_1 ist wiederum ein Maß für die Asymmetrie der Verteilung. Zur Berechnung von U_1^+ und U_1^- muß die Verteilungsfunktion in äquidistante Abschnitte unterteilt werden.

2.2.2. Theoretische Grundlagen der Löslichkeitsfraktionierung

Die Lage des Sol-Gel-Gleichgewichtes hängt bei Copolymerisaten außer vom Polymerisationsgrad und den spezifischen Wechselwirkungen auch noch von der chemischen Zusammensetzung α ab und wird nach Topchiev et. al. in Erweiterung von Gl. (1) durch folgende Gl. (61) beschrieben [28]:

$$\frac{\Phi'_{B,P,\alpha}}{\Phi''_{B,P,\alpha}} = \exp - P(\sigma + K\alpha) \tag{61}$$

α = Volumenbruch des Monomeren A im Copolymerisat $A-B$ (Index B)
σ = Verteilungskoeffizient

Im Falle eines quasibinären Systems aus Copolymerisat und einem Lösungsmittel gilt für K:

$$K = (\Phi''_B - \Phi'_B)(\chi_A - \chi_B) \tag{62}$$

$\chi_{A,B}$ = Wechselwirkungsparameter zwischen dem Lösungsmittel und der Komponente A bzw. B des Copolymeren und für das praktisch wichtigere quasiternäre System aus Copolymerem (B), Lösungsmittel 1 und 2:

$$K = (\Phi_1'' - \Phi_1')(\chi_{1A} - \chi_{1B}) + (\Phi_2'' - \Phi_2')(\chi_{2A} - \chi_{2B}) \tag{63}$$

Eine wahre Molmassenverteilung wird für Systeme mit $K = 0$ erhalten, da dann die chemische Zusammensetzung ohne Einfluß auf die Lage des Gleichgewichts ist. Um eine wahre Verteilung der chemischen Zusammensetzung zu erhalten, muß an sich mit 2 unterschiedlichen L/F-Systemen gearbeitet werden und zwar einmal mit einem System mit positivem Wert von K und danach mit einem solchen mit negativem K-Wert. Diese „zweidimensionale" Arbeitsweise wird als Kreuzfraktionierung bezeichnet. Sie ist der eindimensionalen Arbeitstechnik mit nur einem L/F-Paar bei der Heterogenitätsbestimmung überlegen [29]. Wegen fehlender Daten der Wechselwirkungsparameter ist eine Vorausberechnung der Fraktionierung von Copolymeren kaum möglich, so daß das schwierige Problem der richtigen Auswahl der Lösungsmittel überwiegend durch Vorversuche gelöst werden muß.

2.2.3. Auswahlprinzipien für L/F-Systeme

Für die Fraktionierung von Copolymeren nach der Molekülgröße müssen L/F-Paare verwendet werden, deren Wechselwirkungen mit den beiden Cokomponenten annähernd gleich sind, für die Bestimmung der chemischen Heterogenität dagegen kommen L/F-Paare in Betracht, die sich auf die beiden Monomereinheiten unterschiedlich stark auswirken. Ihre Auswahl wird nach Vororientierung anhand der Löslichkeits- bzw. χ-Parameter oder auch der 2. Virialkoeffizienten gewöhnlich durch Trübungstitration getroffen. Die Löslichkeitsparameter von Copolymeren setzen sich wie die der Lösungsmittelgemische additiv zusammen. Es gilt:

$$\delta_{AB} = w_A\delta_A + w_B\delta_B \tag{64}$$

$w_{\cdot}$ = Gewichtsanteil

für die Copolymeren und

$$\delta_M = \sum_i \Phi_{L,i}\delta_{L,i} \tag{65}$$

für die Lösungsmittelgemische.

Berücksichtigt man in Erweiterung von Gl. (10) und (11) auch die Molmassenabhängigkeit und den von der Mischungsentropie herrührenden Entropieterm des Flory-Hugginsschen χ-Parameters $\chi_{\Delta s}$, so gilt für die Differenz der Löslichkeitsparameter zwischen Copolymerem (B) und Lösungsmittel (L) bei der das Polymere gerade noch in einem Lösungsmittel gelöst wird:

$$|\delta_B - \delta_L|_{\max} = \left([0{,}5(1 + P^{-0{,}5})^2 - \chi_{\Delta s}]\,\frac{RT}{V_L}\right)^{0{,}5} \tag{66}$$

$\chi_{\Delta s}$ liegt bei Polymeren in der Regel zwischen 0,1 und 0,4.

Die Differenz $|\delta_B - \delta_L|_{max}$ steigt nach Gl. (66) mit zunehmender Temperatur und abnehmendem Polymerisationsgrad des Polymeren und abnehmendem Molvolumen des Lösungsmittels bzw. des Gemisches an. Tab. 23 enthält die für eine Temperatur von 25 °C und ein Molvolumen des Lösungsmittels von 100 m*l* von KUHN berechneten $|\delta_B - \delta_L|_{max}$-Werte bei unterschiedlichen Polymerisationsgraden und $\chi_{\Delta s}$-Werten [31]. Anstelle der (V_B/V_L)-Werte sind in Tab. 23 die den annähernd entsprechenden Polymerisationsgrade angegeben.

Tabelle 23: $|\delta_B - \delta_L|_{max}$-Werte bei $T = 25$ °C, $V_L = 100$ cm³ und variablem P und $\chi_{\Delta S}$ [31]

P	0,0	0,1	0,2	0,4
1	7,04	6,85	6,67	6,30
10^1	4,64	4,40	4,05	3,40
10^2	3,87	3,56	3,17	2,25
10^3	3,64	3,27	2,86	1,80
10^4	3,56	3,19	2,78	1,66
	3,52	3,15	2,73	1,58

Andererseits kann man entweder nach ELIAS die Φ_{krit}-Werte der entsprechenden Homopolymeren ermitteln [30] oder Trübungstitrationen an weitgehend molekulareinheitlichen Fraktionen von entsprechenden Copolymeren unterschiedlicher chemischer Zusammensetzung vornehmen.

Die $\Phi_{krit.}$-Werte sind eine charakteristische Größe für die Fällbarkeit eines Fällungsmittels. Nach ELIAS [30] steht der $\Phi_{krit.}$-Wert in logarithmischem Zusammenhang mit dem Fällpunkt Φ_{Tr} und der Polymerkonzentration $[P]$ (s. a. 4.1.3. u. 4.1.4.2.):

$$\lg \Phi_{Tr} = \lg \Phi_{krit.} - K \cdot \lg [P] \tag{67}$$

Aus der Differenz der $\Phi_{krit.}$-Werte für die Homopolymeren lassen sich geeignete L/F-Kombinationen finden. Bei großen Differenzen in $\Phi_{krit.}$ erfolgt eine Auftrennung nach der chemischen Zusammensetzung, bei kleinen $\Delta\Phi_{krit.}$-Werten trennt das System überwiegend nach der Molekülgröße auf.

Stehen Copolymerisate abgestufter Zusammensetzung zur Verfügung, werden diese in verschiedenen Lösungsmitteln gelöst und bei Temperaturkonstanz mit verschiedenen Fällungsmitteln bis zum 1. Fällpunkt (s. Abb. 33) titriert. Aus den erhaltenen Trübungskurven werden die Systeme mit den größten Fällbarkeitsunterschieden ausgewählt.

2.2.4. Experimentelle Grundlagen

Die Fraktionierverfahren zur Bestimmung der chemischen Heterogenität entsprechen den in 2.1. für die Ermittlung der Molmassenverteilung beschriebenen. Neben der Fällungsfraktionierung kommen auch die Methode der Lösungsfraktionierung nach Fuchs [14] und elutionschromatographische Verfahren mit den entsprechenden L/F-Systemen in Betracht. Bei der schon erwähnten Variante der Kreuzfraktionierung zerlegt man zunächst die etwa 0,5%ige Copolymerlösung durch sukzessiven Fällungsmittelzusatz in etwa 4 Fraktionen, die dann mit einem entgegengesetzt wirkenden L/F-Paar nochmals in 4–5 Fraktionen aufgetrennt werden. Bei dem ersten L/F-Paar muß $\chi_A > \chi_B$ und beim zweiten $\chi_A < \chi_B$ sein. Eine weitere Möglichkeit zur Trennung von Polymergemischen wie u. a. Pfropfcopolymeren und Copolymeren mit breiter Verteilung der chemischen Zusammensetzung bietet die Fraktionierung mit entmischenden Flüssigkeiten [31]. Die Trennung erfolgt hierbei durch Entmischung eines mindestens binären homogenen Lösungsmittelgemisches mit positiver Mischungswärme durch Temperaturerniedrigung. Bei entsprechender Lösungsmittelauswahl anhand der Löslichkeitsparameter (Gl. (66)), 2. Virialkoeffizienten oder auch der Exponenten der Kuhn-Mark-Houwink-Gleichung (s. 1.7.2.) reichern sich die chemisch unterschiedlichen Polymeren jeweils in den getrennten Phasen an. Die Lösungsmittelgemische müssen so gewählt sein, daß eine Lösungsmittelkomponente für das eine Polymere lösungsaktiv, für das andere Polymere dagegen inaktiv sein muß und umgekehrt. Die Lösungsmittelpaare müssen außerdem eine obere kritische Mischungslücke besitzen und sollten zwecks schneller Phasentrennung möglichst große Dichteunterschiede aufweisen. Diesen Bedingungen entsprechen z.B. Mischungen aus N,N-Dimethylformamid mit Cyclohexan, Methylcyclohexan, Heptan und Decalin, ferner Gemische aus Methanol mit Cyclohexan, Methylcyclohexan und Heptan, sowie N,N-Dimethylacetamid-Heptan und andere. Die Fraktioniermethode mit entmischenden Flüssigkeiten eignet sich nur für Polymere mit Molmassen $> 10^4$ g/mol. Bei teilkristallinen Polymeren läßt sich teilweise eine dritte Phase erkennen, die ebenfalls abgetrennt werden kann.

Von den nach unterschiedlichen Trennverfahren erhaltenen Fraktionen müssen die Massen m_i, die chemische Zusammensetzung E_i und erforderlichenfalls auch die Molmasse M_i bestimmt werden. Für die Zusammensetzungsbestimmung kommen vorwiegend chemische oder spektroskopische Methoden in Betracht. Die Bestimmung der Massenanteile m_i der Fraktionen wird häufig gravimetrisch nach Abdampfen des Lösungsmittels vorgenommen, da die Mehrfachdetektion von Massenanteil und Zusammensetzung bei Anwendung von L/F-Gradienten gewisse Schwierigkeiten mit sich bringt und Ungenauigkeiten zur Folge hat. Die erhaltenen m_i-Werte werden als Massenanteil von 1 ausgedrückt und die Wertepaare $m_i(E_i)$ zur Aufstellung der integralen Verteilungskurve der chemischen Zusammensetzung $I_{m,i}(E_i)$ nach steigenden E_i-Werten geordnet. Die $I_{m,i}$-Werte werden wie bei den Molmassenverteilungen (Gl. (15)) ermittelt und gegen die E_i-Werte (in Gew. %) aufgetragen.

2.2.5. Ermittlung der chemischen Heterogenität durch Dünnschichtchromatographie [32]

Eine weitere Möglichkeit zur Heterogenitätsbestimmung bei Copolymerisaten bietet die Adsorptions-Dünnschichtchromatographie, da die Adsorption in weit stärkerem Maße von der chemischen Zusammensetzung als von der Molmasse abhängt. Prinzipiell unterscheidet sich die Dünnschichtchromatographie (*DC*) von Polymeren nur unwesentlich von der der niedermolekularen Verbindungen, über deren theoretische Grundlagen und experimentelle Lösungswege die Monographie von Stahl informiert [33]. Neben dem polaritätskontrollierten Adsorptions-Mechanismus werden für die Polymercharakterisierung auch der löslichkeitskontrollierte Phasentrenn-Mechanismus und der Molsiebeffekt ausgenutzt; je nach Wahl der Arbeitsbedingungen tritt häufig eine mehr oder minder starke Überlagerung der einzelnen Effekte ein. Für die adsorptive dünnschichtchromatographische Trennung von Copolymeren muß ein zumindest mäßig gutes Lösungsmittel für das Polymere gewählt werden. Gewöhnlich wird mit Lösungsmittelgemischen nach der Gradiententechnik gearbeitet. Für die Auswahl der Arbeitsbedingungen gilt folgende Regel: Für die Auftrennung eines schwach polaren Copolymeren wird ein ebenfalls schwachpolares Elutionsmittelgemisch und ein hoch aktives Trägermaterial verwendet und umgekehrt. Eine quantitative Beschreibung des Adsorptionsgleichgewichtes erfolgt durch die Gleichung von Snyder [34]

$$\lg K^0 = \lg V_a + \alpha(S^0 - A_s\varepsilon^0) \tag{68}$$

K^0 = Verteilungskoeffizient zwischen adsorbierten und nichtadsorbierten Molekülen, V_a = spezifische Konstante für die Wechselwirkung zwischen Elutionsmittel und Trägermaterial, α gibt die Oberflächenaktivität des Trägermaterials an, S^0 und $A_s\varepsilon^0$ sind dimensionslose Größen, die die Adsorptionsenergie für das Polymere und das Elutionsmittel beschreiben, A_s entspricht dem Flächenbedarf der adsorbierten Moleküle.

K^0 hängt mit dem bekannten R_f-Wert gemäß

$$R_f = [(1 + W/V^0)\,K^0]^{-1} \tag{69}$$

zusammen (W = Gewicht der stationären Phase, V^0 = Volumen der mobilen Phase).

(S^0, A_s und ε^0-Werte sind von Snyder in Abhängigkeit der Struktur für niedermolekulare Substanzen und Lösungsmittel angegeben und können auch als Anhaltspunkte für die Wahl der Arbeitsbedingungen bei Polymeren verwendet werden [32].)

Zur Auftrennung von Copolymeren, deren Monomere sich stark in der Polarität unterscheiden, werden Elutionsgemische aus einem unpolaren und einem mäßig bis stark polaren Lösungsmittel verwendet. Als Trägermaterial wird gewöhnlich aktiviertes Silicagel in einer Schichtdicke von 0,25 mm eingesetzt, für Polymere mit Molmassen $< 10^5$ g/mol ist mikroporöses Silicagel zu bevorzugen. Die eingesetzte Menge an Copolymerem soll 10 μg nicht überschreiten, um Einflüsse der Auflösungsgeschwindigkeit zu minimieren. Zur Herstellung des Elutionsgradienten wird zunächst ein Lösungsmittel oder -gemisch in die *DC*-Kammer gegeben und — nachdem das Elutionsmittel eine gewisse Front erreicht hat — das andere Elutionsmittel kontinuierlich zugetropft. Je nach Geschwindigkeit der Zugabe stellt sich ein linearer, konkaver oder konvexer Gradient ein. Zur Trennung schwachpolarer Copolymerer können auch nur solche Elutionsmittel verwendet werden. Sie werden außer nach der Polarität auch nach der Löslichkeit ausgewählt. Eine Zusammenstellung geeigneter Elutionsmittel zur Heterogenitätsbestimmung bei Copolymeren enthält Tab. 24.

Tabelle 24: Elutionsmittelgemische zur Heterogenitätsbestimmung bei Polymeren mittels *DC* [32]

Polymer	Elutionsmittel
Styren-Methylacrylat	(CCl_4 + Methylacetat) + Methylacetat
Styren-Methylmethacrylat (Blockcopolymer)	CCl_4 + Methylethylketon
Styren-Acrylnitril	Tetrachlorethan + Ethylacetat
Styren-Butadien	CCl_4 + $CHCl_3$
Celluloseacetat	(Methylenchlorid + n-Butanol oder Methanol) oder Aceton + Ethylacetat
Cellulosenitrat	$CHCl_3$ + Ethylacetat

Zur quantitativen Auswertung können die *DC*-Platten entweder mit Sprühreagenzien wie z.B. methanolischer Jodlösung zur Sichtbarmachung der Flecke besprüht und dann im einfachsten Fall planimetriert werden. Gewöhnlich wird heute ein Fluoreszenzspektrometer oder ein anderes *DC*-Scanning-Spektrodensitometer benutzt, bei dem die Fluoreszenzintensitäten oder spezifischen Absorptionen im UV — oder sichtbaren Licht gemessen werden. Sofern die einzelnen Comonomeren bei verschiedenen Wellenlängen absorbieren, erübrigt sich die Eichung mit Copolymeren bekannter Zusammensetzung, da dann bei unterschiedlichen Wellenlängen gearbeitet werden kann. Trotz aller Fortschritte in der Entwicklung der *DC*-Auswertegeräte birgt die quantitative *DC*-Auswertung noch einige Fehlerquellen in sich, so daß die dünnschichtchromatographische Heterogenitätsbestimmung noch etwas unsicher ist. Wegen der außerordentlich kurzen Versuchszeit ist sie jedoch bei einigen Copolymeren für Vergleichsuntersuchungen sehr geeignet, bei teilkristallinen Polymeren ist sie nicht zu empfehlen.

2.3. Versuchsbeispiele und Auswertung

2.3.1. Ermittlung der integralen Verteilungsfunktion $I_m(M)$ von PVC durch Lösungsfraktionierung nach FUCHS [35]

Die Fraktionierung des von Polymerisationshilfsmitteln durch Extraktion gereinigten Produktes erfolgt durch diskontinuierliche Schüttelextraktion des auf Baumwollgewebe aufgebrachten Materials mit Lösungs-Fällungsmittelgemischen aus Tetrahydrofuran (*THF*) und Wasser. Die Aufarbeitung der Fraktionen wird durch Ausfällen des Produktes und gravimetrische m_i-Bestimmung vorgenommen. Die Molmassen der Fraktionen werden viskosimetrisch bestimmt und aus den Wertepaaren $m_i M_i$ die $I_m(M)$-Kurve nach Gl. (15) berechnet. Aus den Fraktionierdaten werden die Uneinheitlichkeit U und die Polydispersität g_w^2 berechnet (Gl. (17) und (19)).

Das Polymere wird durch 3-malige Schüttelextraktion (je 1 h) mit einem Methanol-Wasser = 1:1 -Gemisch von Verunreinigungen und Polymerisationshilfsmitteln befreit und im Vakuum bei 70 °C bis zur Massenkonstanz getrocknet. 5,00 g des so vorbehandelten Materials werden in 100 m*l* *THF* p. a. unter ständigem Schütteln auf einer Schüttelmaschine bei 25 °C aufgelöst. Das Trägermaterial, gereinigte Baumwollgewebestücke mit den Abmessungen 1,5 × 3,0 cm, wird in einer 250 m*l* Abdampfschale mit der PVC-Lösung durchtränkt und das *THF* langsam abgedampft. Hierbei erfolgt eine Vorfraktionierung des Materials. Die nicht völlig trockenen, beladenen Gewebestreifen werden in das Fraktioniergefäß (Abb. 43) eingebracht, welches mit einem Thermostaten verbunden und auf eine Schüttelmaschine gelegt wird.

Zur Bestimmung des auf das Trägermaterial aufgebrachten PVC's ermittelt man von einigen Gewebestreifen den Restfeuchtgehalt. Zur Fraktionierung werden je 100 m*l* der in Tab. 25 angegebenen *L*/*F*-Mischungen verwendet. Die Fraktionierdauer beträgt 15 min pro Fraktion, die Arbeitstemperatur 25 ± 0,05 °C. Nach beendeter Schüttelextraktion werden die Fraktionen in Abdampfschalen gegeben und mit einem Überschuß an Methanol versetzt. Das ausgefällte Polymere wird durch mehrfaches Dekantieren oder Filtrieren und Methanolwäsche gereinigt und in gewogene Abdampfschalen oder Glasfiltertiegel gespült, im Vakuumtrockenschrank bei 70 °C bis zur Massenkonstanz getrocknet und ausgewogen. Zur Molmassenbestimmung wird die Viskosität von 0,1%igen Lösungen in Cyclo-

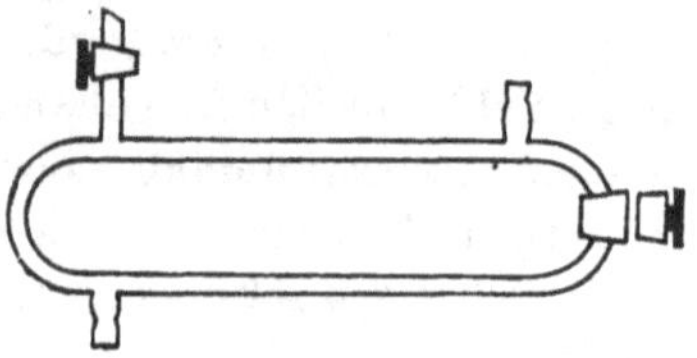

Abb. 43: Fraktioniergefäß nach FUCHS [14]

hexanon bei 25±0,05 °C im Ubbelohde-Viskosimeter mit Kapillare 1 gemessen und die Grenzviskosität aus den η_{spez}-Werten mit der Schulz-Blaschke-Konstante 0,28 errechnet (s. 1.7.2.).

$$[\eta] = \frac{\eta_{spez.}/c_B}{1 + 0{,}28\ \eta_{spez.}} \tag{70}$$

PVC-Lösungen müssen zur Zerstörung der Assoziate vor der Messung auf 80 °C erwärmt werden. Beim Abkühlen der Lösungen bilden sich die Assoziate nicht zurück.

Tabelle 25: Zusammensetzung des L/F-Gemisches

Fraktion	Wasser (m*l*)	Tetrahydrofuran (m*l*)
1	20,0	80,0
2	15,0	85,0
3	14,0	86,0
4	12,0	88,0
5	10,0	90,0
6	8,5	91,5
7	7,5	92,5
8	6,0	94,0
9	4,0	96,0
10	2,0	98,0
11	1,0	99,0
12	0,0	100,0

Über die $[\eta]\ \overline{M}_w$-Beziehung nach Bohdanecky [36]

$$[\eta] = 1{,}38 \cdot 10^{-2}\ M_w^{0,78} \qquad [\eta] \text{ in cm}^3/\text{g} \tag{71}$$

können die Molmassen berechnet werden.

Bei wenig scharfen Fraktionen muß der Einfluß der Uneinheitlichkeit auf die Grenzviskosität berücksichtigt werden. Hierzu werden die Korrekturfaktoren für das Zahlen- bzw. Gewichtsmittel q_n und q_w aus den statistischen Momenten errechnet, s. a. 1.7.2. [37]. Zur Auswertung werden die erhaltenen Meßwerte in eine Tabelle eingetragen (Tab. 26). Aus diesen erhält man für das untersuchte technische Emulsions-PVC die in Abb. 44 (s. S. 140) dargestellte $I_m(\overline{M}_w)$-Kurve sowie

$\overline{M}_w$ = 81 200 g/mol $\qquad g_w^2$ = 0,28
81 500 g/mol $\qquad$ 0,27
$\overline{M}_n$ = 49 900 g/mol $\qquad U$ = 0,63
48 000 g/mol $\qquad$ 0,70
$\overline{M}_z$ = 104 000 g/mol
103 500 g/mol

Tabelle 26: Wertetabelle der Lösungsfraktionierung von technischem Emulsions –

$\left.\begin{matrix}\overline{M}_w \\ \overline{M}_n\end{matrix}\right\rangle$ der Ausgangsprobe $= \begin{matrix} 83000 \pm 5\% \text{ (g/mol)} \\ 45000 \pm 5\% \text{ (g/mol)}\end{matrix}$

Fraktion Nr.	m_i/g		$m_i/\%$		$[\eta]/cm^3 \cdot g^{-1}$		$\overline{M}_w \times 10^{-3}/gmol^{-1}$	
	1.	2.	1.	2.	1.	2.	1.	2.
1	0,078	0,092	3,5	4,2	24,2	24,1	14,4	14,3
2	0,176	0,169	7,9	7,7	26,0	27,0	15,8	16,6
3	0,112	0,100	5,1	4,6	35,2	35,3	23,3	23,4
4	0,140	0,162	6,3	7,4	47,0	45,0	33,8	31,9
5	0,250	0,227	11,2	10,4	61,0	61,0	47,2	47,2
6	0,393	0,397	17,7	18,1	90,0	88,0	78,0	75,4
7	0,328	0,315	14,8	14,4	107,0	105,0	97,0	94,6
8	0,257	0,249	11,6	11,4	130,0	130,0	124,0	124,0
9	0,200	0,198	9,0	9,0	132,0	136,0	127,0	138,0
10	0,184	0,180	8,3	8,2	135,0	135,0	131,0	133,0
11	0,103	0,100	4,6	4,6	139,0	139,0	136,0	136,0

$\sum_{i=1}^{i=11} m_i M_i \cdot 10^{-6} = \begin{matrix}8{,}12 \\ 8{,}15\end{matrix}$ $\sum_{i=1}^{i=11} m_i/M_i \cdot 10^4 = \begin{matrix}20{,}044 \\ 20{,}845\end{matrix}$ $\sum_{i=1}^{i=11} m_i M_i^2 \cdot 10^{-11} = \begin{matrix}8{,}473 \\ 8{,}439\end{matrix}$

Für $\overline{M}_w$ der Ausgangsprobe wurde durch Streulichtmessungen 83000 g/mol und für $\overline{M}_n$ durch Membranosmose 45000 g/mol gefunden. Die aus den Fraktionierdaten erhaltenen $\overline{M}_w$-Werte stehen in guter Übereinstimmung dazu, während die $\overline{M}_n$-Werte stärker abweichen. Abgesehen von den Fehlern bei der $\overline{M}_n$-Bestimmung, sind diese Abweichungen häufig durch Schwierigkeiten bei der Aufarbeitung der niedermolekularen Fraktionen begründet, die den $\overline{M}_n$-Wert sehr stark beeinflussen. Eine schärfere Fraktionierung ist durch die Säulenelutionsfraktionierung zu erzielen. Abb. 44 läßt aus der Diskontinuität der integralen Verteilungskurve weiterhin erkennen, daß eine Mischung aus Polymeren unterschiedlicher Verteilungen vorliegen muß.

2.3.2. Bestimmung der chemischen Heterogenität von VC-Acrylsäuremethylester — (*ACE*) — Copolymerisaten durch Säulenelutionsfraktionierung mit *L*/*F*-Gradienten

Die Heterogenitätsverteilung der ACE-Copolymeren kann durch Elutionschromatographie mit dem *L*/*F*-System Cyclohexanon-Ethylenglycol an mit Ballotini gefüllten Säulen bei einer Arbeitstemperatur von 90–100 °C und

PVC (Doppelbestimmung)

$I_m(\overline{M_w})$/%		$m_iM_i \times 10^{-4}$ g · mol^{-1}		$m_i/M_i \times 10^4$ mol · g^{-1}		$m_iM_i^2 \times 10^{-8}$ g^2 · mol^{-2}	
1.	2.	1.	2.	1.	2.	1.	2.
1,7	2,1	5,04	6,00	2,43	2,94	7,26	8,58
7,5	8,0	12,48	12,78	4,76	4,64	19,72	20,21
13,9	14,2	11,88	10,76	2,19	1,97	27,68	25,18
19,6	20,2	18,90	23,60	1,86	2,32	63,88	75,28
28,4	29,1	52,86	49,08	2,37	2,50	249,5	231,7
42,8	43,3	138,06	136,47	2,27	2,40	1076,8	1029,2
59,1	59,6	143,56	136,22	1,55	1,55	1392,9	1288,6
72,3	72,5	143,84	141,36	0,935	0,92	1783,3	1753,4
82,6	82,7	114,30	124,20	0,708	0,652	1577,3	1714,0
91,2	91,3	108,73	109,06	0,633	0,616	1424,3	1451,0
97,7	97,7	62,56	62,56	0,338	0,338	850,8	850,8

anschließender Zusammensetzungsbestimmung der Fraktionen ermittelt werden. Das L/F-System wurde anhand der $\Phi_{\text{krit.}}$-Werte ausgewählt [38], seine Wahl hängt außer von der Copolymerzusammensetzung auch von der Fraktioniertemperatur ab.

Arbeitsbedingungen:

Säulenlänge:	120 cm
Innendurchmesser:	4 cm
Außendurchmesser	7 cm
Säulenvolumen:	1500 cm^3
Säulenkopf zur Aufgabe d. Probe	
Innendurchmesser:	4 cm
Volumen des Säulenkopfes:	300 cm^3
Trägermaterial:	Ballotini ∅ 0,1 mm
Mischvolumen (L/F):	1500 cm^3
Durchflußgeschwindigkeit:	100–120 cm^3/h
Heizflüssigkeit:	Ethylenglycol
Fraktioniertemperatur:	90 °C
am Säulenende:	95 °C
eingesetzte Polymermenge:	1–1,5 g

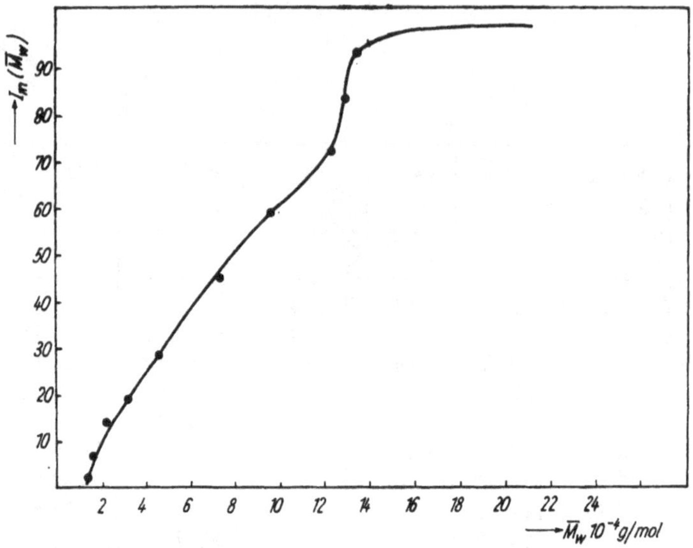

Abb. 44: $I_m(\overline{M}_w)$-Kurve eines technischen Emulsions-PVC, aus Daten der Lösungsfraktionierung ermittelt (s. Tab. 26)

Der *L/F*-Gradient wird für die Heterogenitätsbestimmung bei vorliegendem *ACE*-Copolymerisat mit 40% *ACE*-Gehalt exponentiell gewählt. Es wird mit einem *L/F*-Gemisch von 30 Teilen Cyclohexanon und 70 Teilen Ethylenglycol begonnen. Zum Aufbringen der Polymerprobe wird diese bei 90 °C unter Schütteln in Cyclohexanon aufgelöst (etwa 5%ige Lösung) und diese Lösung mit dem Trägermaterial vermischt. Nach langsamem Abdampfen des Lösungsmittels wird dieses mit dem ersten Elutionsgemisch bei 50 °C in den Säulenkopf eingebracht, der dann mit der Trennsäule verbunden wird. Die Säule wird aufgeheizt und mit der Fraktionierung begonnen. Man nimmt etwa 15 Fraktionen von je 100 m*l* ab und eluiert danach nochmals mit reinem Cyclohexanon. Die Fraktionen werden in vorgelegtem Methanol (fünffacher Überschuß) ausgefällt, mit Methanol gewaschen und im Vakuumtrockenschrank bei 50 °C bis zur Massekonstanz getrocknet. Der *ACE*-Gehalt wird durch Verseifung ermittelt. Hierzu versetzt man die Probe mit 2,0 m*l* 0,1 n ethanolischer KOH und läßt 3 h bei Raumtemperatur stehen. Danach wird die unverbrauchte KOH mit 0,1 n H_2SO_4 zurücktitriert. Aus dem H_2SO_4-Verbrauch ($A-B$) für Haupt- (B) und Blindversuch (A) wird der *ACE*-Gehalt berechnet. Es muß ferner durch argentometrische Titration der Gehalt an verseiftem Chlor (C) bestimmt werden, der von ($A-B$) zu subtrahieren ist. Der Gehalt an Gew. % *ACE* ergibt sich demnach zu

$$\text{Gew. \% } ACE = \frac{(A-B-C) \cdot 0{,}86}{\text{Einwaage (g)}} \tag{72}$$

(Gl. (72) ist auf 0,1 N H_2SO_4 bezogen). Die Fraktionen werden erforderlichenfalls nach steigenden *ACE*-Werten geordnet und $I_m(E)$ nach der schon für die Berechnung der Molmassenverteilung beschriebenen Methode berechnet. Zur Überprüfung der Trennschärfe kann außer der Trübungstitration auch eine Refraktionierung vorgenommen werden.

Abb. 45 zeigt das Ergebnis an der 7. Fraktion des untersuchten *ACE*-Copolymerisates, dessen Fraktionierdaten in Tab. 27 und Abb. 46 widergegeben sind.

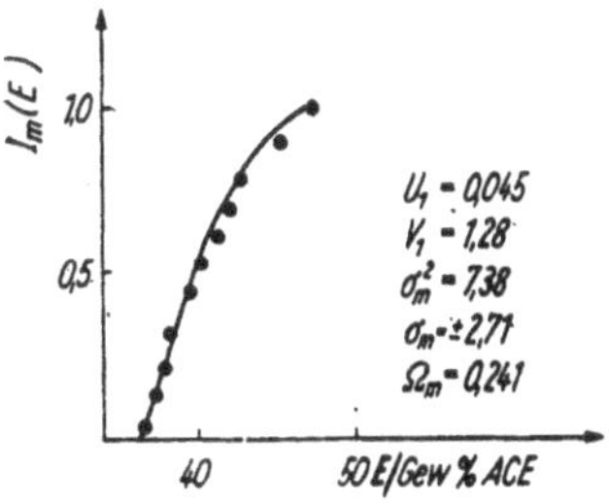

Abb. 45: Ergebnis der Refraktionierung der 7. Fraktion eines VC-*ACE*-Copolymerisates

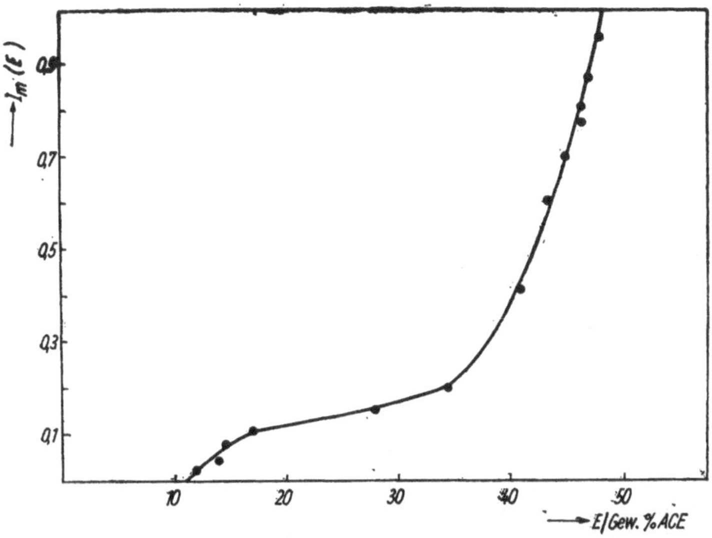

Abb. 46: Heterogenitätsverteilung eines VC-*ACE*-Copolymeren mit 39,4 Gew. % *ACE*, durch Elutionsfraktionierung mit Cyclohexanon-Ethylenglycol erhalten (s. Tab. 27)

Tabelle 27: Wertetabelle zur Bestimmung der chemischen Heterogenität eines VC-ACE-Copolymeren mit 39,4 Gew.% ACE (Mittelwerte aus 3 Einzelmessungen)

Fraktion Nr.	m_i (g)	E_i	$I_{mi}(E_i)$	m_iE_i	$m_i(E_i-\overline{E})^2$	$m_i(E_i-\overline{E})^3$	$m^+_{i,1}\Delta E^+_{i,1}\cdot 10^2$	$m^-_{i,1}\Delta E^-_{i,1}\cdot 10^2$
	auf 1 g bezogen	Gew.% ACE						
1	0,0270	12,0	0,014	0,324	20,27	−555,4		0,74
2	0,0341	14,0	0,044	0,477	22,00	−558,8		0,87
3	0,0282	14,5	0,075	0,409	17,48	−435,4		0,70
4	0,0343	17,0	0,106	0,583	17,21	−385,5		0,77
5	0,0490	28,0	0,148	1,372	6,37	− 72,6		0,56
6	0,0618	35,0	0,203	2,163	1,20	− 5,3		0,27
7	0,3141	43,0	0,391	13,506	4,07	14,65	1,13	
8	0,1015	43,5	0,599	4,415	1,71	7,00	0,42	
9	0,1035	45,0	0,702	4,658	3,25	18,2	0,58	
10	0,0316	46,5	0,769	1,469	1,59	11,3	0,22	
11	0,0372	46,5	0,804	1,730	1,87	13,3	0,26	
12	0,0862	47,0	0,865	3,882	4,98	37,8	0,66	
13	0,0915	48,0	0,954	4,392	6,77	58,2	0,79	

Aus diesen berechnen sich mit den Gln. (55)—(57) und (59), (60) folgende für die chemische Heterogenität charakteristische Größen:

$$\bar{E}_m = 39{,}4\%$$
$$\sigma_m^2 = 108{,}8$$
$$\sigma_m = \pm 10{,}4$$
$$\Omega_m = -0{,}82$$
$$U = 0{,}220$$
$$U_1^+ = 0{,}053$$
$$U_1^- = 0{,}167$$
$$V_1 = U_1^+/U_1^- = 0{,}32$$

2.3.3. Ermittlung der Verteilungsfunktionen eines PE-HD (Laborprodukt) aus Daten der Elutionsfraktionierung

Die PE-Proben werden durch kontinuierliche Elutionsfraktionierung bei einer Arbeitstemperatur der mit Ballotini gefüllten Glassäule von 130 °C mit Decalin als Lösungsmittel und 2-Ethylhexanol als Fällungsmittel fraktioniert. Lösungs- und Fällungsmittel werden vor ihrem Einsatz durch Vakuumdestillation mit einer 1,2 m langen Vigreux-Kolonne gereinigt.

Kenndaten der Elutionsfraktionierung:

Säulenlänge	120 cm
Säulendurchmesser	34 mm
Säulenvolumen	1,1 *l*
Ausschlußvolumen	220 cm³
Trägermaterial	Ballotini 0,1 mm Durchmesser
Elutionsgeschwindigkeit	80—100 m*l*/h
Fraktioniertemperatur	130 °C
Eingesetzte Polymermenge	1,5 g

Die Beheizung der Säule erfolgte durch einen Umlaufthermostaten mit Ethylenglycol als Umlaufmittel und einer am Kolonnensumpf angebrachten Widerstandsheizung. Die durch Asbestumwicklung isolierte Trennsäule hatte eine Temperaturkonstanz von ±0,2 °C. Das *L*/*F*-Gemisch wird durch Mikrodosierpumpe über einen als Vorheizer arbeitenden Rückflußkühler aus dem mit Rührer versehenen Mischbehälter (2 *l* Inhalt) zum Kolonnenkopf gefördert. Der Mischbehälter wird durch einen Tropftrichter mit Lösungsmittel versorgt. Die Probenaufgabe erfolgt durch Einsaugen einer 2%igen Lösung, bei abgeschalteter Heizung. Danach wird das Decalin bei Raumtemperatur durch das Fällungsmittel verdrängt, danach die Säule auf 100 °C und anschließend stufenweise auf 130 °C aufgeheizt und damit schon die ersten Fraktionen gewonnen. Anschließend wird bei 130 °C mit einem exponentiellen *L*/*F*-Gradienten weitergearbeitet. Es werden 10—12 Fraktionen abgenommen. Zur Vermeidung des oxidativen Abbaus wird unter Argonatmosphäre und Zusatz von 0,1% Phenyl-β-naphthylamin als Antioxydans gearbeitet. Durch Ausfällen mit Aceton und die notwendigen Reinigungsprozesse wird das Polymere isoliert, anschließend getrocknet und gewogen.

Tabelle 28: Wertetabelle zur Elutionsfraktionierung von PE-HD (Mittelwerte aus 3 Einzelmessungen)

Fraktion Nr.	m_i (g) bez. auf 1 g Subst.	$[\eta]_i$ (dl/g)	$I_{m,i}$ ([η])	lg [η]	$m_i \cdot [\eta]_i$	$\frac{m_i}{[\eta]_i}\left(\frac{g^2}{dl}\right)$	$\frac{1}{1 - I([\eta])}$	lg lg {1/[1 − I([η])]}
1	0,131	0,237	0,066	−0,6255	0,0310	0,5527	1,07	−1,53
2	0,074	0,364	0,168	−0,4389	0,0269	0,2033	1,20	−1,10
3	0,139	0,509	0,275	−0,2932	0,0706	0,2730	1,38	−0,85
4	0,131	0,664	0,409	−0,1778	0,0870	0,1972	1,69	−0,64
5	0,127	0,797	0,538	−0,0985	0,1012	0,1593	2,16	−0,48
6	0,123	0,971	0,663	−0,0130	0,1194	0,1267	2,97	−0,33
7	0,103	1,182	0,776	0,0726	0,1217	0,0871	4,46	−0,19
8	0,120	1,532	0,888	0,1852	0,1838	0,0783	8,93	−0,02
9	0,052	2,425	0,974	0,3512	0,1167	0,0232	38,5	−0,20

Tab. 28 enthält die Meßwerte. Wegen der Schwierigkeit der absoluten Molmassenbestimmung bei PE werden nur die Grenzviskositäten in die Auswertung einbezogen. Sie werden aus Meßwerten in Decalin bei 135 °C bei einer Konzentration von 0,1 g/dl mit Hilfe der SCHULZ-BLASCHKE-Gleichung errechnet. Die Uneinheitlichkeit U wird deshalb auch über die $[\eta]$-Mittelwerte gemäß:

$$[\eta]_w = \frac{\sum m_i[\eta]_i}{\sum m_i}, \quad [\eta]_n = \frac{\sum m_i}{\sum m_i/[\eta]_i} \tag{73}$$

$$U = [\eta]_w/[\eta]_n - 1 \tag{74}$$

erhalten. Diese Verfahrensweise setzt die Gültigkeit der KUHN-MARK-HOUWINK-Gleichung mit konstanter Größe von K und a über den ganzen Molmassenbereich voraus.

Aus den in Tab. 28 widergegebenen Fraktionierdaten wird nach Gl. (73) und (74) erhalten:

$$[\eta]_w = 0{,}8583\ (dl/\text{g})$$

$$[\eta]_n = 0{,}5879\ (dl/\text{g})$$

$$U = 0{,}46$$

Aus dem Vergleich des aus den Fraktionierdaten erhaltenen $[\eta]_w$ mit dem an der Ausgangsprobe bestimmten $[\eta]$-Wert von 0,861 (l/g) kann auf die zufriedenstellende Trennschärfe der Fraktionierung geschlossen werden.

Zur Auswertung nach WESSLAU wird $I_m([\eta]_i)$ einmal im Summenwahrscheinlichkeitsnetz gegen lg $[\eta]_i$ (Abb. 47) und einmal im Normalkoordinatensystem gegen $[\eta]_i$ aufgetragen (Abb. 48). Der Wert für $[\eta]_0$ wird nach Abb. 47 aus dem Schnittpunkt der Geraden der Verteilungskurve mit der Geraden

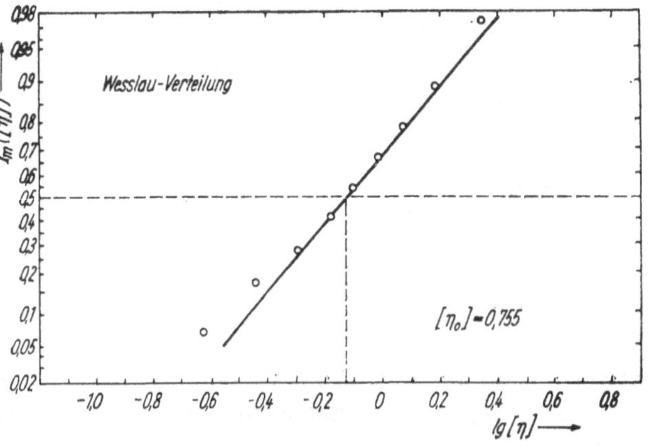

Abb. 47: WESSLAU-Auftragung der Fraktionierdaten der Elutionsfraktionierung von PE-HD (s. Tab. 28)

$I_{m,i}[\eta]_i = 0{,}5$ erhalten und beträgt 0,755. Aus dem Anstieg der bei $I_{m,i}[\eta]_i = 0{,}5$ an die Fraktionierkurve angelegten Tangente wird $H([\eta]_0)$ nach Gl. (27) und nach Gl. (28) der Wert für $a\sigma_p$ berechnet.

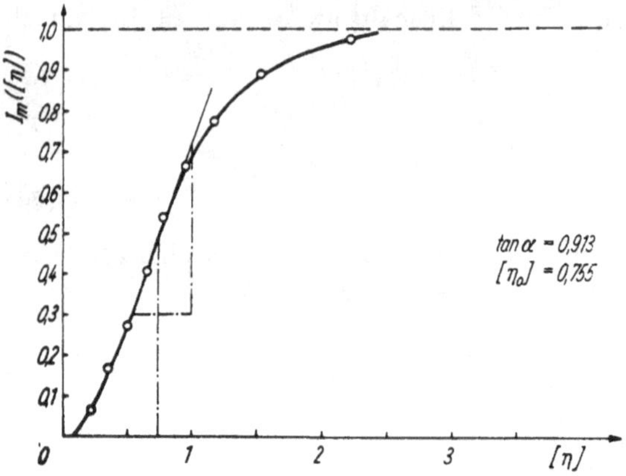

Abb. 48: $I_m([n]) = f([n])$ eines PE-HD, Daten der Elutionsfraktionierung (s. Tab. 28)

Für das vorliegende Versuchsbeispiel beträgt

$$a\sigma_p = \frac{1}{0{,}913\sqrt{\pi}\,0.755} = 0{,}69$$

Damit lassen sich die $H(P)$-Kurve Gl. (26) und weitere Größen wie $\overline{P}_n$, $\overline{P}_w$, $\overline{P}_z$ berechnen.

In Analogie zu den Gln. (23a, b) erhält man für

$$[\overline{\eta}]_w = [\eta]_0 \exp\left[\frac{(a\sigma_p)^2}{4}\right] \tag{75}$$

$$= 0{,}755 \exp\left[\frac{(0{,}69)^2}{4}\right] = 0{,}85$$

$$[\overline{\eta}]_n = [\eta]_0 \exp\left[\frac{-(a\sigma_p)^2}{4}\right] \tag{76}$$

$$= 0{,}755 \exp\left[\frac{-(0{,}69)^2}{4}\right] = 0{,}67$$

und damit

$$U = \exp\left[\frac{(0{,}69)^2}{2}\right] - 1 = 0{,}27$$

Zur Bestimmung der Parameter y und b der Tung-Verteilung (Gl. (49), (50)) muß in dieser zunächst wieder wegen fehlender absoluter Molmassen der Fraktionen P durch $\frac{1}{M_0}\left(\frac{[\eta]}{K}\right)^{1/a}$ ersetzt werden. Dabei wird die Gültigkeit der

KUHN-MARK-HOUWINK-Gleichung wieder vorausgesetzt. Man erhält:

$$I[\eta] = 1 - \exp\left\{-\frac{y}{M_0^b}\left(\frac{[\eta]}{K}\right)^{b/a}\right\} \tag{77}$$

bzw.

$$\lg\lg\frac{1}{[1 - I([\eta])]} = \frac{b}{a}\lg\frac{[\eta]}{K} + \lg\left(\frac{y}{M_0^b}\lg e\right) \tag{78}$$

Danach entspricht der Anstieg

$$\tan\alpha' = \frac{b}{a}$$

und der Ordinatenabschnitt y'

$$y' = -\frac{b}{a}\lg K + \lg\left(\frac{y}{M_0^b}\lg e\right)$$

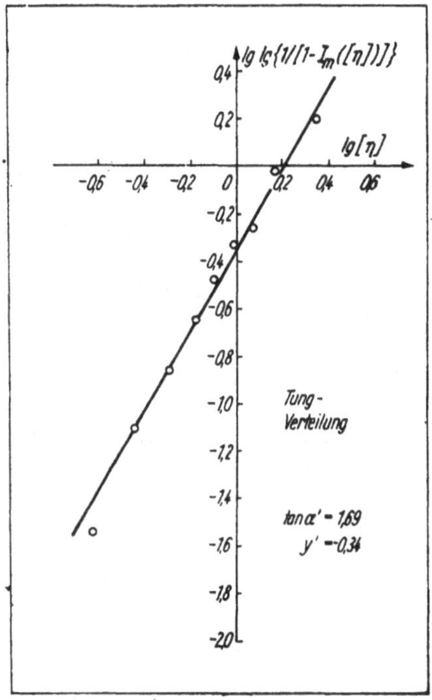

Abb. 49: TUNG-Auftragung der Fraktionierdaten von Tab. 28

Aus Abb. 49 entnimmt man für das Versuchsbeispiel:

$\tan\alpha' = 1{,}69$

$y' = -0{,}34$

und damit $a = 0{,}74$ für

$b = 1{,}25$

Für y erhält man mit $K = 3{,}9 \cdot 10^{-4}$ und $M_0 = 28$

$$\lg y = y' + \frac{b}{a} \lg K + b \lg M_0 - \lg \lg e$$

$$= -0{,}34 + 1{,}69\,(0{,}591 - 4) + 1{,}25 \cdot 1{,}447 + 0{,}363$$

$$y = 1{,}15 \cdot 10^{-4}$$

Damit können alle weiteren Größen nach den Gln. (49), (51—54) errechnet werden.

Literatur

[1] Cantow, M. J. R., „*Polymer Fractionation*", Academic Press New York 1967
[2] Tung, H. L., „*Fractionation of synthetic polymers*", Marcel Dekker New York 1977.
[3] Glöckner, G., „*Chromatographie von Polymeren*", VEB Deutscher Verlag der Wissenschaften Berlin 1980
[4] Peebles, L. H., „*Molecular Distributions in Polymers*", Polymer Reviews 18 (1971), John Wiley & Sons, Inc.
[5] Koningsveld, R., Fortschr. Hochpolymeren-Forsch. **7** (1970—71), 1
[6] Wolf, B. A., Fortschr. Hochpolymeren-Forsch. **10** (1972), 109
[7] Klein, J., Angew. Makromolekulare Chem. **10** (1970), 21
[8] Klein, J. u. G. Weinhold, Angew. Makromolekulare Chem. **10** (1970), 49
[9] Flory, P. J., Principles of polymer chemistry, Ithaca: Cornell University Press 1953
[10] Schulz, G. V., in H. A. Stuart, „*Das Makromolekül in Lösungen*", Springer-Verlag Berlin—Göttingen—Heidelberg 1953
[11] Koningsveld, R. u. L. A. Kleintjens, Macromolecules **4** (1971), 637
[12] Koningsveld, R., J. Polymer Sci. A 2 **6** (1968), 325
[13] Claesson, S., J. Polymer Sci. **16** (1955), 193
[14] Fuchs, O., Makromolekulare Chem. **5** (1950), 245; Makromolekulare Chem. **7** (1952), 259
[15] Baker, G. A. u. R. P. J. Williams, J. chem Soc. [London], (1956), 2352
[16] Brandrup, J. u. Immergut, E. H., „*Polymer Handbook*", Interscience Publishers, New York, London, Sydney 1966
[17] Gruber, U., Promotionsarbeit ETH Zürich 1964
[18] Klein, J. u. M. Werner, Makromolekulare Chem. **179** (1978), 475
[19] Glöckner, G., Kaufmann, W., Abdellatif, E. u. S. Riedel, Faserforsch. u. Textiltechn. — Z. Polymere **26** (1975), 606
[20] Hosemann, R. u. W. Schramek, J. Polymer Sci. **59** (1962), 51
[21] Beall, G., J. Polymer Sci **4** (1949), 483
[22] Teichgräber, M., Faserforsch. u. Textiltechn. —Z. Polymere **6** (1968), 249
[23] Berger, R., Plaste und Kautschuk **16** (1969), 326—331, 572—576, 729—731, 822—824
[24] Mussa, G., J. Polymer Sci. **25** (1957), 441
[25] Kotliar, A. M., J. Polymer Sci. A2 (1964), 4303
[26] Schulz, G. V., Henrici-Olivè, G. u. S. Olivè, Z. physik. Chem. [Frankfurt/Main] **19** (1959), 125

[27] STOCKMAYER, W. H., J. Chem. Physics **13** (1954), 199
[28] TOPCHIEV, A. V., LITMANOVICH, A. D. u. V. Y. SHTERN, Dokl. Akad. Nauk SSSR **147** (1962), 1389
[29] TERAMACHI, S. u. Y. KATO, J. Macromol. Sci. – Chem. A **4** (1970), 1785
[30] ELIAS, H.G. u. U. GRUBER, Makromolekulare Chem. **78** (1964), 82
[31] KUHN, R., Makromolekulare Chem. **177** (1976), 1525
[32] INAGAKI, H., Fortschr. Hochpolymeren Forsch. **24** (1977), 189
[33] STAHL, E., „*Dünnschichtchromatographie*", Springer-Verlag Berlin–Heidelberg–New York 1967 (2. Aufl.)
[34] SNYDER, L. R., „*Principles of adsorption chromatography*", Marcel Dekker, New York 1968
[35] SCHRÖDER, E., Plaste und Kautschuk **9** (1962), 395
[36] BOHDANECKY, M., J. Polymer Sci. A–2 **5** (1967), 343
[37] FRITZSCHE, P., Faserforsch. u. Textiltechn. – Z. Polymere **19** (1968), 505
[38] SCHRÖDER, E. u. Ch. HANNEMANN, Wiss. Zeitschr. Technische Hochschule Leuna–Merseburg **16** (1974), 364

2.4. Bestimmung der Molmassenverteilung durch Trübungstitration

2.4.1. Einleitung

Als Trübungstitration (*TT*) bezeichnet man generell die optische Verfolgung des Verhaltens von Polymerlösungen bei Fällmittelzusatz bzw. Temperaturänderung. Im Gegensatz zur Fällpunkttitration wird bei der Trübungstitration die gesamte Löslichkeitsverteilungskurve aufgenommen und nicht nur der 1. Fällpunkt bestimmt. Die Trübungstitration ist wegen ihres reichen Informationsgehaltes, geringen Zeit-, Material- und apparativen Aufwandes eine sehr geschätzte Untersuchungsmethode zur Polymercharakterisierung. Sie findet außer als Hilfsmittel bei der Polymerfraktionierung vor allem zur Aufnahme von Phasendiagrammen, Bestimmung von Löslichkeitsparametern und (Θ)-Temperaturen sowie bei Verträglichkeitsuntersuchungen Einsatz [1]. Durch die direkte Kopplung mit der Gelpermeationschromatographie (*GPC*) ist sie zu einem unentbehrlichen Hilfsmittel zur Bestimmung der chemischen Heterogenitätsverteilung von Copolymerisaten geworden [2]. Ihr Einsatz zur Molmassenverteilungsbestimmung beschränkt sich auf die Untersuchung von Homopolymerisaten, außerdem erlauben einige methodische Unsicherheiten eine quantitative Auswertung nur im Falle vergleichender Gegenüberstellung der Verteilungsfunktionen konstitutionell gleicher Produkte. Sie ist deshalb vorrangig für die Qualitätsüberwachung, weniger für die Grundlagenforschung geeignet und hier – vom Standpunkt der Investitionskosten und der Vielfalt der Einsatzmöglichkeiten – sogar der *GPC* überlegen [3].

2.4.2. Meßprinzip und theoretische Grundlagen (s. a. [3–5])

2.4.2.1. Grundlagen der Lichtstreuung disperser Systeme

Zur Molmassenbestimmung durch *TT* wird gewöhnlich eine hochverdünnte Polymerlösung bei Temperaturkonstanz unter Rühren mit Fällmittel versetzt und die Menge des ausgefallenen Polymeren über die Durchlässigkeit I_D/I_0 oder die seitliche Streustrahlung

$$\tau = \frac{I_{st}}{I_0} \tag{1}$$

jeweils als Funktion der Fällbarkeit

$$\gamma = \frac{V_F}{V_0 + V_F} \tag{2}$$

τ = Trübung
I_0 = Primärintensität des Lichtes
I_{st} = Intensität des seitlichen Streulichtes
I_D = Lichtintensität nach Durchgang durch die Lösung
V_F = Fällmittelvolumen
V_0 = Volumen der Meßlösung

gemessen.

Wegen der sich während der *TT* ständig ändernden Verdünnung $(1 - \gamma)$ und deren Einfluß auf die Zahl der streuenden Partikel muß der Trübungsmeßwert τ gemäß Gl. (3) korrigiert werden:

$$\tau_{\text{korr}} = \frac{\tau}{1 - \gamma} \tag{3}$$

Die Fällmitteldosierung wird bei den empirischen Methoden meistens kontinuierlich vorgenommen. Ihre Auswertung setzt die Kenntnis der Löslichkeits-Molmassenbeziehung $M_B = M_B(c_{B,0}\,\gamma)$ voraus, die systemabhängig und für jedes Polymer-Lösungsmittel-Fällungsmittelsystem durch Untersuchung an weitgehend einheitlichen Fraktionen aufzustellen ist.

Bei diskontinuierlicher Fällmitteldosierung mit Messung der Maximaltrübung besteht die Möglichkeit der direkten Molmassenbestimmung der ausgefällten Polymerpartikel $M^*_{w,B}$ über die Streulichttheorie disperser Systeme [6, 7]. Nach dieser gilt für kugelförmige Teilchen bei Vernachlässigung intra- und intermolekularer Interferenzen bzw. im Bereich kleiner Winkel, in dem die Streufunktion $\boldsymbol{R}(\vartheta) \to 1$ geht (s. a. Kap. 1.5.), für die Trübung

$$\tau = K\, M^*_{w,B} \cdot c^*_B \tag{4}$$

K = optische Konstante, abhängig von der Wellenlänge des Erregerlichtes, der Teilchenzahl und dem relativen Brechungsindex $\tilde{n}_r = \tilde{n}_B/\tilde{n}_A$ ($\tilde{n}_A$ Brechungsindex des Dispersionsmediums, $\tilde{n}_B$ Brechungsindex des dispergierten Polymeren),
c_B^* = Konzentration der dispergierten Polymerpartikel

$$c_B^* = x(P) \cdot c_{B,0}(1 - \gamma) \tag{5}$$

$x(P)$ = Prozentualer Anteil der ausgefüllten Polymermasse
$c_{B,0}$ = Ausgangskonzentration des Polymeren

Bei größeren Beobachtungswinkeln bzw. Molekülen, bei denen die Interferenzauslöschung nicht zu vernachlässigen ist, muß Gl. (4) nach der RAYLEIGH-GANS-Theorie um die Partikel-Streufunktion erweitert werden.

$$\tau = K \cdot M_{w,B}^* \cdot c_B^* \cdot \boldsymbol{R}(\vartheta) \tag{6}$$

Auch diese Theorie ist nicht universell, sondern nur dann einsetzbar, wenn die Bedingung $\tilde{n}_r \leq 1{,}05$ und $(2\pi r)/\lambda \leq 10$ erfüllt ist (r = Teilchenradius). Für größere Teilchen, wie sie gewöhnlich in Polymerdispersionen vorliegen, gilt für τ nach der Streutheorie von MIE:

$$\tau = n\pi r^2 K \quad . \tag{7}$$

n = Teilchenzahl pro Milliliter, K = Streukoeffizient der MIE-Theorie

Im Gegensatz zur RAYLEIGH- bzw. RAYLEIGH-GANS-Theorie ist die MIE-Theorie streuender disperser Systeme frei von Begrenzungen hinsichtlich der Größe und relativen Brechzahlen der streuenden Partikel. Sie berücksichtigt sowohl die durch elektrische als auch magnetische Felder induzierten Momente. Die kompliziert zu berechnenden Streukoeffizienten K sind für verschiedene Teilchendurchmesser und $\tilde{n}_r$-Werte in [8] tabelliert. Für kleine Teilchen ($D < \lambda/20$) geht Gl. (7) in Gl. (4) und für Systeme mit $\tilde{n}_r \to 1$ in Gl. (6) über.

2.4.2.2. Koagulationsverhalten gefällter Polymerpartikel während der Trübungstitration

Eine der wesentlichsten Voraussetzungen zur Bestimmung der Molmassenverteilung durch TT ist die Möglichkeit einer exakten Berechnung der Masse der gefällten Polymerpartikel c_B^* in jedem Stadium des Fällungsprozesses. Gewöhnlich wird hierzu nach Gl. (4) von der Annahme der Proportionalität zwischen τ_{korr} und c_B^* ausgegangen. Dieser Zusammenhang bedingt aber Zeitunabhängigkeit des Koagulationsvorganges und Konstanz der Teilchengrößenverteilung der gefällten Partikel, widerspricht also der Koagulationstheorie. Nach dieser kommt es bei Übersättigung der Lösung zur Ausfällung kleiner kugelförmiger Gelteilchen, die als Keime für neu ausfallende Polymerpartikel wirken. Mit fortschreitender Fällmittelzugabe vergrößern sich die Teilchen und deren Dissymmetrie; die Uneinheitlichkeit der Teilchengrößenverteilung wird dagegen geringer [9]. Aus der Zeitabhängigkeit des Wachstumsprozesses der Teilchen folgt zwangsläufig auch eine Zeitabhängigkeit der Streulicht- bzw. Trübungsmeßwerte, für die allgemein gilt:

$$R = kt^a \tag{8}$$

R = Streuintensität im Kleinwinkelbereich, t = Versuchszeit, k = Konstante

Der Exponent a ist nur bei kleinen Zeiten nahezu 1 und unabhängig von der Konzentration. Unter Berücksichtigung der Zeit- und Konzentrationsabhängigkeit der Koagulation erhält man schließlich für die Partikelmolmasse $M^*_{w,B}$

$$M^*_{w,B} = k^* \cdot c^*_B \cdot t^a \tag{9}$$

mit $k^* = \frac{k'}{K\nu^2}$ der Koagulationskonstanten (ν = Brechungsinkrement, $k' = \frac{R}{c_B^2 t^a}$, K = optische Konstante). Die Koagulationskonstanten sind weiterhin vom Dispersionsmittel abhängig, da die Koagulation diffusionskontrolliert verläuft und ihre Geschwindigkeit umgekehrt proportional zur Viskosität η_A des Dispersionsmittels ist. Eine Abhängigkeit der Koagulationsgeschwindigkeit der Makromoleküle von der Molmasse, Verzweigung und Konstitution wurde nicht beobachtet [9]. Polymere, die zur Assoziation oder Kristallisation neigen wie z.B. PVC, PAN, PMMA zeigen anormales Koagulationsverhalten, da Assoziation und auch das Einfrieren die Koagulation verlangsamen. Die Koagulation von Polymerpartikeln weicht also in einigen Punkten von der klassischen SMOLUCHOWSKI-Theorie ab und erschwert auch deshalb die exakte quantitative Auswertung der *TT*.

2.4.3. Empirische Auswertung

2.4.3.1. Löslichkeits-Molmassebeziehung

Wegen der komplizierten Auswertung werden trotz Kenntnis aller Unsicherheitsfaktoren zur vergleichsweisen Bestimmung von Molmassenverteilungen auch heute noch die halbempirischen Verfahren herangezogen. Bei diesen wird die Beziehung zwischen Löslichkeit und Molmasse zur indirekten Bestimmung von $M^*_{w,B}$ ausgenutzt und dafür folgende Voraussetzungen getroffen:

1. Die Löslichkeit des Polymeren hängt ausschließlich von der Molmasse ab; in jedem Stadium der *TT* wird das Löslichkeitsgleichgewicht erreicht.
2. Die Intensität des Streulichtes (und der Durchlässigkeit) wird nur durch die Molmasse der ausgefällten Polymerpartikel bedingt.

Voraussetzung 1 läßt sich bei hochverdünnten Lösungen und langsamer Fällmitteldosierung annähernd realisieren, obgleich die Löslichkeit bei polydispersen Systemen nach thermodynamischen Theorien auch durch die Molmassenverteilung beeinflußt wird. Auf die Diskrepanzen zu Voraussetzung 2 wurde bereits im vorigen Kapitel ausführlich eingegangen.

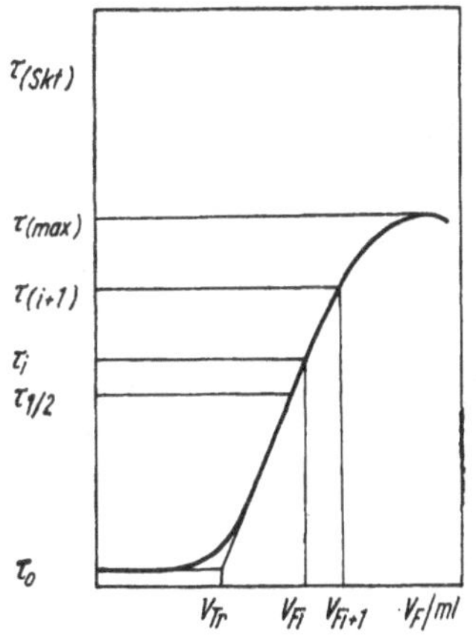

Abb. 50: Schematische Darstellung einer Trübungskurve

V_{Tr} — Fällmittelvolumen am 1. Trübungspunkt
$V_{F,i}$ — Fällmittelvolumen bei τ_i
τ_0 — Eigentrübung der Lösung
$\tau_{1/2}$ — Halbwertstrübung
τ_{max} — Maximaltrübung

Da die Molmasse $M^*_{w,B}$ eine Funktion von γ und $c_{B,0}$ ist, müssen zur Umwandlung der Trübungskurven $\tau = f(V_F)$ (s. a. Abb. 50) in die Molmassenverteilungskurven die Löslichkeits-Konzentrations- und die Löslichkeits-Molmassenbeziehung $\gamma = f(c_{B,0})$ bzw. $M^*_{w,B}(c_{B,0}, \gamma)$ bekannt sein. Für diese gilt nach Schulz [10]:

$$\gamma = a \lg c_{B,\mathrm{Tr}} + \gamma_0 \tag{9}$$

und

$$\gamma_0 = \gamma_\infty + \frac{b}{M^{*\,0,5}_{w,B}} \tag{10}$$

$c_{B,\mathrm{Tr}}$ = Konzentration der Polymerlösung am Trübungspunkt
γ_0 = Fällbarkeit bei $c_{B,\mathrm{Tr}} = 1$ g/cm^3
γ_∞ = Fällbarkeit bei unendlich großen Molekülen

Durch Einsetzen von Gl. (10) in Gl. (9) erhält man für die Löslichkeitsgleichung:

$$\gamma = a \lg c_{B,\mathrm{Tr}} + \gamma_\infty + \frac{b}{M^{*\,0,5}_{w,B}} \tag{11}$$

Weitere in der Literatur angegebene Löslichkeits-Konzentrationsbeziehungen [3] unterscheiden sich von Gl. (9) im allgemeinen nur durch Verwendung anderer Konzentrationsmaße und anderer Festlegungen der Trübungspunkte. So gilt nach Urwin z. B. für die bei der Halbwertstrübung berechnete Fällbarkeit γ_p

$$\lg c_0 = a - b\gamma_p \tag{12}$$

Die Löslichkeits-Molmassenbeziehungen — besonders die Exponenten von $M^*_{w,B}$ — sind stärker systemabhängig. Für zahlreiche Systeme beschreibt auch Gl. (13) den Zusammenhang zwischen M und γ

$$\lg M = a - b\gamma \tag{13}$$

2.4.3.2. Grundlagen der Berechnung der Molmassenverteilungen aus Trübungskurven

Alle zur Auswertung von Trübungskurven $\tau_{\text{korr}} = f(V_F)$ beschriebenen Verfahren (z.B. in [3,5]) bestehen im Prinzip aus 2 Teilschritten:

1. Umwandlung der korrigierten Trübungskurve $\tau_{\text{korr}} = f(V_F)$ in eine Beziehung zwischen der Masse der gefällten Polymerpartikel $\Delta m_{i,B}$ und der Fällbarkeiten entsprechend:

$$\Delta m_{i,B} = \gamma_i - \gamma_{(i-1)} \tag{14}$$

unter Voraussetzung quantitativer Ausfällung und somit Gültigkeit der Beziehung

$$\sum_{j=1}^{n} (\Delta m_{i,B})_j = 100 \tag{15}$$

und

2. Berechnung von γ_0-Werten aus den γ_p-Werten (γ-Wert bei 50%iger Fällung) und Ermitteln der Molmassen $M^*_{w,i}$ nach Gl. (10).

Die Masse der ausgefällten Polymerpartikel wird unter Zugrundelegen von Gl. (15) aus den τ_i-Werten nach Gl. (16) erhalten:

$$m_{i,B} = \sum_{j=1}^{i} \Delta m_{j,B} = \frac{\tau_{\text{korr},i} - \tau_0}{\tau_{\text{korr, max}} - \tau_0} \tag{16}$$

(Zur Bedeutung der Trübungswerte τ_i, τ_0, $\tau_{\max}$ s. Abb. 50.)

Aus Gl. (16) ergibt sich dann der „differentielle" Masseanteil der gefällten Partikel gemäß:

$$\Delta m_{i,B} = \sum_{j=1}^{i} \Delta m_{j,B} - \sum_{j=1}^{i-1} \Delta m_{j,B} = m_{i,B} - m_{(i-1),B} \tag{17}$$

Aus den $\Delta m_{i,B}$-Werten der Gl. (17) werden mit der SCHULZschen Summationsvorschrift die integralen Massenanteile $I_i(\gamma)$ berechnet.

$$I_i(\gamma) = 100 - \left(\sum_{j=1}^{i-1} \Delta m_{j,B} + \frac{\Delta m_{i,B}}{2}\right) \tag{18}$$

Die Auswertung wird nach dem in Tab. 29 angegebenen Schema vorgenommen.

Die „differentiellen" $\Delta m_{i,B}$ und die integralen I_i Massenanteile sind nun in Abhängigkeit von der Fällbarkeit bestimmt. Zur Ermittlung der Molmassen-

Tabelle 29: Meßwerte zur Bestimmung der Löslichkeitsgleichung von PVC (Emulsion)

$\overline{M}_{w,B}$ der Fraktionen in g/mol	$c_{B,0}$ g/100 cm³	$\gamma_p = \gamma_{1/2}$	$\left[\frac{c_{B,0}}{2}(1-\gamma)\right] \cdot 10^3$	$\lg\left[\frac{c_{B,0}}{2}(1-\gamma)\right]$	α	γ_0 (rechn. ermittelt)
11000	0,02	0,735	2,65	−2,57680	−0,030	0,6595
	0,03	0,731	4,04	−2,39362		
	0,04	0,727	5,46	−2,26281		
	0,06	0,720	8,40	−2,07572		
35000	0,02	0,692	3,08	−2,51145	−0,030	0,6185
	0,03	0,685	4,73	−2,32514		
	0,04	0,680	6,40	−2,19382		
	0,06	0,677	9,69	−2,01368		
50000	0,02	0,685	3,15	−2,50169	−0,032	0,6100
	0,03	0,678	4,83	−2,31605		
	0,04	0,673	6,54	−2,18442		
	0,06	0,668	9,96	−2,00174		
97000	0,02	0,674	3,26	−2,48678	−0,032	0,6000
	0,03	0,669	4,97	−2,30364		
	0,04	0,665	6,70	−2,17393		
	0,06	0,657	10,29	−1,99758		

verteilung kann man sich u. a. eines Nomogramms bedienen, das zuerst von CLAESSON [11] aufgestellt wurde. Die γ-Werte von Eichfraktionen (s. Versuchsbeispiel) werden auf den Achsen 3 und 4 der Abb. 51 gegen den Wert $\lg\left[\frac{c_{B,0}}{2}(1-\gamma)\right]$ aufgetragen. Auf der Achse 1 ergeben sich gemäß Gl. (9) die γ_0-Werte, die nach Gl. (10) mit der Molmasse verknüpft sind. Die Achse 1 erhält damit eine Molmasseneinteilung. Achse 2 wird entsprechend den Werten von $\Delta m_{i,B}$ und I_i geteilt. Zu den Löslichkeitslinien der Eichfraktionen werden Parallelen durch die γ_i-Werte aus dem Versuch gezogen.

Die $\Delta m_{i,B}$ und I_i-Werte werden auf der zum jeweiligen γ_i-Wert gehörenden Löslichkeitslinie abgetragen. Die Verbindung der I_i-Werte ergibt die integrale Verteilung $I(M_B)$, die Verbindung der $\Delta m_{i,B}$-Werte angenähert die differentielle Verteilung $\Delta m(M_B)$. Die eigentliche differentielle Verteilung muß durch Differentiation der integralen Kurve berechnet werden.

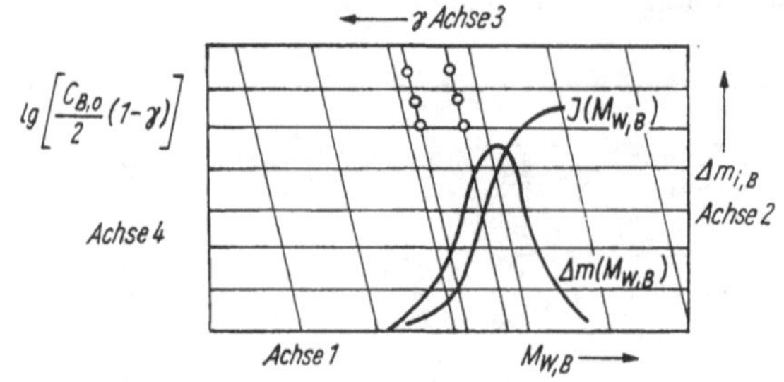

Abb. 51: Nomogramm nach Claesson, schematisch

Bei der Interpretation der ermittelten Verteilungskurven ist zu beachten, daß die Einteilung der Achse 1 proportional $M_B^{-0,5}$ ist.

2.4.4. Absolutmethode der Auswertung von Trübungskurven

Die Hauptschwierigkeit der Auswertung von Trübungskurven liegt in der exakten Bestimmung der Masse $m_{i,B}^*$ der gefällten Polymerpartikel. Bei den empirischen Verfahren wird von der Annahme quantitativer Fällung und Proportionalität zwischen Trübung und Partikelgröße ausgegangen. Letztere Voraussetzung ist bei den kontinuierlichen Verfahren der TT infolge der sich ständig ändernden Teilchengrößen (s. 2.4.2.2.) nicht gegeben. Eine direkte m_B^*-Bestimmung ist im Prinzip nur bei laufender Bestimmung der Teilchengrößenverteilung und $\tilde{n}_r$-Werte möglich. Die genannten Fehlerquellen werden wesentlich geringer, wenn anstelle der kontinuierlichen eine diskontinuierliche Trübungs- oder Streulichtmessung jeweils am Trübungsmaximum vorgenommen wird. Nach Untersuchungen von Beattie [6] ist die Trübung im Trübungsmaximum — in Übereinstimmung mit der Streutheorie von Mie — nahezu unabhängig von der Teilchengröße und proportional der Konzentration. Beim Trübungsmaximum hat auch die Partikelstreufunktion ihr Maximum, dessen Lage durch die Bedingung:

$$P = [4\pi r \tilde{n}_A(\tilde{n}_r - 1)/\lambda] = 3 \qquad (19)$$

gegeben ist.

Für die Konzentration des gefällten Polymeren c_B^* gilt dann bei der Maximaltrübung sowie Berücksichtigung der Polydispersität und der Mischungsregel der Brechzahlen nach Gladstone-Dale:

$$(\tilde{n}_r - 1)\,\tilde{n}_A = (n_B - \tilde{n}_A)\,\Phi_B \qquad (20)$$

n_B = Brechungsindex des Polymers; Φ_B = Volumenbruch des Polymeren in der polymerreichen Phase

$$c_B^* = \varrho_B \lambda \tau [3\pi \overline{(K/P)}_w\,(n_B - \tilde{n}_A)] \qquad (21)$$

ϱ_B = Dichte des Polymeren, $\overline{(K/P)}_w$ = gewichtsmittlere Partikelstreufunktion, c_B^* in g/ml

c_B^* läßt sich demnach bei Gültigkeit von Gl. (19) für enge Teilchengrößenverteilungen absolut aus Trübungsmeßwerten bestimmen. P braucht nicht direkt bekannt zu sein, da $\overline{(K/P)}_w$ bei Maximaltrübung nur wenig von P abhängt und Tabellen entnommen werden kann [8]. Bei breiteren Teilchengrößenverteilungen kann $\overline{(K/P)}_w$ jedoch nur bei Kenntnis der Verteilungsfunktion ermittelt werden [6]. Die Bedingung $P \cong 3$ kann auch durch Messung bei verschiedenen Wellenlängen realisiert werden.

Zur experimentellen Bestimmung von c_B^* wird eine Serie 0,01–0,02%iger Polymerlösungen unter Rühren mit unterschiedlichen Fällungsmittelvolumina V_F versetzt und das Maximum der sich einstellenden Trübung gemessen. Das Lösungs-/Fällungsmittel-System muß streng isorefraktiv sein, das Polymere muß einen davon stark abweichenden Brechungsindex haben. Durch Auftragen von c_B^* gegen γ erhält man die Löslichkeitsverteilungskurve. Die Umwandlung in die Molmassenverteilungskurve setzt wieder die Kenntnis der Löslichkeitsgleichung voraus, so daß auch diese verbesserte Methode der Trübungstitration kein eigentliches Absolutverfahren ist.

2.4.5. Einführung in das Experiment

Trübungstitrationen von Polymerlösungen werden nach dem Prinzip der „Isothermen Fällung“ (*IF*) durch Fällmittelzugabe oder auch durch kontinuierliche Temperaturänderung vorgenommen. Beiden Methoden haften gewisse Mängel an, die bei dem Temperaturgradientenverfahren in der für die Fällung erforderlichen großen Temperaturdifferenz (teilweise bis zu 100°) und bei dem Fällungsmittelverfahren an den für die Auswertung notwendigen Eichmessungen, Zeit-, Konzentrations- und Brechungsinkrementkorrekturen liegen. Gewöhnlich wird trotzdem das Fällungsmittelverfahren bevorzugt.

Optimale Versuchsbedingungen:

Konzentration der Polymerlösung:	1–10 mg/l
Fällmitteldosierung:	10–20 ml/h
Umdrehungsgeschwindigkeit des Rührers:	800 Umdrehungen/min
Arbeitstemperatur:	unterhalb der Einfriertemperatur des Geles
Meßgerät:	Streulichtphotometer
Wellenlänge des Erregerlichtes:	600–940 nm
Meßwinkel ϑ:	45°, 90°, 135°

Von wesentlicher Bedeutung für die *TT* ist die Auswahl des Lösungs-Fällmittel-Systems (*L*/*F*). Wegen der Forderung nach schneller Gleichgewichtseinstellung während der Titration sind schwache Lösungs- und Fällungsmittel mit χ-Werten um 0,5 zu bevorzugen. Bei diesen ist die Gefahr erhöhter Teilchenaggregation jedoch nicht auszuschließen. Die optische Messung verlangt ein isorefraktives *L*/*F*-Paar, dessen mittlerer Brechungsindex sich aber von dem der gefällten Polymerpartikel unterscheiden muß. Wegen der Konstanz der Trübung sollen die Dichten von Dispersionsmittel und dispergierten Teilchen annähernd gleich sein, außerdem fordert die Koagulationstheorie ein Dispersionsmittel möglichst geringer Viskosität.

Die Trübungstitration wird in temperierten Küvetten (möglichst elektrisch beheizt) mit automatischer Fällmitteldosierung und magnetischer Rührung durchgeführt. Als Meßküvetten werden offene und solche mit konstantem Volumen vorgeschlagen [3]. Die Trübungsmessung kann mit Streulichtphotometern (s. Kap. 1.5.2.) oder auch guten Spektralphotometern mit Trübungszusatz vorgenommen werden (s. a. [1].). Gemessen wird die seitliche Streuung bei konstanten oder mehreren Winkeln (45°, 90°, 135°), bzw. bei großen Wellenlängen oder die Durchlässigkeit. Als günstig haben sich die Geräte zur kombinierten Streulicht- und Durchlässigkeitsmessung erwiesen, wie sie u. a. von Stearne und Urwin [12] beschrieben werden. Für Messungen nach dem Temperaturgradientenverfahren ist ein Zweistrahlturbidimeter wegen der simultanen Messung von Probe und Standard besonders geeignet [13].

Für die quantitative Auswertung der *TT* zur Ermittlung der Teilchengewichte und Molmassenverteilung ist die Streulichtmessung bei Winkeln $< 20°$ mit Lichtwellenlängen von > 600 nm zu bevorzugen, da nur unter diesen Bedingungen eine Auswertung nach Gl. (4) möglich ist. (Bis $\lambda = 600$ nm weicht der gemessene Wert der reduzierten Streuintensität nur um wenige % von dem auf $\vartheta \to 0$ extrapolierten ab.) Als Lichtquellen können im Bereich $\lambda = 940$ nm z.B. Lichtemmissionsdioden und als Meßgerät Si-Photoelemente verwendet werden [9]. Eine schematische Darstellung einer Anordnung zur *TT* zeigt Abb. 52. Hinweise auf die Verwendung eines Spektralphotometers von Typ Spekol des VEB Carl Zeiss Jena enthält [1].

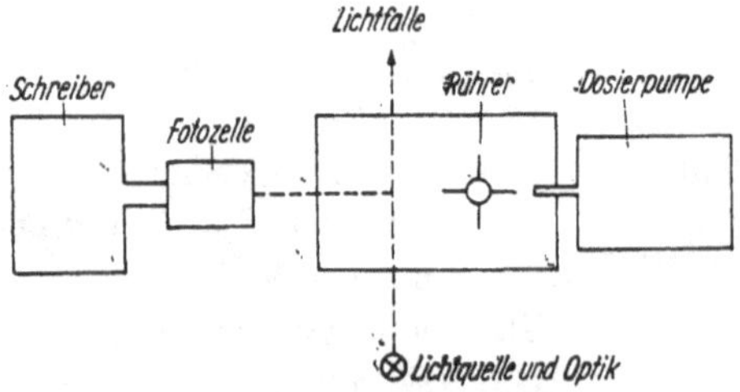

Abb. 52: Schematische Darstellung einer Apparatur zur Trübungstitration nach [15]

2.4.6. Versuchsbeispiel mit Auswertung

2.4.6.1. Bestimmung der Löslichkeits-Molmassenbeziehung von Emulsions-PVC

Zur Bestimmung der numerischen Werte für die Löslichkeitsgleichung (11) werden zunächst die Werte für a und γ_0 gemäß Gl. (9) ermittelt.

Hierzu werden von mindestens 4 weitgehend einheitlichen PVC-Fraktionen bekannter $\overline{M}_w$-Werte Lösungen in Cyclohexanon unterschiedlicher Konzentration im Bereich zwischen $c_{B,0} = 0{,}02-0{,}10$ g/100 cm³ hergestellt. Das Auflösen der Proben wird bei 80° C unter Schütteln in einem entsprechenden Schüttelthermostaten vorgenommen. 6,00 m*l* der vorbereiteten Lösung werden in die temperierte 30 m*l* Küvette des mit Titrationszusatz ausgerüsteten Spektralkolorimeters „Spekol" (s. a. [1]) gegeben und vor Titrationsbeginn mit 8,00 m*l* Fällungsmittel versetzt. Als Fällungsmittel wird ein Gemisch aus neun Teilen n-Heptan und einem Teil Tetrachlorkohlenstoff als Dispersionsstabilisator verwendet. Man titriert unter Rühren mit einer Mikrobürette bis zum Maximum der auf dem Schreiber registrierten Trübungskurve $\tau = f(V_F)$ und rechnet diese mit Gl. (2) und (3) in die $\tau_{\text{korr}} = f(\gamma)$-Kurve um. Um die aus der Uneinheitlichkeit der Fraktionen resultierenden Fehler zu reduzieren, wird zur Auswertung von Gl. (9) die Fällbarkeit bei 50%iger Fällung $\gamma_{1/2}$ benutzt. Die Polymerkonzentration bei $\gamma_{1/2}$ ist $c^*_{B,1/2} = \left[\frac{c_{B,0}}{2}(1 - \gamma)\right]$ ($c_{B,0}$ in g/100 cm³).

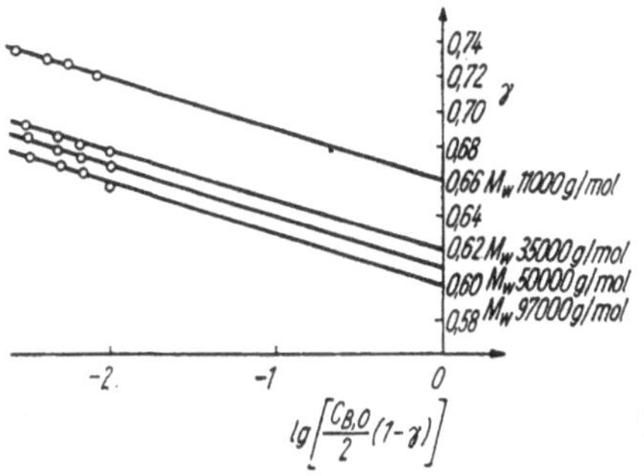

Abb. 53: Ermittlung der Löslichkeits-Konzentrationsbeziehungen von PVC

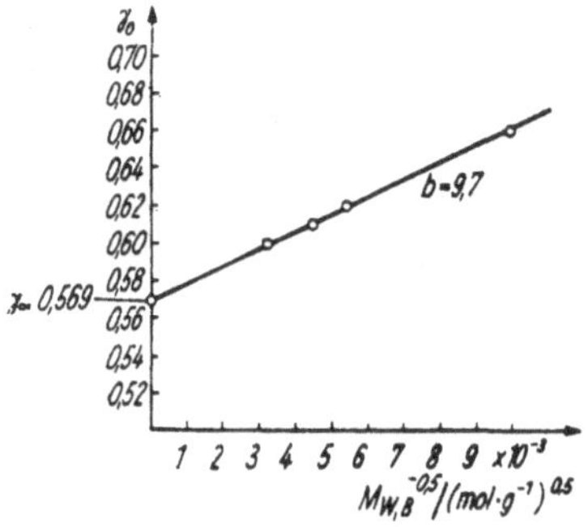

Abb. 54: γ_0 als Funktion von $M_{w,B}^{-0,5}$ für PVC

Die in Tab. 29 zusammengestellten Meßwerte sind in Abb. 53 grafisch dargestellt. Aus dem Anstieg der Geraden wird für *a* ein Wert von —0,03 erhalten. Durch Auftragen der aus den Ordinatenabschnitten grafisch oder rechnerisch zu erhaltenden γ_0-Werte über $\overline{M}_B^{-0,5}$ werden die Werte für γ_∞

und b der Löslichkeitsgleichung (11) bestimmt (Abb. 54). Diese betragen $\gamma_\infty = 0{,}569$ und $b = 9{,}7$.

Die Löslichkeitsgleichung für PVC lautet demnach (s. a. [14]):

$$\gamma = -0{,}03 \lg c_B + 0{,}569 + \frac{9{,}7}{\sqrt{M_{w,B}}} \tag{22}$$

Löslichkeits-Molmassenbeziehungen für Polystyren sind in [3] zusammengestellt.

Tabelle 30: Meßwerte der Trübungstitration von PVC – *E*

i	$V_{F,i}$ (ml)	γ	$\tau_{k,i} - \tau_0$ Skt	$m_{i,B} = \sum_{j=1}^{i} \Delta m_{j,B} = 100 \frac{\tau_{k,i} - \tau_0}{\tau_{k,\max} - \tau_0}$ %	$\Delta m_{i,B}$ %	I_i %
1	9,63	0,6161	–	–	–	100,0
2	9,96	0,6240	2,66	1,03	1,03	99,5
3	10,29	0,6316	8,14	3,09	2,06	97,4
4	10,62	0,6390	22,16	8,24	5,15	94,3
5	10,95	0,6460	42,38	15,45	7,21	88,2
6	11,28	0,6527	67,66	24,20	8,75	80,2
7	11,61	0,6593	93,95	32,96	8,76	71,4
8	11,94	0,6656	118,10	40,68	7,72	63,2
9	12,27	0,6716	143,11	48,41	7,73	55,5
10	12,60	0,6774	167,40	55,62	7,21	48,0
11	12,93	0,6830	189,30	61,80	6,18	41,3
12	13,26	0,6884	208,60	66,95	5,15	35,6
13	13,59	0,6937	228,50	72,12	5,17	30,5
14	13,92	0,6988	249,00	77,25	5,13	25,3
15	14,24	0,7037	266,60	81,37	4,12	20,7
16	14,58	0,7084	282,9	84,97	3,60	16,8
17	14,91	0,7130	297,4	88,06	3,09	13,5
18	15,24	0,7175	311,5	90,64	2,58	10,4
19	15,57	0,7218	323,5	92,70	2,06	7,4
20	15,90	0,7260	335,8	94,76	2,06	4,9
21	16,23	0,7301	346,4	96,30	1,54	2,9
22	16,56	0,7340	355,2	97,33	1,03	1,7
23	16,88	0,7378	364,5	98,36	1,03	1,2
24	17,22	0,7416	373,4	99,39	1,03	0,7
25	17,55	0,7452	375,4	99,91	0,52	0,0
26	17,88	0,7487	–	–		

$\tau_{k,i} = \tau_{\text{korr},i}$

2.4.6.2. Bestimmung von Molmassenverteilung eines technischen Emulsions-PVC durch Trübungstitration

Das vorliegende Produkt wird durch 3-malige Kaltextraktion mit einem Gemisch aus Methanol-Wasser = 1:1 von Polymerisationshilfsmitteln und Verun-

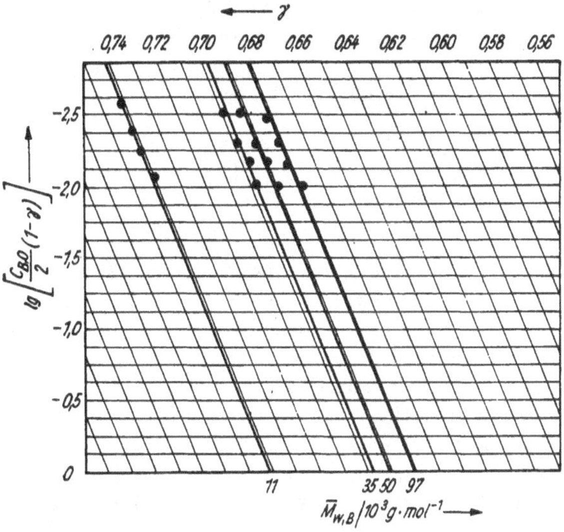

Abb. 55: Nomogramm nach CLAESSON für PVC

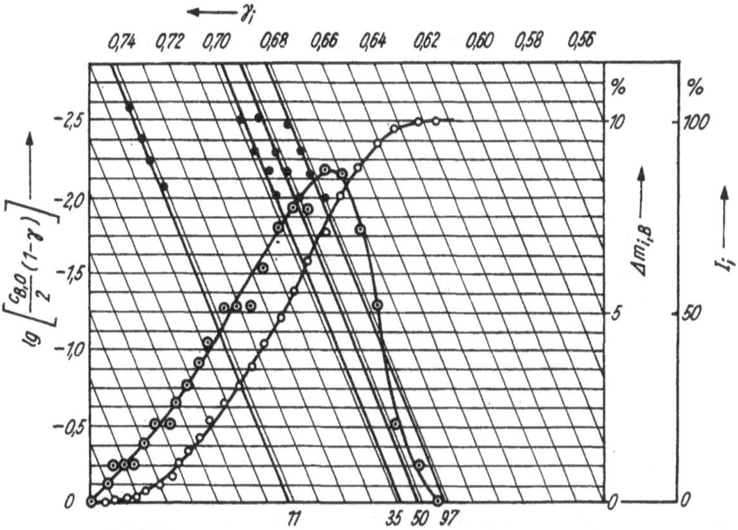

Abb. 56: Durch Trübungstitration erhaltene Molmassenverteilung von Emulsions-PVC

reinigungen gereinigt und danach getrocknet. Zur *TT* wird eine 0,04%ige Lösung in Cyclohexanon p. a. unter den in 2.4.6.1. angegebenen Bedingungen hergestellt und weiterbehandelt. Die erhaltenen Trübungsmeßwerte werden nach Gl. (3) korrigiert und gemäß der Gleichungen (16)–(18) in die Massenanteile bzw. deren differentielle und integrale Anteile umgerechnet und tabelliert (Tab. 30).

Mit Hilfe der in 2.4.6.1. mitgeteilten und in Abb. 55 dargestellten Löslichkeitslinien wird das CLAESSON-Nomogramm konstruiert (Abb. 55) und die $\Delta m_{i,B}$ und I_i-Werte des Versuchs nach der angegebenen Arbeitsweise darin eingetragen. Durch Verbinden der einzelnen Meßpunkte werden die entsprechenden Verteilungskurven $I(M_{w,B})$ erhalten. Die so ermittelten Verteilungskurven des Versuchsbeispiels zeigt Abb. 56.

Literatur

[1] ARNDT, K.-F. u. K.-G. HÄUSLER, Jenaer Rundschau **5** (1978), 238
[2] HOFFMANN, M. u. H. URBAN, Makromolekulare Chem. **178** (1977), 2683
[3] URWIN, J. R., in: „*Light Scattering from Polymer Solution*", ed. HUGLIN, M. B., Academic Press New York 1972, S. 391ff
[4] HENGSTENBERG, J., Ber. Bunsenges. physik. Chemie **60** (1956), 236
[5] GIESEKUS, H., in: *Polymer Fractionation*", ed. CANTOW, M. J. R. Academic Press New York, London 1967. S. 191ff
[6] BEATTIE, W. H., J. Polymer Sci. A **3** (1965), 527
[7] BEATTIE, W. H. u. H. C. JUNG, J. Colloid Interface Sci. **27** (1968), 581
[8] PANGONIS, W. J., HELLER, W. u. A. JACOBSON, „*Tables of Functions Scattering f. Spherical Particles*", Wayne State University Press Detroit 1957
[9] HOFFMANN, M. u. H. URBAN Makromolekulare Chem. **178** (1977), 2661
[10] SCHULZ, G. V., Z. physik. Chem. (B) **46** (1940), 105
[11] CLAESSON, S., J. Polymer Sci. **16** (1955), 193
[12] STEARNE, J. M. u. J. R. URWIN, Makromolekulare Chem. **56** (1962), 76
[13] TAYLOR, W. C. u. J. P. GRAHAM, J. Polymer Sci. Polymer Letters **2** (1964), 169
[14] SCHRÖDER, E., Plaste und Kautschuk **9** (1962), 525
[15] HOFFMANN, M., KRÖMER, H. u. R. KUHN, „*Polymeranalytik*", Bd. 1, Georg-Thieme-Verlag Stuttgart 1977

2.5. Gelpermeationschromatographie

2.5.1. Einführung

Die Gelpermeationschromatographie (*GPC*) ist trotz ihrer kurzen Entwicklungsgeschichte heute bereits ein Standardverfahren zur Polymercharakterisierung. Hauptanwendungsgebiet ist die Trennung von polydispersen Substanzen in monodisperse Fraktionen unterschiedlicher Molmasse. Geringe

Substanzmengen, relativ kurze Trennzeiten und ein hoher Automatisierungsgrad der verwendeten Apparaturen sind die wichtigsten Vorteile der Methode gegenüber anderen Trennverfahren. Auf Grund des wirkenden Trennmechanismus kann sie auch erfolgreich zur Abtrennung und quantitativen Bestimmung von Additiven, Restmonomeren, Weichmachern usw. genutzt werden.

Die *GPC* ist ein Relativverfahren. Als experimentelles Ergebnis erhält man ein Elutionschromatogramm, welches über eine Eichkurve in die Molmassenverteilungsfunktion umgerechnet wird. Damit ist die Molmassenverteilung der Probe bestimmend für das Profil der Elutionskurve. Ist diese Verteilung stetig, so steht das Peakmaximum mit einem *GPC*-eigenen Mittelwert $\overline{M}_{GPC}$ in Zusammenhang. Diese Größe ist abhängig vom Verteilungstyp und liegt zwischen dem geometrischen Mittel aus zahlenmittlerer und gewichtsmittlerer Molmasse $(\overline{M}_n \cdot \overline{M}_w)^{1/2}$ und $\overline{M}_w$ [1].

Charakteristisch für das Trennverfahren ist die weitgehende Unabhängigkeit von den Versuchsbedingungen wie Temperatur, Druck und in Grenzen von den gewählten Operationsparametern (Fließmittel, Beladung, Durchflußgeschwindigkeit). Unproblematisch ist auch der Rechenaufwand für die Auswertung des Chromatogramms, da die Meßdaten in aufbereiteter Form für die EDV anfallen. So lassen sich in kürzester Zeit mittels eines Rechenprogramms die eine Molmassenverteilung charakterisierenden Größen $\overline{M}_n$, $\overline{M}_w$, $\overline{M}_z$, U und g_m^2 berechnen.

2.5.2. Theoretische Grundlagen

Die *GPC* ist eine spezifische Form der Flüssigkeitschromatographie. Das Wirkprinzip besteht in der Trennung gelöster Makromoleküle an porösen Medien. Substanzspezifische Wechselwirkungen zwischen stationärer Phase und zu eluierender Substanz dürfen nicht auftreten, hier ist die richtige Wahl des Lösungsmittels von Bedeutung. Gegenüber anderen Chromatographieverfahren ist die *GPC* durch drei Besonderheiten gekennzeichnet [2]:

a) Die Trennung erfolgt nach der Molekülgröße.
b) Die größeren Moleküle werden vor den kleineren eluiert.
c) Die Trennung findet in einem Volumen statt, welches kleiner als das totale Säulenvolumen ist.

Weiterhin ist nach Determann [3] die Konzentration in der stationären Phase niemals größer als in der mobilen Phase. Die stationäre Phase hat die gleiche Zusammensetzung wie die mobile, sie unterscheidet sich nur durch ihre Bewegungsunfähigkeit.

Für die theoretische Behandlung des Trennprozesses ist es notwendig, Parameter zur Beschreibung des Elutionsprozesses einzuführen. Tab. 31 gibt

Tabelle 31: Übersicht über die Elutions- und Trennparameter in der *GPC*

Parameter	Symbol
Gelmatrixvolumen	V_M
äußeres Volumen (Zwischenkornvolumen)	V_O
inneres Volumen	V_i
zugängliches inneres Volumen	$V_{i,\mathrm{acc}}$
Volumen der stationären Phase	$V_{\mathrm{st}} = V_i + V_M$
Gesamtvolumen	$V_t = V_i + V_M + V_O$
Elutionsvolumen	V_e
Verteilungskoeffizient, bezogen auf das innere Volumen	$k_d = \dfrac{V_{i,\mathrm{acc}}}{V_i} = \dfrac{V_e - V_O}{V_i}$
Verteilungskoeffizient, bezogen auf das Volumen der stationären Phase	$k_{\mathrm{av}} = \dfrac{V_{i,\mathrm{acc}}}{V_{\mathrm{st}}} = \dfrac{V_e - V_O}{V_t - V_O}$
Bandenbasisbreite	w

eine Zusammenstellung der wichtigsten Elutions- und Trennparameter und deren Symbole.

Die Deutung des Trennprozesses ist über Gleichgewichts- und Nichtgleichgewichtstheorien [4] möglich. Die Basis des anschaulichen Ausschluß-Konzepts ist die Einstellung eines Gleichgewichts der Probenkonzentration zwischen dem inneren und äußeren Volumen der Gelmatrix. Voraussetzung für diese Modellvorstellung ist, daß die an einer definierten Stelle der Säule für die Diffusion in die Gelphase zur Verfügung stehende maximale Zeit (t_m) gleich der Zeit sein muß, in der die Hälfte der Substanzzone ($t_{0,5}$) vorbeiwandert. Nur während dieser Zeit ist die Probenkonzentration im inneren Volumen kleiner als im äußeren ($c_i < c_0$).

Damit beruht der Trennprozeß im wesentlichen auf der unterschiedlichen Porenzugänglichkeit der zu trennenden Substanzen, da jeder Molekülgröße i ein durch Diffusion zugängliches Porenvolumen V_i entspricht. Je kleiner die Moleküle sind, umso tiefer dringen sie in die Poren des Gels ein und werden deshalb erst nach den größeren Molekülen eluiert. Moleküle, deren mittlerer hydrodynamischer Radius größer ist als der der Gelporen, werden vom Trennprozeß ausgeschlossen. Der Separationsmechanismus ist schematisch in Abb. 57 dargestellt.

Die maximale Verweilzeit der kleinen Moleküle entspricht der Summe des gesamten inneren Gelvolumens und des Zwischenkornvolumens ($V_i + V_0$). Erhält man größere Retentionsvolumina, als sie dem Arbeitsvolumen der Säule entsprechen, so sind andere Trennmechanismen (Verteilung oder Adsorption) überlagert. Die Reihenfolge der eluierten Substanzen entspricht in diesen Fällen nicht mehr den unter a) und b) genannten Grundbedingungen.

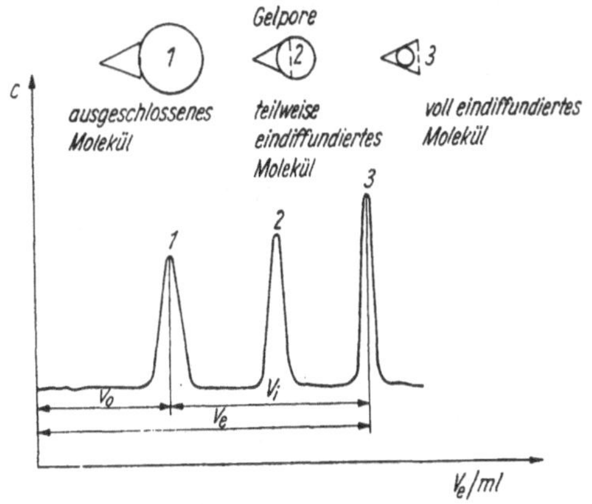

Abb. 57: Schematische Darstellung des Trennvorganges von Teilchen unterschiedlicher Größe an porösen Medien

Da zu jedem Zeitpunkt des Elutionsvorganges in einer beliebigen Zone der Probelösung nicht alle Moleküle in die zur Verfügung stehenden Poren diffundieren, tritt eine für die *GPC* typische Bandenverbreiterung (zone broadening) der Elutionskurve auf [5]. Dieser Störeffekt spielt besonders bei der Trennung eng verteilter Produkte eine Rolle und muß durch ein Korrekturverfahren berücksichtigt werden. Für sehr breite Verteilungen ist dieser Effekt zu vernachlässigen. Beachtet werden muß auch die Änderung des Elutionsvolumens mit der auf die Säule gegebenen Probemenge (skewing-Effekt). In thermodynamisch guten Lösungsmitteln kommt es in Abhängigkeit von der Probenkonzentration zu meßbaren Verschiebungen des Elutionsvolumens. Dieser Effekt tritt bei hohen Molmassen stärker in Erscheinung als bei kleinen Molekülen. In Theta-Lösungsmitteln bleibt das Elutionsvolumen nahezu konstant [6].

Ist die zur Gleichgewichtseinstellung notwendige Zeit nicht vorhanden ($t_m < t_{0,5}$), so treten Nichtgleichgewichtseffekte auf. Als Ursache dafür können eine zu hohe Durchflußgeschwindigkeit und die Abhängigkeit der Diffusionskoeffizienten von der Molekülgröße angesehen werden [2, 4].

Mit keiner der aufgestellten Theorien ist ein ausreichend genauer Zusammenhang zwischen dem Elutionsvolumen und der Molekülgröße abzuleiten. Zur Ermittlung der Molmassenverteilung eines Polymeren ist deshalb jede Trennsäule mit Polymerstandards bekannter Molmasse zu eichen. Wird das Lösungsmittel gewechselt, muß neu geeicht werden.

Die experimentell ermittelte Eichbeziehung ist die Basisgröße für die Durchführung jeder gelpermeationschromatographischen Analyse. Für lineare Kettenmoleküle werden systemspezifische Eichkurven der allgemeinen Form:

$$\lg M = A - B \cdot V_e^{\max} \qquad (1)$$

A, B = systemspezifische Konstanten

aufgestellt. Sind für das anstehende Trennproblem keine Eichfraktionen vorhanden, wählt man nach BENOIT [7] als universelle Eichgröße ein dem hydrodynamischen Volumen adäquaten Wert $[\eta] \cdot M$:

$$\lg \{[\eta] \cdot M\} = A - B \cdot V_e^{\max} \tag{2}$$

Das setzt voraus, daß bei einem bestimmten Elutionsvolumen V_e das Produkt $[\eta] \cdot M$ konstant ist. Diese Bedingung wurde in [7] an unterschiedlichen Polymeren überprüft und bestätigt. Damit erlangt Gl. (3) Gültigkeit:

$$[\eta]_1 \cdot M_1 = [\eta]_x \cdot M_x \quad (V_{e,1} = V_{e,x}) \tag{3}$$

Zur Auswertung des Chromatogramms müssen dann neben der Eichbeziehung gemäß Gl. (1) nur die Konstanten der $[\eta]$-M-Relation der Probe und der Eichsubstanz im gewählten Lösungsmittel bekannt sein. Als Eichstandards werden im allgemeinen Polystyrenfraktionen mit Uneinheitlichkeiten $< 0{,}1$ verwendet.

Tab. 32 enthält für einige Polymere die Konstanten der KUHN-MARK-HOUWINK-Gleichung für die in der *GPC* oft verwendeten Lösungsmittel Tetrahydrofuran und ortho-Dichlorbenzen. Abb. 58 zeigt eine Eichkurve nach Gl. (1), aufgestellt mit Polystyren-Standards gelöst im Lösungsmittel Tetrahydrofuran.

Als Maß für die Transportvorgänge (Peakbreite) in der Säule wird ebenso wie bei anderen chromatographischen Verfahren die theoretische Bodenhöhe

Tabelle 32; $[\eta]$-M-Beziehungen für einige Polymere in ausgewählten Lösungsmitteln [11]

Polymer	Lösungs-mittel	Temperatur °C	$K \times 10^4$ $[\eta]$ in $dl \cdot g^{-1}$	a
Polystyren	THF	23	0,68	0,77
	o–DCB	135	1,38	0,70
Polymethyl-methacrylat	THF	23	0,93	0,72
Polyvinylchlorid	THF	23	1,63	0,77
Polyvinylbromid	THF	20	1,59	0,64
Polydioxalan	THF	25	0,94	0,87
Polyvinylacetat	THF	25	3,50	0,63
Polyethylen	o–DCB	135	5,05	0,70
Polypropylen	o–DCB	135	1,30	0,78
Polybutadien (hydriert)	o–DCB	135	2,70	0,75
siolydimethyl-Ploxan	o–DCB	138	3,83	0,57

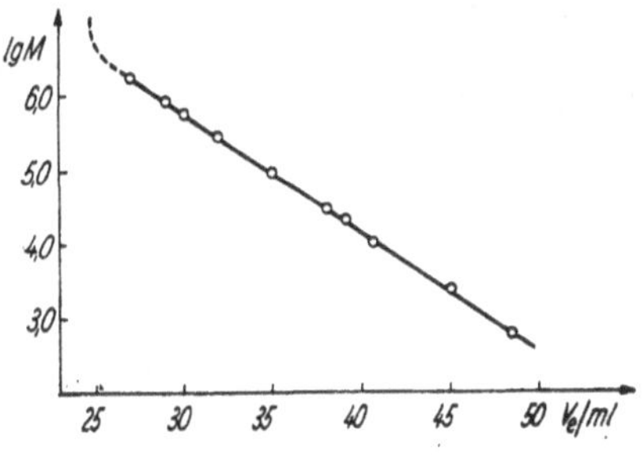

Abb. 58: Eichkurve für die *GPC* (3 Styragel-Säulen in Reihe, Ausschlußgrenzen: 1,5 · 10^4, 1,5 · 10^5, 10^6 g/mol, Fließmittel: Tetrahydrofuran)

h gemäß Gl. (4) berechnet:

$$h = \frac{L}{n} \tag{4}$$

L = Säulenlänge in mm
n = theoretische Bodenzahl;

$$n = \left(\frac{4\,V_e}{w}\right)^2 \tag{5}$$

In der hochauflösenden *GPC* sind bei optimierten Bedingungen heute bereits Trennstufenhöhen von 3 bis 4 · 10^{-2} mm möglich.

Gl. (5) wird in der Praxis oft angewendet, weil damit die Säulentauglichkeit unter Einsatz einer definierten niedermolekularen organischen Verbindung bei großen Elutionsvolumina getestet werden kann. Ein Maß für die Trennschärfe ist *h* nur indirekt durch die Beziehung zur Bandenbasisbreite.

Zur Abschätzung der Trennschärfe einer Säulenpackung werden die Elutionsvolumina und die Bandenbasisbreiten der Komponenten 1 und 2 gemessen (Abb. 59) und die Auflösung *R* gemäß Gl. (6) berechnet:

$$R = \frac{2(V_{e,2} - V_{e,1})}{w_1 + w_2} \tag{6}$$

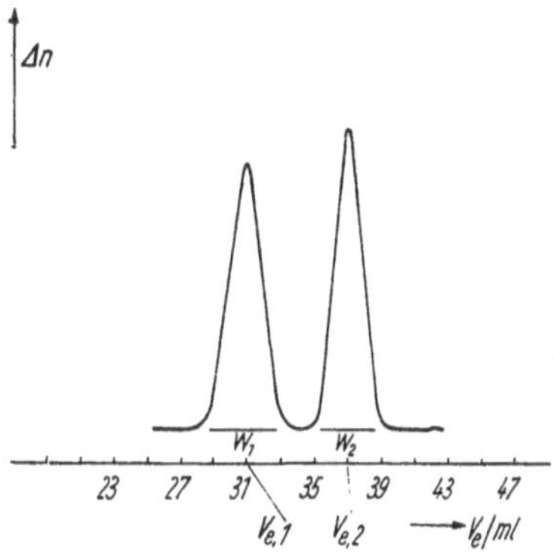

Abb. 59: Ermittlung der Trennschärfe von *GPC*-Säulen

Gl. (6) zeigt, daß die Effektivität der Trennsäule sowohl durch den Abstand, der zwei aufeinanderfolgende Peaks trennt, als auch durch die Bandenbasisbreite der beiden Peaks bestimmt wird. Für vollständige Auflösung gilt: $R \geqq 1$.

Führt man in diesen Zusammenhang die Beziehung $\lg M = f(V_e)$ ein, so erhält man ein für die *GPC* spezifisches Auflösungsvermögen R_s:

$$R_s = \frac{2(V_{e,2} - V_{e,1})}{(w_1 + w_2) \cdot (\lg \overline{M}_{w,1} - \lg \overline{M}_{w,2})} \tag{7}$$

bzw. einen Auflösungsindex RI:

$$RI = \left(\frac{\overline{M}_{w,1}}{\overline{M}_{w,2}}\right)^z \; ; \; z = \frac{w_1 + w_2}{2(V_{e,2} - V_{e,1})} \tag{8}$$

Aus Gl. (7) und (8) ist ersichtlich, daß die Trennschärfe mit zunehmender Molmasse exponentiell abnimmt. Sehr hochmolekulare Produkte werden nur noch ungenügend getrennt.

2.5.3. Einführung in das Experiment

GPC-Anlagen bestehen generell aus den Trennsäulen, einer pulsfreien Druckpumpe mit einstellbarer Durchflußgeschwindigkeit, einem Probengeber und der Detektionseinheit. Abb. 60 zeigt das Blockschaltbild einer Gesamtapparatur.

Als Probengeber wird meist eine Injektionsspritze oder ein Probenschleifenventil verwendet.

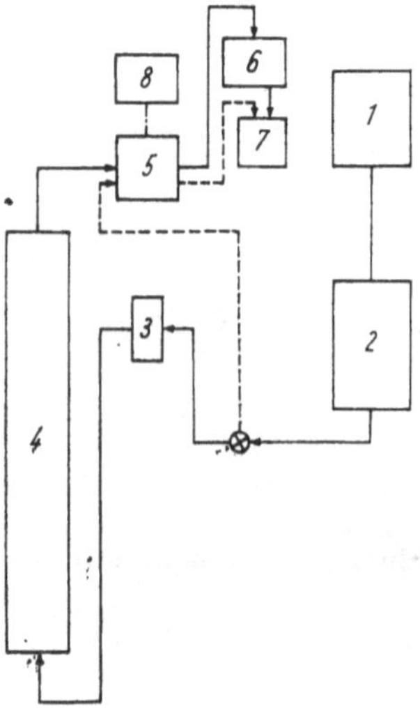

Abb. 60: Blockschaltbild einer *GPC*-Anlage

1 – Lösungsmittelreservoir
2 – Pumpensystem
3 – Probengeber
4 – Trennsäulen
5 – Detektor
6 – Siphon-Fraktionssammler
7 – Lösungsmittelabfall
8 – Schreiber

——— Probenverlauf
------- Referenzlinie
······· elektrische Verbindung

Entscheidend für die Trennleistung sind die verwendeten Geltypen und die Packungsdichte der Gelmatrix. In Tab. **33** sind einige häufig in der hochauflösenden *GPC* eingesetzte Packungsmaterialien zusammengestellt und charakterisiert, weitere gebräuchliche Gele sind in [9] enthalten. Das Packen der Säulen ist kompliziert und hängt von der Art des verwendeten Gels ab. Für jeden Geltyp auf anorganischer oder organischer Basis existieren in Abhängigkeit vom Partikeldurchmesser verschiedene spezielle Packungsvorschriften. Hier muß auf die entsprechende Fachliteratur [8] verwiesen werden. In den meisten Fällen hat es sich als günstig erwiesen, handelsüblich gefüllte Säulen zu benutzen.

Das Arbeitsvolumen des eingesetzten Gels muß dem Trennproblem angepaßt sein. Abb. 61 zeigt am Beispiel, wie eine zweckmäßige Säulenkombination ausgewählt wird.

Die Säulendimensionierung hängt von der Aufgabenstellung ab (Tab. 34). Die pro Durchlauf zu trennende Substanzmenge ist vom maximal auf die Säule zu gebenden Volumen der Polymerlösung (Konzentrationsbereich 0,25 bis 1 Gew.%) abhängig. Bei kleinen Molekülen ist diese Menge größer als bei großen Molmassen. Die Viskosität der Lösung darf nicht wesentlich größer

Tabelle 33: Ausgewählte Packungsmaterialien für die hochauflösende *GPC* [10]

Gel	Partikeldurchmesser in mm	Material	Mittlerer Porendurchmesser in 10^{-8} cm	Ausschlußgrenze; Anwendungsbereich PS-Standards (g/mol)
μ-Styragel	10	PS-DVB	10^2	7×10^2
			5×10^2	$0{,}05-1\ (\times 10^4)$
			10^3	$0{,}1-20\ (\times 10^4)$
			10^4	$1-20\ (\times 10^4)$
			10^5	$1-20\ (\times 10^5)$
			10^6	$5- > 20\ (\times 10^5)$
μ-Porasil	10	Silicagel	E $1{,}25 \times 10^2$	$0{,}2-5\ (\times 10^4)$
			E 3×10^2	$0{,}03-1\ (\times 10^5)$
			E 5×10^2	$0{,}05-5\ (\times 10^5)$
			E 10^3	$5-20\ (\times 10^5)$
Li-Chrospher	10	Silicagel	10^2	6×10^4
			5×10^2	5×10^5
			10^3	2×10^6
			4×10^3	$> 3{,}5 \times 10^6$
CPG	5–10	Poröse Gläser	40	$1-8\ (\times 10^3)$
			10^2	$1-30\ (\times 10^3)$
			$2{,}5 \times 10^2$	$2{,}5-125\ (\times 10^3)$
			$5{,}5 \times 10^2$	$1{,}1-35\ (\times 10^4)$
			$1{,}5 \times 10^3$	$1-10\ (\times 10^5)$
			$2{,}5 \times 10^3$	$2-15\ (\times 10^5)$

sein als die des Elutionsmittels. Die Beladungsgrenze der Trennsäulen bezüglich des Probenvolumens läßt sich über die van-Deemter-Gleichung abschätzen. Als Richtwert kann man annehmen, daß bei analytischem Arbeiten 2 bis 5 mg, bei halbpräparativem etwa 100 mg und bei präparativem je nach Säulenvolumen bis zu 1 g Substanz getrennt werden können.

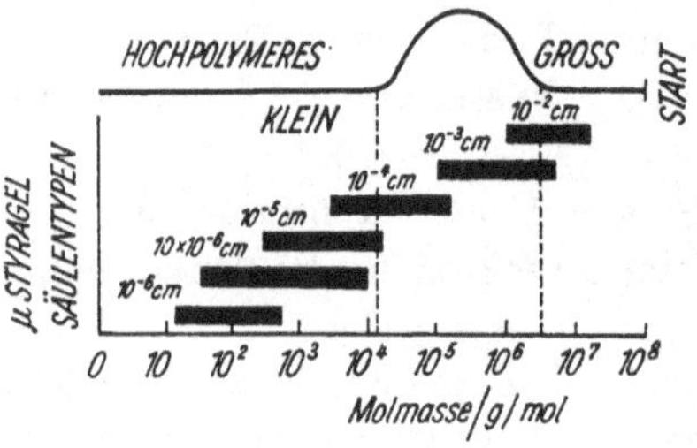

Abb. 61: Säulenauswahl zur Molmassenverteilungsbestimmung einer hochpolymeren Substanz [13]

Tabelle 34: Säulendimensionierung für analytisches und präparatives Arbeiten in der *GPC*

Art der Analyse	Innendurchmesser in mm	Säulenlänge in mm
analytisch	2–8	250–500
halbpräparativ	12–20	250–1000
präparativ	20–625	500–2400

Die Auswahl des Elutionsmittels erfolgt unter mehreren Gesichtspunkten. Wichtigste Voraussetzung beim Einsatz organischer Geltypen ist, daß die Probe im gleichen Lösungsmittel löslich ist, in dem die Gelmatrix gequollen ist. Reaktionen des Lösungsmittels mit der gelösten Substanz und dem Gel dürfen nicht eintreten. Das Elutionsmittel beeinflußt über den Diffusionskoeffizienten die Trennleistung. Bei geringerer Eluentenviskosität nimmt die Zahl der theoretischen Trennstufen zu. Schließlich muß von der apparativen Seite her das Lösungsmittel im eingesetzten Detektor brauchbar sein. Lösungsmittelgemische sind wegen möglicher Vorzugssolvatation nicht zu empfehlen.

Die optimale Durchflußgeschwindigkeit hängt von der Trennsäule ab und muß experimentell ermittelt werden. Bei zu geringen Fließgeschwindigkeiten treten Rückvermischungen auf, liegen sie zu hoch, muß mit einer Beeinflussung des Separationsmechanismus (s. 2.5.2.) gerechnet werden. In beiden Fällen wird das Trennvermögen erniedrigt. Für die analytische *GPC* gilt als Optimum näherungsweise eine Durchflußgeschwindigkeit von 1 m*l* pro min.

Wichtig für die experimentelle Durchführung gelpermeationschromatographischer Analysen ist auch die richtige Wahl der Detektionseinheit. An diese Geräte werden hohe Anforderungen gestellt, wie z.B. große Empfindlichkeit zum Nachweis kleinster Substanzmengen, hohe Linearität des Meßsignals, geringes Totvolumen der Meßzelle und kleine Zeitkonstante. Gewöhnlich werden *RI*-Detektoren, die die Differenz des Brechungsindex zwischen der Lösung und dem reinen Lösungsmittel messen, und UV-Filter-Detektoren mit festen Wellenlängen (254 und 280 nm) bzw. UV-Spektralphotometer im Wellenlängenbereich von 200 bis 600 nm eingesetzt.

Für spezielle Fälle werden auch IR-Spektralphotometer im Wellenzahlenbereich von 4000 bis 625 cm^{-1} verwendet.

Alle Geräte registrieren eine konzentrationsproportionale physikalische Meßgröße. Diese wird entweder in die absolute Konzentration umgerechnet, oder geht als äquivalente Größe in die Auswertung ein.

Weiterhin besteht die Möglichkeit, die *GPC* mit einem automatischen Schnellviskosimeter oder mit einem Lichtstreugerät zu koppeln. Die Verbindung mit diesen Geräten vereinfacht die Auswertung, da im ersteren Falle keine Kenntnis der $[\eta]$-M-Relation vorausgesetzt werden muß, bei Verbindung mit einem Gerät zur Absolutbestimmung der Molmasse sich die Eichung der Trennsäule erübrigt.

2.5.4. Optimierungsmöglichkeiten

Je nach der Problemstellung, die eine analytische, präparative oder schnell durchzuführende Routineanalyse sein kann, werden die passenden Trennsäulen und Operationsparameter gewählt. Aus einem Dreiecksschema kann man die für das Trennproblem wichtigsten Größen abschätzen.

t = Analysenzeit
Kap. = Säulenkapazität

Im allgemeinen ist es nicht notwendig, alle drei genannten Parameter zu optimieren. So sind beispielsweise für Routineanalysen kurze Analysenzeiten, gute Auflösung, aber nur eine geringe Säulenkapazität notwendig, während präparative Trennungen vor allem eine große Kapazität und gute Auflösung, jedoch nicht unbedingt kurze Analysenzeiten erfordern.

Trennzeit und Auflösung stehen in funktionalem Zusammenhang. Will man die Trennzeit des Prozesses optimieren, so ist das durch eine Vergrößerung der theoretischen Bodenzahl, beispielsweise durch den Einsatz kleiner Teilchendurchmesser des Packungsmaterials oder durch Verwendung von

Gelen mit größerem inneren Volumen zu erreichen. In letzterem Falle wird die Trennleistung durch Verbesserung des Phasenverhältnisses V_i zu V_0 erhöht. Dabei muß jedoch berücksichtigt werden, daß gequollene Gele mit großem inneren Porenvolumen z.B. Polyvinylacetatgele auf Grund ihrer mechanischen Instabilität nur einem geringen Druck ausgesetzt werden können. Temperaturerhöhung begünstigt die Diffusionsgeschwindigkeit, so daß mit einer Durchflußerhöhung eine zusätzliche Zeitoptimierung möglich ist.

Mit Vergrößerung der Säulenlänge wird wegen der Proportionalität zwischen dem Quadrat der reziproken Bandenbasisbreite und der theoretischen Bodenzahl das Auflösungsvermögen verbessert, dafür muß jedoch mit längeren Trennzeiten gerechnet werden.

Eine Erhöhung der Kapazität ist nur durch eine erhebliche Vergrößerung des Gesamtvolumens zu erreichen.

2.5.5. Versuchsbeispiele und Auswertung

2.5.5.1. Ermittlung der Molmassenverteilungsfunktion einer Polystyrenprobe

Zur Ermittlung der Molmassenverteilungsfunktion der Probe wird eine 0,5 Gew.-%ige Lösung in Tetrahydrofuran hergestellt. Die Probenlösung wird vor der Analyse über eine G-4-Fritte gesaugt. Von der so gereinigten Lösung werden mit einer Injektionsspritze 0,5 ml in die Trennsäulen eingespritzt.

Zur Trennung werden drei mit Styragel gefüllte Säulen (Ausschlußgrenzen: $1{,}5 \cdot 10^4$; $1{,}5 \cdot 10^5$; 10^6 g/mol) in Reihe geschaltet. Jede Säule ist 500 mm lang und hat einen Innendurchmesser von 9,5 mm. Als Elutionsmittel wird Tetrahydrofuran verwendet, die Durchflußgeschwindigkeit beträgt 1 ml/min. Die Probenkonzentration im Eluat wird mit einem RI-Detektor gemessen. Abb. 62 zeigt das erhaltene Elutionschromatogramm.

Zur Auswertung des Chromatogramms werden in äquidistanten Abständen auf der V_e-Achse die in willkürlichen Einheiten gemessenen Δn-Werte entnommen (s. Abb. 62). Sie werden im folgenden als Chromatogrammhöhen h_i

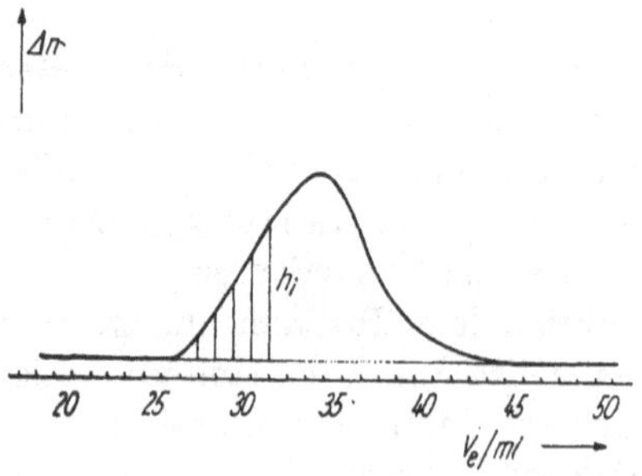

Abb. 62: Elutionschromatogramm einer Polystyrenprobe

(Arbeitsbedingungen entsprechend denen der Abbildungsunterschrift Abb. 58) bezeichnet. Diese Werte werden normiert (Gl. 9):

$$h_i' = \frac{h_i}{\sum h_i} = \frac{dm}{dV_e} \tag{9}$$

Damit entsprechen die normierten Chromatogrammhöhen h_i' der differentiellen Änderung des Massenanteils dm mit dem Elutionsvolumen dV_e, die in die Änderung des Massenanteils mit der Molmasse umgerechnet werden müssen.

$$\frac{dm}{d \lg M} = h_i' \cdot \frac{dV_e}{d \lg M} \tag{10}$$

Dazu muß der Zusammenhang zwischen der Molmasse und dem Elutionsvolumen ermittelt werden.

Ist diese Beziehung linear (Abb. 58), so läßt sich der numerische Wert für den Ausdruck $\frac{dV_e}{d \lg M}$ leicht als reziproker Anstieg der Eichgeraden berechnen.

Sind alle genannten Größen bestimmt, wird das Elutionschromatogramm in die wahre Molmassenverteilungsfunktion umgerechnet. Jedem V_e-Wert wird aus der Eichkurve ein Wert für den lg M zugeordnet. Dazu ist die Änderung des Massenanteils mit der Molmasse $\frac{dm}{d \lg M}$ gemäß Gl. (10) zu berechnen. Das in die wahre Verteilungsfunktion der Molmasse umgerechnete Elutionschromatogramm der Abb. 62 ist in Abb. 63 dargestellt. Der Auswertung wurde die Eichkurve der Abb. 58 zugrunde gelegt.

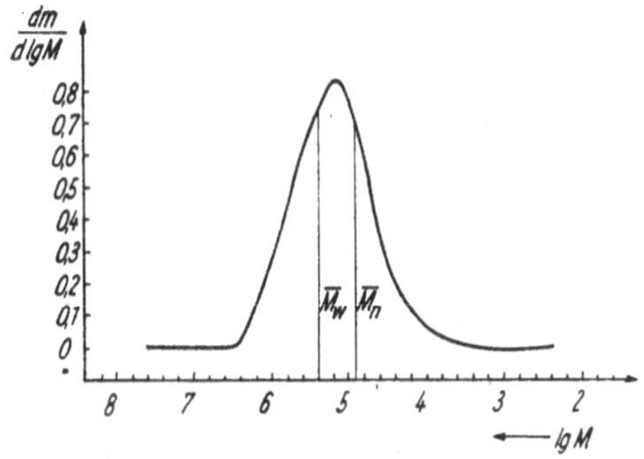

Abb. 63: Wahre Molmassenverteilungsfunktion einer Polystyren-Probe (umgerechnetes Elutionschromatogramm aus Abb. 62)

Ist der Zusammenhang zwischen Molmasse und Elutionsvolumen nicht Gl. (1) entsprechend linear, sondern s-förmig, so empfiehlt sich eine grafische Auswertung zur Berechnung der Größe $\frac{dm}{d \lg M}$ gemäß [12].

Dazu werden, wie in Abb. 64 gezeigt, die normierte Elutionskurve und die Eichfunktion zusammen in einem Diagramm dargestellt. Um den Wert $\frac{dV_e}{d\,\lg M}$ für jeden Punkt der Eichkurve zu ermitteln, wird die Eichfunktion (Kurve B in Abb. 64) differenziert (Abb. 64 Kurve C). Man bestimmt nun zu jedem h_i' den entsprechenden $c_i \left\{\frac{dV_e}{d\lg M}\right\}$-Wert. Das Produkt aus h_i' mit c_i ist die gesuchte Änderung des Massenanteils mit der Molmasse.

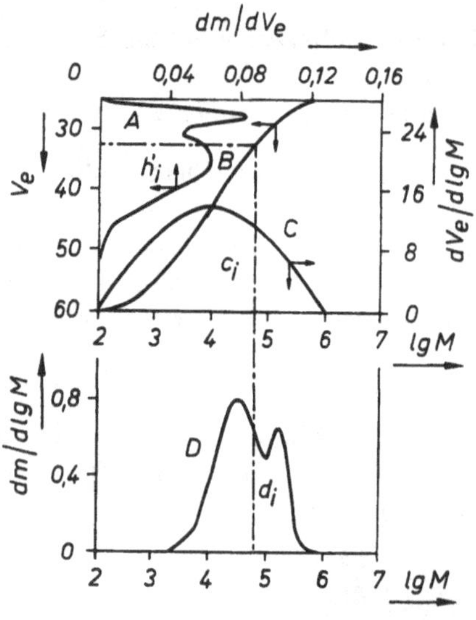

Abb. 64: Umrechnung eines Elutionschromatogramms in die wahre Molmassenverteilungsfunktion bei *s*-förmigen Verlauf der Eichkurve

A – Elutionskurve $h_i' = \frac{dm}{dV_e}$
B – Eichkurve
C – Diff. Eichkurve $c_i = \frac{dV_e}{d\lg M}$
D – wahre Molmassenverteilung $d_i = h'_i \cdot c_i$

Die Mittelwerte $\overline{M}_n$, $\overline{M}_w$, $\overline{M}_z$ sowie die Uneinheitlichkeit U und die Polydispersität g_m^2 erhält man über die in Tab. 35 zusammengestellten Beziehungen. $\overline{M}_n$ und $\overline{M}_w$ wurden für das gewählte Beispiel berechnet und in Abb. 63 mit eingetragen.

2.5.5.2. Ermittlung der Molmassenverteilungsfunktion eines Ethylen-Vinylacetat-Copolymeren mit 42 Gew.% Vinylacetat

Die experimentelle Durchführung ist die gleiche, wie unter 2.5.5.1. beschrieben. Das erhaltene Chromatogramm ist in Form von Meßwert-Paaren in Tab. 36 dargestellt.

Zur Auswertung des Chromatogramms werden zu jedem V_e-Wert die entsprechenden h_i'-Werte berechnet. Um den Zusammenhang zwischen Elutionsvolumen und Molmasse zu ermitteln, wird die Gültigkeit von Gl. (3) vor-

Tabelle 35: Gleichungen zur Berechnung der Mittelwerte der Molmasse, der Uneinheitlichkeit und der Polydispersität

Bestimmungsgröße	$\frac{dV_e}{d\lg M}$ nicht konstant	$\frac{dV_e}{d\lg M}$ konstant
$\overline{M}_n$	$\frac{\Sigma \frac{dm}{d\lg M}}{\Sigma \frac{dm}{d\lg M} \cdot M^{-1}}$	$\frac{\Sigma \frac{dm}{dV_e}}{\Sigma \frac{dm}{dV_e} \cdot M^{-1}}$
$\overline{M}_w$	$\frac{\Sigma \frac{dm}{d\lg M} \cdot M}{\Sigma \frac{dm}{d\lg M}}$	$\frac{\Sigma \frac{dm}{dV_e} \cdot M}{\Sigma \frac{dm}{dV_e}}$
$\overline{M}_z$	$\frac{\Sigma \frac{dm}{d\lg M} \cdot M^2}{\Sigma \frac{dm}{d\lg M} \cdot M}$	$\frac{\Sigma \frac{dm}{dV_e} \cdot M^2}{\Sigma \frac{dm}{dV_e} \cdot M}$
U	$\frac{\overline{M}_w}{\overline{M}_n} - 1$	
g_m^2	$\frac{\overline{M}_z}{\overline{M}_w} - 1$	

ausgesetzt. Substituiert man in dieser Beziehung die Grenzviskositätszahlen durch das Produkt $K \cdot M^a$, erhält man Gl. (11):

$$K_1 \cdot M^{(1+a_1)} = K_2 \cdot M^{(1+a_2)} \tag{11}$$

Index 1 bzw. 2 = Konstanten der $[\eta]$-M-Relation der Eichsubstanz (1) Polystyren und der Probe (2) in Tetrahydrofuran

Durch Umformen von Gl. (11) erhält man Beziehung (12), in die nur noch die Eichbeziehung gemäß Gl. (1) und die K- und a-Werte der Kuhn-Mark-Houwink-Gleichung eingehen.

$$\lg M_2 = \frac{1 + a_1}{1 + a_2} \cdot \lg M_1 + \frac{1}{1 + a_2} \cdot \lg \frac{K_1}{K_2} \tag{12}$$

Die Beziehung zwischen der Grenzviskositätszahl und der Molmasse für Eichsubstanz und Probe im gewählten Beispiel ist mit Gl. (13) und (14) gegeben:

$$[\eta]_{\mathrm{PS}}^{\mathrm{THF}} = 6{,}8 \cdot 10^{-5}\, M_{\mathrm{PS}}^{0{,}77} \tag{13}$$

$$[\eta]_{\mathrm{EVA}}^{\mathrm{THF}} = 4{,}16 \cdot 10^{-4} \cdot M_{\mathrm{EVA}}^{0{,}67} \tag{14}$$

Tabelle 36: Auswertung des Elutionschromatogramms eines Ethylen-Vinylacetat-Copolymeren mit 42 Gew. % Vinylacetat nach [7]

Elutions-volumen ml	h_i mm	h_i' %	lg M_{PS}	lg M_{EVA}	M_{EVA} 10^3 g/mol
25	7,5	0,80	6,50	6,42	2620,3
26	17,0	1,82	6,30	6,21	1608,3
27	24,5	2,62	6,15	6,05	1115,3
28	33,0	3,53	5,95	5,84	684,6
29	42,5	4,55	5,80	5,68	474,7
30	53,5	5,72	5,65	5,52	329,2
31	65,5	7,01	5,50	5,36	228,2
32	78,0	8,35	5,35	5,20	158,3
33	88,0	9,42	5,15	4,99	97,2
34	91,0	9,47	5,00	4,83	67,4
35	91,5	9,79	4,85	4,67	46,7
36	79,0	8,45	4,65	4,46	28,7
37	69,0	7,38	4,50	4,30	19,9
38	57,0	6,10	4,35	4,14	13,8
39	46,0	4,92	4,15	3,93	8,5
40	32,5	3,48	4,00	3,77	5,9
41	22,0	2,35	3,80	3,56	3,6
42	15,5	1,76	3,65	3,40	2,5
43	10,0	1,07	3,45	3,19	1,5
44	6,5	0,70	3,25	2,97	0,9
45	3,5	0,37	3,10	2,82	0,7
46	1,5	0,15	2,90	2,60	0,4

Den Wert für den lg M_{PS} zu jedem Elutionsvolumen erhält man aus der in Abb. 58 dargestellten Eichkurve. Damit wird zu jedem V_e-Wert aus Tab. 36 ein Wert für den lg M_{EVA} berechnet. Durch Auftragen der so ermittelten lg M_{EVA}-Werte gegen das Elutionsvolumen erhält man die neue Eichbeziehung. Die weitere Auswertung erfolgt wie unter 2.5.5.1. beschrieben, entsprechend dem funktionalen Zusammenhang zwischen dem lg der Molmasse und dem Elutionsvolumen.

Die numerische Auswertung eines Elutionschromatogramms läßt sich durch den Einsatz eines Rechners weitgehend erleichtern. Der in Abb. 65 vorgeschlagene Programmablaufplan gilt jedoch nur unter der Voraussetzung, daß Gl. (1) linear verläuft.

Bei den ausgewerteten Beispielen wurde die apparativ-bedingte Zonenverbreiterung nicht berücksichtigt. Erweist sich so eine Korrektur als notwendig, muß die Elutionskurve vor der Umrechnung in die Molmassenverteilungsfunktion bezüglich des Dispersionseffektes korrigiert [5] werden.

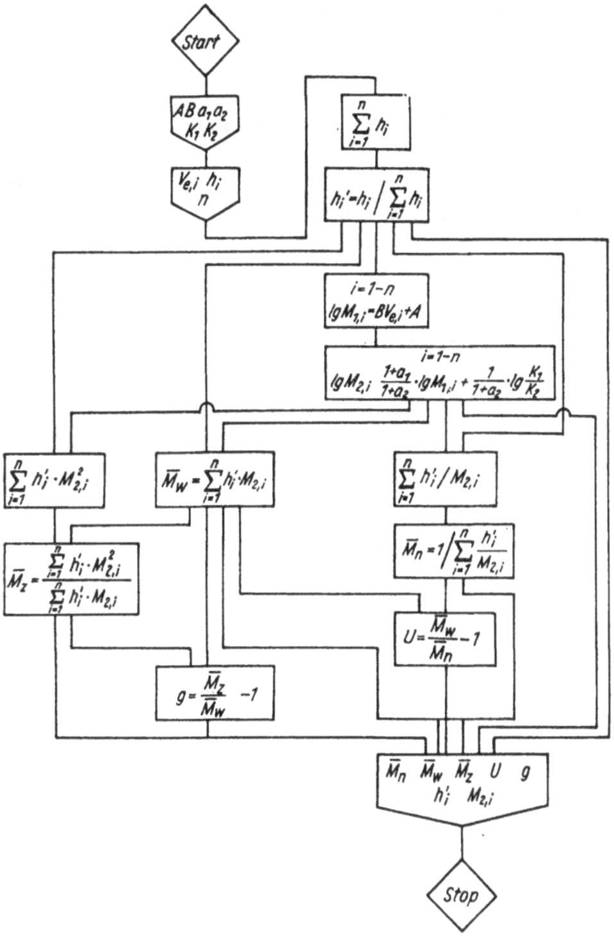

Abb. 65: Programmablauf für die EDV zur Berechnung der Mittelwerte $\overline{M}_n$, $\overline{M}_w$, $\overline{M}_z$, der Uneinheitlichkeit U und der Polydispersität g_m^2

Literatur

[1] Berger, H. L. u. A. R. Shultz, J. Polymer Sci. A **3** (1965), 3643

[2] Altgelt, K. H., Advances in Chromatogr. **7** (1968), 3

[3] Determann, H., „*Gelchromatographie, Gelfiltration, Gelpermeation, Molekülsiebe*“, Springer-Verlag Berlin – Heidelberg – New York 1967

[4] Berger, R. u. K. D. Mindner, Plaste und Kautschuk **16** (1969), 405; **16** (1969), 882

[5] Tung, L. H., J. appl. Polymer Sci. **10** (1966), 375

[6] BEREK, D., BAHRS, D., BLEHA, T. u. L. SOLTES, Makromolekulare Chem. **176** (1975), 391
[7] BENOIT, H., REMPP, P. u. Z. GRUBISIC, J. Polymer Sci., *B*, Polymer Letters **5** (1967), 753
[8] Autorenkollektiv, „*Grundlagen der Flüssigkeitschromatographie*", Varian Aerograph USA 1971, Kap. 5.3.4.
[9] PERRY, S. G., AMOS, R. u. P. I. BREWER, „*Praktische Flüssigkeitschromatographie*", Plenum Press; New York—London (1972)
[10] MAJORS, R. E., J. chromatogr. Sci. **15** (1977), 333
[11] EVANS, J. M., Polymer Engng. and Sci. **13** (6) (1973), 401
[12] YAU, W. W. u. S. W. FLEMMING, J. appl. Polymer Sci. **12** (1968), 2111
[13] Veröffentl. Mitteilung der Fa. Waters Associates (1975)

Untersuchung der Mikrostruktur

3.1. Einleitung

Der Mikrostruktur eines Makromoleküls kommt eine wesentliche Bedeutung für das Eigenschaftsspektrum des polymeren Werkstoffes zu. Die Methoden zur Mikrostrukturuntersuchung gehören deshalb mit Ausnahmen zu den Standardverfahren der Polymercharakterisierung.

Mit dem Begriff Mikrostruktur ist die Struktur eines Einzelmoleküls gemeint, während die makro- oder übermolekulare Struktur die gegenseitige Anordnung von Makromolekülen bzw. von Segmenten eines Kettenmoleküls beschreibt. Das folgende Kapitel beinhaltet nur ausgewählte Methoden zur Strukturanalyse im Sinne der Mikrostruktur.

Im allgemeinen entstehen durch die Polymeraufbaureaktionen uneinheitliche Kettenstrukturen. Schon bei der Homopolymerisation eines einfachen Vinylmonomeren sind auf Grund der Verknüpfungs- und Konfigurationsisomerie eine Vielzahl voneinander abweichender Struktureinheiten zu erwarten. Chemische und stereochemische Copolymere sind allein mit dem Mittelwert der Eigenschaft ungenügend charakterisiert. Es muß zusätzlich die Verteilung der Komponenten innerhalb des Makromoleküls ermittelt werden. Ebenso sind wegen des starken Einflusses auf die physikalischen und technologischen Eigenschaften der Polymeren Angaben über verzweigte und vernetzte Strukturen notwendig.

Allen speziellen Strukturuntersuchungen muß die Identifizierung des Produktes vorangestellt werden. Erst nach Kenntnis der Werkstoffart kann die Auswahl spezieller Methoden zur Strukturanalyse getroffen werden.

Für die Mikrostrukturuntersuchungen werden generell physikalische Methoden wie z.B. die IR-Spektroskopie, die hochauflösende magnetische Protonenresonanz, die ^{13}C-Spektroskopie und mechanische oder dielektrische Relaxationsmessungen bevorzugt. Für bestimmte Probleme sind jedoch auch chemische Verfahren mit Erfolg eingesetzt worden.

Die Problematik der Identifizierung von polymeren Werkstoffen wird weitgehend verallgemeinerungswürdig dargestellt. Bei einigen Grundkenntnissen in der makromolekularen Chemie ist eine Übertragung auf weitere Polymere ohne Schwierigkeiten möglich. Das gilt auch für die Charakterisierung von Netzwerkpolymeren und für die Verzweigungsbestimmung, da gleiche Grundlagen und Arbeitsweisen ohne Änderung auf andere Polymere mit entsprechender Struktur anwendbar sind. Auch das n-aden Prinzip zur Darstellung der Sequenz- und Taktizitätsverteilung ist allgemeingültig.

Die im folgenden ausgewählten Beispiele zur Analyse der Mikrostruktur konzentrieren sich auf die wichtigsten Strukturparameter der Kettenmoleküle und die zur Lösung des Problems notwendigen Verfahren. Weitere apparative Möglichkeiten zur Ermittlung der Mikrostruktur z.B. die Pyrolyse-Gaschromatographie sind der speziellen Fachliteratur zu entnehmen.

3.2. Identifizierung von hochpolymeren Werkstoffen

3.2.1. Einführung

Die Frage nach der chemischen Zusammensetzung von Plastwerkstoffen ist in jüngster Zeit immer schwerer zu beantworten, da das Typenangebot und die Produktionskennziffern von hochpolymeren Werkstoffen besonders durch den allgemeinen Trend der Modifizierung und Compoundierung herkömmlicher Polymerer ständig zunehmen.

Wichtig für eine exakte Identifizierung von Polymeren ist, daß die zu untersuchenden Stoffe als reine Produkte ohne eingearbeitete Plasthilfsstoffe wie z.B. Weichmacher, Füllstoffe oder Stabilisatoren vorliegen. Derartige Zusätze werden zweckmäßigerweise vor der Identifizierung durch Extraktion oder Umfällen abgetrennt. Die dazu notwendigen Lösungsmittel bzw. Lösungsmittel — Fällmittel — Gemische sind stoffspezifisch und für jedes Trennproblem neu zu erarbeiten oder der Literatur [1] zu entnehmen.

Um die quantitative Zusammensetzung eines Plastwerkstoffs zu bestimmen, ist deshalb folgender Arbeitsablauf zu empfehlen:

- Zerkleinerung der Polymerprobe;
- Abtrennen der Zusatzstoffe;
- Qualitative und quantitative Untersuchung der Zusatzstoffe;
- Identifizierung und quantitative Analyse der isolierten Polymeren.

3.2.2. Zerkleinern der Polymerproben

Die mechanische Zerkleinerung der Probe ist für den folgenden Analysengang notwendig, da die Zusammensetzung von Plastwerkstoffen trotz guter Verarbeitungsverfahren oft Inhomogenitäten aufweist. Außerdem sind einige Untersuchungsergebnisse (z.B. Monomer- und H_2O-Gehalt) sowie einige spezifische Nachweisreaktionen von der Teilchengröße der Prüfsubstanz abhängig.

Zur Zerkleinerung werden die zu untersuchenden Produkte im einfachsten Falle mit Schneidwerkzeugen (Schere, Messer, Rasierklinge) behandelt. Auch maschinelle Bearbeitung durch Bohren, Fräsen usw. ist möglich. Einen geringeren Teilchendurchmesser erhält man durch Vermahlen vorgekühlter Proben in Schlagmühlen. Je nach Elastizitätsverhalten der Probe wird zur Vorkühlung entweder Trockeneis oder flüssiger Stickstoff verwendet. Nach dem Zerkleinern müssen die Proben bei Raumtemperatur 24 h im Exsikkator über Phosphorpentoxid konditioniert werden.

Bei allen mechanischen Belastungen und auch bei Tieftemperaturbehandlung muß mit Abbauvorgängen gerechnet werden, die sich auf die Polymolekularität und Probenzusammensetzung auswirken. Eine Beeinflussung des quantitativen Analysenergebnisses ist deshalb nicht auszuschließen, weshalb bei Zerkleinerungsvorgängen stets auf weitgehende Konstanz der Arbeitsbedingungen geachtet werden muß.

3.2.3. Abtrennen der Weichmacher und deren quantitative Bestimmung

Weichmacher werden im allgemeinen durch Extraktion mit Diethylether abgetrennt und dann erst identifiziert. Zu beachten ist hierbei, daß auch Stabilisatoren auf der Basis reiner organischer oder metallorganischer Verbindungen teilweise mit herausgelöst werden können. Die Extraktionszeit hängt von der Teilchengröße, vor allem aber vom Weichmachergehalt der Probe ab. Sie beträgt bei einer Teilchengröße von maximal 1 mm Durchmesser bei weichmacherreichen Produkten 12 h, bei weichmacherarmen Produkten mindestens 24 h.

Zur quantitativen Bestimmung des Anteils an Weichmacher werden etwa 1 bis 2 g der zerkleinerten Probe genau gewogen und in einem Soxhlet-Apparat die entsprechende Zeit mit wasserfreiem Diethylether extrahiert. Nach Abdestillieren des Ethers und Trocknen des Extraktes bei 105 °C bis zur Gewichtskonstanz wird der prozentuale Gehalt an etherlöslichen Anteilen aus der Gewichtsdifferenz des Extraktionskolbens vor und nach der Extraktion berechnet. Für die präparative Abtrennung der Weichmacher vor der Identifizierung des Polymeren wird sinngemäß verfahren.

3.2.4. Identifizierung der Weichmacher

Zur Gruppe der Weichmacher zählen die Ester einiger aliphatischer und aromatischer Mono- und Dicarbonsäuren, aliphatische und aromatische Phosphorsäureester, Ether, Alkohole, Ketone, Amine, Amide sowie unpolare und chlorierte Kohlenwasserstoffe.

Diese Plasthilfsstoffe werden funktionsbedingt als Mischungen eingesetzt. Für ihre Trennung und den qualitativen Nachweis wird die Dünnschichtchromatographie (*DC*) bevorzugt [2]. Man arbeitet gewöhnlich an 0,25 mm starken Kieselgel-G-Platten, die 30 min bei 110 °C aktiviert wurden, mit gesättigter Kammeratmosphäre. Als Laufmittel haben sich Methylenchlorid und Mischungen aus Diisopropylether/Petrolether (40° bis 60 °C) bewährt.

Für spezielle Trennprobleme sind die entsprechenden Arbeitsbedingungen der einschlägigen Literatur [1, 2] zu entnehmen. Einige gebräuchliche Reagenzien zur Detektion von Weichmachern sind in Tab. 37 zusammengestellt. Als Beweis der Leistungsfähigkeit dünnschichtchromatographischer Trennungen enthält Tab. 38 die R_f-Werte von Weichmachern auf o-Phthalsäure- bzw. Citronensäureesterbasis bei Trennung mit Methylenchlorid oder einem Gemisch aus Diisopropylether/Petrolether 70:30 Vol.%. Polymere Weichmacher bleiben unter den gewählten Bedingungen am Startpunkt zurück. Obgleich durch Variation der mobilen und stationären Phasen sowie Nachweisreaktionen die Selektivität der *DC* noch erhöht werden kann, ist

Tabelle 37: Reagenzien zur Detektion von Weichmachern für die Dünnschichtchromatographie

Weichmachertyp	Reagenz
Phthalate, Adipate	Ethanolische Resorcinlösung (20%) mit 1% Zinkchlorid (10 min 100 °C); anschließend 4 N H_2SO_4 (20 min 120 °C)
Phosphate	Ammoniummolybdatlösung aus 3 g Ammoniummolybdat in 20 *ml* Perchlorsäure (40 %ig) und 5 *ml* konzentrierte Salzsäure in 200 *ml* Wasser (10 min 100 °C); anschließend gesättigte Hydrazinsulfatlösung (20 min 110 °C);
Citrate	Ethanolische Vanillinlösung (20%) (10 min 80 °C); anschließend 4 N H_2SO_4 (10 bis 20 min 110 °C)

Tabelle 38: R_f-Werte von Phthalat- und Citratweichmachern

Weichmacher	R_f-Wert	
	Methylenchlorid	Diisopropylether/ Petrolether 70:30
Dimethylphthalat	0,46	0,43
Diethylphthalat	0,49	0,58
Dibutylphthalat	0,60	0,76
Benzylbutylphthalat	0,67	0,65–0,75
Di-(2-ethylhexyl)-phthalat	0,79	0,83
	Methylenchlorid	Diisopropylether/ Petrolether 30:70
Citronensäuretriethylester	0,09	0,07
Citronensäuretributylester	0,13	0,20
Citronensäuretri-(2-ethylhexyl)-ester	0,30	0,57

man bei komplizierten Weichmachermischungen auf weitere Analysenverfahren z.B. die Gaschromatographie angewiesen.

Die gaschromatographische Trennung der Weichmacher kann direkt oder nach Überführen in niedersiedende Verbindungen [3] erfolgen. Hierzu wird in der Regel eine Umesterungsreaktion mit Methanol oder Diazomethan vorgenommen. Relative Retentionsvolumina und Arbeitsbedingungen für die direkte gaschromatographische Analyse einiger Weichmacher sind in Tab. 39 zusammengestellt. Nach Trennung der Weichmachergemische auch mittels Flüssigkeitschromatographie ist ihre Identifizierung prinzipiell auch durch spektroskopische Methoden möglich und zu empfehlen. In vielen Fällen kann bei den gebräuchlichen Weichmacherkombinationen dann sogar auf die vorangehende Trennung verzichtet werden.

Tabelle 39: Relative Retentionsvolumina von Weichmachern bei der gaschromatographischen Trennung

Weichmacher	rel. Retentionsvolumen	Arbeitsbedingungen
Dibutylphthalat	0,40	Säulenfüllung: 15% Ultramoll III auf Kieselgur*; 1 m Glassäule, Durchmesser: 4 mm; Säulentemperatur: 230 °C; Trägergas: He (170 ml pro min)
Di-(2-ethylhexyl)-phthalat	1,60	
Benzylbutylphthalat	2,52	
Dibenzylphthalat	14,40	
Dibutyladipat	0,16	Säulenfüllung: 15% Ultramoll III auf Kieselgur;* 1 m Glassäule, Durchmesser: 4 mm; Säulentemperatur: 240 °C; Trägergas: He (196 ml pro min)
Di-(2-ethylhexyl)-adipat	1,00	
Dibutylacelat	0,41	
Di-(2-ethylbutyl)-acelat	1,00	
Dihexylacelat	1,43	
Di-(2-ethylhexyl)-acelat	2,56	

* Die Zusammensetzung der stationären Phase ist [10] zu entnehmen.

3.2.5. Abtrennen von anorganischen Füllstoffen und quantitative Bestimmung

Da anorganische Füllstoffe generell in organischen Lösungsmitteln unlöslich sind, gelingt ihre quantitative Abtrennung bei löslichen Polymeren stets durch Abzentrifugieren aus etwa 5 Gew.%igen Lösungen in geeigneten Lösungsmitteln ([4] und Tab. 40) und anschließendes Abdekantieren. Der Auflösungsvorgang muß durch Schütteln oder Rühren beschleunigt werden, trotzdem nimmt er häufig 24 h in Anspruch. Die Zentrifugierbedingungen hängen von der Dichte und Teilchengröße der Füllstoffe ab. Im allgemeinen genügt ein 2-stündiges Zentrifugieren bei 4000 U/min. Ruß ist selbst unter

Tabelle 40: Löslichkeit ausgewählter Polymerer

Polymer	löslich	unlöslich
Polyvinylchlorid	Dimethylformamid, Tetrahydrofuran, Cyclohexanon	Alkohole, Kohlenwasserstoffe, Butylacetat
Polyvinylidenchlorid	Ketone, Tetrahydrofuran, Dioxan, Butylacetat	Alkohole, Kohlenwasserstoffe
Polyamide	Phenole, Ameisensäure Trifluorethanol	Alkohole, Kohlenwasserstoffe, Ester
Polyethylen	Tetralin, Decalin, Xylen, Dichlorethylen bei Temperaturen > 100 °C	Alkohole, Benzin, Ester
Polystyren	Ethylacetat, Benzen, Aceton, Chloroform, Methylenchlorid	Alkohole, Wasser
Polyvinylacetat	aromatische Kohlenwasserstoffe, Ketone, chlorierte Kohlenwasserstoffe, Alkohole	Benzin
Polyvinylalkohol	Formamid, Wasser	Ether, Alkohole, Benzin, Benzen, Ester, Ketone, Kohlenwasserstoffe
Polyurethane	Dimethylformamid	Ether, Alkohole, Benzin, Benzen, Wasser
Polyacrylnitril	Dimethylformamid, Nitrophenole	Ester, Alkohole, Ketone, Kohlenwasserstoffe
Polyester	Phenole, nitrierte Kohlenwasserstoffe, Aceton, Benzylalkohol	Ester, Alkohole, Kohlenwasserstoffe
Aminoplastpreßmassen	Benzylamin (160 °C), Ammoniak	organische Lösungsmittel
Phenoplastpreßmassen	Benzylamin (200 °C)	
Cellulose, regeneriert	SCHWEIZER's Reagenz	organische Lösungsmittel
Celluloseester	Ester, Ketone	aliphatische Kohlenwasserstoffe
Polybutadien Polyisopren	Benzen	Alkohole, Benzin, Ester, Ketone
Polyisobutylen	Ether, Benzin	Alkohole, Ester
Polymethacrylsäure	aromatische Kohlenwasserstoffe, Ester, Ketone, chlorierte Kohlenwasserstoffe	Ether, Alkohole, aliphatische Kohlenwasserstoffe

härtesten Zentrifugierbedingungen nicht restlos abzutrennen, seine quantitative Abscheidung erfordert Spezialverfahren [1]. Gleiches gilt auch für die Füllstoffe in unlöslichen Polymeren z.B. ausgehärteten Phenol- oder Harnstoff-Formaldehydharzen sowie ungesättigten Polyestern. Die Identifizierung der Füllstoffe ist erforderlichenfalls nach den Methoden der qualitativen anorganischen Analyse durchzuführen.

Zur quantitativen Bestimmung des Füllstoffanteils werden etwa 2 g des Plastwerkstoffs genau eingewogen und in 50 m*l* Lösungsmittel gelöst. Nach 2-stündigem Zentrifugieren der Lösung mit 4000 U/min pipettiert man die Lösung vom Zentrifugat ab, schlämmt den Rückstand mit gleichem Lösungsmittel nochmals auf, zentrifugiert erneut, isoliert und wäscht den Rückstand noch einmal mit dem Lösungsmittel und danach mehrmals mit Methanol. Der Rückstand wird bei 105 °C bis zur Gewichtskonstanz getrocknet und der Feststoffgehalt gravimetrisch ermittelt.

Außer diesem Verfahren der quantitativen Füllstoffbestimmung und den oben bereits erwähnten Spezialverfahren für Duroplaste wird der Gehalt an anorganischen Substanzen in Polymeren auch häufig durch Bestimmung der „Sulfatasche" ermittelt.

Hierzu werden 1 bis 2 g des Materials genau in einen Porzellantiegel eingewogen und 0,5 h bei 500 °C verascht. Anschließend wird vorsichtig mit konzentrierter Schwefelsäure durchfeuchtet und langsam mit einer Bunsenflamme erhitzt, bis weiße Dämpfe entstehen. Diese Operation ist gegebenenfalls mehrfach zu wiederholen. Der Rückstand wird bei Temperaturen zwischen 500° und 700 °C im Muffelofen bis zur Gewichtskonstanz geglüht.

$$\% \text{ Sulfatasche} = \frac{A}{E} \cdot 100 \qquad (1)$$

A = Gewicht des Rückstandes in g

E = Einwaage in g

Bei diesem Verfahren werden außer Füllstoffen auch andere anorganische Hilfsstoffe wie z.B. Puffersubstanzen, Vorstabilisatoren und metallorganische Verbindungen aus der Gruppe der Katalysatoren oder Stabilisatoren mit erfaßt.

3.2.6. Identifizierung der Stabilisatoren

Die Unterscheidung in Thermo- und Lichtstabilisatoren, auch UV-Absorber genannt, sowie in Antioxydanzien weist bereits auf die Vielzahl von Verbindungen hin, die auf diesem Gebiet Bedeutung erlangt haben.

Zu den wichtigsten Thermostabilisatoren zählen basische Schwermetallsalze, Metallsalze organischer Säuren und stickstoffhaltige organische Verbindungen. Als Antioxidantien werden meist Phenole, aromatische Amine, Benzimidazole u.a. eingesetzt. UV-Absorber sind Substanzen, die im kurzwelligen Bereich des Lichtes stark absorbieren, bei Wellenzahlen $< 25000\,\text{cm}^{-1}$ jedoch transparent sind, so daß das stabilisierte Material keine Färbungen aufweist. Von besonderem Interesse sind hier die Hydroxybenzophenonderivate, Salicylsäureester und Benztriazole.

Die Identifizierung der Stabilisatoren ist schon allein durch deren Anzahl und den meist geringen Gehalt ein kompliziertes Problem. Erschwerend kommt hinzu, daß die Stabilisatoren während des Verformungsprozesses Übertragungs- oder Umlagerungsreaktionen eingehen, so daß nur noch ein Teil des Stabilisators unverändert im Fertigprodukt vorliegt [5]. Wegen der starken Toxizität einiger dieser Zersetzungsprodukte ist gerade deren Nachweis von Bedeutung, jedoch sind dazu Spezialkenntnisse erforderlich, die über den Rahmen dieses Buches hinausgehen.

Die Identifizierung der Stabilisatoren erfolgt mit wenigen Ausnahmen nach extraktiver Abtrennung durch fest — flüssig-Extraktion oder nach Entfernen des Polymeren durch Ausfällen aus verdünnter Lösung. Einige Extraktionsmittel für die wichtigsten Stabilisatoren und Polymeren enthält Tab. 41; geeignete Lösungsmittel — Fällmittel-Gemische können aus Tab. 40 entnommen werden.

Tabelle 41: Extraktionsmittel für Stabilisatoren

Polymer	zu extrahierende Stabilisatoren	Extraktionsmittel
Polyvinylchlorid	Organozinnstabilisatoren	Heptan: Eisessig 1:1
Polyvinylchlorid	N-haltige organische Stabilisatoren	Methanol oder Diethylether
Polyethylen	Antioxidantien	Chloroform
Polyoxymethylen	phenolische Antioxidantien	Chloroform
Kautschuk und Vulkanisate	Stabilisatoren; Beschleuniger	siedendes Aceton siedendes Wasser

Von allen Verfahren zur Trennung und zum Nachweis von Stabilisatoren hat sich die *DC* wegen der hohen Trenneffektivität, kurzen Versuchszeiten und großen Variationsbreite der Detektionsmöglichkeiten bisher am besten bewährt. Man arbeitet gewöhnlich mit 0,5 mm starken, 30 min bei 120 °C aktivierten Kieselgel-G-Platten in aufsteigender Arbeitstechnik und Kammerübersättigung. Durch die bekannten Techniken wie Mehrfachtrennung in entgegengesetzter oder paralleler Richtung können die Selektivitäten noch vergrößert werden. Entscheidend für die Trennwirksamkeit ist die richtige Wahl der mobilen Phase (s. Tab. 42); dabei wird neben der spezifischen Wechselwirkung teilweise auch die Reaktionsfähigkeit mit den zu trennenden Stabilisatoren ausgenutzt. Das bisher beste Beispiel optimaler Trennbedingungen ist das der Antioxidantien, die zunächst mit Benzen in 6 Gruppen unterschiedlicher R_f-Werte aufgetrennt und dann nacheinander mit 9 weiteren Laufmittelkombinationen behandelt werden. Durch Kombinieren von 4 unterschiedlichen Detektionsmethoden gelingt eine sichere Identifizierung.

3.2.7. Identifizierung der Polymeren

Die Identifizierung der Polymeren beginnt mit den Vorproben, die im wesentlichen orientierenden Charakter haben und die qualitative Bestimmung des Produkts durch gezielte Reaktionen vorbereiten. Im Gegensatz zu den niedermolekularen organischen Verbindungen, die mit Angaben über Schmelz- oder Siedepunkt, Molmasse und Elementarzusammensetzung oft hinreichend definiert sind, ist die nähere Identifizierung von Polymeren durch das Vorhandensein von Copolymerisaten, den statistischen Charakter des Aufbaus und der Eigenschaften makromolekularer Substanzen und auch durch die Möglichkeit polymeranaloger Umsetzungen erschwert. Mit nur wenigen Vorproben ist meist keine genaue Klassifizierung der Polymeren möglich. Es müssen weitere physikalische Daten und Kennwerte gemessen und spezifische Nachweisreaktionen geführt werden, um mit ausreichender Sicherheit eine Zuordnung vornehmen zu können. Bedeutendes haben auf diesem Gebiet physikalische Methoden z.B. die IR- [4] und NMR-Spektroskopie [6] wie auch die Pyrolyse-Gaschromatographie [7] geleistet.

3.2.7.1. Vorproben zur qualitativen Identifizierung

3.2.7.1.1. Verhalten in der offenen Flamme und beim Erhitzen im Glührohr

Die Zuführung von Wärmeenergie bewirkt eine Pyrolyse. Dabei werden kovalente Bindungen zerstört. Es entstehen Bruchstücke, deren Kettenlänge und Struktur einerseits von der Höhe der einwirkenden Temperatur und andererseits von der Art der Bindungen abhängig sind. Ist Sauerstoff zugegen, so setzt gleichzeitig eine Oxidation ein, die zur Entzündung des Probenmaterials führen kann. Da die Pyrolyse selbst eine endotherme Reaktion ist, muß die entsprechende Energie z.B. mit einem Bunsenbrenner zugeführt werden. Der nachfolgende Oxidationsprozeß ist exotherm. Wird genügend Energie frei, so brennt die Probe selbständig. Sinkt die Temperatur nach Entfernen der Flamme ab, so zeigt das Polymere Selbstverlöschen. Eine Übersicht über das Brennverhalten von Polymeren und die Reaktionen beim Erhitzen im Glührohr zeigt Tab. 43.

Das Verhalten in der offenen Flamme läßt sich leicht mit Hilfe eines Metallspatels oder einer Pinzette beobachten. — Dazu bringt man etwa 0,1 bis 0,2 g des Probenmaterials in den äußeren Rand der Sparflamme eines Bunsenbrenners.

Zur Prüfung des Verhaltens beim trockenen Erhitzen wird etwa 0,1 g der Probe in einem Glühröhrchen von 6 mm Durchmesser und 60 mm Länge über

Tabelle 42: Arbeitsbedingungen zur Dünnschichtchromatographie von Stabilisatoren

Zu trennende Substanzen	Stationäre Phase	Mobile Phase	Detektion*
Organozinn-verbindungen	Silicagel G	n-Butanol/Eisessig (98:2)	1. Reaktion mit Br_2 oder UV-Belichtung 2. 0,01% Dithizon in Chloroform
N-haltige org. Stabilisatoren	Silicagel G	Chloroform (ethanolfrei)	p-Dimethylaminobenzaldehyd; 1 g gelöst in 5 g 80–85%iger Phosphorsäure + 50 g Eisessig, mit n-Butanol zu 100 m*l* aufgefüllt
Antioxidantien	Silicagel G	1. Benzen 2. Petrolether/Benzen/Eisessig (1:1:1)	0,5% $Fe_2(SO_4)_3$ in 1 N H_2SO_4 + 0,2% $K_4Fe(CN)_6$ (1:1)
		3. Eisessig/Aceton/Methanol/Benzen (10:5:20:70)	0,1% 2,6-Dichlor-p-benzochinon-4-chlorid in Ethanol
		4. Eisessig/Wasser/Ethanol (5:75:20)	0,2% diazotiertes 1-Aminoanthrachinon + + 0,01% Natriumacetat in Wasser
		5. Benzen/Dioxan/Eisessig (125:25:4)	siehe unter 1.
		6. Cyclohexan/Diethylamin (4:1)	siehe unter 1.

		7. Benzen/Ethylacetat (100:5)	0,04% p-Methoxybenzaldehyd in Methanol/ konz. H_2SO_4 (95:5)
		8. Hexan/Aceton (80:20)	siehe unter 1.
		9. Hexan/Methanol/ Diethylamin (95:10:5)	siehe unter 3.
		10. Chloroform (1% Ethanol)	siehe unter 1.
Salicylate Resorcinderivate	Aluminiumoxid G imprägniert mit Polyester gemäß Angaben in [1]	m-Xylen/Ameisensäure (98:2)	0,02% diazotiertes 1-Aminoanthrachinon + 0,01% Natriumacetat in H_2O
Benzophenone	Silicagel G, imprägn. m. 5% Silicon	Ethanol/Wasser (7:3)	
Benzotriazole	Silicagel G	Benzen/Petrolether (7:3)	UV-Licht od. gleiches Reagenz wie bei Salicylaten

* Die in Klammern angegebenen Zahlen beziehen sich auf Volumenanteile

Tabelle 43: Verhalten von ausgewählten Polymeren beim Erhitzen im Glührohr und beim Verbrennen

Polymer	Brennbarkeit	Reaktion der Dämpfe	Aussehen der Flamme	Geruch der Dämpfe
Polytetrafluorethylen	unbrennbar	stark sauer		Verdampfen bei Rotglut; stechender Geruch
Silicone	unbrennbar			
Aminoplaste (Melamin- und Harnstoffharze)	schwer brennbar; erlöschen außerhalb der Flamme	alkalisch	leicht gelb mit weißen Kanten	nach Aminen, Ammoniak und Formaldehyd
Phenoplaste		neutral bis schwach sauer	hell und rußend	nach Phenol und Formaldehyd
Polyvinylchlorid Polyvinylidenchlorid	brennt in der Flamme, aber schwer entzündbar; erlischt außerhalb	stark sauer	gelb-orange mit grünem Saum	nach Salzsäure
Polyamide	nur brennbar in der Flamme	alkalisch	gelb-orange mit blauem Rand	nach verbranntem Horn
Polyvinylalkohol	brennt in der Flamme; erlischt außerhalb der Flamme langsam	neutral	leuchtend	kratzend
Polyvinylformal	leicht bis schwer entzündbar;	schwach sauer	gelblich weiß	leicht süß
Polyethylen	brennt in der Flamme und außerhalb weiter	neutral	leuchtend mit blauem Kern	nach Paraffin (gelöschte Kerzen)
Polypropylen				
Polyethylenterephthalat			gelb-orange und rußend	süßlich aromatisch
Polystyren	leicht entzündbar;	neutral	leuchtend, rußend	süßlich aromatisch
Polymethylmethacrylat	brennt in der Flamme und außerhalb weiter		leuchtend, knisternd; gelb mit blauem Kern	süßlich fruchtartig
Polyvinylacetat		sauer	dunkelgelb leuchtend; etwas rußend	nach Essigsäure

Polymer	Brennbarkeit	Reaktion der Dämpfe	Aussehen der Flamme	Geruch der Dämpfe
Butylkautschuk; Buna vulkanisiert		neutral	gelb, rußend	nach verbranntem Gummi
Celluloseacetat		sauer	gelb-grün mit Funken	nach Essigsäure und verbranntem Papier
Polyester (Glasfaser gefüllt)	leicht bis schwer entzündbar; brennbar	neutral	gelb, leuchtend rußend	scharfer Geruch-Styren

der Sparflamme eines Brenners vorsichtig erwärmt. Erhitzt man zu stark, können die charakteristischen Erscheinungen nicht mehr wahrgenommen werden.

3.2.7.1.2. Depolymerisationsverhalten

Die Depolymerisationsreaktion, als Sonderfall des thermischen Abbaus, ist besonders bei Polymeren zu beobachten, die aus α, α'-disubstituierten Monomeren bestehen. Bei diesen tritt die Abbaureaktion als Umkehrung des Syntheseprozesses in Erscheinung. Sie stellt eine Kettenreaktion dar, in deren Ergebnis über einen Reißverschlußmechanismus wieder die Monomeren entstehen. Die Ursache dafür liegt in der geringen Polymerisationsenthalpie dieser Polymeren. Für die thermische Spaltung von Polymeren mit sekundären und tertiären C-Atomen werden höhere Energien benötigt. Hier treten bevorzugt Eliminierungsreaktionen auf, wie das sehr deutlich beim PVC und dem PVAC zu finden ist. Die Polyethylenkette dagegen wird statistisch gespalten.

Die Depolymerisation steht in funktionalem Zusammenhang zur Molmassenverteilung und zur Art der Endgruppen, die durch Initiierung und Kettenabbruch festgelegt sind. Produkte des thermischen Abbaus einiger bekannter Polymerer sind in Tab. 44 aufgeführt.

Depolymerisations-, Eliminierungs- und statistische Kettenspaltungsreaktionen können für die Polymeranalytik genutzt werden. Wird als Abbauprodukt vorwiegend das Monomere erhalten, so ist dieses leicht durch Siedepunkt und Brechungsindex zu identifizieren. Eliminierungs- und Kettenspaltungsreaktionen liefern charakteristische Pyrogramme, die sich bei vielen Produkten nach gaschromatographischer oder IR-spektroskopischer Untersuchung zuordnen lassen.

Zur Prüfung des Depolymerisationsverhaltens wird etwa 0,2 bis 0,3 g der polymeren Substanz in einem Destillierkölbchen schonend auf maximal 500 °C erhitzt. Bildet sich ein Destillat, so wird dieses in einer Vorlage aufgefangen und davon Siedepunkt und Brechungsindex bestimmt (s. Tab. 44).

Tabelle 44: Produkte des thermischen Abbaus ausgewählter Polymerer

Polymer	Abbauprodukt	K_p des Monomeren °C ($1{,}01 \cdot 10^5$ N/m²)	n_D des Monomeren
Polymethylmethacrylat	90% Monomer	100,0–101,0	1,4170 (20 °C)
Poly-α-methylstyren	90% Monomer	161,0–162,0	1,5384 (17,4 °C)
Polystyren	65% Monomer	145,0–145,8	1,5462 (20 °C)
Polyisobutylen	20–50% Monomer	–6,9	–
Polybutadien	50% Monomer	–4,4	–
Polyethylen	1% Monomer statistische Bruchstücke	–	–
Polymethylacrylat	1% Monomer statistische Bruchstücke	–	–
Polyvinylacetat	vorwiegend Essigsäure	–	–
Polyvinylchlorid	vorwiegend Salzsäure	–	–

3.2.7.2. Ermittlung einfacher physikalischer Kennwerte

3.2.7.2.1. Löslichkeit

Das Problem der Löslichkeit von Hochpolymeren in organischen Lösungsmitteln ist von großer technologischer und analytischer (s. auch 3.2.1.) Bedeutung. In Tab. 40 und in [4] sind für eine Vielzahl von Polymeren die gebräuchlichsten Lösungsmittel zusammengestellt, die weitgehend empirisch gefunden wurden. In günstigen Fällen läßt sich aus der Kenntnis der Löslichkeit die chemische Natur des Polymeren abschätzen.

Hierzu versetzt man etwa 0,1 g der zu untersuchenden Substanz in einem kleinen verschließbaren Gefäß mit 10 m*l* des Lösungsmittels und behandelt es zunächst unter Schütteln bei Raumtemperatur. Die Dauer des Auflösungsprozesses kann mehrere Stunden betragen. Eine Beschleunigung ist meist durch geringe Erwärmung möglich.

3.2.7.2.2. Bestimmung des Schmelzpunktes bzw. -bereichs und der Dichte

Scharfe Schmelzpunkte zeigen nur Substanzen mit kristalliner Struktur. In Polymeren liegen jedoch fast immer neben kristallinen amorphe Bereiche vor, so daß ein ausgeprägter scharfer Schmelzpunkt nur in wenigen Fällen zu beobachten ist. Dazu zählen Polyester, Polyamide und Polyethylene sowie Vinylpolymere mit hochgeordneter isotaktischer Struktur. Die meisten Polymeren haben wegen ihres amorphen Charakters nur einen mehr oder weniger gut ausgeprägten Erweichungsbereich. Die resultierende Erweichungs- oder Glastemperatur kann jedoch nur bei einigen Polymeren zur Identifizierung herangezogen werden, da sie meßbar von der thermischen Vorgeschichte des Präparates und der Meßmethodik abhängt. Ein funktionaler Zusammenhang zur Mikrostruktur und zur Molmasse wurde ebenfalls beobachtet. Tab. 45 zeigt eine Übersicht der Schmelzbereiche und Dichten kristalliner Polymerer.

Tabelle 45: Schmelzbereiche und Dichten kristalliner Polymerer

Polymer	Schmelzbereich °C	Dichte kg/m³
Polyethylen — niederer Dichte	105—120	910—930
Polyethylen — hoher Dichte	125—135	960—970
Polypropylen isotaktisch	176	930—940
Polybuten-1 isotaktisch		
Modifikation I	142	950
Modifikation II	126	960
Modifikation III	106	—
Polyamid — 6	215—220	1190—1200
Polyamid — 6.6	250—260	1240
Polyester — 2.10	72—79	1148
Polyester — 2.8	55	1281
Polystyren isotaktisch	235—250	1020—1060
Polytetrafluorethylen	330	2120—2300

Die Bestimmung des Schmelzpunktes erfolgt im Kapillarröhrchen in einem Heizbad oder mit einem Mikro-Heiztisch nach „Boetius"; empfindlicher sind die Methoden der Differential-Thermo-Analyse und der Differential-Scanning-Kalometrie.

Bei Polymeren ist auch die Dichte (s. Tab. 45) wie alle anderen Eigenschaftswerte ein statistischer Mittelwert. Weiterhin ist diese Größe ebenso wie die Glastemperatur von der Molmasse und der Mikrostruktur abhängig. Trotzdem spielt sie für die Charakterisierung von Polymeren eine Rolle und wird oft durch die Schwebe- oder Auftriebsmethode bzw. im Dichtegradientenrohr bestimmt.

3.2.7.3. Bestimmung chemischer Kennzahlen

3.2.7.3.1. Verseifungszahl (*VZ*)

Sie ist definiert als diejenige Menge Kaliumhydroxid in mg, die zur Verseifung von einem g Ester benötigt wird. Durch Bestimmung der *VZ* ist eine Unterteilung der umfangreichen Gruppe der C, H, O-Polymeren möglich. Hohe Verseifungszahlen sind definitionsgemäß charakteristisch für Esterbindungen im Produkt.

$VZ < 200$	$VZ > 200$
Polyether, Celluloseether, Polyvinylacetale, Phenoplaste, Polyaldehyde, Epoxidharze, Polyvinylalkohol (völlig verseift)	Polyester, Polycarbonate, polymere Vinylester wie Polyvinylacetat und Polyacrylsäureester, Celluloseacetate

Zur Bestimmung der Verseifungszahl wird jeweils 0,5 bis 1 g der Probe genau in zwei 250 m*l* Erlenmeyerkolben eingewogen und mit 25,00 m*l* einer 0,5 N alkoholischen Kali- oder Natronlauge versetzt. In einem dritten Kolben sind zur Bestimmung des Blindwertes lediglich 25,00 m*l* der alkoholischen Lauge enthalten. Die Kolben werden mit Rückflußkühlern versehen, erhitzt und anschließend 3h am Sieden gehalten. Danach titriert man die Proben noch heiß mit 0,5 N Salzsäure gegen Phenolphthalein als Indikator.

$$VZ = \frac{(V_2 - V_1) \cdot 28{,}05}{E} \qquad (2)$$

V_1 = Verbrauch in m*l* bei der Titration der Probe
V_2 = Verbrauch in m*l* bei der Bestimmung des Blindwertes
E = Einwaage in g

3.2.7.3.2. Hydroxylzahl (OH-Zahl) und Säurezahl (*SZ*)

Für die Analytik der Polyester sind zusätzlich OH-Zahl und Säurezahl wichtige Kennwerte. Hydroxylzahlen sind u. a. auch interessant für die Untersuchung von Celluloseacetaten, Polyalkylenoxiden und Epoxidharzen. Die experimentelle Bestimmung ist in [1] beschrieben.

3.2.7.4. Chemische Nachweisreaktionen

Die nachfolgend aufgeführten Gruppentests und spezifischen Nachweise beruhen auf chemischen Reaktionen an funktionellen Gruppen. Diese Auswahl ist unter dem Blickwinkel der chemischen Möglichkeiten der Polymeranalytik getroffen worden und darf nicht als Unterschätzung der physikalischen Methoden zur Identifizierung verstanden werden. Die Polymeren der umfangreichen C, H-Gruppe finden jedoch dadurch sehr wenig Beachtung.

3.2.7.4.1. Chemische Reaktionen auf Heteroelemente und funktionelle Gruppen

3.2.7.4.1.1. Nachweis von Stickstoff, Chlor, Fluor, Schwefel und Sauerstoff

Die Untersuchungen zur elementaren Zusammensetzung sind mit die wichtigsten Reaktionen der Polymeranalytik. Es ist stets darauf zu achten, daß diese Untersuchungen an den sauber isolierten Polymeren durchgeführt werden. Mit Ausnahme des Sauerstoff-Nachweises sind die genannten Heteroatome in den wäßrigen Lösungen einer Natrium- oder Kaliumschmelze zu bestimmen.

In einem trockenen Halbmikroreagenzglas wird etwa 0,1 g des Polymeren mit gleichen Teilen Natrium oder Kalium über einer kleinen Flamme verschmolzen und bis zur beginnenden Rotglut erhitzt. Nach 30 bis 60 s Glühen wird das Reagenzglas in ein mit 5 bis 10 m*l* destilliertem Wasser gefülltes Becherglas getaucht. Dabei zerspringt das Röhrchen und die Schmelze wird ausgelaugt. Diese Operation ist wegen des explosionsartigen Umsatzes des überschüssigen Alkalimetalls mit dem Wasser unter besonderen Schutzvorkehrungen vorzunehmen. Die entstandene Lösung wird filtriert und für die folgenden Nachweisreaktionen verwendet.

3.2.7.4.1.1.1. Nachweis von Stickstoff

Auf einer Tüpfelplatte werden 5 bis 7 Tropfen des Filtrates mit einem Tropfen einer Eisen(II)salzlösung und einem Tropfen einer stark salzsauren Eisen(III)-salzlösung vermischt. Anschließend gibt man bis zur schwach sauren Reaktion (Lackmus oder Unitest-Papier als Indikator) 10%ige Salzsäure hinzu (tüpfeln!). Bei Anwesenheit von Cyanid und damit von Stickstoff im Polymeren fällt ein Niederschlag von Berliner Blau aus.

3.2.7.4.1.1.2. Nachweis von Chlor

Auf einer Tüpfelplatte werden 5 Tropfen des Filtrates mit 5 Tropfen einer halbkonzentrierten Salpetersäure versetzt. Die stark saure Reaktion der Analysenlösung wird durch Tüpfeln auf Unitest-Papier überprüft. Zu der Lösung werden 3 Tropfen einer 0,1 N Silbernitratlösung gegeben. Die Bildung eines Niederschlages, bestehend aus Silberchlorid, zeigt das Vorhandensein von Chlor im Polymeren an.

3.2.7.4.1.1.3. Nachweis von Fluor

Etwa 0,5 m*l* des Fitrates wird mit der gleichen Menge konzentrierter Essigsäure versetzt. Auf einer Tüpfelplatte wird ein Streifen Circonium-Alizarin-Papier mit 2 bis 3 Tropfen 50%iger Essigsäure angefeuchtet und mit 5 Tropfen des vorbehandelten Filtrates versetzt. Die Bildung eines gelben Fleckes auf dem roten

Papier bzw. die Gelbfärbung der nicht vom Reagenzpapier aufgenommenen Lösung deutet auf die Anwesenheit einer fluorhaltigen Verbindung hin.

Vorteilhaft erweist sich neben der Durchführung einer Blindprobe ein Test mit einer fluoridhaltigen Lösung als Vergleichsreaktion.

3.2.7.4.1.1.4. Nachweis von Schwefel

1 bis 2 m*l* des Filtrates werden mit Essigsäure angesäuert und mit wenigen Tropfen einer wäßrigen Bleiacetatlösung versetzt. Ein schwarzer Niederschlag von Bleisulfid ist für das Vorhandensein von Schwefel im Polymeren charakteristisch.

3.2.7.4.1.1.5. Nachweis von Sauerstoff

Die Probe wird unter Inertgas zersetzt und das bei Anwesenheit von Sauerstoff entstehende Kohlenmonoxid mit einem CO-Prüfröhrchen identifiziert.

Etwa 0,2 g des Polymeren wird in eine Zersetzungsapparatur (Abb. 66) gebracht, die anschließend 5 min mit einem kräftigen Stickstoffstrom gespült wird.

Dann drosselt man die Stickstoffzufuhr, bis nur noch 2 Blasen pro Sekunde im Blasenzähler zu beobachten sind. Anstelle des Blasenzählers wird nun ein CO-Gasprüfröhrchen (Kohlenmonoxidprüfröhrchen CO 0,002 – A von der Fa. VEB Laborchemie Apolda) eingesetzt und die Probe kräftig erhitzt. Bei Anwesenheit von Sauerstoff verfärbt sich die Reaktionsschicht im Röhrchen.

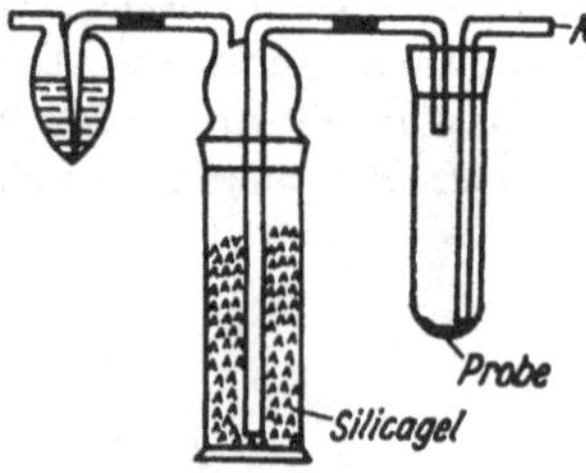

Abb. 66: Apparatur zum Nachweis von Sauerstoff

3.2.7.4.2. Gruppentest auf funktionelle Gruppen

3.2.7.4.2.1. Nachweis von Estergruppierungen mittels der Hydroxamsäurereaktion

Orientierende Hinweise auf das Vorliegen eines Polyesters bzw. von Estergruppen im Polymeren werden aus der hohen *VZ* (3.2.7.3.1.) und durch den allgemeinen Nachweis der durch Verseifung frei werdenden Carbonsäuren über den Hydroxamsäure-Test erhalten.

Carbonsäuren reagieren mit Hydroxylaminhydrochlorid zu Hydroxamsäuren, die in schwach saurem Medium mit $FeCl_3$ intensiv dunkelrot bis violett gefärbte Komplexe bilden.

Etwa 50 mg des zerkleinerten Polymeren werden mit 1 *ml* einer 0,5 N alkoholischen Hydroxylaminhydrochloridlösung und 0,2 *ml* einer 6 N Natronlauge versetzt. Es wird 30 s zum Sieden erhitzt, abgekühlt und 2 *ml* einer 1 N Salzsäure zugefügt. Gibt man nun 1 bis 2 Tropfen einer 5%igen Eisen(III)-chloridlösung zu, so färbt sich bei Anwesenheit der unter diesen Bedingungen gebildeten Hydroxamsäuren die Lösung dunkelrot bis violett.

3.2.7.4.2.2. Nachweis von Phenolen

Der Nachweis von phenolischen Komponenten in der Probe weist auf das Vorliegen von Kondensationsprodukten aus Phenol und Formaldehyd hin. Epoxide und Polycarbonate auf der Basis von Bisphenol A reagieren ebenfalls positiv. Der Nachweis freier oder durch Pyrolyse entstandener Phenole kann sicher über die Reaktion mit Diazoverbindungen zu Azofarbstoffen geführt werden.

Etwa 0,1 g des Probenmaterials wird in einem Halbmikroreagenzglas pyrolysiert. Die Zersetzungsprodukte werden in ein zweites Reagenzglas überdestilliert, in dem sich 2 *ml* einer 2 N Natronlauge befinden. Zu der so gewonnenen wäßrigen Lösung gibt man bei 5 bis 10 °C 2 bis 3 Tropfen einer Lösung von diazotiertem Amin, die wie folgt hergestellt wird:

Zu 2 *ml* einer 1 M Lösung von Anilin in 3 N Salzsäure gibt man bei einer Temperatur unter 5 °C tropfenweise 1 *ml* einer 2,5 M Natriumnitratlösung. Man überprüft mit Jodstärkepapier (Tüpfeln auf Blaufärbung) auf freie salpetrige Säure.

Bei Vorhandensein von Phenol färbt sich die Lösung bei Zugabe des diazotierten Amins rot.

3.2.7.4.2.3. Nachweis von Formaldehyd

Formaldehyd ist Bestandteil der Phenol- bzw. Harnstoff-Formaldehyd-Kondensate, des Polyformaldehyds und der Polyvinylformale. Zum Nachweis wird der Aldehyd durch saure Spaltung des Harzes freigesetzt.

Etwa 0,5 g der zerkleinerten Probe bzw. ein Tropfen einer Harnstoffharzlösung wird in einem Reagenzglas mit 2 *ml* einer 81%igen Schwefelsäure und einigen Körnchen pulverisierter Chromotropsäure (1,8 Dihydroxynaphthalin-3,6 disulfonsäure) im Wasserbad 10 min auf 60 °C erhitzt. Die aufgeführte Reihenfolge der Zugabe der Reagenzien muß eingehalten werden. Eine gegenüber dem Blindversuch kräftige violette Farbe zeigt das Vorliegen von Formaldehyd an.

3.2.7.4.2.4. Nachweis für die Epoxidgruppe

Der qualitative Nachweis der Epoxide erfolgt bei ungehärteten Produkten über die Ringöffnungsreaktion der Epoxidgruppe mit Salzsäure in Ethern.

Auf ausgehärtete Epoxidharze ist diese Reaktion nicht übertragbar, da nach dem Härtungsmechanismus keine nachweisbaren Epoxidgruppen mehr enthalten sind.

Etwa 50 mg der zerkleinerten Probe werden in 2 *ml* wasserfreiem neutralisiertem Dioxan gelöst und mit 3 Tropfen einer 0,2 N Dioxan-HCl-Lösung und 3 Tropfen Kresolrotlösung als Indikator versetzt. Nach 15 min wird die Farbe der Probe mit der einer gleich behandelten Blindprobe verglichen. Bei Gegenwart von Epoxidharzen schlägt die Farbe infolge des HCl-Verbrauchs nach gelb um.

3.2.7.4.2.5. Nachweis der Urethangruppe

Pyrolysiert man Polyurethane oberhalb 150 °C, so werden neben CO_2 und Wasser die im Produkt enthaltenen Diisocyanate, Diamine und Diole und deren Folgeprodukte freigesetzt. Die Zusammensetzung der Zersetzungsgase ist von den Pyrolysebedingungen und der Temperaturführung abhängig. Die abgespaltenen Diisocyanate und Diamine werden zur Analytik der Polyurethane genutzt. Freie Isocyanatgruppen lassen sich über deren Reaktion mit Natriumnitrit in Aceton nachweisen.

Etwa 0,1 g der Probe wird zerkleinert und im Reagenzglas vorsichtig erhitzt. Die Pyrolysegase werden in wasserfreies Aceton geleitet. Bei Zugabe von 1 Tropfen 10%iger wäßriger Natriumnitritlösung entsteht eine gelbe bis rotbraune Färbung.

Aromatische Isocyanatkomponenten lassen sich nach saurem Aufschluß der Produkte mit Natriumnitrit diazotieren. Beim Kuppeln mit β-naphtholdisulfonsaurem Natrium entstehen charakteristische Farbtöne. Diese Reaktion wird jedoch durch aromatische Amine gestört. Polyester und Polyetherurethane lassen sich durch die Hydroxamsäurereaktion (3.2.7.4.2.1.) unterscheiden.

3.2.7.4.3. Spezifische Nachweisreaktionen

3.2.7.4.3.1. Nachweis von Polystyren

Polystyren depolymerisiert beim Erhitzen leicht zum Monomeren (s. Tab. 44). Das Monomere kann in etherischer Lösung bei Raumtemperatur mit Brom zu Styrendibromid umgesetzt werden (Schmelzpunkt nach Umkristallisieren aus Benzin: 74 °C).

3.2.7.4.3.2. Nachweis von Polyvinylalkohol

Polyvinylalkohol ergibt mit Jod gefärbte Einschlußverbindungen, der Nachweis kann jedoch durch Dextrin und Stärke gestört werden.

Zu 5 *ml* einer neutralen wäßrigen 1%igen Polyvinylalkohollösung werden 2 Tropfen einer 0,1 N Jod-Jodkalium-Lösung gegeben. Man verdünnt mit destilliertem Wasser, bis die aufgetretene Färbung (grün, gelbgrün, blau) gerade noch erkennbar ist. Nun werden zu 5 *ml* dieser verdünnten Lösung eine Spatelspitze Borax zugesetzt und geschüttelt. Nach Zugabe von 5 Tropfen konzentrierter Salzsäure bildet sich bei Anwesenheit von Polyvinylalkohol eine kräftige Grünfärbung, die besonders gut an dem nichtgelösten Borax zu erkennen ist.

3.2.7.4.3.3. Identifizierung gesättigter aliphatischer polymerer Chlorkohlenwasserstoffe

Der qualitative Nachweis dieser Verbindungsklasse wird oft mittels der WECHSLER-Reaktion geführt.

Nach WECHSLER bilden sich unter HCl-Abspaltung und Anlagerung von Pyridin Verbindungen, die bei Einfluß von Alkali und Luftsauerstoff teilweise weiterreagieren. Im Endergebnis entstehen Cyaninfarbstoffe, deren Farben abhängig von der eingesetzten chlorhaltigen Ausgangssubstanz sind. Die Verfärbungen sind reproduzierbar und charakteristisch, sie können deshalb zur Identifizierung (Tab. 46) genutzt werden.

Tabelle 46: Farbreaktionen nach WECHSLER

Polymer	Pyridinreaktion in der Kälte	Pyridinreaktion nach Erhitzen und Laugezugabe
Polyvinylchlorid	farblos	olivgrün
Polyvinylidenchlorid	schwarz-braun	dunkelbraun
nachchloriertes Polyvinylchlorid	dunkelrot	dunkelrot
nachchloriertes Polyethylen	rotbraun	bräunlich
Chlorkautschuk	olivgrün	dunkelrotbraun
Polychloropren	farblos	farblos
Kautschukhydrochlorid	farblos	farblos

Etwa 0,1 g der Probe wird mit 1 *ml* Pyridin versetzt, 3 min bei Raumtemperatur stehengelassen und danach 2 bis 3 Tropfen 5%ige methanolische Natronlauge zugegeben. Die auftretende Farbe wird sofort notiert. In einem zweiten Ansatz erhitzt man die Probe mit 1 *ml* Pyridin zum Sieden (etwa 1 min) und gibt zu der noch heißen Lösung 2 Tropfen 5%ige methanolische Natronlauge hinzu. Die Farbe wird ebenfalls notiert.

Die Zuordnung der eingesetzten Substanz erfolgt nach Tab. 46.

3.2.7.4.3.4. Identifizierung von Cellulose und deren Derivaten

Der Nachweis von Celluloseverbindungen basiert auf der Bildung von Furfurol.

Etwa 50 mg der Probe werden in einem kleinen Porzellantiegel mit einigen Tropfen sirupöser Phosphorsäure vorsichtig erwärmt. Der Tiegel wird mit einem Filterpapier, welches mit 1 Tropfen Anilinacetat (10 g Anilin in 100 m*l* 10%iger Essigsäure) angefeuchtet ist, bedeckt und mit einem Uhrglas beschwert. Bei Anwesenheit von Celluloseverbindungen entsteht ein rosa bis roter Fleck auf dem Filterpapier. Lignin, Zucker und andere Verbindungen, die bei der angegebenen Behandlung ebenfalls Furfurol oder Furfurolderivate abspalten, wirken störend.

Celluloseester werden papier- oder dünnschichtchromatographisch nach Umsetzung zu den entsprechenden Hydroxamsäuren [8] nachgewiesen. Eine zusammenfassende Analytik der wasserlöslichen Celluloseether ist in [9] gegeben.

3.2.7.4.3.5. Nachweis von Harnstoff mittels Urease

Der Nachweis beruht auf dem durch Ureasespaltung von Harnstoffharzen entstehenden Ammoniak.

Etwa 0,1 bis 0,25 g des gemahlenen Probenmaterials wird in einem 100 m*l* Erlenmeyerkolben mit 20 bis 25 m*l* einer 5%igen Schwefelsäure erhitzt, bis kein Geruch nach Formaldehyd mehr wahrnehmbar ist. Anschließend wird mit 6 N Natronlauge gegen Phenolphthalein neutralisiert und dann 1 Tropfen einer 1 N Schwefelsäure sowie 1 m*l* einer frisch bereiteten Ureaselösung zugegeben. In den Kolben wird ein Streifen rotes Lackmuspapier derart eingebracht, daß er den aufsteigenden Dämpfen ausgesetzt ist. Dann wird das Gefäß verschlossen. Eine Blaufärbung des Lackmuspapiers nach kurzer Zeit zeigt Harnstoff und damit das Vorliegen eines Harnstoffharzes an.

3.2.7.4.3.6. Nachweis von Polyamiden

Polyamide sind durch die Reaktion der Aminoendgruppen mit Dinitrofluorbenzen gut nachweisbar.

Etwa 0,1 g der zerkleinerten Probe wird 2 h mit 10 m*l* einer 1%igen Lösung von 1-Fluor-2,4-Dinitrobenzen in Ethanol behandelt, der etwa 5 m*l* einer 2,5%igen Natriumhydrogencarbonatlösung zugesetzt wurden. Wenn notwendig, muß etwas erwärmt werden. Polyamide bilden leuchtend gelbe 2,4-Dinitrophenylderivate, während Polyurethane nicht reagieren.

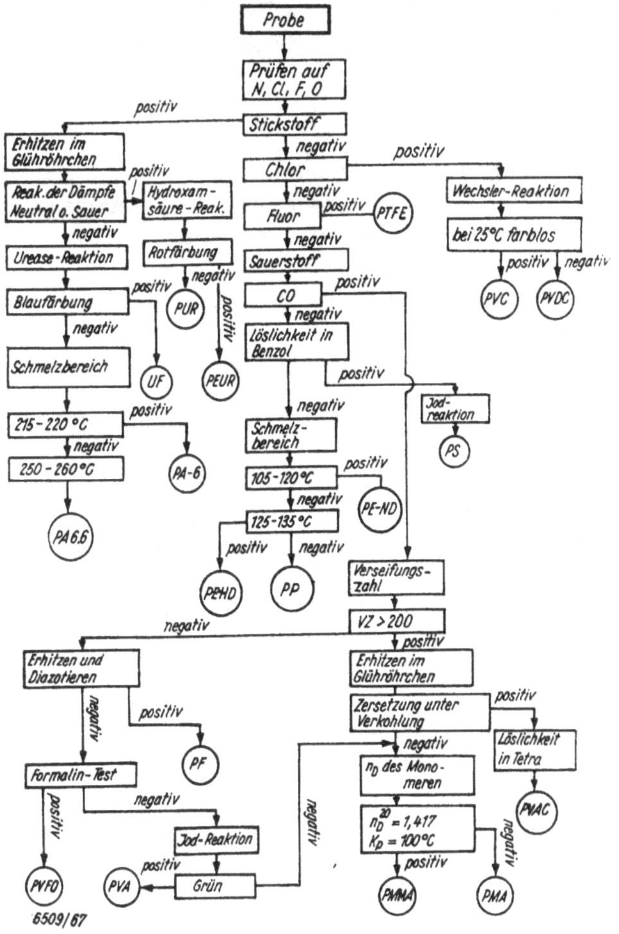

Abb. 67: Trennungsgang von ausgewählten Polymeren

3.2.7.4.3.7. Jodreaktion auf Polymere

Durch Vermischen der Polymeren mit elementarem Jod entstehen Jod-Einschlußverbindungen mit folgenden Farben:

Rot:	Polystyren und Styrencopolymere
Rosa:	Copolymere des Vinylchlorids, Chlorkautschuk, Polychloropren
Bräunlich:	Celluloseether, Celluloseester, Polyamide, Polyisobutylen, Polyvinylether
Dunkelgelb:	Cellulose, Polyvinylchlorid, Copolymere des Vinylchlorids
Hellgelb:	Polyvinylalkohol

Zur Durchführung des Tests vermischt man etwa 1 g der Probe mit 20 mg festem Jod im Reagenzglas und beobachtet die Farbe nach einer Stunde.

3.2.8. Trennungsgänge für Polymere

Erleichternd für die Identifizierung von Polymeren haben sich die in der Literatur [1] vorliegenden Trennungsgänge ausgewirkt. Sie gestatten, in kurzer Zeit mit wenigen Grundoperationen ein unbekanntes Produkt zu identifizieren.

Das Trennschema in Abb. 67 soll als Versuchsmodell dienen.

Es ist für die folgenden Polymeren aufgestellt worden, kann aber für weitere Substanzen beliebig erweitert werden.

Polymer	Kurzbezeichnung
Harnstofformaldehydkondensat	UF
Phenolformaldehydkondensat	PF
Polyamid 6	PA-6
Polyamid 6.6	PA-6,6
Polyethylen niederer Dichte	PE-ND
Polyethylen hoher Dichte	PE-HD
Polyurethan	PUR
Polyesterurethan	PEUR
Polymethylmethacrylat	PMMA
Polymethacrylsäureester mit höheren Alkoholen	PMA
Polypropylen	PP
Polystyren	PS
Polytetrafluorethylen	PTFE
Polyvinylacetat	PVAC
Polyvinylalkohol	PVA
Polyvinylchlorid	PVC
Polyvinylidenchlorid	PVDC
Polyvinylformal	PVFO

Literatur

[1] SCHRÖDER, E., FRANZ, J. u. E. HAGEN, „*Ausgewählte Methoden der Plastanalytik*", Akademie-Verlag Berlin 1976
[2] BRAUN, D., Kunststoffe **52** (1962), 2
[3] WANDEL, M., TENGLER, H. u. H. OSTROMOW, „*Die Analyse von Weichmachern*", Springer-Verlag Berlin—Heidelberg—New York 1967
[4] HUMMEL, D. O. u. F. SCHOLL, „*Atlas der Kunststoffanalyse*", Carl-Hanser-Verlag, München Verlag Chemie GmbH, Weinheim 1968
[5] SCHRÖDER, E., Pure appl. Chem. **36** (1973), 233

[6] BOVEY, F. A. u. G. V. D. TIERS, Fortschr. Hochpolymeren-Forsch. **3** (1963), 139
[7] BERESKIN, V. G., ALISCHOEV, V. R. u. B. MEMIROVSKAJA, „*Die Gaschromatographie in der Chemie der Polymeren*“, Verlag Wissenschaft Moskau 1972
[8] HEKELER, W., Kunststoffe **58** (1968), 365
[9] GROSSE, L. u. W. KLAUS, Z. analyt. Chem. **259** (1972), 195
[10] LEIBNITZ, E. u. H. G. STRUPPE, „*Handbuch der Gaschromatographie*“, Akademische Verlagsgesellschaft Geest & Portig KG Leipzig 1966

3.3. Doppelbindungen in Polymeren

3.3.1. Einführung

Doppelbindungen in Makromolekülen werden nach ihrer Stellung unterschieden. Isolierte ungesättigte Gruppen (—CH=CH—) in der Kette werden Vinylen-, seitenketten- und endständige Doppelbindungen (—CH=CH_2) Vinylgruppen genannt. Ist der Wasserstoff der CH-Gruppe in der Vinylgruppe substituiert (>C=CH_2), so wird die Struktureinheit als Vinylidengruppe bezeichnet. Berücksichtigt man bei der Bezeichnung die vorherstehende Einheit, so heißt diese Anordnung Allylgruppe (—CH_2—CH=CH_2).

Reaktionen, die zum Einbau von Doppelbindungen in die Makromoleküle führen, sind vielfältig und durchaus nicht immer erwünscht.

Ist die Zahl der Doppelbindungen in einem polymerisationsfähigen Monomeren größer als eins, so enthält das resultierende Polymere ungesättigte Struktureinheiten. Auch die katalytische Ringöffnungspolymerisation ungesättigter cyclischer Monomerer hat Doppelbindungen in der Polymerkette zur Folge.

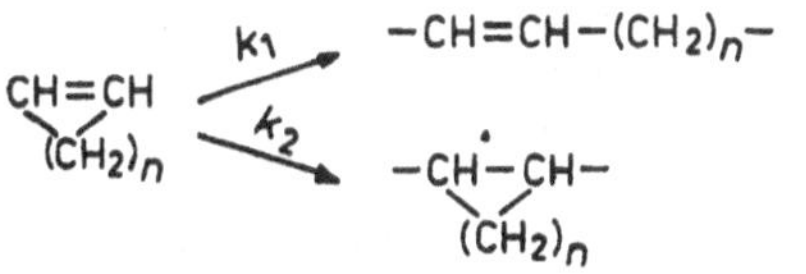

k_1 = Ringöffnungspolymerisation
k_2 = Vinylpolymerisation

Weiterhin sind, bedingt durch Abbruch- sowie durch Übertragungsreaktionen zum Monomeren bei der radikalisch initiierten Vinylpolymerisation ungesättigte Strukturen an den Endgruppen der Makromoleküle [1] zu erwarten. Thermische Abbaureaktionen können ebenfalls zu Doppelbindungen in den Polymerketten führen. In einigen Vinylpolymeren treten Vinylengruppen (z.B. in bestrahltem Hochdruckpolyethylen) auf, deren Existenz auf eine verfahrensbedingte Abspaltung von Seitengruppen (Wasserstoff) zurückgeführt wird.

Im Hochdruckpolyethylen sind 68 % der ungesättigten Strukturen als Vinylidengruppen enthalten, während auf die endständige Vinylgruppe beim Ziegler-Polyethylen 43%, beim Phillips-Polyethylen 94% und beim Hochdruckpolyethylen 15% aller Doppelbindungen entfallen. Diese Unterschiede

Tabelle 47: Ungesättigte Strukturen in Polymeren

Art der Doppelbindung	Grundbaustein	Bildungsursache
isoliert kettenständig	$-CH{=}CH-$	Polymerisation von Diolefinen und Cycloolefinen Polykondensation ungesättigter Dicarbonsäuren (Säureanhydriden); verfahrensbedingte Strukturunregelmäßigkeit durch Abspaltung einer Seitengruppe
seitenkettenständig; endständig	$-CH{=}CH_2$	Polymerisation der Diolefine; Übertragungsreaktion zum Monomeren und Disproportionierungsabbruch in der radikalischen Polymerisation
konjugiert	$-CH{=}CH-CH{=}CH-$	Abbau durch Reaktion der Seitengruppen;
	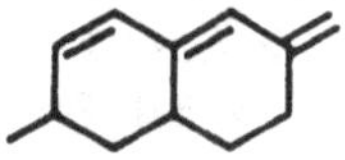	mit Basen nachbehandeltes Polyvinylmethylketon
	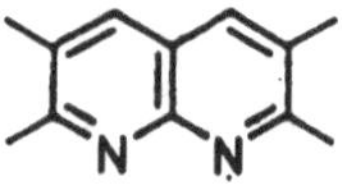	thermisch unter Luftausschluß nachbehandeltes Polyacrylnitril
C=N	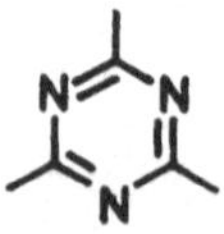	Polykondensation von Melamin, Cyanursäure
aromatisch		Polymerisation von Styren und -derivaten; Polykondensation von aromatischen Di- und Tetracarbonsäuren und Phenolen; Polyaddition von aromatischen Diisocyanaten und aromatischen Aminen

in den verschiedenen Polyethylentypen geben einen deutlichen Hinweis auf das Polymerisationsverfahren.

Technisch besonders wichtig sind die ungesättigten Polyesterharze, die durch Polykondensation von Malein- oder Fumarsäure bzw. Maleinsäureanhydrid mit Polyhydroxyverbindungen zugänglich sind. Die in der Kette vorhandenen Doppelbindungen befähigen das Polymere zu einer Copolymerisation mit geeigneten Vinyl- oder Allylverbindungen, wobei vernetzte harte Produkte entstehen. Diese Eigenschaft der Doppelbindungen in den Makromolekülen, unter bestimmten Bedingungen Netzwerke auszubilden, ist auch Voraussetzung für den technischen Einsatz der Elastomeren.

Unberücksichtigt bei der Bestimmung ungesättigter Strukturen in Polymeren sollen in diesem Abschnitt die aromatischen Doppelbindungen bleiben (s. Tab. 47), da diese ein anderes Reaktionsverhalten zeigen als aliphatische Doppelbindungen. Die C=N-Gruppen in Melamin- und Cyanursäurederivaten dagegen sind in ihrer Reaktivität vergleichbar mit den Vinyl-, Vinylen- und Vinylidengruppen oder mit Sequenzen konjugierter Doppelbindungen. Sie werden deshalb hier mitbehandelt.

Die Stellung der Doppelbindungen in den Polymerketten ist abhängig vom Polymerisations- bzw. Abbaumechanismus. Bei Polymeren, deren Grundbausteine aus Diolefinen bestehen, sind unterschiedliche sterische Konfigurationen in bezug auf die Doppelbindung zu erwarten. Die 1,4 -Addition führt wie die Ringöffnungspolymerisation ungesättigter cyclischer Monomerer zu kettenständigen Doppelbindungen (Vinylengruppen). In diesem Falle ist die Möglichkeit einer cis-trans-Isomerie gegeben, d. h. alle Kohlenstoffatome stehen, bezogen auf die Doppelbindung, in cis- oder trans-Stellung:

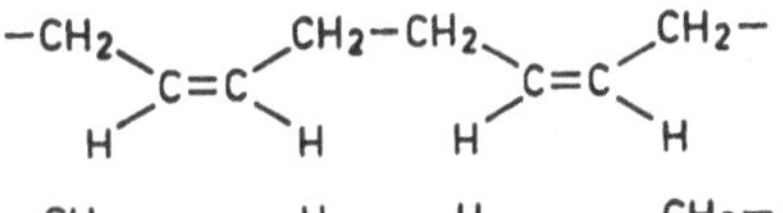

1,4 cis

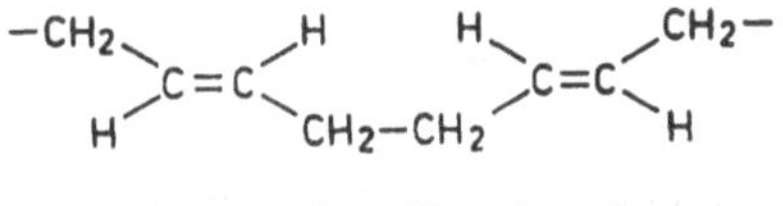

1,4 trans

Die 1,2- oder Vinylwachstumsreaktion führt zu seitenkettenständigen Doppelbindungen (Vinylgruppen). Bei dieser Art der Monomerverknüpfung unterscheidet man zwischen iso- und syndiotaktischen Strukturen (s. 3.5.). Dabei bezieht man sich auf die Lage der Stereoisomeriezentren jeweils benachbarter Grundbausteine, die für isotaktische gleiche und für syndiotaktische Unterketten inverse sterische Anordnung zeigen.

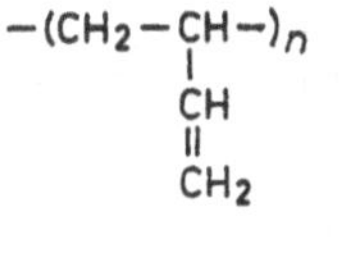

1,2 iso (syndio) taktisch

Längere Sequenzen konjugierter Doppelbindungen entstehen bei der thermischen oder alkalischen Nachbehandlung einiger spezieller Vinylpolymerer (s. Tab. 47). So bilden sich z.B. beim langsamen Erhitzen von Polyacrylnitril auf 200 °C unter Luftausschluß die sogenannten Kohlenstoffasern, die wegen ihres großen Elastizitätsmoduls als Verstärkungsmaterialien bei der Verarbeitung ungesättigter Polyester Verwendung finden. Thermische Abbaureaktionen durch Abspaltung von Seitengruppen führen u. a. bei längeren Polyvinylchlorid-, Polyvinylacetat- und Polyvinylalkohol-Sequenzen zu konjugierten Doppelbindungen. Die Abbaureaktion ist an einer Verfärbung des Produktes von weiß über orange, braun bis schwarz [4] zu erkennen, da bereits 5 bis 7 in Konjugation stehende Doppelbindungen im sichtbaren Bereich des Lichtes absorbieren. In Anwesenheit von Sauerstoff läuft parallel zur Eliminierung eine Oxidationsreaktion ab, die über Hydroperoxide zu Carbonylgruppen in der Kette führt und den Abbau beschleunigt. Die so eingebauten Carbonylgruppen wirken als chromophore Gruppen und beeinflussen die Farbintensität der abgebauten Produkte.

Doppelbindungsbestimmungen in Polymeren sind vor allem wegen ihres Informationsgehaltes über die abgelaufenen Reaktionsprozesse von Bedeutung. Ein ausgezeichnetes Beispiel dafür ist die Analyse der Isomerenverteilung in Synthesekautschuken. So erhält man aus dem IR-Spektrum dieser Produkte quantitative Angaben über Stellung und Konzentration der ungesättigten Gruppen und damit Kenntnis über deren Mikroaufbau. Mittels dieser Analysenwerte lassen sich Schlußfolgerungen bezüglich des Einflusses der Polymerisationsbedingungen sowie über die Einbauverhältnisse der Monomeren in den chemischen und stereochemischen Copolymeren [5] ziehen.

Allgemein sind Diolefin-Copolymere (auch APT-Kautschuke) in ihrer chemischen Zusammensetzung über den Doppelbindungsgehalt quantitativ zu bestimmen. Diese Kennwerte sind für den Anwender wichtig, da die kautschuktechnologischen Eigenschaften der Synthese-Kautschuke bedeutend von der chemischen und stereochemischen Zusammensetzung abhängig sind.

In der Analytik der ungesättigten Polyester spielen Doppelbindungsbestimmungen aus drei Gründen eine wichtige Rolle: Erstens ist der Anteil der Copolymerisationskomponente damit quantitativ zugänglich, zum zweiten ist der Gehalt an ungesättigten Gruppen im Polyester bestimmbar. Das ist von Bedeutung, weil zur Regulierung der Netzwerkdichte der Endprodukte ungesättigte mit gesättigten Verbindungen cokondensiert werden. Drittens ist der Isomerisierungsgrad, der den durch Isomerisierung der Maleinsäure entstehenden Gehalt an Fumarsäuredoppelbindungen angibt, der Direktbestimmung zugänglich.

Die genannten Kennwerte lassen sich mit geeigneten Verfahren [6] getrennt voneinander bestimmen.

Auch die Verfolgung von Alterungsprozessen in Polymeren ist ein Anwendungsgebiet der Doppelbindungsbestimmung, da als polymeres Reaktionsprodukt ungesättigte Strukturen im Makromolekül entstehen, die den ursprünglichen Gebrauchswert mindern.

3.3.2. Verfahren zur Doppelbindungsbestimmung

3.3.2.1. Chemische Methoden

Charakteristisch für die große Reaktivität der aliphatischen Doppelbindungen in organischen Polymeren sind elektrophile Additionsreaktionen, die zu trans-substituierten Produkten [2] führen. Ausgenommen hiervon sind die einer α,β-ungesättigten Carbonylgruppierung zuzuordnenden Doppelbindungen, die nur durch eine katalysierte Bromierung ($HgSO_4-H_2SO_4$) erfaßt werden.

Vinylen- und Vinylgruppen sowie C=N-Doppelbindungen lassen sich deshalb bei entsprechender Konzentration qualitativ schon durch Entfärben einer Bromlösung nachweisen. Als Lösungsmittel dienen dabei chlorierte aliphatische und aromatische Kohlenwasserstoffe, sofern das Polymere darin löslich oder gut quellbar ist. Bei quantitativen Analysen muß eine mögliche Substitution bei weiterer Einwirkung von Halogen in Betracht gezogen werden. Von analytischem Interesse ist besonders die Addition von Brom und Jodmonochlorid.

Nach der Bromdampfmethode nach Rossmann [3] erhält man über die gravimetrische Bestimmung der aufgenommenen Brom-Menge u. a. Aussagen über den Alterungsprozeß im Polyvinylchlorid [4] und über den Doppelbindungsgehalt in Melamin- und Cyanursäurekondensaten. Für die Bestimmung des Gesamtanteils an ungesättigten Struktureinheiten in verschiedenen Kautschuktypen (Buna-S, Butylkautschuk, Dienpolymerisate) wird die volumetrisch zu verfolgende Addition von Jodmonochlorid bevorzugt.
Generell gibt man bei der volumetrischen Bestimmung einen Überschuß des Reagenz (JCl-, Br/BrO_3-, Br_2-Lösung) zu der gelösten Probe und ermittelt den Reagenzverbrauch nach Zugabe von Kaliumjodid durch Rücktitration mit Natriumthiosulfatlösung. Statt der genannten Substanzen kann als elektrophiles Reagenz auch Quecksilber(II)-acetat (z.B. Bestimmung des Styrengehaltes in ungesättigten Polyestern) verwendet werden.

Als Äquivalent zur Zahl der Doppelbindungen wird die Jodzahl berechnet. Sie ist definiert als die Menge Jod in g, die von 100 g Substanz chemisch gebunden wird.

Weitere in der organischen Chemie bekannte elektrophile Reagenzien wie Sauerstoff und chemisch gebundener Sauerstoff in Persäuren und Peroxiden eignen sich nicht für quantitative Doppelbindungsanalysen in Makromolekülen. Mit diesen Substanzen werden bevorzugt Abbaureaktionen initiiert. Diese selektiven Oxidationsreaktionen ungesättigter Grundbausteine in der Polymerkette werden zur Strukturanalyse, speziell zur Ermittlung der Sequenzlängenverteilung in Butadien-Copolymerisaten genutzt.

Der Doppelbindungsgehalt in ungesättigten Polyesterharzen wird nach hydrolytischem Abbau polarographisch bestimmt. Dieses Verfahren läßt eine gleichzeitige Bestimmung der Fumar- neben der Maleinsäure zu. Das Halbstufenpotential der Maleinsäure liegt bei — 1,36 V, das der Fumarsäure bei —1,60 V gegen eine gesättigte Kalomelelektrode. Aus den Stufenhöhen sind nach Eichung die Anteile der ungesättigten Säuren und damit auch der Isomerisierungsgrad zu bestimmen.

3.3.2.2. Physikalische Methoden

Die IR-Spektroskopie bietet für eine Doppelbindungsanalyse gute Voraussetzungen. Das Auftreten der C=C-Bindung macht sich im Spektrum an drei Stellen bemerkbar:

1. Durch eine der Valenzschwingung der =CH- bzw. $=CH_2$-Gruppe zuzuordnende Bande. Diese Absorptionen werden für analytische Zwecke nicht verwendet, da sie stark von den CH-Valenzschwingungen überlagert werden.
2. Durch die Valenzschwingung der C=C-Gruppe selbst. Frequenz und Intensität dieser Bande werden durch Konjugation und Substituenten beeinflußt.
3. Durch die wagging-Schwingung der =CH-Gruppe, die in Frequenz und Intensität bedeutend von der Nachbarschaft und der sterischen Anordnung der Substituenten abhängig ist.

Tabelle 48: Charakteristische Schwingungen der C=C- bzw. C=N-Gruppe im IR-Spektrum

Schwingungsart	Wellenzahl cm^{-1}	Intensität
ν (=CH)	3020	*m*
ν_a ($=CH_2$)	3080	*m*
ν_s ($=CH_2$)	3000	*m*
ν $(C=C)_{olef.}$	1700–1600	*u*
ν $(C=C)_{arom.}$	1600–1500	*u*
ν (C=N)	1690–1600	*m*
γ_w ($CH_2=CH-$)	998	*m*
$\gamma_w(-CH=CH-)_{trans}$	967	*s*
γ_w ($CH_2=CH-$)	910	*s*
$\gamma_w(-CH=CH-)_{cis}$	um 740	*s*

m = mittel; *s* = stark; *u* = unterschiedlich

Mit Hilfe der in Tab. 48 angegebenen qualitativen Zuordnung lassen sich IR-spektrometrisch ungesättigte Gruppen nachweisen und bestimmen und auch in Einzelfällen zur Strukturaufklärung nutzen.

Die Elektronenspektren von Makromolekülen mit ungesättigten Struktureinheiten sind nicht so gut aufgelöst wie die Molekülspektren und deshalb in der Interpretation komplizierter. Bei isoliert stehenden Doppelbindungen ist die Energiedifferenz zwischen dem Grund (π)- und Anregungszustand (π^*) so groß, daß man nur den langwelligen Anstieg der Absorption erfassen kann. Für Polymere mit längeren Polyensequenzen bzw. mit aromatischen π-Elektronensystemen erhält man durch UV-spektroskopische Messungen zusätzliche Informationen über die Anordnung der ungesättigten Strukturen in der Kette. Da in den vorliegenden mesomeren Grenzstrukturen die π-Elektronen nicht mehr einzelnen Bindungen angehören, ist es unmöglich, die Absorptionsbanden den einzelnen Chromophoren zuzuordnen. Das gemessene Spektrum ist immer für das gesamte Elektronensystem typisch.

Lage und Intensität der Absorptionen des Phenylringes können durch Substituenten und Nachbareinheiten beeinflußt werden. Um die Auswertung zu vereinfachen, werden meist nur spezifische Absorptionen (s. Tab. 49) des Gesamtkomplexes als Analysenbanden ausgewählt.

Tabelle 49: Charakteristische Wellenzahlen für die Doppelbindungsbestimmung im ultravioletten Spektralbereich

Polyen	Eichsubstanzen [10] $\tilde{\nu}_{max}$ in cm^{-1}	abgebautes PVC [11] $\tilde{\nu}_{max}$ in cm^{-1}
$R_1-(C=C-)_2R_2$	46080	–
$R_1-(C=C-)_3R_2$	38760	–
$R_1-(C=C-)_4R_2$	33780	32470
$R_1-(C=C-)_5R_2$	29850	31250
$R_1-(C=C-)_6R_2$	27780	29410
$R_1-(C=C-)_8R_2$	24100	25770
$R_1-(C=C-)_{11}R_2$	21280	22030
Polymere mit aromatischen Bausteinen	$\tilde{\nu}$ in cm^{-1}	
Polystyren	37180; 38310; 39060;	
Polyalkylenterephthalate	um 41400	

3.3.3. Beispiele zur Doppelbindungsbestimmung

3.3.3.1. Volumetrische Ermittlung des Doppelbindungsgehaltes und der Zusammensetzung von Buna-S mit Jodmonochlorid

Die infolge des Butadieneinbaus im Polymeren enthaltenen Doppelbindungen werden durch elektrophile Addition mit Jodmonochlorid bestimmt. Die Jodzahl (*JZ*) wird gemäß Gl. (1) berechnet:

$$JZ = \frac{12{,}69 \cdot (V_2 - V_1)}{E} \qquad (1)$$

V_1 = m*l* 0,1 N Thiosulfatlösung für die Probe
V_2 = m*l* 0,1 N Thiosulfatlösung für den Blindwert
E = Einwaage in g.

0,20 g der extrahierten Probe wird in einem 300 m*l* Erlenmeyerkolben in Chloroform gelöst. Nach vollständigem Lösen werden 20,00 m*l* einer 0,2 N Jodmonochloridlösung zugesetzt, die durch Auflösen der berechneten Mengen Jodtrichlorid und Jod in einer Mischung von Tetrachlorkohlenstoff und Eisessig (1:2,3) hergestellt wird. Der Erlenmeyerkolben wird verschlossen. Man läßt ihn 1 h im lichtgeschützten Raum stehen und versetzt anschließend mit 100 m*l* einer frisch hergestellten 10%igen Kaliumjodidlösung (jodfrei).

Unter Schütteln wird mit 0,1 N Thiosulfatlösung bis zur Entfärbung der wäßrigen Phase titriert. Nach Zugabe von 5 m*l* Stärkelösung wird intensiv geschüttelt, um das Jod aus der organischen Lösungsmittelschicht zu extrahieren. Mit 0,1 N Thiosulfatlösung wird bis zur Entfärbung beider Schichten titriert. In entsprechender Weise wird eine Blindprobe angesetzt und ausgewertet.

Die Methode läßt sich auch auf anvernetzte Produkte übertragen. Voraussetzung für Reproduzierbarkeit der Analysenwerte ist, daß die Substanz sehr stark im Lösungsmittel quillt.

Als Maßzahl für die Konzentration des Comonomeren in Styren-Butadien-Kautschuken ist in Tab. 50 die Jodzahl angegeben. Die großen Schwankungen der Analysenwerte für reines Polybutadien bzw. für Copolymere mit niedrigen Styrenanteilen sind auf Folgereaktionen während der Latexaufarbeitungzurückzuführen.

Tabelle 50: Jodzahlen von Buna-S-Typen unterschiedlicher Zusammensetzung

Zusammensetzung % Styren	Jodzahl
0	442–385
21	340–360
36	291
66	142

3.3.3.2. Gravimetrische Doppelbindungsbestimmung am Beispiel einer gealterten PVC-Probe nach ROSSMANN [4]

Bei der Bromdampfmethode nach ROSSMANN wird die Menge des addierten Broms gravimetrisch bestimmt. Die Jodzahl wird gemäß Gl. (2) berechnet:

$$JZ = \frac{100\,(A - E) \cdot f}{E} \qquad (2)$$

A = Auswaage in mg

E = Einwaage in mg

$$f = \frac{\text{Molmasse Jod}}{\text{Molmasse Brom}} = 1{,}588$$

Etwa 40 bis 60 mg der fein zerkleinerten Probe werden auf einer genau gewogenen Glasplatte verteilt und die Probenmenge durch Rückwägung festgestellt. Die Platte wird auf einen Glasständer gelegt, der in einen schwarz angestrichenen Exsikkator gestellt wird. In dem Exsikkator befindet sich eine Schale mit 1 bis 2 ml flüssigen Brom und eine weitere mit dem Trockenmittel P_2O_5. Nach einer Stunde wird die Probe zum Entfernen des überschüssigen Broms für 5 min unter ein schwarzes Becherglas und anschließend für eine Stunde in einen Vakuumexsikkator über Calciumchlorid und Kaliumcarbonat gestellt. In einem Trockenschrank wird bis zur Gewichtskonstanz bei 65 bis 70 °C nachbehandelt und nach Abkühlung gewogen.

Infolge des Eintretens von Folgereaktionen im Polymeren ist die Zahl der meßbaren Doppelbindungen jedoch nicht immer vergleichbar mit dem über andere Methoden gemessenen Abbaugrad. Diese Methode zur Verfolgung der thermischen Schädigung des Polymeren ist deshalb nur auf das Anfangsstadium der Reaktion beschränkt.

Unter der Voraussetzung, daß jedes Makromolekül die gleiche Anzahl von Doppelbindungssequenzen mit vergleichbarer Längenverteilung besitzt, kann aus der Jodzahl die mittlere Zahl von Doppelbindungen pro Makromolekül berechnet werden.

$$\text{mittlere Zahl der Doppelbindungen} = \frac{JZ \cdot \overline{M}_{n,\,\mathrm{PVC}}}{253{,}82 \cdot 100} \qquad (3)$$

3.3.3.3. IR-spektrometrische Doppelbindungsbestimmung, Isomerenanalyse von Polybutadien

Polybutadiene zeigen im IR-Spektrum intensive Absorptionen, die auf die wagging-Schwingungen der =CH-Gruppe (s. Tab. 48) zurückzuführen sind. Diese Banden sind charakteristisch für die Anteile der 1,4 bzw. 1,2 verknüpften Monomereinheiten. Als Analysenbanden werden die Schwingungen bei 740 und 967 cm^{-1} für die 1,4 cis- und 1,4 trans-Struktur und bei 910 cm^{-1}

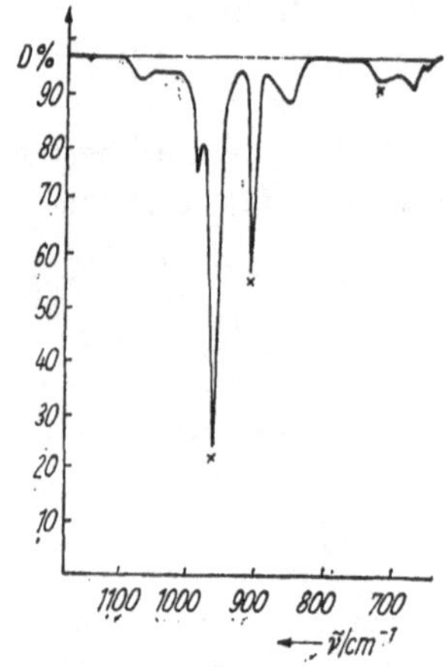

Abb. 68: Teil des IR-Spektrums eines Kalt-Kautschuks zur Isomerenanalyse

für die 1,2 Struktur gewählt (Abb. 68). Die Überlappung der Absorptionen bei 967 ist gering und bleibt unberücksichtigt.

Die quantitative Auswertung erfolgt nach dem Quell- oder Simultanverfahren nach KIMMER [7]. Die Methode liefert Relativwerte, die Summe der spektroskopisch bestimmten Isomerenanteile entspricht der Summe der Doppelbindungen:

$$\Sigma\, DB = \frac{c_{1,4\ \text{cis}} + c_{1,4\ \text{trans}} + c_{1,2}}{c_g} \tag{4}$$

DB = Doppelbindungen

c_g = Gesamtkonzentration (Grundmol/l)

$c_{1,4\ \text{cis},\ 1,4\ \text{trans},\ 1,2}$ = Konzentration der einzelnen Isomeren (Grundmol/l)

Bei Gültigkeit des LAMBERT-BEERschen Gesetzes sind die Isomerenanteile der Extinktion proportional (Gl. 5).

$$E_{\tilde{\nu}(1,2,3)} = \lg\left(\frac{I_0}{I}\right)_{\tilde{\nu}(1,2,3)} = \varepsilon_{(1,2,3)} \cdot c_{(1,2,3)} \cdot \mathrm{d} \tag{5}$$

$\tilde{\nu}_1 = 740\ \text{cm}^{-1}$ = 1,4 cis-Struktur

$\tilde{\nu}_2 = 967\ \text{cm}^{-1}$ = 1,4 trans-Struktur

$\tilde{\nu}_3 = 910\ \text{cm}^{-1}$ = 1,2 Struktur

$\varepsilon_{(1,2,3)}$ = Extinktionskoeffizienten der Absorption an der Stelle $\tilde{\nu}_{(1,2,3)}$ in $l \cdot$ Grundmol$^{-1} \cdot$ cm^{-1}

$c_{(1,2,3)}$ = Konzentration der den genannten Wellenzahlen zuzuordnenden Struktureinheiten in Grundmol $\cdot\, l^{-1}$

d = Schichtdicke in cm

Für die Konzentrationen $c_{(1,2,3)}$ soll gemäß Gl. (4) gelten:

$$c_{(1,2,3)} = \text{Isomerenanteil}_{\ (1,2,3)} \cdot c_g \tag{6}$$

Bei Annahme einer 100 %igen Ungesättigtheit ist die Summe der Isomerenanteile gleich eins.

Damit lassen sich die gesuchten Struktureinheiten wie folgt berechnen:

$$\begin{aligned} 1{,}4 \text{ cis } \% &= \frac{E_1}{\varepsilon_1} \cdot \frac{100}{K} && \text{(a)} \\ 1{,}4 \text{ trans } \% &= \frac{E_2}{\varepsilon_2} \cdot \frac{100}{K} && \text{(b)} \\ 1{,}2 \ \% &= \frac{E_3}{\varepsilon_3} \cdot \frac{100}{K} && \text{(c)} \\ K &= \frac{E_1}{\varepsilon_1} + \frac{E_2}{\varepsilon_2} + \frac{E_3}{\varepsilon_3} && \text{(d)} \end{aligned} \qquad (7)$$

Die relativen Extinktionskoeffizienten ε_1, ε_2 und ε_3 sind Tab. 51 zu entnehmen.

Tabelle 51: Relative Extinktionskoeffizienten für die Kautschukanalyse

Wellenzahl cm^{-1}	Struktureinheit	relativer Extinktionskoeffizient
910	1,2 verknüpft	$\varepsilon_3 = 1{,}000$
967	1,4 trans	$\varepsilon_2 = 0{,}647 \pm 2\%$
740	1,4 cis	$\varepsilon_1 = 0{,}175 \pm 4{,}6\%$

Dieses Verfahren läßt sich nach geringfügiger Modifizierung auch auf Butadien-Copolymerisate [8] übertragen.

Etwa 0,1 g der Probe wird in einem verschlossenen Wägegläschen in Schwefelkohlenstoff gut gequollen. Das glasige gallertartige Produkt wird zwischen zwei KBr-Fenstern in einer Küvette mit verstellbarer Schichtdicke verpreßt.

Die maximale Schichtdicke (der Transmissionsgrad des am stärksten in Erscheinung tretenden Isomeren soll zwischen 20 und 60% liegen) wird mittels der Rändelmuttern einer Schraubküvette eingestellt. Das Teilspektrum wird im Bereich von 600 bis 1100 cm^{-1} registriert (Abb. 68). Es wird nach dem Grundlinienverfahren ausgewertet.

In Tab. 52 sind die aus dem Spektrum der Abb. 68 nach den Gl. (7a—d) berechneten Isomerenanteile zusammengestellt.

3.3.3.4. UV-spektrometrische Bestimmung der Polyensequenzen in abgebautem PVC

Während die Methode der Brom-Addition (3.3.3.2.) nur Angaben über den gesamten Doppelbindungsanteil im abgebauten PVC zuläßt, erhält man

Tabelle 52: Isomerenverteilung in einem Kalt-Kautschuk

Struktureinheit	Extinktion	Konzentration in %
1,2 verknüpft	0,234	18,2
1,4 trans	0,607	73,0
1,4 cis	0,020	8,8

mittels UV-spektrometrischer Messungen Aussagen über Länge und Verteilung der während der Reaktion gebildeten Polyensequenzen R' – (C=C–)$_n$R''.

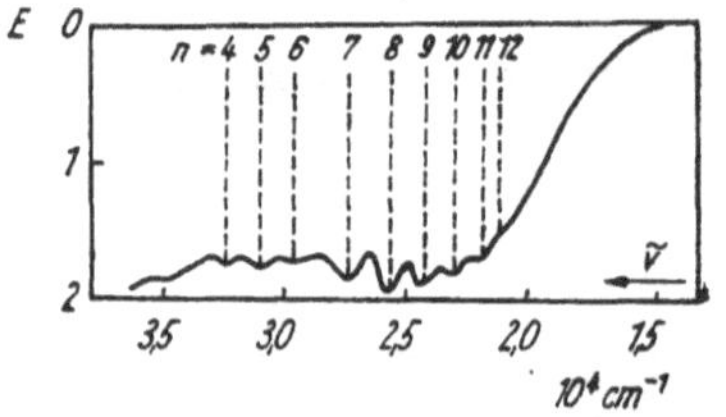

Abb. 69: Elektronenspektrum einer thermisch bei 170 °C unter Inertatmosphäre gealterten PVC-Probe in THF-Lösung (X = 0,35%; c_P = 0,144 Grundmol · l^{-1}; d = 2 cm)

Die im Elektronenspektrum (s. Abb. 69) auftretenden charakteristischen Wellenzahlen werden nach Tab. 49 zugeordnet; d. h. man betrachtet das Elektronenspektrum des Polymeren als überlagertes Absorptionsspektrum von Polyenen mit den Sequenzlängen n_1, n_2 usw. [9]. Für die Extinktion des der Polyensequenz mit n-Doppelbindungen zugeordneten Absorptionsmaximums gilt:

$$E_n = \lg\left(\frac{I_0}{I}\right)_n = \varepsilon_n \cdot c_n \cdot d \qquad (8)$$

ε_n = Extinktionskoeffizient für Strukturen mit n-Doppelbindungen in $l \cdot \mathrm{mol}^{-1} \cdot \mathrm{cm}^{-1}$
c_n = Konzentration des Polyens mit n-Doppelbindungen in $\mathrm{mol} \cdot l^{-1}$
d = Schichtdicke in cm

Unter der Annahme, daß die Intensität des Absorptionsmaximums eines Polyens proportional der Zahl n der konjugierten Doppelbindungen ist, gilt gemäß Gl. (9):

$$\varepsilon_n = \varepsilon_g \cdot n \qquad (9)$$

ε_g = $3{,}4 \cdot 10^4\, l \cdot \mathrm{mol}^{-1} \cdot \mathrm{cm}^{-1}$ (Extinktionskoeffizient pro Doppelbindung)

Zwischen der grundmolaren Konzentration des Polymeren c_P und der molaren Konzentration der Polyensequenz c_n mit n-Doppelbindungen besteht folgende Beziehung:

$$c_n = c_P \cdot \frac{X_n}{n} \tag{10}$$

X_n = Umsatz der HCl-Abspaltung, der auf die Bildung von Polyensequenzen mit n-Doppelbindungen entfällt.

Damit erhält man für die Größe X_n Gl. (11.)

$$X_n = \frac{E_n}{c_P \cdot \varepsilon_g \cdot dl} \tag{11}$$

In dem numerischen Wert für die Konstante ε_g ist bereits berücksichtigt, daß das Maximum des betreffenden Polyens durch die Flanken benachbarter Absorptionsbanden beeinflußt wird.

Bezieht man auf den Gesamtumsatz X in % bei der HCl-Abspaltung, erhält man für den prozentualen Anteil der Polyensequenz mit n-Doppelbindungen:

$$\frac{X_n}{X} = \frac{E_n}{c_P \cdot \varepsilon_g \cdot d \cdot X \cdot 10^{-2}} \cdot 100 \tag{12}$$

$$\sum_{i=1}^{n} \frac{X_i}{X} = 100\%$$

100 mg der PVC-Probe werden gepulvert und bei 170 °C im Stickstoffstrom thermisch abgebaut. Der abgespaltene Chlorwasserstoff wird mit dem Inertgas in eine Leitfähigkeitsmeßzelle überführt. Die HCl-Konzentration wird konduktometrisch gemessen. Der Abbauumsatz wird als Bruchteil X der abgespaltenen zur gesamtabspaltbaren HCl-Menge berechnet. Bei einem Umsatz von 0,2 bis 0,4% wird die Reaktion abgebrochen und das abgebaute Produkt sofort in 10 m*l* frisch destilliertem Tetrahydrofuran gelöst.

Tabelle 53: Anteile der Polyensequenzen vom gesamten Abbauumsatz, berechnet aus dem in Abb. 69 gezeigten Spektrum

Zahl der konjugierten Doppelbindungen n	Extinktion	Anteil am Gesamtabbauumsatz in %
4	1,77	5,2
5	1,81	5,3
6	1,76	5,2
7	1,88	5,5
8	1,98	5,8
9	1,93	5,6
10	1,85	5,4
11	1,72	5,0
12	1,55	4,5

Die Elektronenspektren werden in Tetrahydrofuranlösung mit einem UV-Spektrometer bei Raumtemperatur aufgenommen. Die Schichtdicke der Küvette beträgt 2 cm. Die Auswertung erfolgt nach dem Grundlinienverfahren.

In Tab. 53 sind die aus dem in Abb. 69 dargestellten Spektrum berechneten prozentualen Anteile der Polyensequenzen mit *n*-Doppelbindungen vom gesamten Abbauumsatz aufgeführt. Eine Summation der anteiligen Umsätze bei der HCl-Abspaltung, die auf die Bildung von Polyensequenzen mit *n*-Doppelbindungen $4 < n < 12$ entfallen, ergibt etwa 50% des gesamten Abbauumsatzes. Im Produkt vorhandene kurze Sequenzen $n < 4$ lassen sich aus dem Spektrum (s. Abb. 69) nicht auswerten. Auf Grund der fehlenden Absorptionen bei Wellenzahlen $< 15000\ \text{cm}^{-1}$ kann die maximale Länge der Polyensequenzen mit 25 bis 30 konjugierten Doppelbindungen angegeben werden.

Literatur

[1] Ulbricht, J., „*Grundlagen der Synthese von Polymeren*", Akademie-Verlag Berlin 1978
[2] Autorenkollektiv, „*Organikum*" (5. überarbeitete Aufl.), VEB Deutscher Verlag der Wissenschaften Berlin 1965
[3] Rossmann, E., Ber. dtsch. chem. Ges. **65** (1932), 1847
[4] Thinius, K. u. E. Hagen, Trans. J. Plastics Inst. (1966) 11
[5] Dechant, J., „*Ultrarotspektroskopische Untersuchungen an Polymeren*", Akademie-Verlag Berlin 1972
[6] Schröder, E., Franz, J. u. E. Hagen, „*Ausgewählte Methoden der Plastanalytik*", Akademie-Verlag Berlin 1976
[7] Kimmer, W. u. E. O. Schmalz, Z. analyt. Chem. **181** (1961), 229
[8] Kimmer, W., Plaste und Kautschuk **9** (1962), 135
[9] Thallmaier, M. u. D. Braun, Makromolekulare Chem. **108** (1967), 241
[10] Borsdorf, R. u. M. Scholz, „*Spektroskopische Methoden in der organischen Chemie*" (3. Aufl.), Akademie-Verlag Berlin 1974
[11] Minsker, K. S., Krai, O. E. u. I. K. Pachomova, Vysokomol. Soed. *A* **12** (1970), 483

3.4. Sequenzlängenverteilung in Copolymerisaten

3.4.1. Einführung

Binäre Copolymerisate, bestehend aus den Grundbausteinen *A* und *B*, können trotz gleicher chemischer Zusammensetzung unterschiedlich in der Mikrostruktur aufgebaut sein. Zur Interpretation der physikalischen Eigenschaften und zur Charakterisierung des Copolymerisationsprozesses sind deshalb Angaben über die mittlere Bruttozusammensetzung des Copolymeren allein nicht ausreichend. Dazu muß u. a. auch die intramolekulare Verteilung der beiden Monomereinheiten bekannt sein.

Der chemische Mikroaufbau von Copolymeren kann durch die Copolymerisationsstatistik beschrieben werden [1]. Die Wahrscheinlichkeiten $P_{i,j}$ ($i,j = A$ oder B) für die Anlagerung der Monomeren A und B an eine auf A oder B endende aktive Kette lassen sich unter folgenden Voraussetzungen berechnen:

a) Die Wahrscheinlichkeit der Addition einer Monomereinheit an das wachsende Kettenende bei der Copolymerisation ist nur von der letzten Monomereinheit (Terminal-Modell) abhängig.
b) Die Wachstumsschritte sind irreversibel.
c) Das Kettenwachstum erfolgt nach einem Kopf-Schwanz-Mechanismus.
d) Es gilt das BODENSTEIN-Prinzip, d. h. $\frac{dR\cdot}{dt} = v_{st} - v_a = 0$

v_{st} = Startgeschwindigkeit
v_a = Abbruchgeschwindigkeit
$R\cdot$ = Radikalkonzentration

e) Das Monomerverhältnis am Reaktionsort bleibt konstant.

In Tab. 54 sind die Gleichungen für die Zusammenhänge zwischen den Molenbrüchen $P(A)$, $P(B)$, den Anlagerungswahrscheinlichkeiten $P_{i,j}$ und den reaktionskinetischen Daten zusammengestellt.

Entspricht der Copolymerisationsmechanismus nicht dem Terminal-Modell, d. h. beeinflußt die vorletzte Einheit die Anlagerungswahrscheinlichkeiten (penultimate-Effekt), lassen sich die für die Sequenzverteilung charakteristischen Größen ebenfalls mit den entsprechenden Copolymerisationsparametern verknüpfen [1]. Kennwerte für die Sequenzverteilung sind die mittlere Sequenzlänge $\bar{l}$, die Blockzahl R und das Persistenzverhältnis ϱ. Für viele technische Prozesse treffen dennoch die genannten Randbedingungen nicht in allen Punkten zu. In diesen Fällen treten Abweichungen der über die Statistik berechneten von den gemessenen Verteilungen auf, da dann das gewählte vereinfachte Copolymerisationsmodell keine Gültigkeit mehr hat.

3.4.2. Kennwerte für die Sequenzverteilung

Zur Darstellung der Verteilung von Folgen identischer Grundbausteine werden zwei Betrachtungsweisen unterschieden: die n-aden Verteilung und die Sequenzverteilung.

Das Prinzip der n-aden Verteilung besteht darin, die Makromoleküle in gleich lange Unterketten (Diaden, Triaden, Tetraden, ..., n-aden = Folgen von n Monomereinheiten) zu zerlegen, die experimentell noch unterscheidbar

Tabelle 54: Gleichungen für die Beziehungen zwischen den $P_{i,j}$, $P(A)$, $P(B)$ und den kinetischen Daten

Anlagerungs-wahrscheinlich-keit	als Funktion von r_A, r_B u. F	als Funktion von x* und y*	als Funktion der Blockzahl R
P_{AA}	$\frac{r_A \cdot F}{r_A \cdot F + 1}$	$\frac{x}{x+1}$	$\frac{[A] - \frac{R}{2}}{[A]}$
P_{AB}	$\frac{1}{r_A \cdot F + 1}$	$\frac{1}{x+1}$	$\frac{\frac{R}{2}}{[A]}$
P_{BA}	$\frac{1}{\frac{1}{F} \cdot r_B + 1}$	$\frac{1}{y+1}$	$\frac{\frac{R}{2}}{[B]}$
P_{BB}	$\frac{r_B \frac{1}{F}}{r_B \cdot \frac{1}{F} + 1}$	$\frac{y}{y+1}$	$\frac{[B] - \frac{R}{2}}{[B]}$
$P(A)$	$\frac{r_A \cdot F + 1}{r_A \cdot F + 2 + r_B \frac{1}{F}}$	$\frac{x+1}{2+x+y}$	$\frac{[A]}{[A]+[B]}$
$P(B)$	$\frac{r_B \cdot \frac{1}{F} + 1}{r_A \cdot F + 2 + r_B \cdot \frac{1}{F}}$	$\frac{y+1}{2+x+y}$	$\frac{[B]}{[A]+[B]}$

* $x = r_A \cdot F = \frac{f - 1 + \sqrt{(f-1)^2 + 4 r_A r_B f}}{2}$

$F = \frac{[A]_0}{[B]_0}$ = molare Zusammensetzung der Ausgangsmischung

* $y = \frac{r_B}{F} = \frac{2 r_A \cdot r_B}{(f-1) + \sqrt{(f-1)^2 + 4 r_A r_B f}}$

$f = \frac{[A]}{[B]}$ = molare Zusammensetzung im Copolymeren

$r_A; r_B$ = Copolymerisationsparameter

sind. Die prozentualen Anteile aller möglichen Kombinationen von Monomereinheiten einer solchen n-ade werden dann berechnet (Abb. 70).

Im anderen Falle wird die Längenverteilung von Sequenzen betrachtet, die nur aus einem Monomertyp (A oder$B$) bestehen (Abb. 71). Die Sequenzlängenverteilungsfunktion der Komponente A bzw. B ist mit Gl. (1a) und (1b) gegeben:

$$\begin{aligned} W(A)_n &= P_{AA}^{n-1} \cdot (1 - P_{AA}) \quad \text{(a)} \\ W(B)_n &= P_{BB}^{n-1} \cdot (1 - P_{BB}) \quad \text{(b)} \end{aligned} \qquad (1)$$

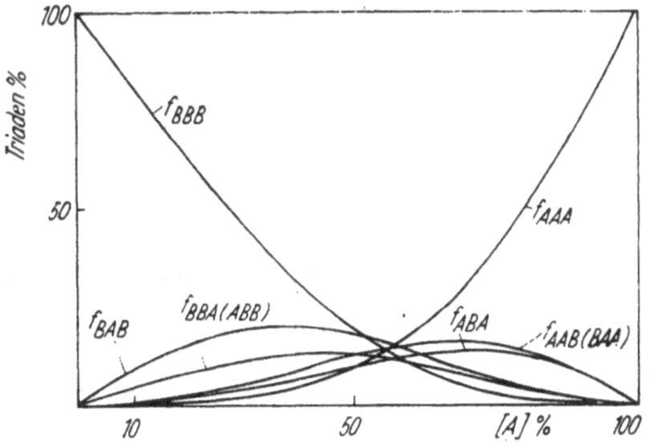

Abb. 70: Triadenverteilung als Funktion der Zusammensetzung eines Copolymeren ($r_A \cdot r_B = 0{,}5$)

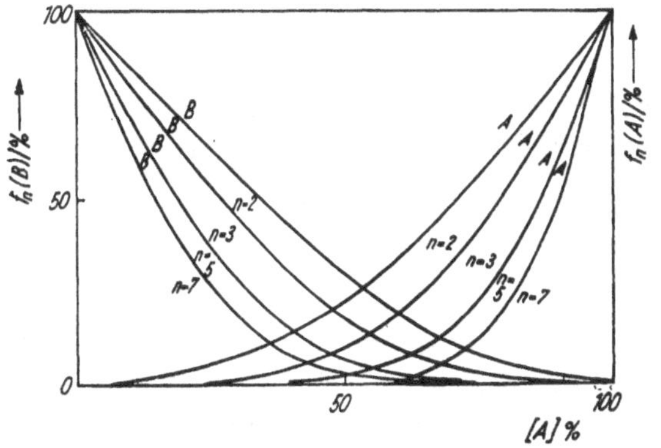

Abb. 71: Längenverteilung der geschlossenen $A(B)$ Sequenzen ($n = 2, 3, 5, 7$) als Funktion der Zusammensetzung eines Copolymeren ($r_A \cdot r_B = 0{,}5$)

Mit diesen Beziehungen ist die Häufigkeit für die $A(B)$-Sequenzen aus n und nur n Bausteinen definiert. Die Folge wird durch $B(A)$-Einheiten ($BA^n B$; $AB^n A$) begrenzt. Die zahlenmittleren Sequenzlängen $\bar{l}_A$ und $\bar{l}_B$ werden gemäß Gl. (2a) und (2b) aus diesen Verteilungsfunktionen berechnet:

$$\begin{aligned} \bar{l}_A &= \frac{\sum\limits_{n=1}^{\infty} n W(A)_n}{\sum\limits_{n=1}^{\infty} W(A)_n} = \frac{1}{P_{AB}} \quad \text{(a)} \\ \bar{l}_B &= \frac{\sum\limits_{n=1}^{\infty} n W(B)_n}{\sum\limits_{n=1}^{\infty} W(B)_n} = \frac{1}{P_{BA}} \quad \text{(b)} \end{aligned} \qquad (2)$$

$\bar{l}_A$ ist der Quotient aus der Summe aller A-Einheiten und der Zahl der AB-Verknüpfungen [2], $\bar{l}_B$ ist der Quotient aus der Summe aller B-Einheiten und der Zahl der BA-Verknüpfungen. Bei ideal-statistischer Verteilung der Monomereinheiten erhält man:

$$\bar{l}_A = \frac{1}{P(B)} \quad \text{(c)}$$
$$\bar{l}_B = \frac{1}{P(A)} \quad \text{(d)} \qquad (2)$$

Die zahlenmittleren Sequenzlängen stehen in einfacher Beziehung zur Blockzahl und zum Persistenzverhältnis.

Die Blockzahl ist definiert als die mittlere Zahl geschlossener Monomersequenzen beider Grundbausteine pro 100 Monomereinheiten.

$$R = \frac{200}{2 + r_A F + r_B \frac{1}{F}} = \frac{200}{\bar{l}_A + \bar{l}_B} \qquad (3)$$

Sie ist damit gleich der mittleren Zahl der A-B- und B-A-Verknüpfungen zwischen den zwei Grundbausteinen. Für den Fall der ideal-statistischen Verteilung der A und B Einheiten gilt:

$$R_{i,s} = \frac{[A] \cdot [B]}{50} \qquad (4)$$

Bei alternierenden Copolymeren ist $R = 100$, für statistisch verteilte Monomereinheiten ist $R < 100$, liegt die Tendenz zur Blockbildung vor, so wird der Wert für R sehr klein ($R \to 0$). Bezieht man auf die Blockzahl einer ideal-statistischen Verteilung, so gilt für alternierende Struktureinheiten $R > R_{i,s}$, liegen homogene Blöcke vor, so ist $R < R_{i,s}$.

Das Persistenzverhältnis ist definiert als Verhältnis der realen mittleren Länge einer geschlossenen A- bzw. B- Sequenz zu der mittleren Sequenzlänge, die man für eine ideal-statistische Verteilung der Monomereinheiten bei gleichen Werten von $P(A)$ bzw. $P(B)$ berechnen würde [3]:

$$\varrho = \frac{\bar{l}_A \cdot \bar{l}_B}{(\bar{l}_A + \bar{l}_B)} \qquad (5)$$

Durch die Bezugnahme auf die Bernoulli-Statistik (ideal-statistische Verteilung) läßt sich bei experimentell bestimmbaren Persistenzverhältnissen ermitteln, ob eine ideal-statistische Copolymerisation $\varrho = 1{,}0$ vorliegt, oder eine alternierende Tendenz in der Polymerkette $\varrho = 0{,}5$ dominiert. Liegen Blockstrukturen im Copolymeren vor, so wird ϱ sehr viel größer als 1 ($\varrho \to \infty$).

Will man den Vergleich mit den ideal-statistischen Größen umgehen, berechnet man das Produkt der Reaktivitätsverhältnisse aus den zahlenmittleren Sequenzlängen Gl. (6):

$$(\bar{l}_A - 1) \cdot (\bar{l}_B - 1) = r_A \cdot r_B \tag{6}$$

Es gilt für idealstatistisch aufgebaute Copolymere $r_A \cdot r_B = 1$, für die Tendenz einer alternierenden Struktur $r_A \cdot r_B < 1$ und für die Blockbildung $r_A \cdot r_B > 1$. Copolymere mit gleichem Produkt der Reaktivitätsverhältnisse $r_A \cdot r_B$ und identischer Bruttozusammensetzung weisen auch gleiche Sequenzverteilung auf.

3.4.3. Methoden zur experimentellen Bestimmung der Sequenzverteilung

Die Sequenzverteilung einer aus A und B bestehenden Polymerkette ist experimentell zugänglich, wenn die Häufigkeit eines beliebigen Strukturmerkmals von A oder B meßbar ist. Zur Lösung dieser Aufgabe können chemische und physikalische Methoden genutzt werden.

Mit chemischen Untersuchungsmethoden wird der Anteil der $A-A(B-B)$ bzw. $A-B(B-A)$ Bindungen direkt ermittelt. Sie können immer dann angewendet werden, wenn durch die chemische Reaktion reproduzierbar analytisch meßbare Strukturen jeweils gleicher Art entstehen. Hier sind die Oxidations- und Hydrolysereaktionen sowie pyrolytische Verfahren zu nennen [4].

Im Gegensatz dazu wird mit physikalischen Methoden [4] generell der Anteil von A und B Einheiten gemessen, der im Zentrum einer n-ade steht. Das bedeutet, daß die Größe der betrachteten physikalischen Eigenschaft, die auf eine $A(B)$ Einheit in einer A- und B-Einheiten enthaltenden Polymerkette zurückzuführen ist, von den Nachbarn der $A(B)$ Einheit abhängt. Die am häufigsten angewendeten Analysenverfahren sind die IR-Spektroskopie und die hochauflösende magnetische Kernresonanz (^{1}H-NMR). Da das Meßergebnis in Form der n-aden anfällt, wird oft zur Darstellung der Sequenzverteilung die n-aden-Verteilung gewählt.

Bei der IR-spektroskopischen Auswertung von Copolymerspektren zur Sequenzanalyse werden bevorzugt Frequenz- und Intensitätsabhängigkeiten verfolgt. Beobachtete Änderungen des Bandenprofils und der Halbwertsbreite [5] sind ebenfalls in Zusammenhang mit Sequenzverkürzungen zu bringen. Von einigen ausgewählten Copolymeren sind die sequenzabhängigen Frequenzen (Wellenzahlen) und ihre Zuordnung in Tab. 55 zusammengestellt.

Ein Einfluß der Sequenzverteilung auf die Intensität der Absorptionen läßt sich IR-spektroskopisch wie folgt erkennen. Für ein Copolymerisat, welches aus A- und B-Einheiten aufgebaut ist, haben für zwei sich nicht über-

Tabelle 55: Sequenzabhängige Schwingungen ausgewählter Copolymerisate und ihre Zuordnung

Copolymerisat	Zuordnung	n-ade	Bandenlage cm^{-1}
Vinylchlorid (*VC*) – Vinylidenchlorid (*VDC*)	CH_2-Scheren-schwingung	*VC-VC*	1434
		VC-VDC	1420
		VDC-VDC	1405
	CH-Deformations-schwingung	*VC-VC-VC*	1247
		VC-VC-VDC	1235
		VDC-VC-VDC	1197
Vinylchlorid – Isobutylen (*IB*)	CH_2-Scheren-schwingung	*VC-VC*	1425–1435
		VC-IB	1451
		IB-IB	1470
Trifluorchlorethylen (*TFCE*)-Tetrafluorethylen (*TFE*)	C-Cl Valenz-schwingung	*TFCE-TFCE-TFCE*	971
		TFCE-TFCE-TFE	967
		TFE-TFCE-TFE	957
Ethylen (*E*) – Propylen (*P*)	CH_2-Rocking-schwingung	*E-E*	723
		E-P	735
		P-E	752
		P-P	815

lagernde Banden Gl. (7) und (8) Gültigkeit:

$$E_A = \varepsilon_A \cdot c_A \cdot d; \quad E_B = \varepsilon_B \cdot c_B \cdot d \tag{7}$$

$$c_A + c_B = c_M \tag{8}$$

Substituiert man c_A und c_B in Gl. (8) durch Gl. (7), so erhält man Beziehung (9):

$$\frac{E_A}{c_M \cdot d} = -\frac{\varepsilon_A}{\varepsilon_B} \cdot \frac{E_B}{c_M \cdot d} + \varepsilon_A \tag{9}$$

Trägt man grafisch $E_A/c_M \cdot d$ und $E_B/c_M \cdot d$ gegeneinander auf, erhält man für den Fall, daß beide gemessenen Absorptionen sequenzunempfindlich sind, eine lineare und für sequenzempfindliche Absorptionen eine nichtlineare Abhängigkeit.

Wird die Intensität der betrachteten Analysenbande von den nächsten Nachbarn beeinflußt, so ist die gemessene Extinktion E die Summe der Produkte aus der Größe der Eigenschaft und der Konzentration, multipliziert mit der Schichtdicke d.

$$E = (\varepsilon_1 \cdot c_{AAA} + \varepsilon_2 \cdot c_{AAB} + \varepsilon_3 \cdot c_{BAB}) \cdot d \tag{10}$$

ε_1; ε_2; ε_3 = Extinktionskoeffizient der Triaden *AAA*; *AAB*; *BAB*; in $cm^2 \cdot g^{-1}$
c = Konzentration der entsprechenden Triaden in $g \cdot cm^{-3}$ (*n*-aden höherer Ordnung sind IR-spektroskopisch nicht mehr unterscheidbar)
d = Schichtdicke in cm

Oft ist es günstig, auf die Extinktion einer sequenzunabhängigen Bande zu beziehen Gl. (11),

$$\frac{E}{E_u} = \frac{\varepsilon_1}{\varepsilon_u} \cdot \frac{f_{AAA}}{P(A)} + \frac{\varepsilon_2}{\varepsilon_u} \cdot \frac{f_{AAB}}{P(A)} + \frac{\varepsilon_3}{\varepsilon_u} \cdot \frac{f_{BAB}}{P(A)} \tag{11}$$

ε_u = Extinktionskoeffizient der sequenzunabhängigen Bande in $cm^2 \cdot g^{-1}$
f = Anteile der entsprechenden Triaden

da man dann aus dem Spektrum sofort den prozentualen Anteil der Triaden bestimmen kann.

Gl. (11) verknüpft die relativen Intensitäten der Absorptionen im Spektrum mit der Kettenstruktur. Die Quotienten $\frac{\varepsilon_i}{\varepsilon_u}$ $(i = 1,\ 2,\ 3)$ werden an Modellsubstanzen bestimmt.

Das gleichzeitige Vorhandensein einer Vielzahl untrennbarer Strukturen in der Polymerkette wirkt sich im ^{1}H-NMR-Spektrum ebenfalls als Überlagerung von Teilspektren aus. Wieviele dieser Teilspektren überlagert sind, d. h. wie lang die Unterketten (n-aden) sind deren zentrale Protonen gerade noch unterschiedliche Teilspektren besitzen, ist abhängig von der Meßfrequenz. Allgemein gilt, je höher die Meßfrequenz, umso länger sind die unterscheidbaren Unterketten.

Der Informationsgehalt eines ^{1}H-NMR-Spektrums bezüglich einer Sequenzanalyse ist abhängig von den apparativen Aufnahmebedingungen und der richtigen Wahl des Lösungsmittels. Die Parameter, die eine Auswertung des H^1-NMR-Spektrums hinsichtlich der Mikrostruktur der Polymerkette zulassen, sind nach KELLER [6] in Tab. 56 aufgeführt.

Die Signalzuordnung im Spektrum (s. Tab. 57) kann wie folgt vorgenommen werden:

- im Vergleich mit den ^{1}H-NMR-Spektren ähnlicher Copolymersysteme [6];
- im Vergleich mit den ^{1}H-NMR-Spektren von Copolymeren verschiedener Bruttozusammensetzung;
- im Vergleich mit den ^{1}H-NMR-Spektren der Homopolymeren.

Tabelle 56: Informationen eines ^{1}H-NMR-Spektrums, die zur Spektreninterpretation und quantitativen Auswertung dienen [6]

a) Lage der Linien im Spektrum (chemische Verschiebung, gemessen in ppm bezogen auf eine Referenzsubstanz)
b) Intensitäten (Flächen unter den Peaks, deren Größe proportional der Zahl der zur Resonanz gelangenden Protonen ist);
c) Kopplungskonstanten J (Hz)
d) Linienbreiten (Hz oder ppm)
e) Multiplizitäten der Signale bei äquivalenten Kernen

Hinweise auf die Zuordnung liefert ebenfalls das von PRIMAS [7] erarbeitete Schema. Es dient auch für Hochpolymere zur Vorausberechnung von chemischen Verschiebungen [6].

Am Beispiel der Ethylen-Vinylacetat-Copolymeren ist in Tab. 57 die Linienzuordnung der CH_2-Protonenteile für die entsprechenden Diaden gezeigt. Je nachdem, ob sich der Einfluß der Substituenten über maximal 3, 4 oder 5 Bindungen auf die Protonen der betrachteten CH_2-Gruppe auswirkt, muß das Spektrum in Diaden, Triaden oder Tetraden interpretiert werden. Die relativen Intensitäten der abgetrennten Teilspektren sind dann identisch mit den Konzentrationen der zugehörigen Teilstrukturen.

Kriterien zur Entscheidung über die zur vorgenommenen Abtrennung gehörige richtige Interpretation sind in [8, 9] angegeben. Dort wird auch der Zusammenhang zwischen den experimentell bestimmbaren und den die Sequenzverteilung charakterisierenden Größen ausführlich beschrieben.

Tabelle 57: Anordnungsmöglichkeiten der Methylenprotonen in Ethylen-Vinylacetat-Copolymeren in Diaden und ihre Zuordnung

Diade	Wahrschein-lichkeit	Symbolik	Dreierkette	chemische Verschiebung in ppm (auf TMS)
$\underline{A}$*A	$P_{AA} \cdot P(A)$	$\underline{0}0\ 00$	$(0)\ \underline{0}\ 0$	8,73
$\underline{A}A$	$P_{AA} \cdot P(A)$	$0\underline{0}\ 00$	$0\ \underline{0}\ 0$	
$\underline{A}B$	$P_{AB} \cdot P(A)$	$\underline{0}0\ 10$	$(0)\ \underline{0}\ 0$	
$\underline{A}B$	$P_{AB} \cdot P(A)$	$0\underline{0}\ 10$	$0\ \underline{0}\ 1$	8,50
$\underline{B}A$	$P_{BA} \cdot P(B)$	$1\underline{0}\ 00$	$1\ \underline{0}\ 0$	
BB	$P_{BB} \cdot P(B)$	$1\underline{0}\ 10$	$1\ \underline{0}\ 1$	8,18

*Die betrachtete Monomereinheit ist unterstrichen.

Symbolik: *A* – Einheit: $-CH_2-CH_2-$ (0 0); B – Einheit: $-CH_2-CH(OCOCH_3)-$ (0 1)

3.4.4. Versuchsbeispiele und Auswertung

3.4.4.1. Ermittlung der Sequenzverteilung durch ^{1}H-NMR-Spektroskopie am Beispiel von Ethylen-Vinylacetat-Copolymeren mit geringen Vinylacetatgehalten [9]

Vor der Analyse werden die in der Probe enthaltenen Antioxidantien durch Ausfällen des Polymeren aus einer einprozentigen Lösung in Chloroform mit Methanol entfernt. Die so gereinigte Probe wird unter Schütteln als 7 Gew.-%ige Lösung in Chloroform präpariert. Das Spektrum wird mit einem hochauflösenden Kernresonanzspektrometer, welches mit einem temperierbaren

Probenkopf ausgerüstet ist, aufgenommen. Es wird bei einer Meßfrequenz von 100 MHz und einer Temperatur von 100 bis 120 °C gearbeitet. Wichtig für die Aufnahme der Spektren ist die Homogenität des Magnetfeldes, da davon die Symmetrie der Resonanzlinien abhängt. Als Referenzsubstanz wird Tetramethylsilan oder Hexamethyldisiloxan verwendet.

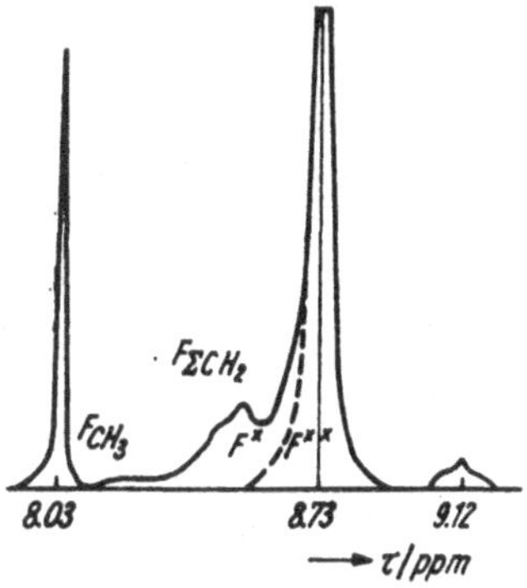

Abb. 72: Ausschnitt aus einem ^{1}H-NMR-Spektrum eines Ethylen-Vinylacetat-Copolymeren mit 12,2 Mol% Vinylacetat

Abb. 72 zeigt das erhaltene Spektrum eines Ethylen-Vinylacetat-Copolymeren mit einer Zusammensetzung von 12,2 Mol % Vinylacetat und 87,8Mol % Ethylen. Die Zuordnung der Signale ist in Tab. 57 gegeben. Das Auswerteverfahren wird am Beispiel des in Abb. 72 gezeigten Spektrums erläutert.

Die Blockzahl R wird durch Abtrennen der Teilspektren der homogenen A-Sequenzen (873 ppm) vom übrigen CH_2-Spektrum bestimmt. Diese Abtrennung wird, wie in Abb. 72 gezeigt, vorgenommen.

$$F^* = F_{-CH_2\text{-gesamt}} - F^{**} \qquad (12)$$

F^* = Fläche des nichtsymmetrischen abgetrennten CH_2-Spektrums
F^{**} = Fläche des symmetrischen abgetrennten CH_2-Spektrums

Die Flächen der so isolierten Spektrenteile sind Funktionen der die Sequenzverteilung charakterisierenden Parameter. Mit der Fläche F^* wird das Verhältnis D_{exp} definiert:

$$D_{exp} = \frac{F_{CH_3}}{F^*} = \frac{I_{CH_3}}{I^*} \qquad (13)$$

F_{CH_3} = Peakfläche der Acetatgruppe

Diese Größe D kann auch als Verhältnis der Intensitäten der Protonen der entsprechenden n-aden ausgedrückt werden, als Verhältnis der Anlagerungswahrscheinlichkeiten $P_{i,j}$ und der Molenbrüche $P(A)$ und $P(B)$. Die Protonenzahlen werden als Intensitätsfaktoren berücksichtigt. Die auf die Gesamtzahl aller Monomereinheiten bezogene Intensität der Acetatgruppe im Copolymeren ergibt sich gemäß Gl. (14):

$$I_{CH_3} = 3 \cdot P(B) \qquad (14)$$

die auf die Gesamtzahl aller Monomereinheiten bezogene Intensität [10] der CH_2-Gruppen ist entsprechend Gl. (15) gegeben.

$$I_{CH_2} = 2\{2 \cdot P(A) + P(B)\} \quad (15)$$

Um I^* zu erhalten, müssen von den I_{CH_2}-Werten die Intensitäten der CH_2-Gruppen abgezogen werden, die den symmetrischen Teil des Methylenprotonenspektrums bedingen.

$$I^{**} = 2 \cdot P(A) \cdot P_{AA}^{n-2} \cdot (1 + P_{AA}) \quad (16)$$

So erhält man nach Gl. (13) für eine beliebige n-aden Interpretation die Beziehung (17):

$$D^{n\text{-ade}} = \frac{3 \cdot P(B)}{2\{2 \cdot P(A) + P(B) - P(A) \cdot P_{AA}^{n-2} \cdot (1 + P_{AA})\}} \quad (17)$$

Randbedingung: $n > 2$

Das in Abb. 72 gezeigte Spektrum wird in Triaden ($n = 3$) ausgewertet. Für diese Spektreninterpretation erhält man mit den Gleichungen der Tab. 54 folgende D-Wert-Funktion:

$$D^{\text{Triade}} = \frac{3 \cdot [A] \cdot [B]}{2 \cdot [A] \cdot [B] + 3 \cdot [A] \cdot R - \frac{1}{2} R^2} \quad (18)$$

Da die berechneten Intensitätsverhältnisse den gemessenen Flächenverhältnissen äquivalent sind, spiegelt Gl. (18) bei Einsetzen des planimetrierten Flächenverhältnisses D_{exp} den Zusammenhang zwischen R_{exp} und D_{exp} wider.

$$R_{exp}^{\text{Triade}} = 3 \cdot [A] - \sqrt{9 \cdot [A]^2 - 2 \cdot [A] \cdot [B] \cdot \left(\frac{3}{D_{exp}} - 2\right)} \quad (19)$$

Für das in Abb. 72 gezeigte Spektrum werden folgende, die Sequenzverteilung charakterisierende Werte erhalten:

$D_{exp} = 0{,}431 \quad \bar{l}_A = 8{,}36 \quad \varrho = 1{,}02$

$R_{exp} = 21 \quad \bar{l}_B = 1{,}16 \quad r_A \cdot r_B = 1{,}18$

Es liegt eine ideal-statistische Verteilung der A- und B-Einheiten vor.

3.4.4.2. Ermittlung der Sequenzverteilung durch IR-Spektroskopie am Beispiel der Styren-Acrylnitril-Copolymeren [11]

Die Probe wird mit einer hydraulischen Dezimalpresse als Preßfolie bei einem Druck von $2{,}5 \cdot 10^7\ N \cdot m^{-2}$ und einer Temperatur von 120 bis 150 °C präpariert. Die Schichtdicke der Folie ist so zu wählen, daß die Durchlässigkeit der bei 1603 cm^{-1} registrierten Absorption 20% nicht unterschreitet. Die Spektren werden mit einem hochauflösenden IR-Spektrometer im Wellenzahlenbereich von 1550 bis 1650 cm^{-1} aufgenommen.

Abb. 73 zeigt einen Spektrenausschnitt von reinem Polystyren und den eines Styren-Acrylnitril-Copolymeren mit einer Zusammensetzung von 44 Mol % Acrylnitril und 56 Mol % Styren. Den gemessenen Absorptionen sind Schwingungen des monosubstituierten aromatischen Ringes zuzuordnen. Die Auswertung erfolgt nach Gl. (11).

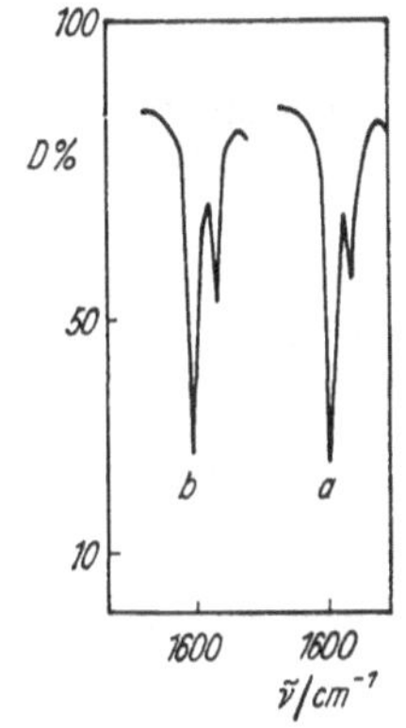

Abb. 73: Intensitätsänderungen am Polystyrendoublett bei 1585 und 1603 cm^{-1}

a = Polystyren; *b* = Styren – Acrylnitril – Copolymerisat mit 44 Mol % Acrylnitril

Die Extinktion der Bande bei 1585 cm^{-1} wird um den Betrag $0{,}05 \cdot E_{1603}$ korrigiert, um den durch Bandenüberlagerung entstehenden Fehler zu berücksichtigen. Die auf die Extinktionskoeffizienten der sequenzunempfindlichen Bande bei 1585 cm^{-1} reduzierten Extinktionskoeffizienten der Absorption bei 1603 cm^{-1} sind Tab. 58 zu entnehmen. Sie sind abhängig von der Mikrostruktur der Polymerkette. Die Normierung

$$\frac{f_{SSS}}{P(S)} + \frac{f_{SSA(ASS)}}{P(S)} + \frac{f_{ASA}}{P(S)} = 1 \qquad (20)$$

ergibt für den Anteil der nur aus Styreneinheiten bestehenden Triaden:

$$f_{SSS} = \frac{\frac{E_{1603}}{E_{1585}} - \varepsilon_{ASA}}{\varepsilon_{SSS} - \varepsilon_{ASA}} \cdot P(S) \qquad (21)$$

Tabelle 58: Reduzierte Extinktionskoeffizienten der *SSS*-, *SSA* (*ASS*)- und *ASA*-Triaden in Styren-Acrylnitril-Copolymeren

Triade	reduzierte Extinktionskoeffizienten $\frac{\varepsilon_{1603}}{\varepsilon_{1585}}$
SSS	3,62
SSA (*ASS*)	2,75
ASA	2,75

Mit den Gleichungen der Tab. 54 erhält man für den Zusammenhang zwischen dem gemessenen Verhältnis der Extinktionen und der Blockzahl R eine Beziehung gemäß Gl. (22)

$$R = 2\left\{[S] - [S]\left(\frac{\frac{E_{1603}}{E_{1585}} - \varepsilon_{ASA}}{\varepsilon_{SSS} - \varepsilon_{ASA}}\right)^{1/2}\right\} \tag{22}$$

Aus dem in Tab. 73 gezeigten Teilspektrum des Copolymeren werden folgende Kennwerte für die Sequenzverteilung erhalten:

$$\frac{E_{1603}}{E_{1585}} = 2{,}8 \qquad \bar{l}_S = 1{,}32 \qquad \varrho = 0{,}58$$

$$R = 85 \qquad \bar{l}_A = 1{,}035 \qquad r_A \cdot r_S = 0{,}011$$

Es liegt die Tendenz einer alternierenden Struktur vor.

Ob eine Auswertung bezüglich des Produktes der Reaktivitätsverhältnisse aus den mittleren Sequenzlängen sinnvoll ist, hängt von der Genauigkeit der experimentell bestimmten Blockzahlen ab. Es empfiehlt sich, dazu die Größe des relativen Fehlers $\left|\frac{\Delta(r_A \cdot r_B)}{r_A \cdot r_B}\right|$ in Abhängigkeit von der Bruttozusammensetzung der Probe abzuschätzen [9].

Literatur

[1] Chong Wha Pyun, J. Polymer Sci. *A*–2 8, (1970), 1111

[2] Harwood, H. J. u. W. M. Ritchey, J. Polymer Sci., *B*, Polymer Letters **2** (1964), 601

[3] Coleman, B. D. u. T. G. Fox, J. Polymer Sci. *A* **1** (1963), 3183

[4] Harwood, H. J., Angew. Chem. **77** (1965), 405, 1124

[5] Dechant, J., „*Ultrarotspektroskopische Untersuchungen an Polymeren*", Akademie-Verlag Berlin 1972

[6] Keller, F. u. H. Roth, Plaste und Kautschuk **15** (1968), 800

[7] Primas, H., Ernst, R., Arnd, R. u. P. Bommer, Vortrag auf dem „International meeting of molecular spectroscopy", Bologna, Sept. 1959

[8] Keller, F. u. M. Arnold, Plaste und Kautschuk **19** (1972), 269

[9] Keller, F., Plaste und Kautschuk **18** (1971), 657

[10] Mayo, F. R., Ber. Bunsenges. physik. Chem. **70** (1966), 233

[11] Kimmer, W. u. R. Schmolke, Plaste und Kautschuk **19** (1972), 260

3.5. Taktizitätsbestimmung in Polymeren

3.5.1. Einführung

Nach NATTA [1] bestehen taktische (stereoregulare) Polymere aus Makromolekülen, deren Grundbausteine hinsichtlich ihrer sterischen Konfiguration einer Gesetzmäßigkeit folgen, die keinen statistischen Charakter zeigt. Definitionsgemäß enthalten deshalb diese Polymeren entweder in jedem Grundbaustein der Polymerkette mindestens ein Stereoisomeriezentrum oder eine kettenständige Doppelbindung (siehe 3.3.).

Die asymmetrischen C-Atome in den Grundmolekülen können bereits im polymerisationsfähigen Monomeren vorliegen. Sie können sich aber auch erst während der Polymerisationsreaktion, wie z.B. bei der Kopf—Schwanz-Verknüpfung der Vinylmonomeren bilden. Durch die Umwandlung der planaren Substituentenanordnung an den mittels einer Doppelbindung verbundenen C-Atomen im Vinylmonomeren in eine tetraedrische in der Polymerkette entstehen sogenannte pseudoasymmetrische C-Atome [2]. Diese zeigen auf Grund der chemischen Umgebung zwar keine optische Aktivität, jedoch sind ebenso wie bei den asymmetrischen C-Atomen bei gleicher Konstitution zwei unterschiedliche räumliche spiegelbild—isomere Anordnungen der Substituenten möglich.

Betrachtet man die relative Lage der unmittelbar aufeinanderfolgenden Stereoisomeriezentren in der Kette, so können die Stereokonfigurationen der (pseudo)asymmetrischen C-Atome gleich oder invers sein. Im ersteren Falle bezeichnet man die Struktur isotaktisch, im zweiten syndiotaktisch. Polymere mit gleichem Anteil an kurzen, häufig abwechselnden iso- und syndiotaktischen Sequenzen werden hetero- bzw. ataktisch genannt. Zur Darstellung bedient man sich meist der NATTA- oder der FISCHER-Projektion [2], seltener der NEWMAN-Projektion.

Im allgemeinen enthält der Grundbaustein einer Molekülkette nur ein Stereoisomeriezentrum. Die resultierenden monotaktischen (polytaktisch: der Grundbaustein enthält mehrere Stereoisomeriezentren) Polymeren haben großes technisches Interesse gefunden, da die technologischen Eigenschaften dieser Produkte wesentlich durch die stereoregulare Struktur der Makromoleküle bestimmt werden. Dem mittleren taktischen Anteil ist dabei generell der stärkere Einfluß zuzuordnen, die entsprechenden Verteilungsfunktionen sind von geringerer Bedeutung; ausgenommen sind Stereoblockcopolymere. Dichte, Kristallinität, Einfrier- und Schmelzverhalten, Löslichkeit der Polymeren sowie die chemische Reaktivität am Makromolekül hängen meßbar von der Stereoregularität ab [3]. Für die Kristallisation muß jedoch zusätzlich eine Mindestsequenzlänge vorhanden sein. In diesem Falle ist die taktische Struktur zwar eine notwendige, aber noch nicht hinreichende Bedingung für die Kristallisierbarkeit der Makromoleküle.

3.5.2. Bildung taktischer Polymerer und Kennwerte für die Verteilung der Bindungen über die Polymerkette

Die taktische Konfiguration der Makromoleküle wird durch die Wachstumsschritte während der Polymerisation festgelegt. In der ionisch-koordinativen Polymerisation kontrolliert das Initiatorsystem das sterische Kettenwachstum, während in der ionischen Polymerisation die Polarität des Lösungsmittels von Einfluß ist. In der radikalischen Polymerisation ist nur bei tiefen Polymerisationstemperaturen (< 0 °C) die syndiotaktische Monomeraddition gegenüber der isotaktischen bevorzugt, da die Differenzen der Aktivierungsenthalpien [4] gering sind. In Tab. 59 sind für einige ausgewählte technisch interessante Polymere die zu hochgeordneten Strukturen führenden Reaktionsbedingungen angegeben. Bei detaillierter Betrachtung der Mikrostruktur der so synthetisierten Substanzen stellt man fest, daß keines der angegebenen Initiatorsysteme sterisch reine Makromoleküle ohne konfigurative Fehlstellen liefert.

Die Charakterisierung taktischer Polymerer nur durch den Anteil an iso- bzw. syndiotaktisch verknüpften Monomereinheiten, bezogen auf die Summe aller Grundbausteine (Isotaxie (I) + Syndiotaxie $(S) = 1$), ist deshalb oft nicht ausreichend. Um die Verteilung der Bindungen über die gesamte Kette

Tabelle 59: Reaktionsbedingungen für die Synthese einiger taktischer Polymerer

Polymer	Reaktions-mechanismus	Initiator	taktische Struktur
Polypropylen Polybuten-1	ionisch-koordinativ	$AlEt_3(AlEt_2Cl) + \alpha(\gamma)\ TiCl_3$	iso- iso-
Polypropylen	ionisch-koordinativ	$AlEt_2Cl + VCl_4$ − 80 °C $AlEt_2Cl + VCl_4$ + 50 °C	syndio- hetero-
Polybutadien	ionisch-koordinativ	$AlEt_2Cl + VCl_4(VCl_3)$ $AlEt_3 + Cr(acac)_3$ $AlEt_3 + Cr(CO)_6$ $Al/Cr < 1$ $Al/Cr > 1$ π-Allyl-Nickel-Komplexe	1,4 trans- 1,2 iso- 1,2 syndio- 1,2 iso- 1,4 cis-
Polymethyl-methacrylat	ionisch	n-Butyl-Lithium, n-Amyl-Natrium in unpolaren Kohlenwasserstoffen bei 0 °C n-Butyl-Lithium; n-Amyl-Natrium in polaren Kohlenwasserstoffen bei −70 °C	iso- syndio-
Polyvinylchlorid	radikalisch	Radikalbildner + 50 °C − 78 °C	hetero- syndio-

festzulegen, bedarf es einer weiteren unabhängigen Größe. Diese ist in der relativen Häufigkeit heterotaktischer Einheiten H^* zu finden, die nur an den Enden der taktischen Sequenzen auftreten. Sie sind deshalb ein anschaulicher Wert für die mittleren Sequenzlängen $\bar{l}_i$ und $\bar{l}_s$. Je größer der Wert für H^* wird, umso kürzer sind die taktischen Sequenzen.

Tabelle 60: Gleichungen für die Beziehungen zwischen den die taktischen Strukturen charakterisierenden Größen und den Schrittwahrscheinlichkeiten $P_{i,j}$

Bestimmungsgröße	Schrittwahrscheinlichkeit
I (Diade)	P_i
S (Diade)	P_s
H^* (Triade)	$2 \cdot P_i \cdot P_{is}$; $2 \cdot P_s \cdot P_{si}$
I^* (Triade)	$P_i \cdot P_{ii}$
S^* (Triade)	$P_s \cdot P_{ss}$
$\bar{l}_i$	$P_{is}^{-1} + 1$
$\bar{l}_s$	$P_{si}^{-1} + 1$
$w_i(n)$	$n \cdot P_i \cdot \dfrac{P_{is}^2 \cdot P_{ii}^{n-1}}{1 - P_{is} \cdot P_{si}}$
$w_s(n)$	$n \cdot P_s \cdot \dfrac{P_{si}^2 \cdot P_{ss}^{n-1}}{1 - P_{si} \cdot P_{is}}$
$w_{ii}(n)$	$P_{si} \cdot w_i(n)$
$w_{is}(n)$	$P_{ii} \cdot w_s(n)$
$w_{si}(n)$	$P_{ss} \cdot w_i(n)$
$w_{ss}(n)$	$P_{is} \cdot w_s(n)$

Über die Schrittwahrscheinlichkeiten $P_{i,j}$ (i, j = iso- oder syndiotaktisch) stehen die genannten Kennwerte in Relation zu den Geschwindigkeitskonstanten der Wachstumsreaktionen (siehe 3.4.). Die Beziehungen zwischen den die taktische Struktur charakterisierenden Größen und den $P_{i,j}$ sind in Tab. 60 dargestellt. Mit den angegebenen Gleichungen läßt sich der Gewichtsanteil $w_{i,j}(n)$ der taktischen Sequenzen der Länge n im gesamten Makromolekül als Funktion von n (Abb. 74) berechnen [5].

3.5.3. Methoden zur experimentellen Bestimmung der Taktizität

3.5.3.1. Kernresonanzspektroskopie

Das Kernresonanzspektrum eines taktischen Polymeren ist näherungsweise wie das eines Copolymeren (siehe 3.4.) als Superpositionsspektrum von iso-, hetero- und syndiotaktischen Teilketten zu betrachten. Wie groß die che-

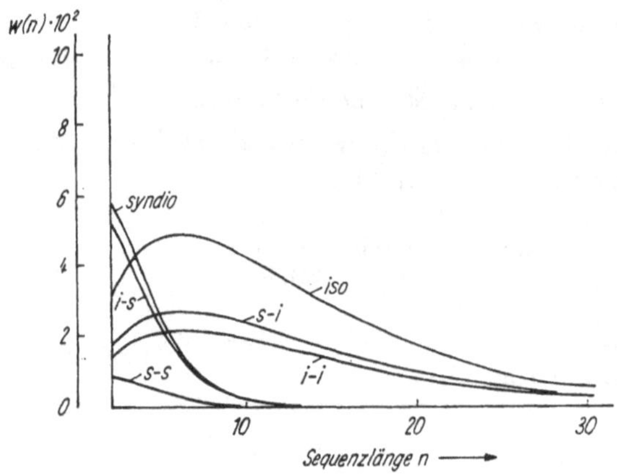

Abb. 74: Gewichtsanteil der Sequenzen mit n Grundbausteinen als Funktion der Sequenzlänge *n* im Polymethylmethacrylat

$P_i = 0{,}76$; $P_s = 0{,}24$; $P_{ii} = 0{,}85$; $P_{is} = 0{,}15$;
$P_{ss} = 0{,}55$; $P_{si} = 0{,}45$;

mische Verschiebung zwischen den unterscheidbaren Strukturen ist, hängt von der Abschirmung der Kerne durch die Elektronenhülle und damit von der chemischen Umgebung des Kerns ab. Die Auflösung der Signale ist eine Funktion der Meßfrequenz.

Zur Spektreninterpretation und quantitativen Auswertung der taktischen Anteile in der Molekülkette werden deshalb aus dem Kernresonanzspektrum auch die gleichen Informationen wie für eine Sequenzanalyse ausgewertet. Die wichtigsten Meßgrößen sind die Lage der Resonanzen (chemische Verschiebung) und die Flächen unter den Peaks als Äquivalent für die Konzentration der Struktureinheiten. Es muß jedoch beachtet werden, daß im Gegensatz zur Protonenresonanz in der Spektroskopie der ^{13}C-Kerne die Signale generell wegen des Nuclear-Overhauser-Effekts (*NOE*) nicht konzentrationsproportional sind. Betrachtet man aber die relative chemische Verschiebung der gleichen Kerne, die sich nur auf Grund der konfigurativen Anordnung unterscheiden, so ist dieser Effekt vernachlässigbar klein. Weiterhin werden die Kopplungskonstanten und die Multiplizitäten der Signale zur Interpretation herangezogen. Entsprechend der Multiplett-Regel:

$$\text{Multiplizität} = 2 \cdot N \cdot J + 1 \qquad (1)$$

J = Kernspinquantenzahl
N = Anzahl äquivalenter magnetischer Kerne in Nachbarschaft

spalten die Signale in mehrere Linien auf. So sind z.B. die beiden Protonen der CH_2-Gruppe in den Vinylpolymeren mit syndiotaktischer Konfiguration magnetisch gleichwertig und zeigen daher auch gleiche chemische Verschiebung. Die isotaktische Verknüpfung hebt die Symmetrie der Methylenprotonen auf [6]. Jedes Proton zeigt ein eigenes Resonanzsignal, welches infolge der Spinkopplung in ein Multiplett aufspaltet. Ist so eine Differenzierung möglich, werden die Methylenprotonen heterosterisch genannt; in einer homosterischen CH_2-Gruppe sind die zwei Protonen äquivalent.

Reicht die Auflösung in der Protonenresonanz nicht aus, so ist oft mit Hilfe der Spektren deuterierter Polymerer eine Aussage bezüglich der sterischen Anordnung in der Kette möglich.

Neben der Protonenresonanz liefert die Spektroskopie des ^{13}C-Kerns wertvolle Informationen über den konfigurativen Mikroaufbau der Makromoleküle. Der Bereich der chemischen Verschiebung der ^{13}C-Kerne beträgt etwa das 30-fache von dem der Protonen. Das bedeutet, daß sehr geringe Unterschiede der chemischen und räumlichen Umgebung eines ^{13}C-Kerns im Spektrum bemerkbar sind.

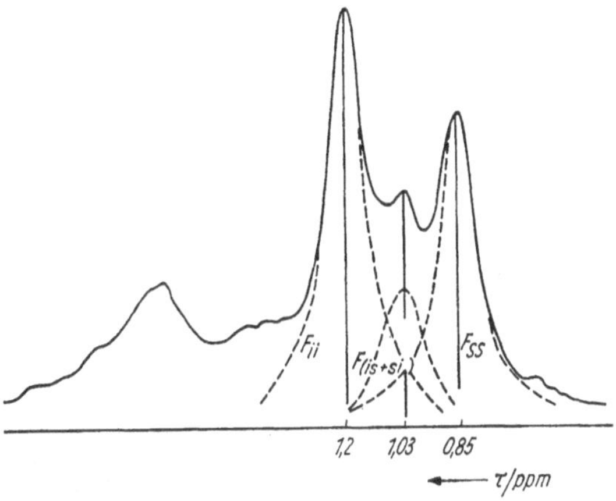

Abb. 75: ^1H-NMR-Spektrum der α-Methylprotonen in bevorzugt isotaktischem Polymethylmethacrylat

Abb. 75 und 76 zeigen als Beispiel das Protonen- und das ^{13}C-Spektrum der α-Methylgruppe des Polymethylmethacrylats. Während die Resonanzen der iso-, syndio- und heterotaktischen Strukturen im Protonenspektrum überlagert sind, ist eine vollständige Auflösung im ^{13}C-Spektrum zu erkennen. In Abb. 77 sind die chemischen Verschiebungen im Spektrum der ^{13}C-Kerne in Abhängigkeit vom Substituenten in den entsprechenden Vinylpolymeren dargestellt. In der nachstehenden Tab. 61 ist der Effekt der Konfiguration hinsichtlich der relativen chemischen Verschiebung aufgezeigt [7].

Kernresonanzspektren werden generell in *n*-aden diskutiert. Eine Erhöhung der Meßfrequenz läßt manchmal eine Spektreninterpretation in höheren *n*-aden (Tetraden, Pentaden) zu. So wird z.B. das α-Protonenspektrum des Polyvinylchlorids gegenüber einer Pentadenstruktur empfind-

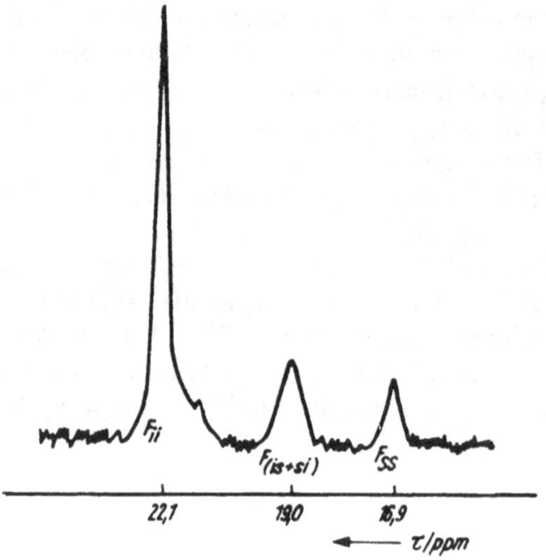

Abb. 76: ^{13}C-Spektrum der α-Methylgruppe in bevorzugt isotaktischem Polymethylmethacrylat

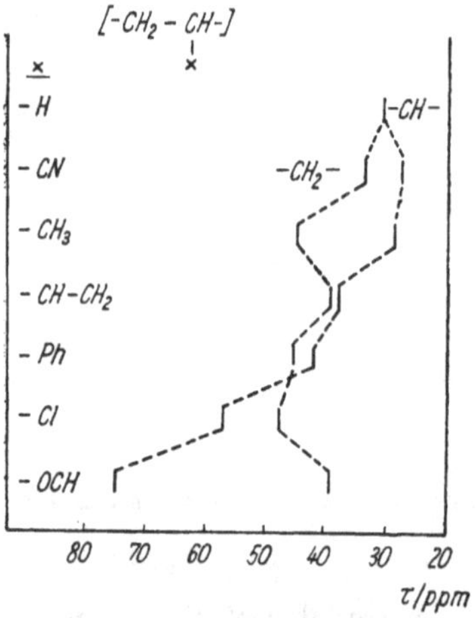

Abb. 77: Chemische Verschiebung in der ^{13}C-Spektroskopie für einige Vinylpolymere [7]

lich, wenn die Meßfrequenz 100 MHz [8] beträgt. Der gleiche Effekt tritt in der ^{13}C-Spektroskopie auf, wie in [9] am Polypropylen nachgewiesen wurde. Die Signalzuordnung erfolgt im allgemeinen über Polymerstandards mit bekannter taktischer Struktur, bzw. über Polymere mit sehr gegensätzlicher sterischer Anordnung der Grundbausteine. Oft werden auch niedermolekulare Modellsubstanzen verwendet, wie beispielsweise zur Spektreninterpretation des Polyvinylchlorids und des Polypropylenoxids.

Die Anwendungsgrenzen sind darauf zurückzuführen, daß intermolekulare Wechselwirkungen die Segmentbeweglichkeiten behindern. Die Folge davon ist, daß die Bandenbreite von gelösten Makromolekülen bedeutend größer ist

Tabelle 61: Effekt der sterischen Anordnung auf die relative chemische Verschiebung; die Konfiguration ist in der Reihenfolge des zunehmenden Magnetfeldes geordnet

Substituent des Vinylmonomeren X	$-CH-$	$-CH_2-$	α-C−Atom
$-H$	—	—	—
$-CN$	S^*; I^*;	nicht aufgelöst	I^*; S^*
$-CH_3$	nicht aufgelöst	S; I	I^*; S^*
$-CH{=}CH_2$	nicht aufgelöst	S; I	I^*; S^*
$-Ph$	nicht aufgelöst	S; I	I^*; S^*
$-Cl$	S^*; I^*;	S; I	—
$-OCH_3$	nicht aufgelöst	S; I	—

als die niedermolekularer Substanzen. In diesen Fällen wirkt man der Bandenverbreiterung durch eine Erhöhung der Meßtemperatur entgegen.

3.5.3.2. IR-Spektroskopie

Die gesetzmäßig geordnete Aneinanderreihung der Monomereinheiten führt zu besonderen Auswahlregeln für infrarotaktive Schwingungen, so daß in den IR-Spektren der Polymeren im Festzustand wie auch in Lösung Stereoregularitätsbanden zu beobachten sind. Nach DECHANT [10] hängen die charakteristischen Gruppenfrequenzen zum einen von der lokalen Konfiguration ab, zum anderen sind Symmetrie, Auswahlregeln, Intensitäten, Polarisation und intramolekulare Wechselwirkungen durch die Konformation bestimmt. Zwischen der Konformation der Molekülketten und der räumlichen Anordnung der Substituenten bestehen, wie GERMAR [11] am Beispiel des PVC zeigt, wechselseitige Beziehungen. Weiterhin erscheinen im IR-Spektrum auf Grund des Zusammenhanges zwischen der Stereoregularität und der Existenz regularer Ketten Regularitätsbanden. KÖNIG [12] hat die IR-Absorptionen von taktischen Polymeren nach ihrem Verhalten beim Übergang vom syndio- zum isotaktischen Material in drei charakteristische Typen eingeteilt. Diese Einteilung ist grafisch in Abb. 78 gezeigt.

Die Frequenz der Absorption einer Typ-I-Bande in einem gegebenen stereoregularen Polymeren hängt von der bevorzugten Konfiguration ab. Syndio- und isotaktische Polymere absorbieren bei unterschiedlichen Frequenzen $\tilde{\nu}_s$ und $\tilde{\nu}_i$, während heterotaktische Strukturen nur schwach bei einer dazwischenliegenden Frequenz sichtbar werden. Trennung und Intensität sind Funktionen der isosterischen Sequenzlängen. Die Typ-II-Banden sind bei Polymeren mit einem hohen Grad intramolekularer Wechselwirkungen (Helixstrukturen) zu erwarten. Es tritt eine Bandenaufspaltung in zwei Komponenten gleicher oder entgegengesetzter Polarisation σ auf. Die

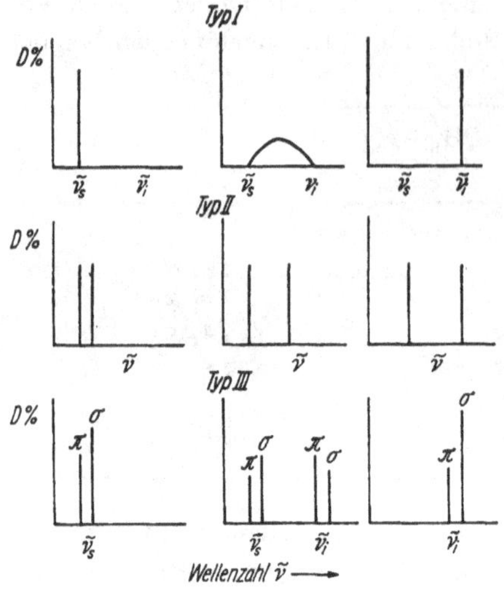

Abb. 78: Klassifikation der stereoregularitätsabhängigen Banden nach [12]

Trennung der Absorptionen vergrößert sich mit zunehmender isotaktischer Sequenzlänge, die Intensität hängt von der Zahl der Stereosequenzen der entsprechenden Länge ab. Die Typ-III-Banden haben — unabhängig von der sterischen Reinheit des Polymeren — senkrecht zueinander polarisierte Komponenten. Die Auswahlregeln für diese Bandenaufspaltung werden durch die Kettenkonformation bestimmt. Es ergibt sich eine typische Frequenzcharakteristik; bei syndio- bzw. isotaktischer Konfiguration beobachtet man zwei Serien von aufgespaltenen Banden. Die stärkere Serie tritt bei den Frequenzen des vorherrschenden Konfigurationstyps auf. Da heterotaktische Polymere nur kurze Stereosequenzen aufweisen, die eine Helixbildung ausschließen, beobachtet man bei diesen Strukturen keine Absorptionen. Dem Typ-III gehören die meisten zur Bestimmung der Stereoregularität ausgewerteten IR-Absorptionen an. In [12] ist die erläuterte Klassifizierung der IR-Absorptionen auf das Polypropylen, in [13] auf das Polystyren angewendet.

Der vorherrschende Stereoregularitätstyp wird mittels IR-spektroskopischer Untersuchungen vor allem durch den Spektrenvergleich mit Spektren von Standardpolymeren bekannter Taktizität und den Spektren niedermolekularer Modellsubstanzen, sowie durch Symmetriebetrachtungen und durch eine Normalkoordinatenanalyse erkannt. Die Zuordnung einiger IR-Absorptionen zum entsprechenden Taktizitätstyp für ausgewählte Polymere ist in Tab. 62 gegeben.

Eine beträchtliche Hilfe bezüglich der Spektreninterpretation sind auch die IR-Spektren partiell deuterierter Polymerer. Wählt man für die Analyse Regularitätsbanden aus, so ist nur eine relative Aussage bezüglich der Taktizität möglich. Der mit Hilfe dieser Absorptionen bestimmte Helixanteil ist selten mit dem absoluten Taktizitätsgrad identisch, da kurze regulare Se-

Tabelle 62: Zuordnung einiger von der Taktizität abhängiger IR-Absorptionen von ausgewählten Polymeren

Polymer	Wellenzahl in cm^{-1}		Zuordnung
	iso-	syndio-	
Polypropylen	998		$\gamma_r(CH_3)+\nu(C-CH_3)+\delta(CH)+\gamma_t(CH_2)$
	1168		$\gamma(C-C) + \gamma_r(CH_3)$
		866	Helix $\gamma_r(CH_2)$
		830	Zick-zack Konform. $\gamma_r(CH_2)$
		1233	Zick-zack Konform. $\gamma_w(CH_2)+\delta_0(CH)$
Polyvinyl-chlorid	624	603	$\nu(C-Cl)$
	633	613	$\nu(C-Cl)$
	695	639	$\nu(C-Cl)$
		647	$\nu(C-Cl)$
		677	$\nu(C-Cl)$
	1434	1428	$\delta(CH_2)$
		1434	$\delta(CH_2)$
Polymethyl-methacrylat	759	749	$\gamma_r(CH_2)$ gekoppelt mit Skelett-Valenzschwingungen
	951	967	$\gamma_r(\alpha\text{-}CH_3)$
		1060	$\nu(C-C)$
Polystyren	566		Ringschwingungen
	1053		$\nu(C-C)_{Helix}$
	1084		Ringschwingungen
	1187		$\nu(C-C)_{Helix}$
	1297		$\gamma_t(CH_2)$
	1312		$\gamma_t(CH_2)$
	1364		$\delta(CH)$
Polybuten-1	1220		$\gamma_t(CH_2) + \delta(CH) + \gamma_r(\text{Ethyl})$

quenzen und die nicht in der Helix angeordneten taktisch verknüpften Grundbausteine nicht mit erfaßt werden.

3.5.3.3. Weitere experimentelle Methoden zur Ermittlung der taktischen Struktur

Durch die Röntgenstrukturanalyse an mindestens partiell kristallinen Polymeren ist wegen der Beziehungen zwischen Kristallstruktur und Taktizität eine qualitative Zuordnung betreffs des Stereoregularitätstyps möglich [14]. Die Methode ist jedoch in der quantitativen Aussage begrenzt, da auch die mittlere Molmasse, die Verteilungsfunktion der konfigurativen Fehlstellen und die thermische Vorbehandlung der Probe den Kristallinitätsanteil merklich beeinflussen. Auf den Zusammenhang zwischen Kristallinität und Stereosequenzlänge (s. 3.5.1.) wurde bereits hingewiesen.

Die Lösungsmittelextraktion liefert, wenn sie unter vergleichbaren Bedingungen an chemisch gleichen Polymeren mit ähnlicher mittlerer Molmasse und entsprechender Verteilungsfunktion durchgeführt wird, einen relativen Stereoregularitätsindex. Mit dieser Technik erhält man zwar keinen absoluten Taktizitätsgrad, aber in jedem Falle aus dem durch die Synthese anfallenden Produkt Fraktionen, die einheitlicher bezüglich der Stereoregularität sind.

Die Lösungseigenschaften mehrerer taktischer Polymerer sind eingehend durch Lichtstreuungs-, Viskositäts- und osmotische Messungen, durch Phasentrennung, Ultrazentrifugations- und Dipolmoment-Messungen untersucht worden. Während die Grenzviskositätszahlen in thermodynamisch guten Lösungsmitteln sich nur wenig unterscheiden, sind eindeutige Tendenzen in den Thetatemperaturen (siehe 4.1.)

isotaktisch < heterotaktisch < syndiotaktisch

und den FLORY'schen Entropieparametern ψ (s. 4.1.) (Tab. 63)

isotaktisch > heterotaktisch > syndiotaktisch

zu erkennen.

Die Beziehungen zwischen Taktizität und optischer Aktivität (bei Vorhandensein echter asymmetrischer C-Atome in der Rückgratkette) sind in den meisten Fällen nicht eindeutig. Selbst bei Einsatz von stereoselektiven Katalysatoren zeigen die erhaltenen hochstereoregularen Polymeren auf

Tabelle 63: Thetatemperaturen und ψ-Werte einiger stereoregularer Polymerer

Polymer	Taktizität	Thetatemperatur in K	ψ	Lösungsmittel
Polystyren	iso-	356,7	–	Cyclohexanol
	hetero-	358,7	–	
Polypropylen	iso-	418,4	1,414	Diphenylether
	hetero-	426,5	0,986	
Polymethylmethacrylat	iso-	349,1	2,320	n-Propanol
	hetero-	357,6	1,940	
	syndio-	358,4	1,850	
	iso-	299,7	0,590	n-Butylchlorid
	hetero-	308,2	–	
	syndio-	308,2	0,510	
Polybuten-1	iso-	362,3	0,956	Anisol
	hetero-	359,4	0,740	

Grund der geringen optischen Reinheit der Ausgangsmonomeren [15] keine signifikante Drehung der Schwingungsebene des polarisierten Lichtes. Es entsteht eine äquimolare Mischung der Homopolymeren der zwei Antipoden, die wegen der intermolekularen Kompensation optisch inaktiv ist.

3.5.4. Anwendungsbeispiele und Auswerteverfahren zur Ermittlung der taktischen Anteile

3.5.4.1. Bestimmung der iso-, syndio- und heterotaktischen Triaden durch Protonen- und ^{13}C-Resonanzspektroskopie am Beispiel des Polymethylmethacrylats

Zur Ermittlung der taktischen Anteile durch Protonenresonanz werden von den Proben 5 Gew.%ige Lösungen in deuteriertem Chloroform hergestellt. Das Spektrum wird mit einem hochauflösenden Kernresonanzspektrometer mit temperierbarem Probenkopf aufgenommen. Die Meßfrequenz beträgt 90 MHz. Je nach apparativer Möglichkeit können auch andere Lösungsmittel eingesetzt bzw. kann die Meßfrequenz variiert werden. Es wird eine Meßtemperatur von 60 °C eingestellt.

Für die Spektroskopie der ^{13}C-Kerne werden gesättigte Lösungen der Probe in deuteriertem Chloroform (im gewählten Beispiel etwa 30 Gew%) unter Schütteln hergestellt. Das Spektrum wird mit einem ^{13}C-Resonanzspektrometer bei einer Meßfrequenz von 22,635 MHz mittels der Puls-Fourier-Transform (*PFT*)-Technik mit Protonenrauschentkopplung erhalten.

Als Referenzsubstanz wird in beiden Fällen Hexamethyldisiloxan verwendet. Typische Kernresonanzspektren der α-CH_3-Gruppe der Polymethylmethacrylate zeigen Abb. 75 und 76. Die Resonanzen werden wie folgt zugeordnet:

Im Protonenspektrum:	$\tau = 1{,}20$ ppm isotaktische Triaden
(Referenzsubstanz: HMDS)	$\tau = 1{,}03$ ppm heterotaktische Triaden
	$\tau = 0{,}85$ ppm syndiotaktische Triaden
Im ^{13}C-Spektrum:	$\tau = 22{,}1$ ppm isotaktische Triaden
(Referenzsubstanz: HMDS)	$\tau = 19{,}0$ ppm heterotaktische Triaden
	$\tau = 16{,}9$ ppm syndiotaktische Triaden

Die integralen Intensitäten der Peaks, die der Anzahl der zugehörigen taktisch verknüpften Grundbausteine proportional sind, werden mit F_{ii}, F_{ss} und $F_{(is+si)}$ bezeichnet. Die relativen Flächen der drei Resonanzen, bezogen auf die Gesamtintensität der α-Methylgruppe, geben direkt die relativen

Häufigkeiten der iso-, syndio- und heterotaktischen Triaden an.

$$I^* = \frac{F_{ii}}{F} \tag{2}$$

$$S^* = \frac{F_{ss}}{F} \tag{3}$$

$$H^* = \frac{F_{is} + F_{si}}{F} \tag{4}$$

Um die taktischen Anteile zu berechnen, werden die Flächen planimetriert. Bei der Auswertung der Protonenspektren müssen die einzelnen Teilspektren der Triaden, wie in Abb. 75 gezeigt, abgetrennt werden. Setzt man die planimetrierten Flächen in Beziehung zu den Schrittwahrscheinlichkeiten, so erhält man die in Tab. 64 angegebenen Auswertebeziehungen.

Tabelle 64: Beziehungen zwischen den Schrittwahrscheinlichkeiten $P_{i,j}$ und den planimetrierten Flächen

Schrittwahrscheinlichkeit $P_{i,j}$	Verhältnis der ausgewerteten Flächen
P_{ii}	$\frac{F_{ii}}{F_{ii} + \frac{1}{2} F_{(is+si)}}$
P_{ss}	$\frac{F_{ss}}{F_{ss} + \frac{1}{2} F_{(is+si)}}$
P_{is}	$\frac{\frac{1}{2} F_{(is+si)}}{F_{ii} + \frac{1}{2} F_{(is+si)}}$
P_{si}	$\frac{\frac{1}{2} F_{(is+si)}}{F_{ss} + \frac{1}{2} F_{(is+si)}}$
$P_i = \frac{P_{si}}{P_{si} + P_{is}}$	$\frac{F_{ii} + \frac{1}{2} F_{(is+si)}}{F}$
$P_s = \frac{P_{is}}{P_{is} + P_{si}}$	$\frac{F_{ss} + \frac{1}{2} F_{(is+si)}}{F}$
	$F = F_{ss} + F_{(is+si)} + F_{ii}$

Aus dem in Abb. 76 gezeigten ^{13}C-Spektrum wurden mit Gl. (2) bis (4) 65 % iso-, 13% syndio- und 22% heterotaktische Triaden ermittelt. Das entspricht gemäß den Beziehungen der Tab. 64 76% iso- und 24% syndiotaktischen Monomerverknüpfungen.

Für die Berechnung der Sequenzverteilung werden die Gleichungen der Tab. 60 angesetzt. Mit den dort aufgeführten Beziehungen erhält man die in Abb. 74 gezeigten Verteilungen der taktischen Sequenzen.

3.5.4.2. Ermittlung des Anteils an iso- und syndiotaktischen Monomerverknüpfungen mittels IR-Spektrometrie am Beispiel des Polyvinylchlorids [11]

Zur Bestimmung des Anteils iso- und syndiotaktischer Diaden in der Probe wird unter ständigem Schütteln eine 2,5 Gew.%ige Lösung in 1,1,2,2-Tetrachlorethan bei einer Temperatur von 80 °C hergestellt. Die Spektren werden mit einem hochauflösenden Zweistrahlspektrometer im Meßbereich von 1400 bis 1470 cm^{-1} bei einer Temperatur von 318 K aufgenommen. Die Schichtdicke der Meßküvette beträgt 0,5 mm. Durch eine mit reinem Lösungsmittel gefüllte Küvette im Vergleichsstrahlengang des Spektrometers werden die Lösungsmittelbanden kompensiert. In Abb. 79 ist als Beispiel das Teilspektrum eines handelsüblichen PVC-S und das eines bei −78 °C polymerisierten Präparates gezeigt. Die Auswertung erfolgt nach dem Grundlinienverfahren.

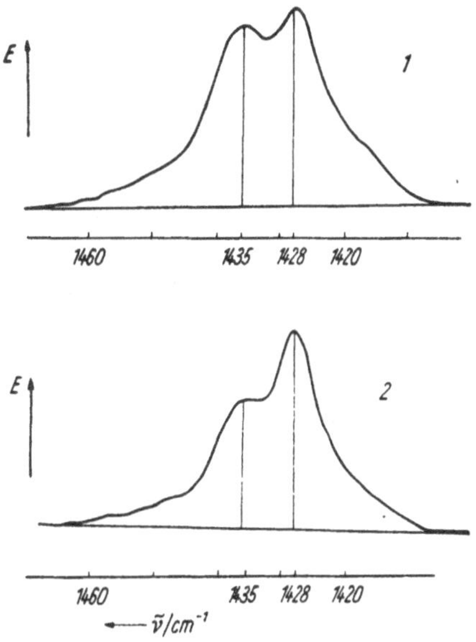

Abb. 79: Absorptionsspektrum der CH_2-Scherenschwingungen im PVC
1 – PVC-S; *2* – bei −78 °C synthetisiertes PVC
Aufnahmetemperatur: 318 K

Berechnungsgrundlage für den Taktizitätsgrad ist der unterschiedliche Besetzungsgrad der zwei bei syndiotaktischer Monomerverknüpfung möglichen Konformationen. Für die syndiotaktische Kette ist die energetisch begünstigte Konformation das ebene Kohlenstoffgerüst, die all-trans-Konformation. Führt man dem System Energie zu, so wird auch eine zweite Konformation realisiert. In dieser Struktur ist die ebene Kette abgeknickt, bei weiterer Fortsetzung dieses Abknickens würde sie in sich selbst zurückführen; trans-gauche; gauche-trans-Konformation. Das bedeutet, daß diese Strukturen nur isoliert auftreten können. Das Zahlenverhältnis der in jedem Moment vorhandenen ebenen zu den abgeknickten Strukturen wird bei gleicher Temperatur unabhängig von der Taktizität allein durch den BOLTZMANN-Faktor bestimmt. Die isotaktisch verknüpften Monomereinheiten formen eine links bzw. rechts gewendelte Helix mit dreizähliger Schraubenachse (trans-gauche; trans-gauche-Konformation). Die genannten Konformationen sind in Abb. 80 in der NATTA-Projektion dargestellt.

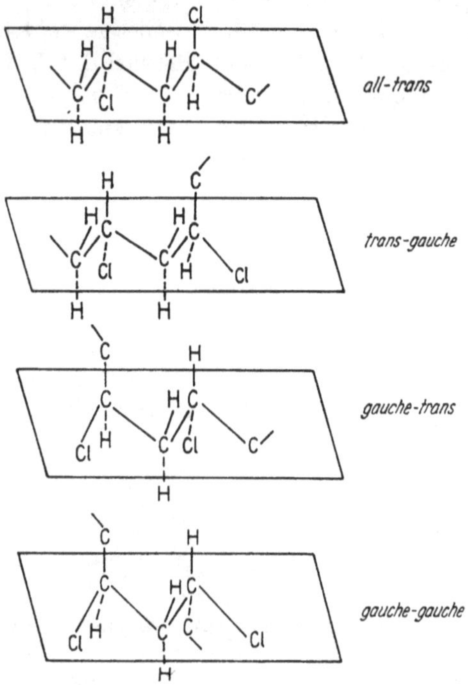

Abb. 80: Stabile Konformationen der CH_2-Gruppe im PVC nach [11]

Die Abzählung der iso- und syndiotaktischen Struktureinheiten erfolgt aus dem CH_2-Deformationsschwingungsspektrum, welches wie folgt zugeordnet wird: Die Wellenzahlen der CH_2-Deformationsschwingung der isotaktisch verknüpften Monomereinheiten sowohl der links als auch der rechts drehenden Helix liegen bei 1434 cm^{-1}. In der syndiotaktischen Anordnung schwingen die Methylengruppen der all-trans-Konformation bei 1428 cm^{-1}, während die energetisch ungünstigere Konformation ebenfalls bei 1434 cm^{-1} absorbiert. Mit dieser Zuordnung kann nach [11] das Intensitätsverhältnis der beiden Absorptionen der CH_2-Scherenschwingung als Funktion der Konfiguration ausgewertet werden.

Zunächst wird der Quotient λ der optischen Dichten bei 1434 und 1428 cm^{-1} ermittelt:

$$\lambda = \frac{E_{1434}}{E_{1428}} \tag{5}$$

$E_{\tilde{\nu}}$ = Extinktion bei der Wellenzahl $\tilde{\nu}$

Da es sich bei den Analysenbanden um zwei stark überlagerte Absorptionen mit gleicher Linienform handelt, wird der α-Wert gemäß Gl. (6) korrigiert:

$$\lambda_{\text{korr.}} = \frac{\lambda - \gamma_{\text{korr.}}}{1 - \lambda\beta_{\text{korr.}}} \tag{6}$$

$\gamma_{\text{korr.}} = \beta_{\text{korr.}}$ = Korrekturglieder für die Bandenüberlagerung = 0,34

Die Korrekturfaktoren erhält man durch grafische Zerlegung des aufgezeichneten Bandenkomplexes. Der Zusammenhang zwischen dem Meßwert λ_{korr} und dem syndiotaktischen Anteil in der Probe ist mit Gl. (7) gegeben:

$$P_s = \frac{1 + \left(\exp - \dfrac{\Delta E}{RT}\right)}{1 + \lambda_{\text{korr.}}} \tag{7}$$

ΔE = Energiedifferenz zwischen den zwei möglichen Rotationskonformeren der syndiotaktisch verknüpften Grundbausteine = 8400 J · mol^{-1};
R = Gaskonstante (8,32 J · mol^{-1} · grd^{-1});
T = Aufnahmetemperatur der Spektren

Aus den in Abb. 79 gezeigten Spektren wird mit Gl. (7) für das handelsübliche PVC-S ein syndiotaktischer Anteil $P_s = 0{,}57$ ($\lambda_{\text{korr.}} = 0{,}82$), für das bei —78 °C polymerisierte PVC von $P_s = 0{,}75$ ($\lambda_{\text{korr.}} = 0{,}39$) ermittelt.

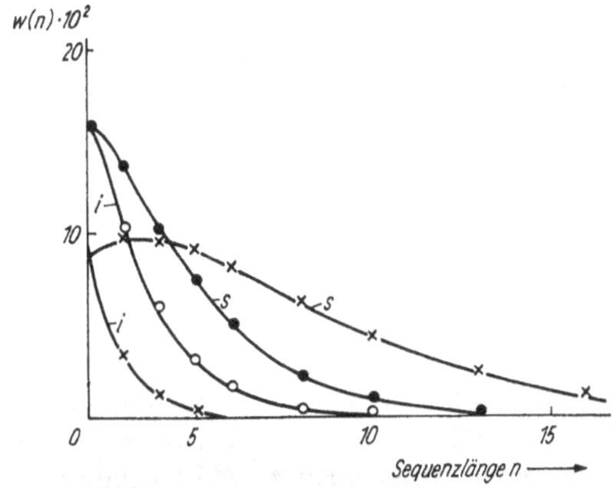

Abb. 81: Gewichtsanteil der Sequenzen mit n Grundbausteinen als Funktion der Sequenzlänge n im PVC

-×- $P_i = 0{,}25$ -×- $P_s = 0{,}75$
-o- $P_i = 0{,}43$ -•- $P_s = 0{,}57$

Die Sequenzverteilung wird aus den berechneten P_s-Werten unter Voraussetzung der Gültigkeit einer BERNOULLI-Statistik ($P_s = P_{ss} = P_{is}$) berechnet (s. Tab. 60). Diese Annahme ist nach den von BOVEY [4] durchgeführten ^{1}H-NMR-Untersuchungen am Polymethylmethacrylat gerechtfertigt. Die Verteilungen der syndiotaktischen Sequenzen für die ermittelten P_s-Werte als Funktion der Länge n sind in Abb. 81 gezeigt.

Literatur

[1] NATTA, G. u. F. DANUSSO, J. Polymer Sci. **34** (1959), 3

[2] ULBRICHT, J., „*Grundlagen der Synthese von Polymeren*“, Akademie-Verlag Berlin 1978

[3] JOHNSON, J. F. u. R. S. PORTER, in „*The Stereochemistry of Macromolecules*“ von KETLEY, A. D., M. Dekker, Inc. New York 1968, Bd. 3, 213 ff.

[4] BOVEY, F. A. u. G. V. D. TIERS, Fortschr. Hochpolymeren-Forsch. **3** (1963), 139

[5] JOHNSEN, U., Kolloid-Z. — Z. Polymere **178** (1961), 161

[6] BOVEY, F. A., „*Polymerkonformation und -konfiguration*“, Academic Press New York 1969

[7] SCHAEFER, J., Topics in ^{13}C-NMR **1** (1974), 149

[8] JOHNSON, U. u. K. KOLBE, Kolloid-Z.-Z. Polymere 221 (1967), 64

[9] JOHNSEN, L. F., Analyt. Chem. **43** (2) (1971), 28 A

[10] DECHANT, J., „*Ultrarotspektroskopische Untersuchungen an Polymeren*“, Akademie-Verlag Berlin 1972

[11] GERMAR, H., HELLWEGE, K.-H. u. U. JOHNSEN, Makromolekulare Chem. **60** (1963),106

[12] KÖNIG, J. L., WOLFRAM, L. E. u. J. G. GRASSELLI, Spectrochim. Acta **22** (1966), 1223, 1233

[13] KRIMM, S., Fortschr. Hochpolymeren-Forsch. **2** (1960), 51

[14] CORRADINI, P., in „*The Stereochemistry of Macromolecules*“ von KETLEY, A. D., M. Dekker, Inc. New York 1968, Bd. 3, 1 ff.

[15] TSURUTA, T., INOUE, S. u. I. TSUKUMA, Makromolekulare Chem. 84 (1965), 198

3.6. Verzweigungsbestimmung in Polymeren

3.6.1. Einführung

Die Kettenverzweigung stellt neben der Verknüpfungs-, Sequenz- und Stereoisomerie eine weitere isomere Form der Makromoleküle dar. Je nach der Länge der Seitenketten unterscheidet man zwischen Kurz- (*KKV*) und Langkettenverzweigung (*LKV*). Kurzkettenverzweigungen bestehen im allgemeinen aus einem oder zwei Grundbausteinen, während die Langkettenverzweigungen eine Länge bis zu einem Viertel der Rückgratkette aufweisen

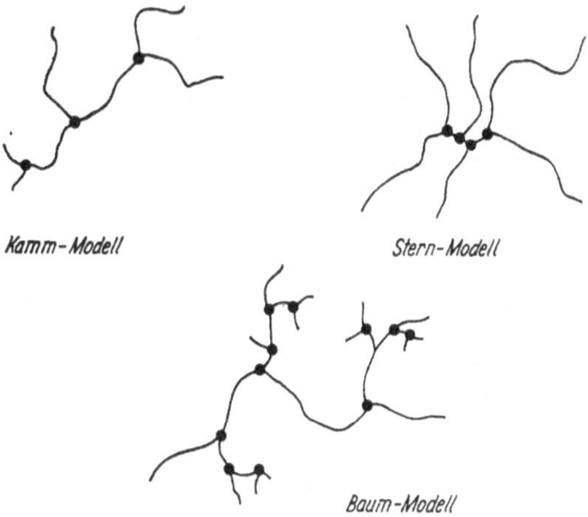

Abb. 82: Strukturmodelle für verzweigte Polymere

können. Folgeverzweigungen liegen vor, wenn die Seitenketten noch einmal verzweigt sind. Entsprechend der räumlichen Anordnung der Seitenketten bezüglich der Hauptkette werden verschiedene Strukturmodelle definiert.

Um die Struktur eines verzweigten Polymeren exakt charakterisieren zu können, benötigt man eine Vielzahl von Strukturparametern (Tab. 65), die mit den bekannten Analysenmethoden jedoch nicht alle zugänglich sind. Mit hinreichender Genauigkeit gelingt in einigen Polymeren die experimentelle Bestimmung von Z_e bzw. Z_n, sowie eine Unterscheidung zwischen Kurz- oder Langkettenverzweigung. Bei Kurzkettenverzweigungen ist in ausgewählten Fällen eine Aussage über die Zweiglängen und deren Verteilungsfunktion und über die Funktionalität f möglich. Entscheidend für die Ermittlung des jeweiligen Strukturparameters ist die der Untersuchungsmethode zugrunde

Tabelle 65: Strukturparameter zur Beschreibung von Verzweigungsstrukturen

Parameter	Symbol
Zahl der Verzweigungspunkte	Z_n
Abstandsverteilung der Verzweigungen	$h(Z_n)$
Zahl der Verzweigungsendpunkte	Z_e
Funktionalität der Verzweigungspunkte	f
Mittlere Länge der Seitenzweige	$\overline{Z}_l$
Verteilung der Zweiglängen	$h(Z_l)$
Mittlere Molmasse der unverzweigten Kettenabschnitte	$\overline{M}_c$
Verteilung der mittleren Molmasse der unverzweigten Kettenabschnitte	$h(M_c)$
Art der Endgruppen	R_e

Tabelle 66: Einfluß der Kettenverzweigung auf die Polymereigenschaften

Kurzkettenverzweigung	Langkettenverzweigung
Festkörpereigenschaften:	Lösungseigenschaften:
Kristallinität	Grenzviskosität
Dichte	Elutionsvolumen in der *GPC*
Schmelzpunkt	Sedimentationskonstante in der Ultra-
E-Modul	zentrifugation
Dielektrizitätskonstante	Virialkoeffizienten und abgeleitete Größen
Kriech- und Bruchverhalten	Winkelverteilung der Streuintensitäten
Gaspermeabilität	des gestreuten Lichtes

liegende meßbare Eigenschaftsänderung. Das führt zur Unterteilung in summative und selektive Methoden der Verzweigungsbestimmung.

Neben der mittleren Molmasse und deren Verteilungsfunktion ist die Kettenverzweigung eine der wichtigsten Größen, die in Beziehung zu den technologischen und physikalischen Eigenschaften der Polymeren (Tab. 66) zu setzen ist.

Während Langkettenverzweigungen besonders das rheologische und thermodynamische Verhalten von Lösungen und Schmelzen beeinflussen [1], ist der Ordnungsgrad und damit das mechanische Verhalten sowie die thermische- und Lichtstabilität stärker von der Zahl der kurzen Seitenketten abhängig.

Aussagen über den Einfluß der Verzweigungen auf die Eigenschaften sind oft spezifisch für das betrachtete System [2]. Allgemeingültige Beziehungen zwischen Verzweigungsstruktur und Polymereigenschaften existieren nur in besonderen Fällen, z.B. bezüglich der Änderung der Dichte und der Schmelzpunkte der Polyolefine in Abhängigkeit von der Zahl und der Länge der kurzen Verzweigungen [1].

Die Ermittlung der Verzweigungszahl eines Makromoleküls gehört nicht zu den Standarduntersuchungen in der Polymercharakterisierung. Man benötigt dazu bereits einen breiten theoretischen Überblick über das Wissensgebiet und auch ein apparativ gut ausgerüstetes Laboratorium.

3.6.2. Bildung verzweigter Strukturen in Polymeren

Verzweigte Makromoleküle können durch gezielte Synthese oder durch Nebenreaktionen entstehen. Im Gegensatz zu den gezielt aufgebauten Produkten sind die durch Nebenreaktionen gebildeten Verzweigungen (Abb. 83) weder in der Zahl, noch in der Kettenlänge aus dem Syntheseprozeß abschätzbar. Sie müssen deshalb experimentell bestimmt werden.

Die wichtigsten zu Kettenverzweigungen führenden Nebenreaktionen in der radikalischen und ionischen Polymerisation sind die intra- und intermolekular ablaufenden Übertragungsreaktionen zum Polymeren. Die Zahl

1. intermolekulare Übertragung zum Polymeren in der Radikalpolymerisation

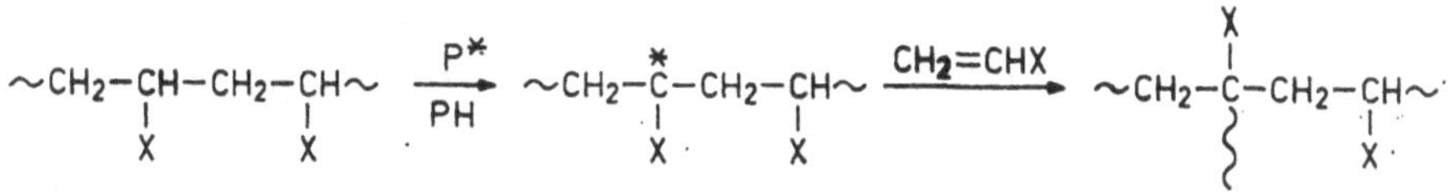

2. intramolekulare Übertragung in der Radikalpolymerisation

erster Übertragungsschritt

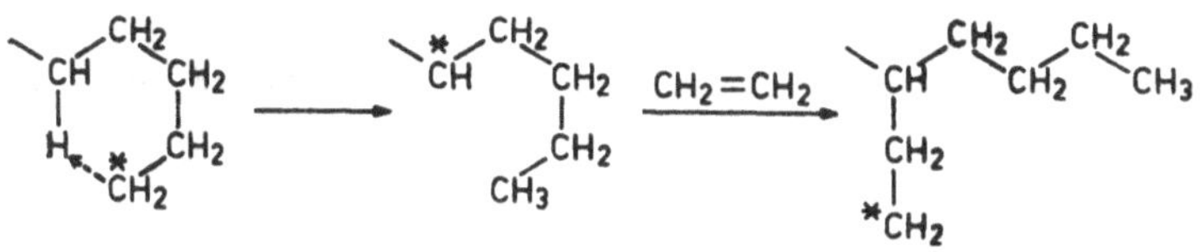

zweiter Übertragungsschritt

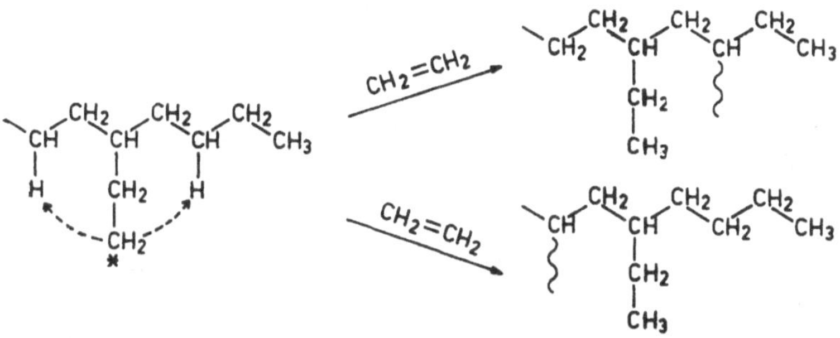

3. Übertragung zur Estergruppe im Polyvinylacetat

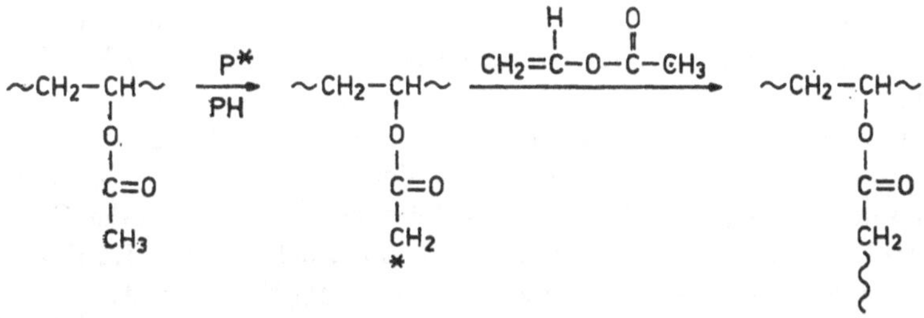

4. Radikaladdition an eine Doppelbindung

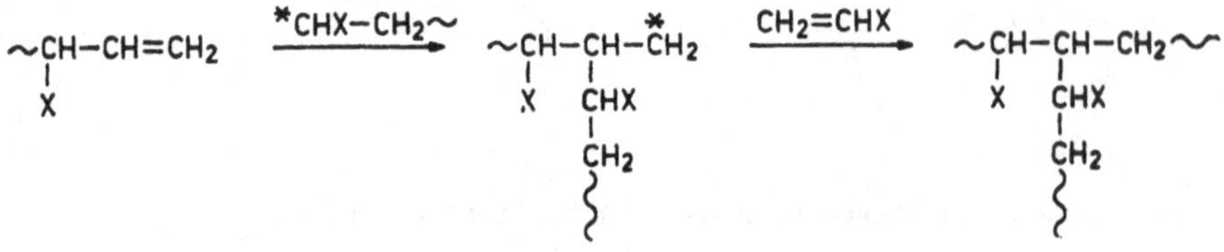

5. Intermolekulare Übertragung in der kationischen Polymerisation

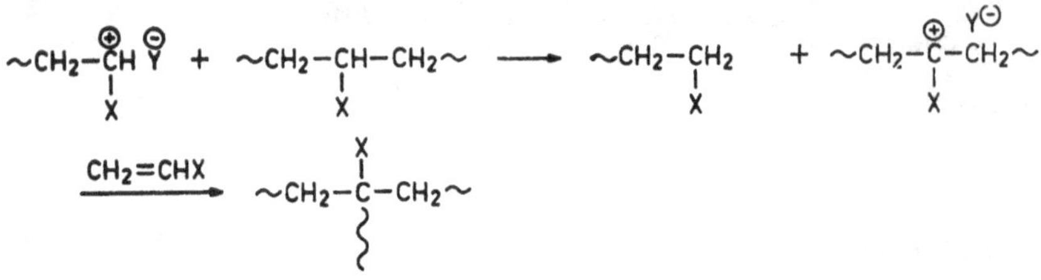

6. Intramolekulare Übertragung in der kationischen Polymerisation

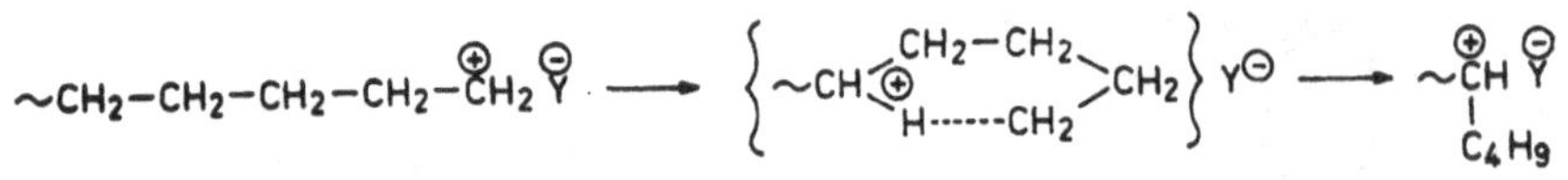

Abb. 83: Zu Verzweigungen führende Übertragungsreaktionen im Polymerisationsprozeß

der durch intermolekulare Übertragung gebildeten Verzweigungen hängt im wesentlichen von der Temperatur, der Konzentration und der Struktur des Polymeren, vom Monomeren, vom Initiator und in der ionischen Polymerisation von der Elektronendichte an der Doppelbindung des Monomeren ab. Intermolekulare Übertragungsreaktionen führen zu einer meßbaren Verbreiterung der Molmassenverteilungsfunktion, da sich die Masse der Moleküle im Gegensatz zu deren Zahl stark verändert. Durch intramolekulare Übertragung (Selbstübertragung) entstehen Kurzkettenverzweigungen, wie das in Abb. 83 Reaktion 2 und 6 gezeigt ist. Die Verzweigungszahl ist abhängig von der Temperatur, von der Struktur des Polymeren, speziell bei der Hochdruckpolymerisation des Ethylens vom Reaktionsdruck, aber — im Gegensatz zur intermolekularen Übertragung — unabhängig vom Umsatz.

3.6.3. Einführung in die Methoden der Verzweigungsbestimmung

3.6.3.1. Bestimmung der Langkettenverzweigung

Alle experimentellen Methoden zur Ermittlung der Zahl langer Seitenketten im Makromolekül — mit Ausnahme der über die Esterbrücken verknüpften Verzweigungen — basieren auf der verzweigungsbedingten Molekülkontraktion.

Das mittlere Quadrat des Trägheitsradius im ungestörten Zustand $\langle\bar{r}_0^2\rangle$ verzweigter Moleküle ist stets kleiner als das des linearen gleicher Molekülgröße. Das Verhältnis der beiden Größen ist definiert als Kontraktionsfaktor g (Tab. 67, Gl. (1)), der jedoch nicht nur von der Verzweigungszahl, sondern auch von der Funktionalität der Verzweigungen, der Uneinheitlichkeit des Polymeren, der Zweiglängen- und Abstandsverteilungsfunktion der Verzweigungen sowie der Geometrie des Moleküls [3] abhängig ist.

Tabelle 67: Grundlegende Beziehungen zwischen dem Kontraktionsfaktor g und den meßbaren Trägheitsradien

Bestimmungsgleichung	Gl.-Nr.	Randbedingungen
$g = \dfrac{\langle\bar{r}^2_{0,s}\rangle_{v,\bar{M}_n}}{\langle\bar{r}^2_{0,s}\rangle_{l,\bar{M}_n}}$	(1)	$g = F\big(f; U; h(Z_l); h(Z_n)\big)$
$h = \dfrac{\langle\bar{r}^2_{0,H}\rangle_{v,\bar{M}_n}}{\langle\bar{r}^2_{0,H}\rangle_{l,\bar{M}_n}}$	(2)	$h:g = F\big($Verzweigungsmodell $h(Z_l); h(Z_n); U\big)$
$g^b = \dfrac{[\eta]_{\Theta,v,\bar{M}_n}}{[\eta]_{\Theta,l,\bar{M}_n}}$	(3)	$0{,}5 \leq b \leq 1{,}5$
		0,5 = sternverzweigt 1,5 = kammverzweigt, ideale Lösung, Gültigkeit der FLORY-Gleichung: $[\eta]_\Theta = \Phi_0 \dfrac{\langle\bar{r}_0^2\rangle^{3/2}}{\bar{M}_n}$ $\Phi_{0,l} = \Phi_{0,v}$

Φ_0 = FLORY-Konstante = $2{,}84 \cdot 10^{23}$ mol^{-1}, bezogen auf den Fadenendenabstand = Durchspülungsfaktor
v = verzweigt
l = linear

Zur Bestimmung des g-Wertes können alle Methoden genutzt werden, bei denen der statische (r_s) oder der hydrodynamische (r_H) Trägheitsradius direkt oder indirekt ermittelt wird. Das sind die Methoden der Lichtstreuungs- (r_s), Sedimentations- (r_H) und Viskositätsmessung (r_H) sowie die der Gelpermeationschromatographie (r_H). In Analogie zum Kontraktionsfaktor g werden die Quotienten der hydrodynamischen Radien gemäß den Gln. (2) und (3) der Tab. 67 definiert.

Obwohl die Kontraktion der Knäuel im wesentlichen durch die Langkettenverzweigung hervorgerufen wird, ist bei gleichzeitiger Anwesenheit einer größeren Zahl von *KKV* deren Einfluß nicht mehr zu vernachlässigen. In diesem Falle ist der g-Wert (Gl. (4)) gleich dem Produkt aus g_{LKV} mit g_{KKV}:

$$g = g_{LKV} \cdot g_{KKV} \tag{4}$$

Die ursprünglich abgeleitete Beziehung zwischen dem Kontraktionsfaktor und der Zahl der Verzweigungspunkte pro Mol n beinhaltete als vereinfachende Annahme, daß die Seitenketten mit den Zweigabständen willkürlich vertauscht werden können. Alle daraus resultierenden Isomeren sollten die gleiche Wahrscheinlichkeit haben, das ausgeschlossene Volumen wurde vernachlässigt und freie Kettenbeweglichkeit vorausgesetzt. In den neueren Modellrechnungen (Tab. 68) wird das Verzweigungsmodell, die Zweiglängenverteilung sowie die Verteilung und Funktionalität der Verzweigungspunkte berücksichtigt. Verstärkend auf den g-Wert wirken sich vor allem die Funktionalität f der Verzweigungspunkte und die Uneinheitlichkeit U des Polymeren [1] aus. Beim Vergleich der über Gl. (5) und (6) bzw. (5) und (7), (Tab. 68) berechneten Kontraktionsfaktoren zeigt sich, daß g bei tetrafunktionellen Verzweigungspunkten oder polydispersen Produkten (Abb. 84) schneller mit zunehmender Verzweigungszahl abnimmt als bei trifunktionellen Verzweigungspunkten oder bei einheitlichen Produkten.

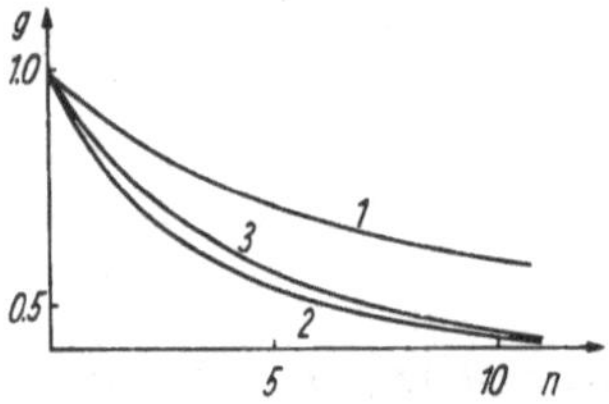

Abb. 84: g-Faktoren für tri-(1) und tetrafunktionelle (2) Verzweigungspunkte und für mono-(1) und polydisperse (3) Systeme

Neben den beträchtlichen Fehlern [4] bei der Berechnung des g-Wertes aus den experimentell ermittelten Trägheitsradien (Tab. 67) ist damit die Wahl des Ansatzes für eine Auswertung hinsichtlich der Zahl der Langkettenverzweigungen von Bedeutung.

Die Bestimmung der Moleküldimensionen von assoziierenden Systemen stößt auf weitere Probleme, da Molekülassoziate Kontraktionen vortäuschen und die Molekülgeometrie der Assoziate unbekannt ist. Für die Berechnung aus der Grenzviskosität fehlt die Größe des strukturabhängigen Durchspülungsfaktors, für die Berechnungen aus Lichtstreuungsmessungen die der Streufunktion $P(\vartheta)$ (siehe 1.5.). Weiterhin wirken sich Zahl und Art der Kontakte im Assoziat auf die radiale Verteilungsfunktion der Trägheitsradien aus. Die Betrachtungsweise des Assoziats als quasi-langkettenverzweigtes Polymeres führt nach [5] ebenfalls zu einer Molekülkontraktion; die „physikalisch langkettenverzweigten" Polymeren sind in ihrem Lösungs-

Tabelle 68: Gleichungen zur Verzweigungsbestimmung nach dem Prinzip des Knäueldichtevergleichs

Modell	Beziehung zwischen g und der Zahl der Verzweigungspunkte pro Mol	Nr.	Bedingungen für die Gültigkeit
Kamm	$g(n) = \left\{\left(1 + \frac{n}{7}\right)^{1/2} + \frac{4n}{9\pi}\right\}^{-(1/2)}$	(5)	$f = 3$; $U = 0$; statistische Verteilung der $\overline{M}_c$ und n
Kamm	$g(n) = \left\{\left(1 + \frac{n}{6}\right)^{1/2} + \frac{4n}{3\pi}\right\}^{-(1/2)}$	(6)	$f = 4$; gleiche Randbedingungen wie zu Gl. 5
Kamm	$g(n_w) = \frac{6}{n_w}\left\{\frac{1}{2}\left(\frac{2+n_w}{n_w}\right)^{1/2} \ln\left[\frac{(2+n_w)^{1/2} + n_w^{1/2}}{(2+n_w)^{1/2} - n_w^{1/2}}\right] - 1\right\}$	(7)	n_w = gewichtsmittlere Zahl der Verzweigungen pro Mol; $f = 3$; statistische Verteilung der Molmasse, der $\overline{M}_c$ und n-Werte
Kamm *LKV* *KKV*	$g(n) = 1 - \left(\frac{ny}{N^3}\right)\{(n-1)(n-2)y^2 + 2(n-1)xy + x^2\}$	(8)	N-Polymerisationsgrad $x(y)$-Zahl der Monomereinheiten in der Rückgratkette (Seitenzweig) statistische Verteilung von $\overline{M}_c$ und n Verzweigungen gleich lang
Stern	$g(p) = \frac{3}{p} - \frac{2}{p^2}$	(9)	p = Zahl der Verzweigungen, sternförmig von einem Zentrum ausgehend; Verzweigungen gleich lang; y = Segmentzahl der Verzweigungen = konstant
Stern	$g(p) = \frac{3\overline{y}_w}{p\overline{y}_n} - \frac{2\overline{y}_w y_z}{p^2\overline{y}_n^2}$	(10)	statistische Verteilung von y
Stern	$g(p_n) = \frac{3\overline{p}_n - 1}{\overline{p}_n^2 + 3\overline{p}_n + 1}$	(11)	statistische Verteilung von p; y = konstant
Kamm (*KKV*)	$g = \frac{1}{s+1}\{1 + s(1-2a+2a^2-2a^3) + s^2(-a+4a^2-a^3)\}$	(12)	s = Zahl der Zweige pro Makromolekül; a = Zahl der C-Atome im Zweig pro Zahl der C-Atome in der Rückgratkette

verhalten von den Makromolekülen mit chemisch gebildeten *LKV* nicht zu unterscheiden.

Es ist deshalb mit den vorhandenen Kenntnissen nur bedingt berechtigt, über Kontraktionsfaktoren Verzweigungszahlen auszurechnen. Bei Unkenntnis der Verzweigungsstruktur sollte man völlig darauf verzichten und sich mit der Feststellung der Molekülkontraktion begnügen. Sind die Randbedingungen für das gewählte Modell jedoch zutreffend, so ist über die Verzweigungszahlen n der Parameter λ (Verzweigungsfrequenz)

$$\lambda = \frac{n}{M} \tag{13}$$

und die mittlere Molmasse der unverzweigten Kettenstücke $\overline{M}_c$ zugänglich:

$$\overline{M}_c = \frac{M}{(f-1) \cdot n + 1} \tag{14}$$

3.6.3.2. Ermittlung der über die Esterbrücken gebundenen Verzweigungen

Verhältnismäßig einfach ist die Bestimmung der mittleren Zahl der Verzweigungsstellen im Polymeren, wenn die Seitenzweige über eine Esterbrücke mit der Hauptkette verbunden sind. Nach [6] ist der mittlere Verzweigungsgrad $\overline{\varphi}$ dieses Verzweigungstyps durch die Verseifungsreaktion zugänglich. Die Zahl der durch die Verseifung gelösten Esterbrücken (gleich Zahl der Verzweigungen) ergibt sich aus der Differenz der Summe aller Moleküle vor und nach der Abbaureaktion. Bezieht man nicht auf die Molekülzahl, sondern auf den zahlenmittleren Polymerisationsgrad $\overline{P}_n$, so ist $\overline{\varphi}$ durch Gl. (15) definiert:

$$\overline{\varphi} = \frac{\overline{P}_{n,0}}{\overline{P}_n} - 1 \tag{15}$$

$\overline{P}_{n,0}$ = zahlenmittlerer Polymerisationsgrad vor der Verseifung
$\overline{P}_n$ = zahlenmittlerer Polymerisationsgrad nach der Verseifung

Damit ergibt sich für die mittlere Zahl der Verzweigungsstellen pro Monomereinheit $\overline{n}_0$ gemäß Gl. (16):

$$\overline{n}_0 = \frac{1}{\overline{P}_n} - \frac{1}{\overline{P}_{n,0}} \tag{16}$$

3.6.3.3. Methoden zur Ermittlung der Summe der Verzweigungen

Die Grundlage aller summativen Verfahren zur Verzweigungsbestimmung ist die Verfolgung der Änderung physikalischer bzw. chemischer Eigenschaften der Endgruppen oder tertiären C-Atome gegenüber den C-Atomen in der Rückgratkette. Das setzt jedoch Kenntnis der chemischen Struktur des Makromoleküls voraus. Gesichertes Untersuchungsmaterial liegt besonders für Polyethylene, einige Copolymere des Ethylens und für spezielle Vinylpolymere vor.

3.6.3.3.1. IR-spektrometrische Methode

Zur quantitativen IR-spektrometrischen Bestimmung des Verzweigungsgrades wird generell die Zahl der Endgruppen, bezogen auf 100 oder 1000 C-Atome in der Polymerkette, ermittelt. Dabei wird angenommen, daß alle Verzweigungsendpunkte auf die gleiche IR-spektrometrisch meßbare Struktureinheit enden. Diese Atomgruppe darf jedoch nicht Bestandteil der Hauptkette sein. Die zwei Endgruppen des Makromoleküls können bei höheren Verzweigungsgraden $>$ 10 und großen Molmassen vernachlässigt werden.

Dieses Verfahren wird allgemein zur Ermittlung der Verzweigungszahlen in Polyethylenen angewendet. Als Analysenbande wird die $\delta_s(CH_3)$-Schwingung bei 1378 cm^{-1} bevorzugt, jedoch ist auch die Bestimmung des Anteils der einzelnen Alkylverzweigungen (*KKV*) (s. Tab. 69) möglich. In diesem Falle müßte die Methode bei den unter 3.6.3.4. beschriebenen Selektiv-Verfahren eingestuft werden. Bei der quantitativen Auswertung der $\delta_s(CH_3)$-Schwingung muß die starke Überlagerung dieser Absorption durch die benachbarten Schwingungen der Methylengruppe bei 1368 und 1352 cm^{-1} berücksichtigt werden.

Tabelle 69: Charakteristische Absorptionsbanden von statistisch verteilten Alkylverzweigungen im PE-ND und ihre Zuordnung

Seitenkette	Lage der Absorption cm^{-1}	Zuordnung
Methyl-	935	γ_r-CH_3
	1150	γ_w-CH_3
	1378	δ_s-CH_3
Ethyl-	762 (770, 780)	$\gamma_r-CH_2-CH-(CH_2)_1-CH_3$ (mit Verzweigungsstrich an CH)
	895	γ_r-CH_3
	1380	δ_s-CH_3
Butyl-	745	$\gamma_r-CH_2-CH-(CH_2)_3-CH_3$ (mit Verzweigungsstrich an CH)
	890	γ_r-CH_3
	1378	δ_s-CH_3
Hexyl-	890	γ_r-CH_3
	1378	δ_s-CH_3

3.6.3.3.2. Verzweigungsbestimmung durch ^1H-NMR-Spektroskopie

Mittels ^1H-NMR-Messungen ist unter bestimmten Annahmen eine direkte Ermittlung der Zahl der Verzweigungspunkte möglich. Als strukturelle Voraussetzung gilt, daß jeder Verzweigungspunkt in einem Vinylpolymeren von drei Methylengruppen umgeben ist. Das Signal dieser Methylenprotonen ist gegenüber den anderen CH_2-Protonen wegen der unterschiedlichen Nachbareinheiten verschoben. Als Folge davon tritt ein Bandendoublett auf. Nachteilig wirkt sich aus, daß die vorgegebene strukturelle Annahme nicht bewiesen ist und die Methylen- mit den Methinprotonen stark gekoppelt sind, so daß die Auswertung erschwert wird. Informativer hinsichtlich der Ermittlung tertiärer C-Atome ist die ^{13}C-Kernresonanz. Die Aussagen sind bisher jedoch wegen des hohen apparativen Aufwandes [7] nur qualitativer Art. Geeigneter für eine Verzweigungsbestimmung sind die CH_3-Protonen. Damit wird, wie in 3.6.3.3.1. beschrieben, die Zahl der Verzweigungsendpunkte gemessen.

3.6.3.4. Selektive Methoden zur Kurzkettenverzweigungsbestimmung

3.6.3.4.1. ^{13}C-Kernresonanzspektroskopie

Wesentlich aussagekräftiger hinsichtlich der Kurzkettenverzweigungsstrukturen als IR- und ^1H-NMR-Spektren sind die Spektren der ^{13}C-Kerne. Die ^{13}C-Spektroskopie spricht bedeutend stärker auf chemische Verschiebungen an (siehe 3.5.) als die hochauflösende magnetische Protonenresonanz. Entscheidend für den Nachweis der einzelnen Verzweigungslängen ist der Einfluß der chemischen Umgebung über 5 Kohlenstoff-Kohlenstoff-Bindungen auf die Resonanzen der betrachteten Struktureinheit (Legende in Abb. 85). Abb. 85 zeigt die charakteristischen Resonanzen [8] für unterschiedliche Zweiglängen im Hochdruckpolyethylen und ihre Zuordnung im ^{13}C-Spektrum.

Um ein Signal-Rausch-Verhältnis zu erlangen, das die Bestimmung des Typs und des Anteils der *KKV* gestattet, muß notwendigerweise die Puls-Fourier-Transform(*PFT*)-Technik angewendet werden. Die Zahl der Akkumulationen liegt zwischen $1 \cdot 10^4$ und $2 \cdot 10^4$. Schwierigkeiten bei der quantitativen Auswertung ergeben sich wegen der Differenzen in den Relaxationszeiten der ^{13}C-Kerne, die sich in unterschiedlicher chemischer Umgebung befinden. Auf die instrumentellen Aufnahmebedingungen muß deshalb besonderer Wert gelegt werden.

Die Proben werden als 20 bis 25 Gew.%ige Lösungen, meist in ortho-Dichlorbenzen, präpariert. Die Meßtemperatur liegt im allgemeinen zwischen 110° und 140 °C. Die quantitative Auswertung des in Abb. 85 dargestellten Spektrums ergibt die in Tab. 70 angegebene Zweiglängenverteilung. Im Hochdruckpolyethylen sind demnach 95 % aller Verzweigungen kurze und nur 5% lange Seitenketten.

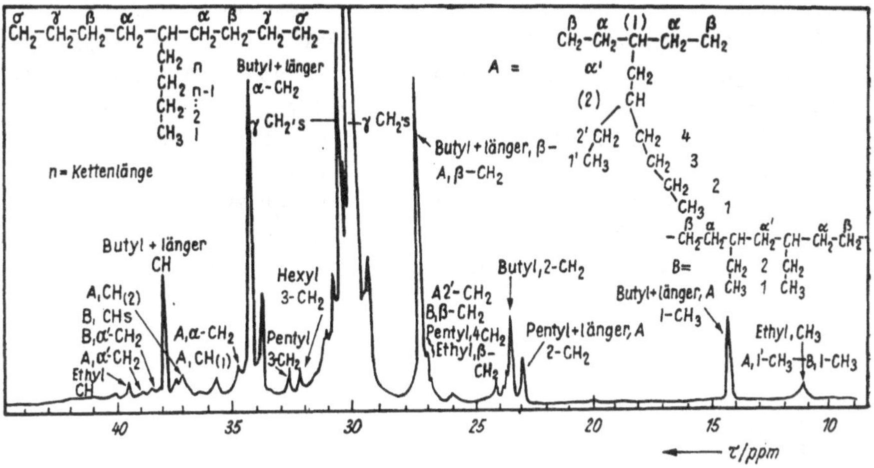

Abb. 85: ^{13}C-Spektrum eines Hochdruckpolyethylens
(20 Gew.%ige Lösung in Trichlorbenzen; Referenzsubstanz: TMS)

Tabelle 70: Längenverteilung der Kurzkettenverzweigung eines Hochdruckpolyethylens, ermittelt aus dem ^{13}C-Spektrum [8]

Zweiglänge	Anteil in %
n-Butyl-	67
n-Pentyl-	12
n-Ethyl-	8
n-Hexyl- und länger	5
2-Ethylhexyl-	4
Paare von Ethyl-	4

3.6.3.4.2. Radiolyse-Gaschromatographie

Bei der γ-Bestrahlung verzweigter Polyolefine werden in den gasförmigen Spaltprodukten neben Wasserstoff stets niedermolekulare Kohlenwasserstoffe [9] gefunden, deren Kettenlängen im Zusammenhang zur ursprünglichen Verzweigungsstruktur stehen. Die bevorzugte Kettenspaltung durch γ-Strahlung am tertiären Kohlenstoffatom ist auf die geringere Bindungsenergie dieser Struktureinheiten zurückzuführen. Die Spaltgase der bestrahlten Hochdruckpolyethylene enthalten z.B. 75 bis 85% Wasserstoff und 15 bis 25% Kohlenwasserstoffe, die des linearen Polymethylens dagegen bis zu 99,9% Wasserstoff.

Die gaschromatographische Analyse der Spaltgase wies vorwiegend gesättigte C_1 bis C_7 Verbindungen nach. Das alleinige Auftreten von Kohlenwasserstoffen < C_8 in den Spaltgasen ist durch den FRANK-RABINOWITSCH-Effekt zu erklären. Danach können lediglich Alkylradikale < C_8 vom Reaktionsort wegdiffundieren und mit den im Überschuß vorhandenen Wasserstoffradikalen rekombinieren, während bei längeren Kettenbruchstücken die Rekombination der Makroradikale die primär ablaufende Reaktion ist. Die Selektivität des Verfahrens liegt also nicht im radiolytischen Abbau selbst, sondern im diffusionsbedingten Trennprozeß der Spaltprodukte begründet. Abb. 86 zeigt die Radiolyse-Gaschromatogramme eines ethylverzweigten und eines linearen Polyethylens sowie eines Polyethylens niederer Dichte.

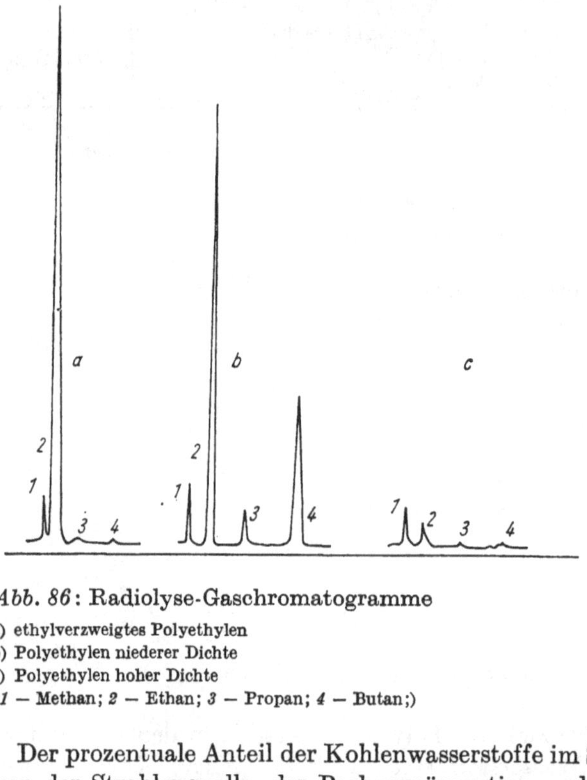

Abb. 86: Radiolyse-Gaschromatogramme

a) ethylverzweigtes Polyethylen
b) Polyethylen niederer Dichte
c) Polyethylen hoher Dichte
(*1* – Methan; *2* – Ethan; *3* – Propan; *4* – Butan;)

Der prozentuale Anteil der Kohlenwasserstoffe im Spaltgas ist unabhängig von der Strahlenquelle, der Probenpräparation und unterhalb 34 °C unabhängig von der Temperatur. Er ist nur abhängig von der Dosis der absorbierten Strahlung. Die zu wählende Strahlendosis hängt von der Probenmenge und der Nachweisempfindlichkeit des Detektors im Gaschromatographen ab.

Statt mit einem Gaschromatographen kann man die Spaltgase auch mit einem Massenspektrometer trennen und über die Massenzahl identifizieren. Für laufend durchgeführte Untersuchungen ist aus ökonomischen Gründen jedoch die Kopplung mit der Gaschromatographie zu bevorzugen.

Die quantitative Auswertung der Gaschromatogramme läßt Angaben über den Anteil der verschiedenen kurzen Seitenketten im Polymeren zu. Für diese Aussage muß jedoch das Abspaltungsvermögen G der entsprechenden Alkylverzweigung bekannt sein. Der G-Wert ist definiert als die Zahl der je 100 eV absorbierter Energie veränderten (umgesetzten, gebildeten oder verbrauchten) Moleküle. Diese Größe ist nur durch Eichung zugänglich.

Dazu werden definiert verzweigte Modellpolymere, deren Verzweigungszahl nach 3.6.3.3.1. oder 3.6.3.3.2. gemessen wurde, bestrahlt. Die Gasausbeute der bestrahlten Produkte wird als Funktion der Zahl der Verzweigungen und der Verzweigungsart ermittelt. Aus diesen Meßwerten wird der G-Wert errechnet. Ebenso läßt sich daraus auch ein mittlerer Abspaltungskoeffizient x_{100} berechnen. Dieser Wert stellt das Verhältnis zwischen den als Kohlenwasserstoffe abgespaltenen zur Gesamtzahl der Kurzkettenverzweigungen pro 1000 C-Atome bei einer Dosis von 100 Mrad dar.

Als Richtwert kann angenommen werden, daß bei einer Dosis von 20 Mrad etwa 0,25%, bei 160 Mrad etwa 1% der im Polymeren vorhandenen Alkylverzweigungen abgespalten werden. Differenzen im Abspaltungsvermögen ergeben sich aus der unterschiedlichen Länge der Seitenketten.

Im Gegensatz zum Strahlungsabbau führt der thermische Abbau (Pyrolyse) nicht zur Abspaltung der Seitenzweige, sondern zu charakteristischen Bruchstücken der Polymerkette. Durch Vergleich mit Pyrogrammen der entsprechenden Eichproben kann man qualitativ auf ehemals vorhandene Verzweigungsstrukturen schließen.

3.6.4. Versuchsbeispiele und Auswertung

3.6.4.1. Ermittlung des Kontraktionsfaktors g aus Viskositätsmessungen

Zur analytischen Bestimmung der durch Langkettenverzweigung verursachten Molekülkontraktion wird ein Polyethylen hoher Dichte (linear) und ein Polyethylen niederer Dichte (verzweigt) fraktioniert (siehe 2.3.3.).

Von den Fraktionen werden die spezifischen Viskositäten in Decalin im Konzentrationsbereich von 0,1 bis 0,4 g pro 100 ml bei einer Temperatur von 135 °C gemessen. Die Viskositätsdaten werden nach der Reihenentwicklung von Schulz-Blaschke

$$\frac{\eta_{sp}}{c} = [\eta] + k_{SB}\,[\eta]\,\eta_{sp} \tag{17}$$

ausgewertet (siehe 1.7.). Da zur Bestimmung des g-Wertes laut Definition (Gl. (3)) nur die Grenzviskositätszahlen gleicher Molmasse ins Verhältnis gesetzt werden, müssen auch die mittleren Molmassen der Fraktionen bekannt sein. Zur Bestimmung der gewichtsmittleren Molmasse einiger Fraktionen des Polyethylens niederer Dichte werden Lichtstreumessungen in α-Chlornaphthalin bei 135 °C durchgeführt (siehe 1.5.). Für das Polyethylen hoher Dichte gilt die $[\eta]$-M-Beziehung:

$$[\eta]^{135\,°C}_{\text{Decalin}} = 6{,}2 \cdot 10^{-4} \cdot \overline{M}_w^{0,7} \quad ; [\eta] \text{ in dl} \cdot \text{g}^{-1} \tag{18}$$

Als Beispiel sind in Tab. 71 einige Fraktionierwerte angegeben.

Tabelle 71: Fraktionierwerte zur Ermittlung der Molekülkontraktion

PE-hohe Dichte		PE-niedere Dichte		$\frac{[\eta]_v}{[\eta]_l}$	$\frac{\Phi_v}{\Phi_l}$	g ($b = 0{,}95$)
$[\eta]$	$\overline{M}_w$	$[\eta]$	$\overline{M}_w$			
$\text{dl} \cdot \text{g}^{-1}$	$10^4 \text{g} \cdot \text{mol}^{-1}$	$\text{dl} \cdot \text{g}^{-1}$	$10^4 \text{g} \cdot \text{mol}^{-1}$			
0,53	1,55	0,39	–	–	–	–
0,57	1,70	0,45	–	–	–	–
0,98	3,73	0,53	–	–	–	–
1,14	4,60	0,76	4,60	0,66	1,27	0,64
1,48	6,71	0,84	–	–	–	–
1,79	8,80	1,02	8,80	0,57	1,39	0,55
1,87	9,37	1,12	–	–	–	–
2,31	12,60	1,25	–	–	–	–
2,72	15,92	1,31	–	–	–	–
3,10	19,20	1,38	19,20	0,45	1,59	0,43

Bei der Auswertung muß berücksichtigt werden, daß Verzweigungen die Durchspülungsfaktoren Φ der Flory-Gleichung in guten Lösungsmitteln verändern. Um die durch Langkettenverzweigung bedingte Molekülkontraktion gemäß Gl. (3) zu bestimmen, wird diese Gleichung deshalb wie folgt formuliert:

$$\frac{[\eta]_v}{[\eta]_l} = g^b = \frac{\Phi_v}{\Phi_l} \cdot g^{3/2} \tag{19}$$

Als Randbedingung gilt, daß die Viskositäten der linearen und der verzweigten Moleküle gleicher Molmasse im gleichen Lösungsmittel bei derselben Temperatur gemessen werden. Der Quotient $\frac{\Phi_v}{\Phi_l}$ erfährt nach [9] für verschiedenartige Verzweigungen bei einheitlichen Molmassen in guten Lösungsmitteln eine ähnliche Änderung, so daß unter den gewählten experimentellen Bedingungen die Frage nach der Verzweigungsstruktur von untergeordneter Bedeutung ist. Viel wichtiger, aber auch problematischer ist die Frage nach den numerischen Werten des Exponenten b. Für mittelstark statistisch verzweigte Makromoleküle sowie für Sternmoleküle wird in [9] ein Wert für b von 0,95 ermittelt, in der Regel werden in der Literatur Werte von $1{,}0 \pm 0{,}3$ angegeben [10].

Mit den in Spalte 1 und 3 der Tab. 71 zusammengestellten Werten wird der Kontraktionsfaktor g und durch Umstellen von Gl. (19) das Verhältnis der Durchspülungsfaktoren (Spalte 6, Tab. 71) berechnet. Es ist deutlich zu erkennen, daß mit Abnahme des Quotienten $\frac{[\eta]_v}{[\eta]_l}$ eine Zunahme des Wertes für $\frac{\Phi_v}{\Phi_l}$ verbunden ist. Das bedeutet, daß sich der Durchspülungsfaktor mit zunehmender Verzweigungszahl stärker ändert. Die Form der Knäuel bleibt also nicht konstant. Das verzweigte Produkt tendiert stärker in Richtung einer Kugelgestalt als das lineare.

3.6.4.2. IR-spektrometrische Bestimmung der Verzweigungszahl eines Polyethylens niederer Dichte nach [11]

Vor der Messung werden die im Hochdruckpolyethylen enthaltenen Antioxidantien mit Chloroform im Soxhlet-Apparat quantitativ extrahiert. Die gereinigte Probe wird mit einer hydraulischen Dezimalpresse als Preßfolie bei einem Druck von $2 \cdot 10^7$ N $\cdot$ m^{-2} und einer Temperatur von 120° bis 150 °C präpariert. Die Schichtdicke der Folien sollte zwischen $5 \cdot 10^{-3}$ und $12 \cdot 10^{-3}$ cm liegen. Die genaue mittlere Schichtdickenmessung erfolgt mit der Mikrometerschraube oder über das Flächengewicht. Es kann auch das Prinzip der β-Strahlenabsorptionsmessung genutzt werden. Die Spektren werden mit einem hochauflösenden Zweistrahlspektrometer im Wellenzahlenbereich von 1330 bis 1400 cm^{-1} aufgenommen.

Das bei 1368 und 1352 cm^{-1} absorbierende Methylendoublett wird nach [11] mit einem Kompensationskeil aus Polymethylen herauskompensiert. Der Keil wird wie folgt hergestellt:

Man legt auf eine rechteckige Polymethylenfolie (Polymethylen aus Diazomethan synthetisiert) der Abmessung 15 × 50 × 0,04 mm eine etwas kürzere (15 × 45 × 0,04 mm) und verpreßt erneut bei einem Druck von etwa $2 \cdot 10^7$ N $\cdot$ m^{-2} und 180 °C. Dieser Vorgang wird mehrere Male mit immer kürzer werdenden Polymethylenfolien wiederholt, so daß im Ergebnis ein Keil mit einer Schichtdicke linear ansteigend von 4×10^{-3} bis 20×10^{-3} cm entsteht.

Dieser Polymethylenkeil wird nun solange in der Schichtdicke im Vergleichsstrahlengang des Spektrometers verändert, bis bei den Wellenzahlen 1368 cm^{-1} und 1400 cm^{-1} die gleiche Intensität erreicht ist. Jetzt wird das Spektrum im genannten Wellenzahlenbereich abgefahren. Die quantitative Auswertung der aufgezeichneten Methylabsorption (1378 cm^{-1}) erfolgt nach dem Grundlinienverfahren. Die ermittelte Extinktion wird auf die gemessene Schichtdicke reduziert, und aus einer Eichkurve wird die Zahl der CH_3-Gruppen pro 1000 C-Atome abgelesen bzw. gemäß der daraus abgeleiteten Geradengleichung berechnet.

Zur Eichung werden Gemische aus Polypropylen und linearem Polyethylen verwendet. Entsprechend der gewünschten Zahl der CH_3/1000 C-Atome werden die Mengen Polypropylen pro 100 g Polyethylen berechnet und auf der Analysenwaage abgewogen. Die Substanzen werden gemischt und zu Folien verpreßt. Zur Homogenisierung des Polypropylens im Polyethylen werden die Folien mehrere

Male bei einer Temperatur von 150° bis 160 °C und einem Druck von $2{,}5 \cdot 10^7$ $N \cdot m^{-2}$ umgepreßt. Die Spektren der Eichfolien und deren Schichtdicken werden – wie oben beschrieben – erhalten. Die gemessenen und auf die Schichtdicke reduzierten Extinktionen werden gegen die eingestellte Zahl der CH_3/1000 C-Atome aufgetragen. Als Beispiel sind in Tab. 72 einige Eichwerte angegeben, aus denen die in Gl. (20) formulierte Eichbeziehung abgeleitet wurde:

$$CH_3/1000\ \text{C-Atome} = 0{,}8 \cdot \frac{E_{1378}}{d} \tag{20}$$

E_{1378} = Extinktion bei 1378 cm^{-1}
d = Schichtdicke in cm

Tabelle 72: Eichwerte zur IR-spektrometrische Bestimmung der Zahl der Methylgruppen pro 1000 C-Atome

CH_3 pro 1000 C-Atome	g PP pro 100 g PE	E_{1378}	$d/10^{-3}$ cm	$\frac{E}{d}\Big/cm^{-1}$
2,5	0,78	0,029	9,8	2,96
5,0	1,56	0,048	7,8	6,15
10	3,13	0,103	8,2	12,56
15	4,68	0,120	6,3	19,06
20	6,26	0,190	7,4	25,70
25	7,80	0,180	5,9	30,55
30	9,38	0,260	6,8	38,20

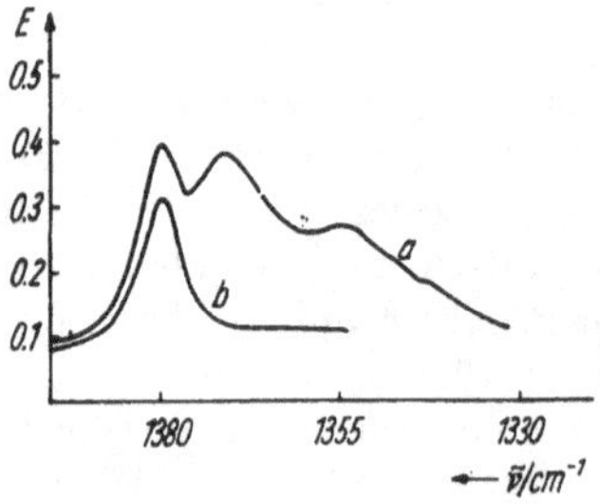

Abb. 87: IR-Teilspektrum eines Hochdruckpolyethylens
a) nicht kompensiert
b) kompensiert

Für das in Abb. 87 gezeigte Spektrum eines Hochdruckpolyethylens wurde eine $7{,}15 \cdot 10^{-3}$ cm dicke Preßfolie verwendet. Mit der gemessenen Extinktion von 0,21 beträgt die Zahl der Verzweigungsendpunkte gemäß Gl. (20) im gewählten Beispiel 23 CH_3/1000 C-Atome. Der Fehler wird mit $\pm$ 1 CH_3 pro 1000 C-Atome abgeschätzt.

Dieses Auswerteverfahren läßt unberücksichtigt, daß der Extinktionskoeffizient der $\delta_s(CH_3)$-Schwingung von der Länge der kurzen Seitenzweige beeinflußt wird. Da im Hochdruckpolyethylen unterschiedliche kurze Verzweigungen nebeneinander vorliegen, ist zur genauen Ermittlung der Zahl der CH_3-Gruppen pro 1000 C-Atome ein Korrekturverfahren notwendig, das jedoch Kenntnis der einzelnen Anteile der kurzen Seitenzweige voraussetzt.

Bei Auswertung des Bandenverhältnisses der Schwingung der Methyl- (1378 cm^{-1}) zur Methylengruppe (1368 cm^{-1}) liegt die untere Nachweisgrenze bei 3 CH_3/1000 C-Atome. Da die Intensität der Bezugsbande von der Kristallinität abhängig ist [12], müssen die Proben oberhalb 140 °C gemessen werden. Die Meßempfindlichkeit kann auf $\leqq$ 0,5 CH_3/1000 C-Atome erhöht werden, wenn die zweite Ableitung des Bandenkomplexes (Abb. 88) zwischen 1330 und 1400 cm^{-1} registriert wird.

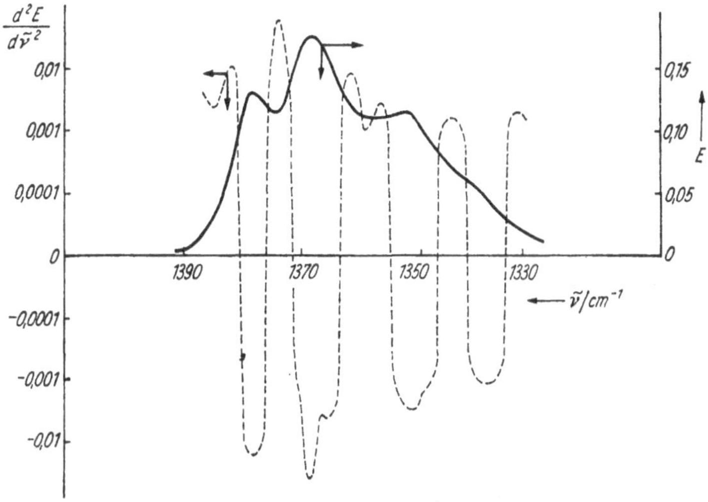

Abb. 88: IR-Teilspektrum eines Hochdruckpolyethylens im Wellenzahlenbereich von 1330 bis 1400 cm^{-1}

———— Original-Spektrum
- - - - - - Zweite Ableitung nach der Wellenzahl

3.6.4.3. Ermittlung der Zahl der Methylgruppen pro 1000 C-Atome in einem Ethylen-Buten-1-Copolymerisat (ethylverzweigtes Modellpolymerisat) durch ^{1}H-NMR-Spektroskopie

Zur Bestimmung der Zahl der CH_3/1000 C-Atome wird unter Schütteln bei 100° bis 120 °C eine 5 Gew.%ige Lösung der Probe in ortho-Dichlorbenzen hergestellt. Das Spektrum wird mit einem hochauflösenden Kernresonanzspektrometer mit temperierbarem Probenkopf aufgenommen. Es wird mit der *PFT*-Technik gearbeitet, die Zahl der Akkumulationen beträgt 300. Die Meßtemperatur wird auf 100 °C eingestellt. Als Referenzsubstanz dient Tetramethylsilan oder Hexamethyldisiloxan.

Im ^{1}H-NMR-Spektrum erscheinen die Signale der Methylprotonen bei niedrigeren Feldstärken als die Resonanzen der Methylenprotonen (Abb. 89). Die Abtrennung der einzelnen Spektrenteile wird, wie in Abb. 89 gezeigt, vorge-

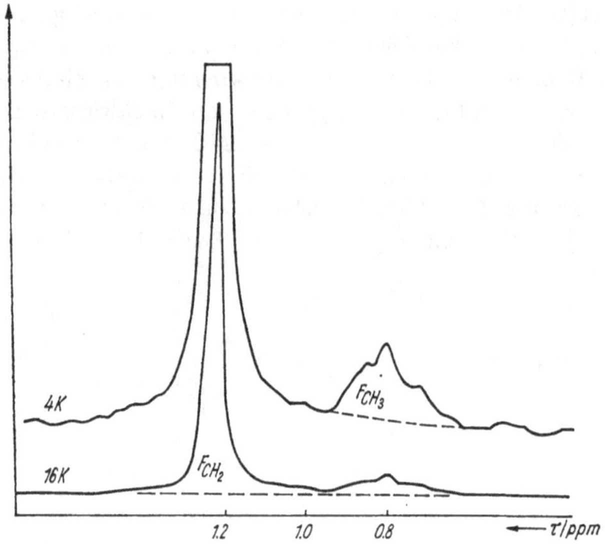

Abb. 89: ^{1}H-Spektrum eines Ethylen-Buten-1-Copolymeren

Gruppe	chem. Verschiebung ppm (HMDS)
CH_2	1,23
CH_3-Hauptpeak	0,81
CH_3-Nebenpeak	0,85
CH_3-Nebenpeak	0,73

nommen. Die so isolierten Flächen werden planimetriert. Geringe CH_3-Konzentrationen bedingen große Verstärkungen des Meßsignals. In diesem Falle dürfen die auftretenden Rotationsseitenbanden beiderseitig der CH_2-Resonanzen ebenso wie die ^{13}C-Satelliten nicht mehr vernachlässigt werden. Sie müssen zusätzlich abgetrennt werden.

Die Zahl der CH_3/1000 C-Atome wird gemäß Gl. (21) berechnet:

$$CH_3/1000\ \text{C-Atome} = \frac{\frac{1}{3} F_{CH_3}}{\frac{1}{2}\,\frac{2^b}{2^a}\cdot F_{CH_2} + \frac{1}{3} F_{CH_3}} \cdot 1000 \qquad (21)$$

F_{CH_2} = Fläche unter den Methylenprotonen
F_{CH_3} = Fläche unter den Methylprotonen

Der Faktor $\frac{2^b}{2^a}$ ergibt sich aus der unterschiedlichen Verstärkung der einzelnen Signale (der für die Akkumulation verwendete Rechner benutzt zur Rechnung die Potenzen von 2). Für das in Abb. 89 gezeigte Spektrum werden durch Planimetrieren folgende Flächen erhalten:

$F_{CH_3} = 0{,}51$ FE; $F_{CH_2} = 1{,}02$ FE.

Für die Verstärkungsfaktoren gilt: $a = 2$ und $b = 4$. Damit erhält man für das gewählte Beispiel 77 CH_3/1000 C-Atome; das entspricht einer Zusammensetzung von 23 mol% Buten-1 im Copolymerisat.

3.6.4.4. Ermittlung des Verhältnisses von Ethyl- zu Butylverzweigung in einem Hochdruckpolyethylen durch Radiolyse-Gaschromatographie

Etwa 40 bis 60 mg der Probe, die wie unter 3. 6.4.2. beschrieben, durch Extraktion mit Chloroform gereinigt wurde, werden genau in eine Glasampulle (50 mm Länge, etwa 3 mm Innendurchmesser und 1 mm Wandstärke) eingewogen. An einer Hochvakuumleiste wird die Ampulle mehrmals unter Verwendung von Inertgas sekuriert und dann unter Hochvakuum ($< 4 \cdot 10^{-3}$ N $\cdot$ m^{-2}) abgeschmolzen.

Zur Radiolyse wird die so vorbereitete Probe in einem Bestrahlungsraum γ-Strahlen (^{60}Co-Strahlenquelle) oder Elektronenstrahlen ausgesetzt, bis eine Dosis von 100 Mrad absorbiert ist (Dosisleistung $> 10^5$ R/h). Die Ionendosisleistung im Bestrahlungsraum wird mit der Fricke-Dosimetrie [13] bestimmt. Es empfiehlt sich, eine Doppel- bzw. Dreifachbestimmung durchzuführen.

Zur Bestimmung der Spaltgase wird die Ampulle mit der bestrahlten Probe in eine Probenschleife eingeführt, die unmittelbar mit einem Gaschromatographen verbunden ist. Das Totvolumen ist dabei so klein als möglich zu halten. Nach Spülen mit dem Trägergas wird die Ampulle zerstört und so die Spaltgase in den mit einem Flammenionisationsdetektor (FID) ausgerüsteten Gaschromatographen eingeführt. Die in Abb. 86 gezeigten Gaschromatogramme wurden unter den in Tab. 73 angegebenen gaschromatographischen Arbeitsbedingungen erhalten. Die geschriebenen Flächen sind den abgespaltenen Gaskonzentrationen proportional.

Tabelle 73: Arbeitsbedingungen für die Radiolyse-Gaschromatographie

stationäre Phase	Säulenparameter	Arbeitsbedingungen
Poropak 80–100 mesh	Länge: 1500 mm Außendurchmesser: 3 mm Wandstärke: 0,5 mm	Gasstrom: 20 ml/min Temperaturprogramm: 60° C + 20° C pro min Zeit: 8 min

Zur quantitativen Auswertung werden die Flächen unter den Peaks nach der Dreiecksmethode (Höhe des Peaks multipliziert mit der Halbwertsbreite) berechnet. Die absoluten Konzentrationen der Spaltgase, bezogen auf 100 mg Substanz, werden über eine Eichkurve ermittelt. Dazu werden mit einer gasdichten Spritze die Eichgase Ethan und Butan im Konzentrationsbereich von 2 bis 30 μl in den Gaschromatographen eindosiert. Die erhaltenen Flächen unter den Peaks werden ausgewertet und über der Konzentration grafisch aufgetragen.

Die Verzweigungszahl Z_n pro 1000 C-Atome wird gemäß Gl. (22) berechnet:

$$Z_n = \frac{GM_{PM} \cdot 10^3 \cdot D \cdot V}{mM_G \cdot x_{100} \cdot E} \tag{22}$$

GM_{PM} = Grundmillimol Polymethylen (14 mg)
mM_G = Millimol des abgespaltenen Gases (mg)
D = Dichte des abgespaltenen Gases
Ethan = 1,356 10^{-3} mg/μl (0 °C; 10^5 N · m^{-2})
Butan = 2,703 10^{-3} mg/μl (0 °C; 10^5 N · m^{-2})
V = Volumen des abgespaltenen Gases (μl)
E = Einwaage (mg)
x_{100} = Abspaltungskoeffizient bezogen auf eine Dosis von 100 Mrad.

Um den in Gl. (22) enthaltenen Abspaltungskoeffizienten x_{100} zu ermitteln wird bei jedem Bestrahlungsversuch je ein Modellpolymeres mit Ethyl- und Butyl seitenzweigen bekannter Verzweigungszahl als Eichstandard mitbestrahlt. Die Auswertung des in Abb. 86 gezeigten Gaschromatogramms des Hochdruckpolyethylens ergba als Hauptspaltgase Ethan und Butan. Die Gasausbeute an höheren Kohlenwasserstoffen (C_5; C_6) ist gering. Im untersuchten Produkt betrug die Summe der C_5-und C_6-Kohlenwasserstoffe $< 3\%$ der Gesamtgasausbeute an Kohlenwasserstoffen.

Bei einer IR-spektrometrisch gemessenen Zahl der Verzweigungsendpunkte von 27 CH_3/1000 C-Atome in der Probe wurde ein Verhältnis von Ethyl- zu Butylverzweigungen von 0,8 im Polymeren berechnet.

Literatur

[1] SCHRÖDER, E., Plaste und Kautschuk **20** (1973), 241
[2] DEXHEIMER, H., FUCHS, O. u. H. SEEHR, Dtsch. Farben-Z. **11** (1968), 481
[3] SCHRÖDER, E. u. E. MADERER, Faserforsch. u. Textiltechn. — Z. Polymere **29** (1978), 516, 519, 521
[4] KUHN, R., KRÖMER, H. u. M. HOFFMANN, „*Polymeranalytik I*", Georg-Thieme-Verlag Stuttgart 1977
[5] SCHRÖDER, E. u. B. ANDREJS, Plaste und Kautschuk **19** (1972), 747
[6] STEIN, D. J. u. G. V. SCHULZ, Makromolekulare Chem. **52** (1962), 249
[7] RANDALL, J. C., J. Polymer Sci./Polymer Physics Ed. **11** (1973), 275
[8] BOWMER, T. N. u. J. H. O'DONNELL, Polymer **18** (1977), 1032
[9] HOFFMANN, M. u. R. KUHN, Makromolekulare Chem. **174** (1973), 149
[10] CASPER, R., BISKUP, U., LANGE, H. u. U. POHL, Makromolekulare Chem. **177** (1976), 1111
[11] WILLBOURN, A. H., J. Polymer Sci. **34** (1959), 569
[12] DECHANT, J., „*Ultrarotspektroskopische Untersuchungen an Polymeren*", Akademie-Verlag Berlin 1972
[13] KOCH, W., Isotopenpraxis **6** (1970), 337

3.7. Charakterisierung von Netzwerkpolymeren

3.7.1. Einleitung

Netzwerkstrukturen stellen eine sehr häufig anzutreffende Anordnungsform in größeren Molekülverbänden dar. Sie begegnen uns z.B. in der belebten Natur bei den Proteinen als Baustein lebender Zellen, in Gelen der Cellulose, Stärke oder Alginaten, aber auch in der Welt der Mineralien, in Silikaten, Aluminaten, Tonen usw. und schließlich auch beim vulkanisierten Natur- und Synthesekautschuk, den vernetzten Polyestern, Polyurethanen oder den klassischen Duromeren, den Phenol-, Harnstoff- oder Melaminharzen. Trotz der Unterschiedlichkeit in den Erscheinungsformen und Eigenschaften haben diese — hier wahllos herausgegriffenen Verbindungsklassen — ein gemeinsames charakteristisches Strukturmerkmal — den dreidimensionalen Aufbau. Im engeren Sinn der makromolekularen Chemie werden als Netzwerkpolymere definitionsgemäß nur Moleküle bezeichnet, die „*aus einem dreidimensionalen System ineinandergefügter Ringe bestehen, die Seitenketten und Zweige am Ringgerüst enthalten können, aber keine Schichtstruktur aufweisen*“ [1]. Sie können durch chemische und physikalische Verknüpfungen entstehen, die sich häufig auch überlagern. Die chemischen Vernetzungsbindungen sind vorrangig kovalent und thermostabil. Ionen- und H-Brückenbindungen wie z.B. in den Ionomeren bzw. den Allophanatstrukturen der vernetzten Polyurethane sind thermisch reversibel. Physikalisch bedingte Netzwerkstrukturen werden durch Kettenverhakungen, ineinandergreifende Ringe oder Kettenverschlaufungen sowie kristalline Haftpunkte hervorgerufen; ein typisches Beispiel dafür sind die Interpenetrationsnetzwerke, bei denen sich zwei Netzwerke unterschiedlicher Struktur durchdringen [2].

Netzwerkpolymere unterscheiden sich außer durch die Bindungsart in ihrem strukturellen Aufbau vor allem durch:

- die Konstitution der Brückenglieder
- die Kristallinität der Segmente
- die mittlere Vernetzungsdichte
- die Segmentlängenverteilung zwischen den Vernetzungsstellen sowie
- die Anzahl koexistierender Phasen und deren übermolekularer Struktur.

Eine schematische Darstellung möglicher Netzwerkstrukturen zeigt Abb. 90.

Diese große Zahl strukturbildender Einflußfaktoren führt zwangsläufig zu einem sehr breiten Eigenschaftsspektrum der Netzwerkpolymeren, welches sich erschwerend auf die Charakterisierung auswirkt. Von den wenigen universellen Eigenschaften vernetzter Polymerer sind vor allem die der Unlöslichkeit in organischen Lösungsmitteln und das thermomechanische Verhalten hervorzuheben. Sie bilden deshalb auch die Basis quantitativer Verfahren zur Charakterisierung der Netzwerkstruktur. Bei amorphen vernetzten

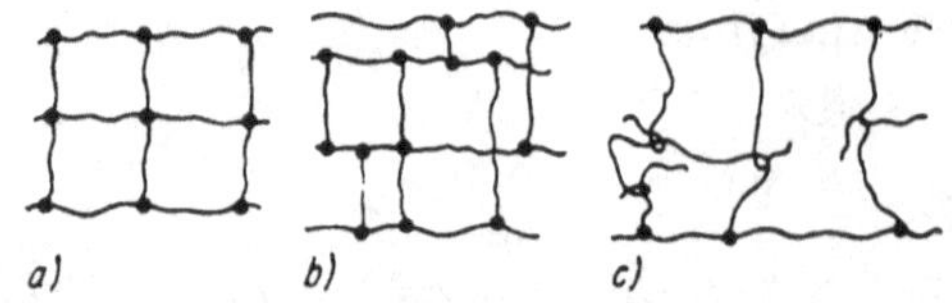

Abb. 90: Schematische Darstellung von Netzwerkstrukturen

a – ideales geordnetes Netzwerk mit kovalenter Bindung
b – statistisches Netzwerk mit kovalenter Bindung
c – Netzwerk mit Kettenverhakung

Polymeren ist der Übergang vom hartelastischen in den gummielastischen Zustand durch einen starken Abfall des Schubmoduls G und ein ausgeprägtes Dämpfungsmaximum charakterisiert (Abb. 91).
Die durch das Einfrieren der Bewegung längerer Kettensegmente bedingte Glastemperatur Tg hängt somit von der Vernetzungsdichte ab. Bei kristallinen vernetzten Polymeren ist das Erweichungsverhalten durch das Aufschmelzen der Kristallite bedingt. Sie schmelzen größtenteils in einem engen Temperaturbereich auf. Der G-Modul und die Zugfestigkeit fallen bereits weit unterhalb der Schmelztemperatur deutlich ab (Abb. 92).

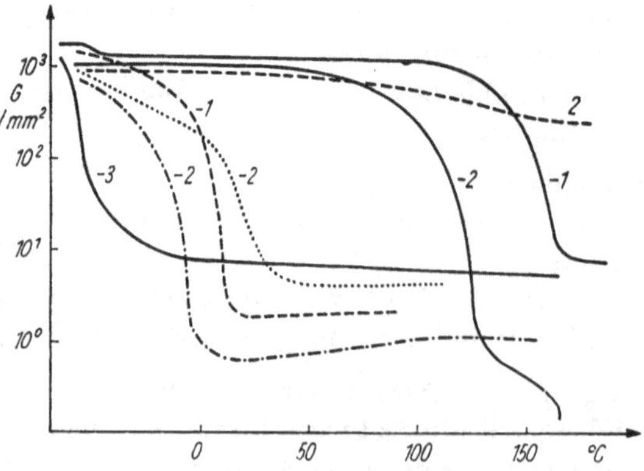

Abb. 91: G-Modul-Temperatur-Charakteristik von amorphen vernetzten Polymeren nach [3]

1 – Epoxidharze,
2 – Polyacrylate,
3 – Butadien-Kautschuk

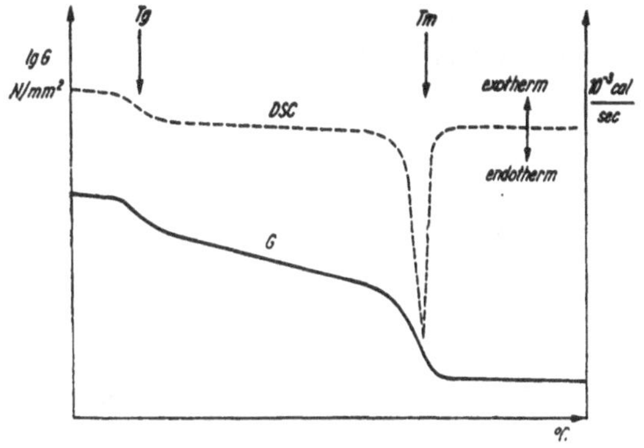

Abb. 92: *G*-Modul-Temperaturverhalten von kristallinen vernetzten Polymeren nach [3]

3.7.2. Charakteristische Parameter der Netzwerkstruktur und theoretische Grundlagen der quantitativen Bestimmung [4—6]

3.7.2.1. Elastometrische Verfahren

Bei Kenntnis der Ausgangsmonomeren wird die Struktur eines vernetzten Polymeren durch 3 Parameter hinreichend charakterisiert:

— die Vernetzungsdichte $\nu = \frac{\varrho_B}{M_c}$

— die Funktionalität der Vernetzungsknoten f

— die Längenverteilung der Netzbögen $w(M_c)$

ϱ_B = Dichte des Polymeren, $\overline{M}_c$ = zahlenmittlere Molmasse eines Kettensegmentes zwischen 2 Vernetzungsstellen

Von diesen ist die Vernetzungsdichte die wichtigste, derzeit aber auch einzige Größe, die sich bei mäßiger Vernetzung unter bestimmten Voraussetzungen exakt bestimmen läßt. Sofern nicht die Vernetzungsreaktion selbst durch chemische, spektroskopische, differentialthermoanalytische oder andere Verfahren verfolgt werden kann bzw. ein selektiver Abbau des Netzwerkes möglich ist, wird die Vernetzungsdichte gewöhnlich über das Deformations- oder Löslichkeitsverhalten bestimmt. Durch die auf Deformationsmessungen beruhenden elastometrischen Verfahren werden außer den durch kovalente Bindung entstandenen chemischen auch die physikalisch wirksamen Vernetzungen erfaßt, während das Löslichkeitsverhalten nur von den chemischen Vernetzungen beeinflußt wird.

Grundlage aller elastometrischen Verfahren zur Bestimmung der Vernetzungsdichte amorpher Polymerer bildet die für den idealen Körper mit Gauss'scher Segmentverteilung aus der statistischen Thermodynamik abgeleitete Theorie der Kautschukelastizität (auch RET bezeichnet), nach der das Dehnungsverhalten eines trockenen Prüfkörpers durch die Gleichung:

$$\sigma = \nu RT[\lambda - \lambda^{-2}] \tag{1}$$

beschrieben wird.

σ = Zugspannung = f/A_0 = Zugkraft/Ausgangsquerschnitt, R = Gaskonstante, T = absolute Temperatur, λ = Dehnungsverhältnis

Die Bestimmung der Vernetzungsdichte wäre danach aus Spannungs-Dehnungsmessungen möglich. Das umfangreiche experimentelle Material spiegelt jedoch selbst im Bereich geringer Deformationen erhebliche Abweichungen vom idealen kautschukelastischen Verhalten wider (s. Abb. 93). Diese wurden nach TOBOLSKY durch Einführen des Frontfaktors $\langle \bar{r}^2 \rangle_i / \langle \bar{r}^2 \rangle_0$ entsprechend:

$$\sigma = \nu RT \frac{\langle \bar{r}^2 \rangle_i}{\langle \bar{r}^2 \rangle_0} [\lambda - \lambda^{-2}] \tag{2}$$

$\bar{r}^2$ = mittleres Trägheitsradienquadrat, i = isotrop, Index 0 $\triangleq$ ungestörter Zustand

korrigiert.

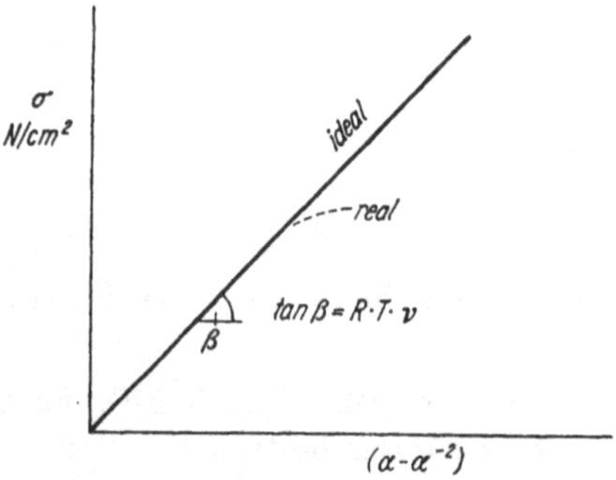

Abb. 93: Spannungs-Dehnungsverhalten idealer und realer Polymer-Netzwerke ($\alpha \triangleq \lambda$)

Der Frontfaktor ist jedoch experimentell schwer zu ermitteln. Er kann < 1 sein aber auch Werte > 2 erreichen. Wesentlich besser als durch Gl. (1) wird das Spannungs-Dehnungsverhalten — zumindest bei gequollenen Proben — durch die empirische 2-Parameter-Gleichung von MOONEY und RIVLIN

$$\sigma = 2(C_1 + C_2\lambda^{-1})(\lambda - \lambda^{-2}) \tag{3}$$

widergegeben.

Hierin entspricht das erste Glied $2C_1$ dem idealen Dehnungsgesetz; das 2. Glied berücksichtigt den Einfluß der Segmentlängenverteilung, Verhakungs- und Kettenendeneffekte sowie auch Nahordnungszustände. Die theoretische Deutung des C_2-Terms ist noch umstritten. Für das Experiment ist günstig, daß dieser im Quellungsgleichgewicht dem Wert 0 zustrebt.

Zwischen der auf die Netzwerkeinheit des trockenen Polymeren bezogenen Spannung σ_d und der Deformation im Quellungsgleichgewicht besteht nach HERMANS, FLORY und WALL (*HFW*-Methode) folgender quantitativer Zusammenhang:

$$\sigma_d = A\nu^* RT q_i^{1/3} q_0^{-2/3}\left(\lambda - \frac{q}{q_i}\lambda^{-2}\right) \tag{4}$$

q = Volumenquellungsgrad im deformierten bzw. q_i im isotropen Gel; $\nu^* = \nu/V_d\, N_A$ (N_A Avogadrozahl, V_d Volumen des trockenen Gels). A hat nach experimentellen Erfahrungen gewöhnlich den Wert 1; der Faktor $q_0^{-2/3}$ ist eine Maßzahl für den bei der Bildungsreaktion des Netzwerkes gegebenen Verdünnungsgrad.

Nach DUŠEK und PRINS [5] entspricht $q_0^{2/3}$ dem Quotienten der Trägheitsradienquadrate des gequollenen Gels im Grundzustand $\langle \bar{r}^2\rangle_{0,s}$ und des trockenen Gels $\langle \bar{r}^2\rangle_d$. Für die durch Reaktion am Polymeren bei Abwesenheit von Lösungsmitteln hergestellten Netzwerke ist q_0 stets 1. In diesen Fällen ist die Bestimmung der Vernetzungsdichte allein aus Deformations- und Quellungsmessungen möglich, sonst ist die Erfassung nur durch Methodenkombinationen gegeben. Günstig ist die Kombination von Spannungs-Dehnungs- mit Kompressionsmessungen, jeweils im Quellungsgleichgewicht. Für die lineare Kompression gequollener Proben gilt nach der Theorie der Kautschukelastizität:

$$f/A_0 = G^* q_i^{1/3}(\lambda - \lambda^{-2}) \tag{5}$$

f/A_0 = Kompressionskraft/Prüfkörperfläche im ungequollenen und unbelasteten Zustand; λ = Kompressionsverhältnis = $(h_q - h_0)/h_q$; h_q = Höhe des gequollenen Prüfkörpers, h_0 = Höhe des ungequollenen Prüfkörpers, G^* = Kompressionsmodul

mit

$$G^* = A\nu\, RT q_0^{2/3} \tag{6}$$

3.7.2.2. Quellungsmessungen

Quellungsmessungen kommt wegen des geringen experimentellen Aufwandes eine besondere Bedeutung bei der Netzwerkcharakterisierung zu. Nach der für die Auswertung häufig benutzten modifizierten FLORY-REHNER-Gleichung:

$$\nu = \frac{\ln(1 - \Phi_B) - \Phi_B - \chi\Phi_B^2}{V_A(\Phi_B^{1/3} q_0^{2/3} - \Phi_B/2)} \tag{7}$$

müssen für die Berechnung von ν außer dem Volumenbruch des Polymeren im gequollenen Netzwerk $\Phi_B = q^{-1}$, das Molvolumen V_A des Quellmittels, der

HUGGINS'sche Wechselwirkungsparameter χ und wiederum der Term $q_0^{2/3}$ bekannt sein. Außerdem setzt die Auswertung nach Gl. (7) die Gültigkeit der Elastizitätstheorie idealer Netzwerke, die Unabhängigkeit des χ-Parameters vom Quellungsgrad und die Anwendbarkeit der FLORY-HUGGINS-Theorie, d. h. Vorliegen eines athermischen Systems geringer Quellung und schwacher Vernetzung voraus; Forderungen, die von der Struktur der Netzwerke und den experimentellen Gegebenheiten nicht erfüllt werden können [4].

Besonders kritisch ist die Frage der Quellmittelauswahl. Schwache Quellmittel erschweren die quantitative Bestimmung des Quellungsgrades, bei starken wird die Lage des Quellungsgleichgewichtes durch Molekülverhakungen beeinflußt und ein scheinbarer Wert für χ erhalten, der von dem wahren Wert, auf die Hauptvalenzvernetzung zurückzuführenden, bedeutend abweicht.

Unter Berücksichtigung der Molekülverhakung formuliert HOFFMANN [6] folgenden Ansatz für die maximale Quellung:

$$q = -[\ln(1 - \Phi_B) + \Phi_B + \chi_{A,\mathrm{eff}} \Phi_B^2] \approx$$

$$\approx \left(\frac{h}{h_0}\right)^2 \frac{V_A}{v_{B,\mathrm{sp}} \overline{M}_{c,H}} \left(1 - \frac{2\overline{M}_{c,H}}{\overline{M}_n} \Phi_B^{1/3} - \frac{\Phi_B}{2}\right) \tag{8}$$

$\chi_{A,\mathrm{eff}}$ = effektiver Wechselwirkungsparameter,

$v_{B,\mathrm{sp}}$ = spezifisches Volumen des Polymeren, $\overline{M}_{c,H}$ die von Hauptvalenzvernetzungen herrührende Netzbogenmolmasse,

h = Fadenendenabstand (Index 0 = ungestörter Zustand).

$\chi_{A,\mathrm{eff}}$ hängt mit dem Relaxationsmodul Gr eines unvernetzten Polymeren gleicher Konstitution und dem Expansionskoeffizienten α (s. a. 1.7.) zusammen, ist experimentell also sehr schwer zugänglich.

Bei den nach Gl. (7) ausgewerteten Netzwerkdichten handelt es sich also auch um Werte, die sich aus der Zahl chemischer und physikalisch wirksamer Netzpunkte ergeben.

Für die Nutzung von Quellungsmessungen zur Netzwerkcharakterisierung ist ferner die Temperaturabhängigkeit der Quellung von Bedeutung, deren Ausmaß und Richtung von der Wechselwirkung mit dem Quellmittel — insbesondere vom Vorzeichen der letzten Verdünnungswärme $\overline{\Delta H}_{A,S}$ — abhängen. Nach der thermodynamischen Ableitung gilt für die Temperaturabhängigkeit der Quellmittelaufnahme $\partial T/\partial x_A^*$ bei konstantem Druck p:

$$\left(\frac{\partial T}{\partial x_A^*}\right)_p = \frac{\left(\frac{\partial \mu_A}{\partial x_A^*}\right)_p \cdot T}{\overline{\Delta H}_{A,S}} \tag{9}$$

x_A^* = Grundmolenbruch des Quellmittels, μ_A = partielles chemisches Potential des Quellmittels.

(Zur Ableitung von Gl. (9) sei auf die Arbeiten von REHAGE [11] verwiesen.)

Die letzte Verdünnungswärme $\overline{\Delta H_{A,S}}$ ist die Wärmemenge, die das System aufnimmt oder abgibt, wenn ein Mol des Quellmittels zu einer so großen Menge maximal gequollenen Gels gegeben wird, daß die Sättigungskonzentration praktisch konstant bleibt. Bei positivem Wert von $\overline{\Delta H_{A,S}}$ steigt die Quellung mit der Temperatur an, bei negativem Wert dagegen entquillt das Polymere bei Temperaturerhöhung. Nur in athermischen Systemen, bei denen $\overline{\Delta H_{A,S}}$ den Wert 0 hat, ist die Quellung temperaturunabhängig.

3.7.2.3. Löslichkeitsuntersuchungen

Aus dem bekannten Zusammenhang zwischen Löslichkeitsabnahme bei zunehmendem Vernetzungsgrad lassen sich ebenfalls quantitative Informationen über die Vernetzungsdichte bzw. den Vernetzungsindex $\gamma = \nu/n$ (n Molzahl der Primärmoleküle) ableiten. Die Auswertung der Flory-Gleichung für die Relation zwischen Gel- bzw. Solanteil (w_G bzw. w_s) einer Polymerlösung und dem Vernetzungsindex

$$w_G = 1 - \frac{\sum H(P) \exp\left[-\gamma(1 - w_s)\right]}{\sum H(P)} \tag{10}$$

setzt außer der Kenntnis der massenmäßigen Häufigkeitsverteilungsfunktion des Polymerisationsgrades $H(P)$ der Makromoleküle vor der Vernetzung voraus, daß

- alle Primärmoleküle gleiche Vernetzungswahrscheinlichkeit haben,
- keine intramolekularen Vernetzungen vorhanden sind und
- der Vernetzungsgrad gering ist!

Nur im Fall gleicher Molmasse der Primärmoleküle ergibt sich aus Gl. (10) die einfache Beziehung:

$$w_s = \exp\left[-\gamma(1 - w_s)\right] \quad \text{bzw.} \quad \ln w_s = -\gamma(1 - w_s) \tag{11}$$

$w_G = 1 - w_s$

Sie darf für die quantitative Auswertung von Netzwerkstrukturen auf Basis statistisch verteilter Primärmoleküle nicht herangezogen werden. Zum Zweck qualitativer Vergleichsuntersuchungen kann die auch als Sol-Gel-Analyse bezeichnete Methode der Löslichkeitsuntersuchungen selbstverständlich auch ohne Berücksichtigung der $H(P)$ verwendet werden. Im Gegensatz zu den bisher genannten elastometrischen Verfahren spricht sie nur auf die chemischen Vernetzungen an. Die Bestimmung der Vernetzungsdichte durch Sol-Gel-Analyse wird mit zunehmendem Polymerisationsgrad der Primärmoleküle, Zunahme an vernetzbaren funktionellen Gruppen und steigendem Vernetzungsgrad ungenauer.

3.7.3. Experimentelle Grundlagen

3.7.3.1. Elastometrie

Zur willkürfreien Bestimmung von σ und λ und analytischen Auswertung des Elastizitätsverhaltens eignen sich die für die Prüfung hochpolymerer Werkstoffe gebräuchlichen Zugmaschinen nicht. Hierzu muß die Längenänderung eines gequollenen Prüfkörpers bei sich ändernder Zugspannung als Zeitfunktion gemessen und Fixpunkte für die Auswertung festgelegt werden [6], da infolge des Relaxationszeitverhaltens erhebliche Differenzen zwischen den Ausgangslängen l_0, und den Längen l_e sofort nach Entlastung des Probekörpers festgestellt wurden. Die Prinzipskizze einer entsprechenden Meßeinrichtung zeigt Abb. 94.

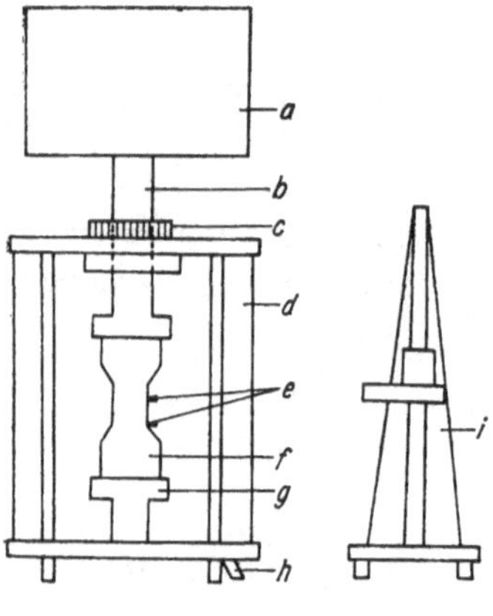

Abb. 94: Prinzip der Meßeinrichtung zur Aufnahme von Spannungs-Dehnungs-Werten

a – Zugprüfmaschine (Waage mit Unterflurwägung)
b – Zugstange
c – Zufluß } des Quellmittels
h – Abfluß } des Quellmittels
d – Quellbehälter
e – Längenmarkierung am Probekörper
f – Probekörper
g – Klemmbacken
i – Kathetometer zur Längenmessung

Als Prüfkörper werden Schulterstäbe, besser aber Quader mit konstantem Querschnitt gewählt, die Meßgenauigkeit der Längenmessung muß $> 10^{-3}$ cm sein, da sich selbst schon Abweichungen von $\pm$ 0,005 cm beträchtlich auf die Parameter C_1 und C_2 von Gl. (3) auswirken [4]. Vernetzungsdichtebestimmungen gequollener Proben über die Messung des linearen Kompressionsmoduls gehen auf Arbeiten von Cluff et. al. zurück [8]. Nach diesen werden kreisrunde Prüfkörper von 12,5 mm Höhe und etwa 20 mm Durchmesser bis zum Quellungsgleichgewicht in geeigneten Quellmitteln gelagert und die Höhe der Probe vor (h_0) und nach der Quellung (h_q) exakt gemessen (Dauer bis zum Erreichen des Quellungsgleichgewichtes etwa 1 Woche bei Raumtemperatur). Aus der Gleichung:

$$h_q = h_0 \Phi_B^{-1/3} \tag{12}$$

kann der Volumenbruch des Polymeren im gequollenen Netzwerk bzw. der Reziprokwert q berechnet werden. Die vorgequollenen Prüfkörper werden in einem mit Quellmittel gefüllten Probengefäß nach der in Abb. 95 skizzierten Meßanordnung durch variable Kräfte deformiert und die resultierende Höhenänderung Δh über die Mikrometerschraube gemessen. Mit der Beziehung

$$\frac{3\,\Delta h}{h_q} = \lambda - \lambda^{-2} \tag{13}$$

können G^* und ν nach Gl. (5) und (6) berechnet werden. Auch Meßanordnungen, bei denen die deformationsbedingte rücktreibende Kraft ermittelt wird wie u. a. die von VAN DE KRAATS beschriebene [9], führen bei Konstanz der Arbeitsbedingungen und Homogenität der Proben zu guten Ergebnissen.

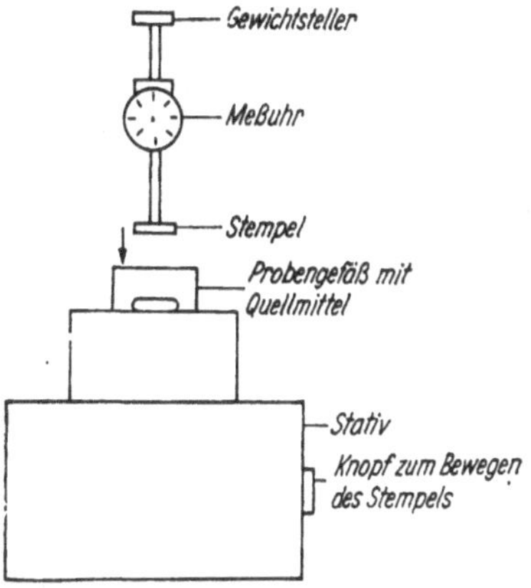

Abb. 95: Schematischer Aufbau einer Apparatur zu Bestimmung des Kompressionsmoduls gequollener vernetzter Polymerer

Weiterhin können auch aus Torsionsschwingungsversuchen [10] und photoelastischen Messungen Netzwerkdichten bestimmt werden. Die photoelastischen Verfahren beruhen auf der Messung der durch Deformation verursachten Doppelbrechung Δn, die nach KUHN und GRÜN mit der Netzwerkdichte in folgendem Zusammenhang steht:

$$\Delta n = \frac{2\pi}{45} \frac{(\bar{n}^2 + 2)^2}{\bar{n}} \nu\, \Delta\alpha(\lambda - \lambda^{-2}) \tag{14}$$

Δn hängt also außer von ν im wesentlichen von den Hauptpolarisierbarkeiten $\Delta\alpha$ und dem Deformationsterm ab $\left(\bar{n} = \frac{n_1 + 2n_2}{3} = \text{mittlerer Brechungsindex}\right)$. Auch die photoelastischen Messungen werden an gequollenen Netzwerkpolymeren durchgeführt und weisen häufig auch auf das nicht ideal kautschukelastische Verhalten hin [4].

3.7.3.2. Quellungsmessungen

Die im Quellungsgleichgewicht von vernetzten Polymeren aufgenommenen Quellmittelmengen können gravimetrisch, volumetrisch und auch durch Quellungsdruckmessungen verfolgt werden. Die Prüfkörper müssen frei von extrahierbaren Bestandteilen sein und bekannte Dichte und Abmessungen haben. Sie haben gewöhnlich zylindrische Form. Wie bereits erwähnt, werden bei Raumtemperatur Einstellzeiten bis zum Sättigungsgleichgewicht von maximal 1 Woche benötigt. Zur gravimetrischen Bestimmung des Quellungsgrades aus der Gewichtsdifferenz der Prüfkörper vor und nach dem Quellungsexperiment werden die gequollenen Proben durch Abtupfen mit Fließpapier von anhaftendem überschüssigen Quellmittel befreit. Dieser experimentell durch die Flexibilität der Proben schwer durchzuführende Prozeß stellt den wesentlichsten Unsicherheitsfaktor des Verfahrens dar.

Bei den volumetrischen Verfahren wird der Quellungsgrad über die Schichtdickenänderung des Prüfkörpers verfolgt. Unter der Annahme isotropen Verhaltens des Quellkörpers kann Gl. (12) zur Auswertung benutzt werden. Günstiger als die direkte Schichtdickenmessung mittels Mikrometerschraube ist die kontinuierliche Verfolgung des Quellungsvorganges mit Hilfe eines Kathetometers bzw. photographischer Aufzeichnung. Das Prinzip einer Quellungsapparatur mit optischer Meßeinrichtung zeigt Abb. 96. Grundvoraussetzung für die Anwendung volumetrischer Verfahren ist eine einwandfreie Probenbeschaffenheit mit glatter Oberfläche ohne Störstellen und ein Aufquellen der Prüfkörper ohne Rißbildung.

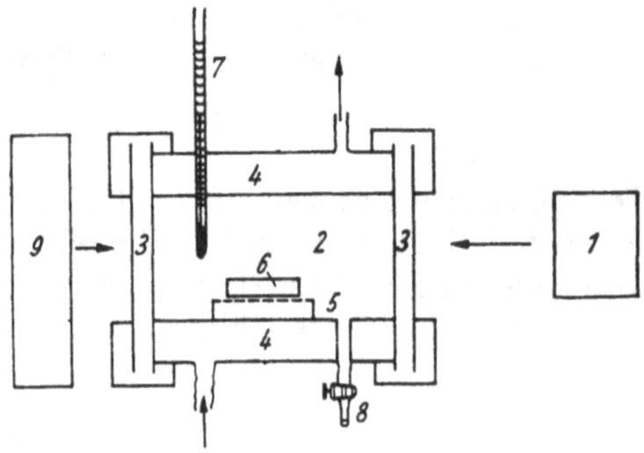

Abb. 96: Prinzip einer Quellungsmeßapparatur mit optischer Längenmessung

1 – Kathetometer
2 – Meßzelle
3 – Küvettenfenster
4 – Temperiermantel
5 – Probenhalter
6 – Probe
7 – Thermometer
8 – Lösungsmittelauslauf
9 – Athermanleuchte

3.7.3.3. Sol-Gel-Analyse

Zur Feststellung des unlöslichen Gelanteils der Proben werden diese bis zum Extraktionsgleichgewicht mit starken Lösungsmitteln bei erhöhten Temperaturen behandelt. Die Extraktion kann in Soxhlet-Apparaten, aber auch als Schüttelextraktion durch direktes Behandeln der Proben mit einem etwa 50fachen Lösungsmittelüberschuß bei erhöhter Temperatur ausgeführt werden. Die Abtrennung der unlöslichen Anteile kann durch Filtration (G 5-Fritte) oder Zentrifugation bei 10000 Umdrehungen/min erfolgen. Nach Reinigung mit Lösungsmittel, anschließender Entquellung durch Methanolwäsche und Trocknung werden die Gelanteile durch Wägung erfaßt. Zur optischen Analyse des Mikrogelgehaltes wird auf die Arbeiten von LANGE verwiesen [12].

3.7.3.4. Relative und qualitative Verfahren der Netzwerkcharakterisierung

Alle bisher bekannten Verfahren zur Beschreibung der Vernetzungsdichte von Polymeren dürfen nur bei geringen Vernetzungsdichten angewandt werden. Um auch stärker vernetzte Produkte zumindest untereinander vergleichen zu können, existieren zahlreiche Relativverfahren, deren charakteristische Meßgrößen mit den bisher beschriebenen Absolutverfahren geeicht werden.

Hierunter nehmen die Infrarotspektroskopie, Differentialthermoanalyse und in jüngerer Zeit auch die Pyrolysegaschromatographie [13] eine Schlüsselstellung ein. Zur Verfolgung praktisch technologischer Zielstellungen werden häufig qualitative und halbquantitative Verfahren herangezogen. Sie erlauben z.B. Aussagen über den Aushärtungsgrad. Unter diesen sind z.B. zu erwähnen, die Bestimmung der Bleistift- und Pendelhärte sowie auch die Bestimmung des Farbaufnahmevermögens, die Verdampfungsratenanalyse und die Bestimmung des Vernetzungspotentials, Methoden, die von FINK für die Untersuchung organischer Überzüge zusammengefaßt wurden [14].

3.7.4. Versuchsbeispiele mit Auswertung

3.7.4.1. Bestimmung des Quellungsgrades von peroxidisch vernetztem PMMA durch optische Messung

Zur Bestimmung des Quellungsgrades q und der Temperaturabhängigkeit von peroxidisch vernetztem PMMA wird die Lösungsmittelaufnahme über die Längenausdehnung des Quellkörpers mit Hilfe eines Kathetometers gemessen und die Meßwerte nach Gl. (12) ausgewertet.

Vor dem Quellungsexperiment extrahiert man die Prüfkörper zur Entfernung von unvernetztem Polymeren bzw. Verunreinigungen 96 h im Soxhlet-Apparat mit Toluen und trocknet anschließend im Vakuum bis zur Gewichtskonstanz.

Die so vorbehandelten Prüfkörper (kreisrund, Durchmesser = 14,76 mm, Höhe = 1,5 mm) werden in den Probenhalter der in Abb. 96 (S. 274) dargestellten Meßapparatur eingebracht und die Längenausdehnung l_q (mm) bis zum Quellungsgleichgewicht in Abhängigkeit von der Temperatur verfolgt. Zur Verringerung der Meßfehler infolge Parallaxe besteht die Meßzelle aus einem temperierbaren Doppelzylinder, der an der Vorder- und Rückseite durch einen Schraubverschluß mit planparallelem Küvettenglas abgedichtet ist. Tab. 74 enthält die Meßwerte von mit Divinylbenzen vernetztem Polymethylmethacrylat bei Quellung in Toluen.

Tabelle 74: Bestimmung des Quellungsgrades q von peroxidisch vernetztem PMMA

Meßtemperatur °C	l_q mm	l_0 mm	$\Phi_B^{-1/3}$	q
20,0	19,86	14,76	1,345	2,43
30,0	19,97	14,76	1,353	2,48
40,0	20,09	14,76	1,361	2,52
50,0	20,21	14,76	1,369	2,57
60,0	20,31	14,76	1,376	2,61
70,0	20,39	14,76	1,381	2,64

3.7.4.2. Bestimmung der Parameter der Mooney-Rivlin-Gleichung von isocyanatvernetzten Präpolymeren des Butadiens durch Spannungs-Dehnungs-Messung

Für die Untersuchungen werden aus dem Material 5 Normstäbe [3] mit einer Stärke von etwa 1,75 mm und einer Breite von 4,3 mm hergestellt. Um die Ausgangslänge zu markieren, bringt man an den Kanten des Normstabes 2 Drahtenden (Pianodraht ∅ 0,06 mm) an (Abstand zwischen den Markierungen ca. 20–25 mm).

Danach wird der Prüfkörper in die Klemmbacken einer Zugprüfmaschine eingespannt (s. Abb. 94) und die Ausgangslänge l_0 mittels eines Kathetometers bestimmt, sofern sie nicht aus den ermittelten Längen bei der Dehnung durch Extrapolation gewonnen wird. Hierzu trägt man gemäß Gl. (15) den Reziprokwert der Länge l über der Kraft p auf:

$$\frac{1}{l} = A_0 + A_1 \cdot p \qquad (15)$$

und berechnet l_0 aus $A_0 = \frac{1}{l_0}$.

Anschließend wird die Probe in etwa 10 Stufen um ca. 40% der Ausgangslänge l_0 gedehnt. Auf Grund der Relaxation liest man die Spannungs-Dehnungswerte nach jeder Dehnungsstufe erst nach 5 min ab. Die an einem hydroxylierten Polybutadien, das in Gegenwart von 1,4-Butandiol mit 4,4'-Diphenylme-

Tabelle 75: Meßwerte und Auswertung der Spannungs-Dehnungsmessung von isocyanatvernetzten Präpolymeren des Polybutadiens
Eingangsgrößen: h = 1,754 mm, b = 4,308 mm, T = 28 °C, ϱ_{28} des Prüfkörpers 0,96 g cm^{-3}

l/mm	Kraft/p	l/mm berechnet nach Gl. (15)	$\sigma/10^{-4}$ Pa	λ^{-1}	$(\lambda - \lambda^{-2}) \cdot 10^{-2}$	$\frac{\sigma}{\lambda - \lambda^{-2}} / 10^{-5}$ Pa
20,114	9,500	20,254	1,233	0,994	1,73	7,13
20,209	19,590	20,354	2,543	0,989	3,21	7,92
20,415	38,710	20,545	5,025	0,980	5,97	8,42
20,613	58,840	20,751	7,639	0,970	8,88	8,60
20,871	78,570	20,956	10,020	0,961	11,74	8,53
21,627	143,870	21,665	18,678	0,929	21,20	8,81
22,852	239,080	22,791	31,039	0,884	35,11	8,84
24,234	334,350	24,040	43,408	0,838	49,21	8,82
26,250	476,580	26,184	61,873	0,769	70,89	8,73
29,654	663,850	29,667	86,185	0,678	101,26	8,51

$$\lambda^{-1} = \frac{l_0}{l}$$

thandiisocyanat vernetzt wurde, erhaltenen Wertepaare von l und p (Kraft in p) sowie die daraus berechneten Spannungs-(σ) und Dehnungs-(λ)Werte sind in Tab. 75 zusammengestellt.

Durch Regressionsanalyse wird die Ausgangslänge nach Gl. (15) zu $l_0 = 20{,}1364$ mm und A_1 zu $2{,}394 \cdot 10^{-5}\, p^{-1}$ bestimmt. (Die Meßergebnisse sind in p angegeben, da die Zugprüfmaschinen nicht auf das internationale System der Dimensionen umgestellt sind). Spalte 3 von Tab. 75 enthält die aus der Regressionsgeraden (Gl. (15)) sich ergebenden Werte für l, die zur weiteren Berechnung von λ, λ^{-1} und λ^{-2}, s. Gl. (3), verwendet wurden. Zur Berechnung der σ-Werte und Umrechnung in Pa dient die folgende Gl. (16):

$$\sigma = \frac{p \cdot 981 \cdot 10}{h \cdot b}\ \text{(Pa)} \tag{16}$$

p = Kraft in Pond
h, b = Stärke bzw. Breite des Prüfkörpers in mm.

Die Ermittlung der Parameter der MOONEY-RIVLIN-Gleichung kann durch Regressionsrechnung oder auch grafisch vorgenommen werden. Man trägt hierzu $\sigma/(\lambda - \lambda^2)$ gegen λ^{-1} auf und erhält den C_1-Parameter aus dem Ordinatenabschnitt und den C_2-Wert aus dem Anstieg der Geraden. Aus den in Tab. 75 zusammengestellten Werten erhält man

$$\left.\begin{aligned} 2C_1 &= 7{,}8 \times 10^5\ \text{Pa} \\ 2C_2 &= 1{,}2 \times 10^5\ \text{Pa} \end{aligned}\right\}\ \text{(Rechnerausdruck)}$$

Aus dem C_1-Wert kann mit Hilfe der *RET*-Gleichung (1) auch die Vernetzungsdichte ν und daraus — bei Kenntnis der Dichte des Polymeren — über $\nu = \varrho_B \cdot \overline{M}_c^{-1}$ die zahlenmittlere Molmasse eines Kettensegments zwischen zwei Vernetzungsstellen berechnet werden. Für die untersuchte Probe erhält man:

$$\nu = 3{,}2 \times 10^{-4}\ \text{mol} \cdot \text{g}^{-1}$$

$$\overline{M}_c = 3000\ \text{g} \cdot \text{mol}^{-1}$$

3.7.4.3. Bestimmung der Netzwerkdichte ν und des $\overline{M}_c$-Wertes von strahlenvernetztem Polybutadien durch Kompressionsmessung

Die Bestimmung des Kompressionsmoduls kann u. a. nach SMITH [15] mit einem umgebauten Mikrohärtetester vorgenommen werden, dessen schematischer Aufbau in Abb. 95 dargestellt ist.

Für die Messung werden zylindrische Prüfkörper mit einem Durchmesser von ca. 6 mm und einer Stärke von 1 mm eingesetzt. Die Ausgangswerte h_0 werden mit einem Kathetometer bzw. einer Meßuhr mit 0,01 oder 0,001 mm Skaleneinteilung bestimmt. Nach 24 h bringt man die in Toluen gequollenen Prüfkörper in den mit dem gleichen Quellmittel gefüllten Quellbehälter (Abb. 95). Der Stempel wird mittels eines Handrades so weit gesenkt, daß er die Probe berührt. Eine Vorlast von 70 g bringt den Stempel in direkten Kontakt mit dem Prüfkörper, danach nimmt man die Nulleinstellung an der Meßuhr vor. Nach 15 min wird eine Masse von 50 g aufgelegt und nach weiteren 5 min die Kompression Δh, Gl. (13), an der Meßuhr abgelesen. Danach entspannt man die Probe 2 min und wiederholt die Kompression mit einer Masse von 100 g. Die Größe der Belastung ist von der Vernetzungsdichte abhängig. Der Kompressionsmodul G^* wird im allgemeinen aus 10 Werten gemittelt und nach Gl. (5) unter Einsetzen von Gl. (12) und (13) gemäß

$$G^* = \frac{f \cdot h_0}{A_0 \cdot 3\Delta h} \tag{17}$$

berechnet. Tab. 76 zeigt die an strahlenchemisch vernetztem Polybutadien-cis-132 erhaltenen Meßwerte und ihre Auswertung. Unter der Voraussetzung, daß A und q_0 in Gl. (6) 1 sind, erhält man für die Vernetzungsdichte und den $\overline{M}_c$-Wert daraus:

$$\nu = 1{,}938 \times 10^{-4}\ \mathrm{mol\ cm^{-3}} \qquad \overline{M}_c = 5070\ \mathrm{g\ mol^{-1}}$$

Tabelle 76: Meßergebnisse der Kompressionsmessung an gequollenem, strahlenchemisch vernetztem Polybutadien-cis-132 (Bestrahlungsdosis 20 Mrad)
Eingangswerte: $h_0 = 0{,}882$ mm, $A_0 = 33{,}16$ mm², $\varnothing = 6{,}50$ mm, $\varrho_B = 0{,}983$ g cm⁻³, $T = 300$ K, Quellmittel Toluen

f/g	$f/A_0/10^{-3}$ Pa	Δh/mm	$\frac{h_0}{3\,\Delta h}$	$G^*/10^{-6}$ Pa
100	29,6	0,0076	38,68	1,144
200	59,2	0,0274	10,73	0,635
300	88,8	0,0559	5,86	0,520
400	118,3	0,0719	4,09	0,484
500	147,9	0,0917	3,20	0,473
600	177,5	0,1064	2,76	0,490
700	207,1	0,1229	2,39	0,495
800	236,7	0,1420	2,07	0,490
900	266,3	0,1699	1,73	0,461
1000	295,8	0,1905	1,54	0,455

$\overline{G^*}$ (ohne die Werte 1 und 2) $0{,}4835 \cdot 10^6$ Pa

3.7.4.4. Sol-Gel-Analyse von schwefelvernetztem Polybutadien-cis-132

Von den mit unterschiedlichen Heizzeiten bei 143 °C mit Schwefel vernetzten Gummiproben werden quadratische Stücke von etwa 0,5 cm Kantenlänge und einer Stärke von 1 mm und davon jeweils 4 g mit Toluen 5 mal mit je 40 ml Extraktionsmittel unter Schütteln 2 h bei Raumtemperatur behandelt und nochmals 24 h mit dem Extraktionsmittel stehengelassen. Die Solfraktionen werden vereint und durch Abdestillieren im Vakuum vom Toluen befreit. Der Solanteil w_S der absolut „trockenen" Proben wird gravimetrisch bestimmt. Zur Kontrolle des Ergebnisses wird auch der Gelanteil w_G nach Entquellen mit Methanol und Vakuumtrocknung gravimetrisch erfaßt. Man überzeugt sich von der Richtigkeit des Ergebnisses anhand der Gleichung: $w_G = 1 - w_S$. Die Lösungsmittelretention muß berücksichtigt werden (s. 2.1.4.3.). Die Schüttelextraktion bei Raumtemperatur ist gegenüber der Soxhletextraktion zu bevorzugen, bei Soxhletextraktionen kommt es leicht zu Verklebungen.

Eine Berechnung des Vernetzungsindex γ aus den Daten der Sol-Gel-Analyse (Tab. 77) ist bei technischen Vulkanisaten mit breiter Molmassenverteilung der Ausgangsprodukte nicht möglich. Zusätzliche Informationen über den Solanteil erhält man durch anschließende gelpermeationschromatografische Untersuchung (s. 2.5.). Der ermittelte Sol- bzw. Gelanteil ist aber auch ohne weitere Auswertung eine informative Größe für den Grad chemischer Vernetzungen. Durch vergleichende Gegenüberstellung mit elastometrischen Meßwerten (3.7.4.1. bis 3.7.4.3.) erhält man Informationen über das Verhältnis chemischer und physikalischer Vernetzungen.

Tabelle 77: Ergebnisse der Sol-Gel-Analyse von schwefelvernetztem Polybutadien

Vulkanisationszeit min	w_S auf 1 normiert	löslicher Anteil $\bar{M}_n$ g · mol⁻¹	löslicher Anteil $\bar{M}_w$ g · mol⁻¹	U des löslichen Anteils
0	1,00	62300	835000	12,4
20	0,808	27700	312000	10,3
30	0,420	23500	204000	7,7
40	0,224	16200	175000	9,8
50	0,088	5300	46000	7,7
60	0,055	3000	19500	5,5
120	0,054	3700	28000	6,6
180	0,055	6500	43000	5,6

Literatur

[1] Nomenklatur-Kommission, Richtlinien für die Nomenklatur auf dem Gebiet der makromolekularen Stoffe, Makromolekulare Chem. **3** (1966), 1

[2] Sperling, L. H., George, H. F., Huelck, V. u. D. A. Thomas, J. appl. Polymer Sci. **14** (1970), 2815

[3] Schmid, R., Progr. Colloid & Polymer Sci. **64** (1978), 17

[4] Schröder, E., Plaste und Kautschuk **26** (1979), 1

[5] Dušek, K. u. W. Prins, Structure and Elasticity of Non Crystalline Polymer Networks, Fortschr. Hochpolymeren-Forsch. **6** (1969), 1

[6] HOFFMANN, M., KRÖMER, H. u. R. KUHN, „*Polymeranalytik*", Bd. 1, Georg-Thieme-Verlag-Stuttgart 1977
[7] BELKEBIR-MRANI, A., HERZ, J. E. u. P. REMPP, Makromolekulare Chem. **178** (1977), 485
[8] CLUFF, E., GLADDING, F. u. E. K. PARISER, J. Polymer Sci. **45** (1966), 341
[9] KRAATS, E. J., van de; Thesen Delft 1967
[10] SCHMIEDER, K. u. K. WOLF, Kolloid-Z. **127** (1952), 65–78
[11] REHAGE, G., Kolloid-Z. – Z. Polymere **194** (1964), 16; **196** (1964), 97
[12] LANGE, H., Kolloid-Z. – Z. Polymere **240** (1970), 747–755
[13] HÄUSLER, K. G., Dissertation B, TH Leuna-Merseburg 1979
[14] FINK, H., Plaste und Kautschuk **23** (1975), 136
[15] SMITH, D. A., J. Polymer Sci. C **16** (1967), 525

4. Spezielle Untersuchungen

4.1. Bestimmung der Thetabedingungen

4.1.1. Einführung

Viele Untersuchungen an polymeren Materialien müssen in Lösung ausgeführt werden. Gegenüber der niedermolekularen Lösung weist die polymere einige Besonderheiten auf. So kann in der polymeren Lösung auch bei endlichen Konzentrationen ein Zustand realisiert werden, der thermodynamisch dem einer idealen niedermolekularen Lösung entspricht. Dieser ausgezeichnete Zustand, der Thetazustand, liegt bei entsprechenden Bedingungen der Temperatur und Konzentration (Thetabedingungen) vor. Grundlegende experimentelle Untersuchungen werden bevorzugt in „Thetalösungen" ausgeführt, weil hier das gelöste Makromolekül quasi kräftefrei vorliegt. Theoretisch hergeleitete Beziehungen gelten oft nur für diese Bedingungen oder vereinfachen sich im Thetazustand durch Wegfall aller die Wechselwirkung beschreibenden Ausdrücke (z.B. Konzentrationsabhängigkeit der Meßgrößen der Molmassenbestimmung). Mit dem Einstellen von Thetabedingungen besteht die Möglichkeit, auch in unterschiedlichen Lösungsmitteln einen thermodynamisch vergleichbaren Zustand zu verwirklichen.

Neben dem 2. Virialkoeffizienten und dem HUGGINSschen Wechselwirkungsparameter kann die Differenz zwischen Arbeits- und Thetatemperatur als Kriterium zur Einschätzung der thermodynamischen Güte einer Lösung dienen.

4.1.2. Theoretische Grundlagen [1]

Als Thetagrößen bezeichnet man nach FLORY alle Größen, die die Phasenstabilitätsgrenze einer Lösung von Polymeren mit unendlich hohem Polymerisationsgrad P charakterisieren. Das sind die kritischen Werte der Konzentration, der Temperatur, des Druckes und des Wechselwirkungsparameters χ bei $P = \infty$. Die Thetatemperatur (T_Θ) ist somit jene Temperatur, bei der ein unendlich großes Makromolekül gerade unlöslich wird (für eine endotherme Lösung Löslichkeit bei $T > T_\Theta$, Unlöslichkeit bei $T < T_\Theta$). Lösungsmittelkombinationen, die dem Entmischungspunkt für $P = \infty$ entsprechen, werden Thetalösungsmittel genannt. Thetabedingungen lassen sich in ternären Systemen (Polymer/Lösungsmittel/Fällungsmittel) sowohl isotherm durch Variation der Fällungsmittelkonzentration als auch bei konstanter Zusammensetzung durch Variation der Temperatur realisieren.

Für die freie molare Mischungsenthalpie gilt:

$$\Delta G_m = \Delta H_m - T\,\Delta S_m \tag{1}$$

Die Mischungsenthalpie ΔH_m ist für ideale niedermolekulare Lösungen Null und die Mischungsentropie ΔS_m muß Gl. (2) genügen:

$$\Delta S_m^{id} = -R \sum_i x_i \ln x_i \tag{2}$$

x_i = Molenbrüche der Komponenten i bei p, T = *konstant*

Für die partiellen molaren Größen des Lösungsmittels ergeben sich damit folgende Gleichungen:

$$\begin{aligned} \Delta\overline{S}_A^{id} &= -R \ln x_A \\ \Delta\overline{H}_A^{id} &= 0 \\ \Delta\overline{V}_A^{id} &= 0 \\ \Delta\mu_A^{id} &= RT \ln x_A \end{aligned} \tag{3}$$

Ideale Lösungen können sich nicht entmischen, da stets

$$(\partial^2 \Delta\mu_A^{id}/\partial x_B^2)_{p,T} > 0$$

ist.

Reale Lösungen zeigen Entmischung, für die die thermodynamischen Zusatzeffekte verantwortlich sind (Mischungsenthalpie, Exzessentropie). Das chemische Potential des Lösungsmittels kann in ein ideales und ein Exzessglied zerlegt werden:

$$\Delta\mu_A = \Delta\mu_A^{id} + \Delta\mu_A^E \tag{4}$$

$$\Delta\mu_A^E = \Delta\overline{H}_A - T\,\Delta\overline{S}_A^E \tag{5}$$

Für verdünnte polymere Lösungen können die Exzessgrößen über den 2. osmotischen Virialkoeffizienten bestimmt werden.

$$\begin{aligned} \Delta\mu_A &= -\pi \cdot \overline{V}_A = -(RT/\overline{M}_n) \cdot c_B \cdot \overline{V}_A - A_2 \cdot c_B^2 \cdot RT\overline{V}_A \\ A_2 &= -\Delta\mu_A^E/(\overline{V}_A \cdot c_B^2 RT) \end{aligned} \tag{6}$$

A_2 = 2. Virialkoeffizient
$\overline{V}_A$ = part. molares Volumen des Lösungsmittels
c_B = Volumenkonzentration des Polymeren

Der Wert A_2 kann entsprechend Gl. (5) ebenfalls in einen Enthalpie- und einen Entropieterm zerlegt werden:

$$A_2 = A_{2,H} + A_{2,S} \tag{7}$$

A_2 dient als Maß für die thermodynamische Güte des Lösungsmittels, streng genommen mißt aber der zweite osmotische Virialkoeffizient die Verdünnungstendenz der Lösung. $A_2 < 0$ weist auf eine mögliche Entmischung hin, ist aber kein hinreichendes Kriterium für den Zerfall einer Polymerlösung in zwei Phasen. Damit A_2 negativ werden kann, muß zumindest ein Term in Gl. (7) negativ sein. Je niedermolekularer eine Polymerlösung ist, um so kleiner muß A_2 werden, damit eine Entmischung auftritt.

Theoretische und experimentelle Ergebnisse zeigen, daß die kritische Polymerkonzentration mit steigender Molmasse abnimmt. Aus der FLORY-HUGGINS-Theorie, Gl. (8), und den Phasenstabilitätsbedingungen, Gl. (9),

$$\Delta\mu_A = RT\left[\ln \Phi_A + \left(1 - \frac{V_A}{V_B}\right)\Phi_B + \chi\Phi_B^2\right] \tag{8}$$

χ = HUGGINS- oder Wechselwirkungsparameter
Φ_B = Volumenbruch des Polymeren

$$\frac{\partial \Delta\mu_A}{\partial \Phi_B} = 0; \qquad \frac{\partial^2 \mu_A}{\partial \Phi_B^2} = 0 \tag{9}$$

wird der kritische Volumenbruch $\Phi_{B,\mathrm{kr}}$ und χ_{kr} berechnet:

$$\Phi_{B,\mathrm{kr}} = \frac{1}{\sqrt{V_B/V_A} + 1}; \quad \chi_{\mathrm{kr}} = \tfrac{1}{2} + \sqrt{V_A/V_B} + V_A/2V_B \tag{10}$$

Da der 2. Virialkoeffizient proportional $(1/2 - \chi)$ ist, kann aus χ_{kr} der Wert von A_2 am kritischen Punkt, $A_{2,\mathrm{kr}}$, berechnet werden (homogene Lösung $A_2 > A_{2,\mathrm{kr}}$, Zweiphasengebiet $A_2 < A_{2,\mathrm{kr}}$). Im Grenzfall $\overline{M}_B = \infty$ geht $\Phi_{B,\mathrm{kr}}$ gegen Null und A_2 strebt von negativen Werten nach Null. Die Tatsache, daß bei der kritischen Temperatur für unendliche Molmassen A_2 Null ist, bedeutet jedoch nicht, daß hier eine ideale Lösung vorliegt. Es ist zwar $\Delta\mu_A^E = 0$, aber mindestens eine der Gln. (3) ist nicht erfüllbar.

Nach einem Vorschlag von SCHULZ und CANTOW [2] bezeichnet man eine Lösung, in der alle Virialkoeffizienten (außer dem ersten) Null sind, jedoch die Temperaturabhängigkeit mindestens eines Koeffizienten von Null verschieden ist, als pseudoideale Lösung. Der enthalpische und entropische Anteil des 2. Virialkoeffizienten kompensieren sich bei der Thetatemperatur T_Θ, für die, da $\Delta\mu_A^E = 0$ ist, gilt:

$$T_\Theta = \frac{\Delta\overline{H}_A}{\Delta\overline{S}_A^E} \tag{11}$$

Gl. (11) enthält keine Aussage über die Vorzeichen von $\Delta\overline{H}_A$ und $\Delta\overline{S}_A^E$. Damit T_Θ positiv ist, müssen nur $\Delta\overline{H}_A$ und $\Delta\overline{S}_A^E$ gleiche Vorzeichen haben. Es sind also zwei Thetatemperaturen denkbar:

$$T_\Theta^+ = \frac{\Delta\overline{H}_A}{\Delta\overline{S}_A^E} \qquad \Delta\overline{H}_A, \Delta\overline{S}_A^E > 0 \tag{12}$$

ist die Thetatemperatur der endotherm-pseudoidealen Lösung, für die bei Temperaturerniedrigung das Zweiphasengebiet erreicht wird. Die exotherm-pseudoideale Lösung, deren Thetatemperatur über Gl. (13)

$$T_{\Theta}^{-} = \frac{\Delta \overline{H}_A}{\Delta \overline{S}_A^E} \qquad \Delta \overline{H}_A,\ \Delta \overline{S}_A^E < 0 \tag{13}$$

definiert ist, kann durch Temperaturerhöhung zur Phasentrennung gebracht werden.

Das geht aus der Temperaturabhängigkeit des 2. Virialkoeffizienten eindeutig hervor:

$$A_{2,H} = -\frac{\Delta \overline{H}_A}{RTc_B^2 \overline{V}_A} = -T\left[\left(\frac{\partial A_2}{\partial T}\right) - \alpha_1 A_2\right] \tag{14}$$

α_1 = thermischer Ausdehnungskoeffizient des Lösungsmittels

Für $T = T_\Theta$ ist $A_2 = 0$ und die Temperaturabhängigkeit des 2. Virialkoeffizienten wird vom Vorzeichen der partiellen molaren Mischungsenthalpie bestimmt.

$$\frac{\partial A_2}{\partial T} = \frac{\Delta \overline{H}_A}{R(T_\Theta^{\pm})^2\, c_B^2 \overline{V}_A} \tag{15}$$

Nach der Lage der T_{kr} auf den Trübungskurven bezeichnet man T_Θ^+ als obere Thetatemperatur (die in Abb. 97 eingezeichneten kritischen Temperaturen sind die oberen, für Polystyren in Cyclohexan 307 K) und T_Θ^- als untere Thetatemperatur (für Polystyren in Cyclohexan 486 K). Trübungskurven sind isobare Schnitte der räumlichen Binodalfläche und geben die Abhängigkeit der Trübungstemperatur von der Polymerkonzentration an. Am Trübungspunkt koexistieren die polymerreiche Phase, das Gel (nicht zu verwechseln mit vernetztem gequollenem Produkt) und die polymerarme Phase, das Sol.

Im ternären System ist der Lösungszustand außer von der Temperatur auch vom Verhältnis Lösungsmittel — Fällungsmittel abhängig. Durch Variation des Volumenbruches des Fällungsmittels kann ein System eingestellt werden, dessen Thetatemperatur die gewählte Meßtemperatur ist.

Die bisherigen Ausführungen galten für isobare Prozesse. Isotherm kann in einer Lösung konstanter Polymerkonzentration bei Druckänderung Phasentrennung eintreten. Die Drücke beginnender Phasentrennung einer Polymerprobe mit $P = \infty$ sind die π-Drücke.

Eine Überprüfung des Thetazustandes kann mit Hilfe des Messens von Parametern erfolgen, die entweder den thermodynamischen Lösungszustand beschreiben oder von ihm definiert abhängen. Da bei Thetabedingungen der 2. Virialkoeffizient Null ist, muß der HUGGINSsche Wechselwirkungsparameter 0,5 sein (Kap. 1.3.2. Gl. (13). Der KUHN-MARK-HOUWINK-Exponent a

ist 0,5 und entsprechend seiner Definition muß $\alpha = 1$ (Kap. 1.7., Gl. (9)) sein. Untersuchungen an verzweigten Polymeren haben aber gezeigt, daß die Temperaturen, bei denen $\alpha = 1$ $(T_\Theta(\alpha))$ und $A_2 = 0$ $(T_\Theta(A_2))$ ist, von der FLORYschen Thetatemperatur (T_Θ) abweichen. Je nachdem welche Größe charakteristisch für den Thetazustand sein soll, können wir also drei Thetatemperaturen unterscheiden.

4.1.3. Einführung in das Experiment

Thetabedingungen lassen sich experimentell auf verschiedenen Wegen ermitteln. Man kann z.B. die Temperatur der polymeren Lösung oder die Zusammensetzung eines Lösungsmittel-Fällungsmittel-Gemisches solange variieren, bis die für den Thetazustand charakteristischen Werte des 2. Virialkoeffizienten oder des Exponenten der KUHN-MARK-HOUWINK-Gleichung realisiert sind. Dieses Vorgehen ist sehr aufwendig und nur dann sinnvoll, wenn z.B. die Temperaturabhängigkeit des A_2-Wertes oder der Grenzviskosität bei Grundsatzuntersuchungen gemessen werden.

Eine schnellere, aber auch aufwendige Methode der Bestimmung der Thetatemperatur basiert auf dem Zusammenhang zwischen der kritischen Mischungstemperatur T_{kr} und der Molmasse [3]. Aus der Molmassenabhängigkeit T_{kr} ist durch Extrapolation auf $\overline{M} = \infty$ T_Θ zugänglich. Der gesuchte Zusammenhang kann aus der FLORY-HUGGINS-Theorie der polymeren Lösung hergeleitet werden.

$$\frac{1}{T_{kr}} = \frac{1}{T_\Theta}\left[1 + \frac{1}{\psi}\left(\left(\frac{V_B}{V_A}\right)^{-1/2} + \frac{1}{2}\frac{V_A}{V_B}\right)\right] \qquad (16)$$

Ψ = FLORYscher Entropieparameter

$\frac{1}{2}\frac{V_A}{V_B}$ kann gegen $(V_B/V_A)^{-1/2}$ vernachlässigt und der Polymerisationsgrad in Gl. (16) eingeführt werden.

$$\frac{1}{T_{kr}} = \frac{1}{T_\Theta}\left(1 + \frac{b}{\sqrt{P}}\right) \qquad (17)$$

$$b = \left(\frac{V_A}{M_0 v_B}\right)^{1/2} \bigg/ \psi$$

v_B = spezifisches Volumen des Polymeren
M_0 = Molmasse der Monomereinheit
V_A = Molvolumen des Lösungsmittels

Die kritische Mischungstemperatur ist bei binären endothermen Systemen das Maximum der Trübungskurve. Die Trübungskurve einer polymeren Probe bekannter Molmasse wird durch Messen der Temperatur der beginnenden Phasentrennung für unterschiedlich konzentrierte Polymerlösungen aufgestellt.

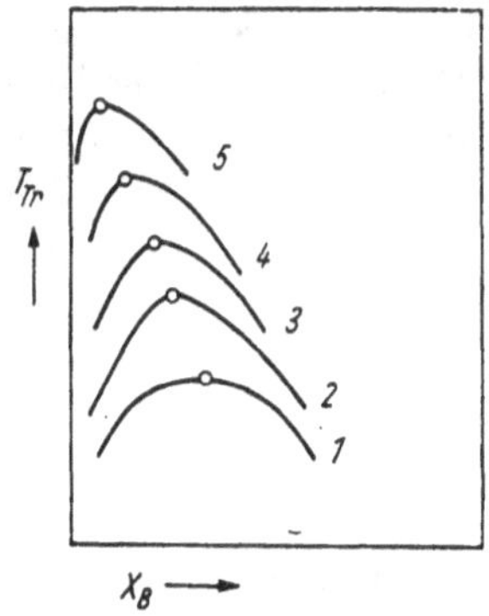

Abb. 97: Temperatur der ersten Trübung T_{Tr} als Funktion des Molenbruches für Polymerproben unterschiedlicher Molmasse und $U = 0$

$M_1 < M_2 < M_3 < M_4 < M_5$

Die sich abkühlende Lösung kann, wenn sie genügend hochkonzentriert ist, mit dem Auge beobachtet und der Trübungspunkt visuell festgestellt werden. Besser ist der Einsatz von Geräten, mit denen die Durchlässigkeit der Lösung oder das bei Phasentrennung verstärkt auftretende Streulicht unter einem fest vorgegebenen Winkel gemessen werden kann. Die Messungen werden mit Proben gleicher Konstitution und Konfiguration aber verschiedener Molmasse wiederholt. Die reziproken kritischen Temperaturen trägt man in Abhängigkeit von $P^{-0,5}$ entsprechend Gl. (17) auf, extrapoliert auf $P = \infty$ und liest die reziproke Thetatemperatur ab.

Stehen mehrere Proben bekannter Molmasse und enger Molmassenverteilung nicht zur Verfügung, kann T_Θ aus der Konzentrationsabhängigkeit der Trübungstemperatur bestimmt werden. Zwischen T_{Tr} und dem Volumenbruch des Polymeren besteht nach [4] folgender Zusammenhang:

$$\frac{1}{T_{\text{Tr}}} = \frac{1}{T_\Theta} + C \lg \Phi_B \tag{18}$$

Bei Extrapolation auf $\Phi_B = 1$ ist $T_{\text{Tr}} = T_\Theta$. Der Volumenbruch des Polymeren soll für die Messungen kleiner als der kritische sein.

Eine weitere Methode zur Bestimmung der Thetabedingungen beruht auf der Fällpunkttitration. Hierbei werden Zusammensetzungen von Lösungsmittel-Fällungsmittel-Gemischen am Thetapunkt ermittelt. Polymerlösungen unterschiedlicher Konzentration werden mit einem Nichtlöser bis zum Auftreten einer Trübung titriert. Für den Volumenbruch des Fällungsmittels Φ_{Tr} in Abhängigkeit von der Konzentration des Polymeren gilt [5]:

$$\lg \Phi_{\text{Tr}} = \lg \Phi_{\text{kr}} - K \lg c \tag{19}$$

K = abhängig von der Molmasse des Polymeren

Konzentrationsmaß ist der Massenanteil, der aber bei kleinen Polymerkonzentrationen durch g Polymeres/cm^3 ersetzbar ist. Ist der Volumenbruch des Fällungsmittels gleich Φ_{Kr}, dann liegt ein Thetalösungsmittel vor, wie von Elias durch Viskositäts- und A_2-Messungen gezeigt werden konnte.

Φ_{kr} gibt demnach die Zusammensetzung eines Lösungsmittel-Fällungsmittel-Gemisches an, das das entsprechende Polymere mit unendlicher Molmasse bei der vorgegebenen Meßtemperatur gerade noch löst. Trägt man den Logarithmus der Fällungsmittelkonzentration am Trübungspunkt gegen den Logarithmus der Polymerkonzentration des getrübten Systems auf, erhält man Geraden, die sich — unabhängig von der Molmasse oder der Molmassenverteilung — bei der Polymerkonzentration 1 in einem Punkt, dem Φ_{kr}-Wert, schneiden. Voraussetzung dabei ist, daß die Polymeren für alle Molmassen gleiche Teilchengestalt bzw. gleiche Dichteverteilung der Segmente aufweisen.

Neben der Ermittlung der Thetabedingungen spielt die Bestimmung der Φ_{kr}-Werte eine große Rolle bei der Copolymerenfraktionierung. Nur in einem Lösungsmittel-Fällungsmittel-System, in dem die Differenz der Φ_{kr}-Werte der Cokomponenten genügend groß ist, kann erfolgreich nach der chemischen Heterogenität fraktioniert werden (s. a. 2.2.3.).

Bei der Fällpunkttitration ist auf gute Temperaturkonstanz zu achten ($\pm$ 0,1 grd), da die Fällpunkte stark temperaturabhängig sind. Weiterhin können Ungenauigkeiten der Φ_{kr}-Werte ihre Ursache in Zugabefehlern, Konzentrationsfehlern, ungenügender Reinheit der Lösungs- und Fällungsmittel und schlecht aufgelösten Proben haben.

4.1.4. Versuchsbeispiele mit Auswertung

4.1.4.1. Thetatemperatur

Die Bestimmung der Thetatemperatur wird hier am Beispiel Polystyren in Cyclohexan dargestellt. Für die notwendigen Trübungsmessungen wird ein Spektralkolorimeter mit temperierbarem Streuansatz benutzt.

Um die Molmassenabhängigkeit der Trübungstemperatur von Polystyren in Cyclohexan zu messen, werden mindestens vier molmasseneinheitliche Polystyrenfraktionen benötigt. Das Aufnehmen einer Trübungskurve ist zeit- und materialaufwendig, da die Trübungstemperatur bei mehreren Konzentrationen gemessen werden muß. Talamini und Vidotto [6] konnten aber zeigen, daß ein Zusammenhang — ähnlich wie er zwischen T_{kr} und T_Θ besteht, auch für die Trübungstemperatur T_{Tr} einer Lösung einer Konzentration kleiner als die kritische gilt.

$$\frac{1}{T_{Tr}} = \frac{1}{T_\Theta}\left(1 + \frac{b'}{P^q}\right) \tag{20}$$

q wurde in [6] mit 0,6 abgeschätzt.

Von jeder Polystyrenfraktion werden 25 mg in einem 25 ml Maßkolben bei ca. 40 °C unter Schütteln gelöst. Die erwärmte Polymerlösung wird in der Küvette des Meßgerätes unter Rühren langsam abgekühlt. Die Temperatur der Lösung und die Intensität des Streulichtes unter einem Winkel von 90° wird registriert. Fällt das Polymere aus, erhöht sich der Ausschlag am Meßinstrument sprunghaft. Aus der Auftragung Streuintensität in Skt. gegen die Temperatur kann durch Anlegen der Tangenten die Trübungstemperatur bestimmt werden.

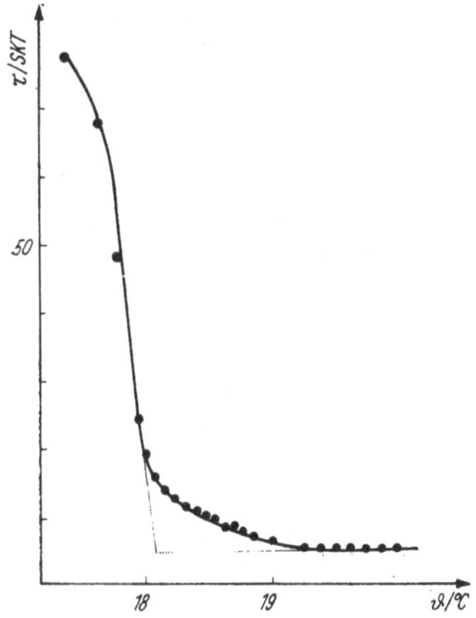

Abb. 98: Streuintensität τ beim Streuwinkel $\vartheta = 90$ °C in Abhängigkeit von der Temperatur einer Polystyrenlösung

(Molmasse $2 \cdot 10^5$ g/mol^{-1}, Lösungsmittel Cyclohexan, $c_B = 0{,}1$ g/100 cm^3)

Die Polymerlösung wird in der Küvette wieder erwärmt, bis die Phasentrennung aufgehoben ist und erneut abgekühlt. Die mehrmals gemessenen Trübungstemperaturen einer Probe werden gemittelt. Hat man von allen Fraktionen T_{Tr} bestimmt, wird entsprechend Gl. (20) aufgetragen, wobei in unserem Beispiel auch $q = 0{,}5$ eine Gerade ergibt.

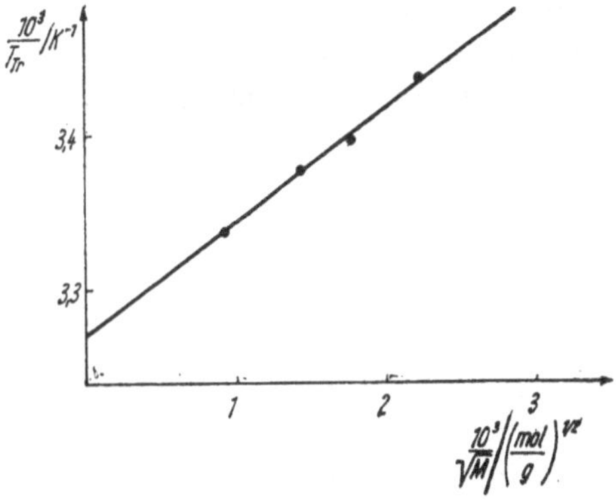

Abb. 99: Auftragung der reziproken Trübungstemperaturen von Polystyrenfraktionen, gelöst in Cyclohexan als Funktion der reziproken Quadratwurzel der Molmasse

Tabelle 78: Trübungstemperaturen von Polystyrenfraktionen, gelöst in Cyclohexan

$\bar{M}_w/10^5$ g mol^{-1}	T_{Tr}/K	$\frac{10^2}{\sqrt{\bar{M}_w}} \Big/ \left(\frac{\text{mol}}{\text{g}}\right)^{1/2}$	$10^3/T_{Tr}$/K^{-1}
2,0	291,1	0,223	3,435
3,15	294,4	0,178	3,397
4,8	296,3	0,144	3,375
12,0	299,6	0,091	3,338

Aus dem Achsenabschnitt der Geraden in Abb. 99 wird die Thetatemperatur, $T_\Theta = 306$ K, berechnet, die gut mit Literaturwerten übereinstimmt.

4.1.4.2. Thetazusammensetzung

Als Beispiel wird die Thetazusammensetzung des Gemisches Cyclohexanon/n-Heptan für PVC bei 25 °C über eine Fällpunkttitration ermittelt.

Aus einer ca. 1 g/100 cm³ konzentrierten Stammlösung von PVC in Cyclohexanon stellt man durch Verdünnen vier Lösungen im Konzentrationsbereich 0,5; 0,1; 0,05 und 0,01 g/100 cm³ her. Zum Fällungsmittel n-Heptan wird als Suspensionsstabilisator im Volumenverhältnis 9:1 Tetrachlorkohlenstoff zugemischt. Die PVC-Lösung wird in der Küvette des Meßgerätes und das Fällungsmittel in der Dosierpumpe auf 25 °C temperiert. Das Fällungsmittelgemisch gibt man mit der Dosierpumpe unter Rühren der PVC-Lösung zu und mißt die Trübung.

Der erste Trübungspunkt ist der Schnittpunkt der Tangenten an die Kurve der Abhängigkeit der Streuintensität vom Volumen des zutitrierten Fällungsmittels. Legt man z.B. 6 m*l* PVC-Lösung in der Küvette vor, können bei den fünf gewählten Konzentrationen die in der Tab. 79 angegebenen Fällungsmittelmengen zutitriert werden, aus denen dann die für die Auswertung benötigten Volumenbrüche des Fällungsmittels am Trübungspunkt Φ_{Tr} berechnet werden.

Tabelle 79: Erste Trübungspunkte von PVC-Cyclohexanon-Lösungen unterschiedlicher Konzentration (V_F = zutitriertes Fällungsmittelvolumen)

c_B/g cm^{-3}	lg c_B	V_F/cm³	Φ_{Tr}	lg Φ_{Tr}
0,01	−2,00	8,51	0,586	−0,232
0,005	−2,30	8,72	0,592	−0,228
0,001	−3,00	9,04	0,601	−0,221
0,0005	−3,30	9,28	0,607	−0,217
0,0001	−4,00	9,71	0,618	−0,209

Entsprechend Gl. (19) wird der Logarithmus des Volumenbruchs des Fällungsmittels gegen die Polymerkonzentration aufgetragen, auf $c_B = 1\,\mathrm{g\,cm^{-3}}$ extrapoliert und $\lg \Phi_{kr} = 0{,}7355-1$ abgelesen (Abb 100).

Φ_{kr} aus den Meßwerten in Abb. 100 ist 0,544.

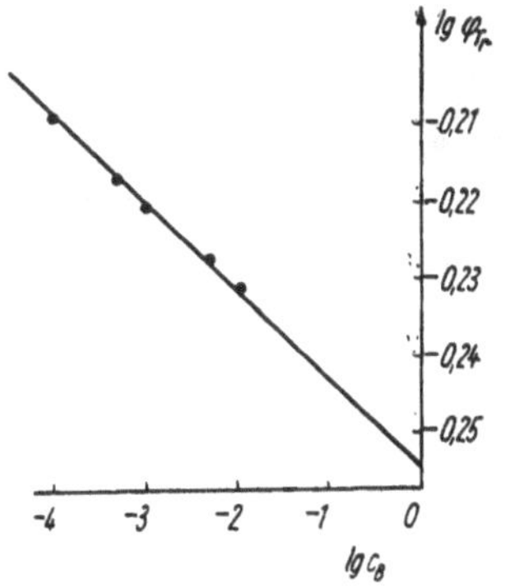

Abb. 100: Doppeltlogarithmische Darstellung des Volumenbruches des Fällungsmittels am ersten Trübungspunkt in Abhängigkeit von der Polymerkonzentration (g cm^{-3})

Literatur

[1] Wolf, B. A., Fortschr. Hochpolymeren-Forsch. **10** (1973), 109
[2] Schulz, G. V. u. H. J. Cantow, Z. Elektrochem. **60** (1956), 517
[3] Shultz, A. R. u. P. J. Flory, J. Amer. chem. Soc. **74** (1952), 4760
[4] Cornet, C. F. u. H. van Ballegooijen, Polymer **7** (1966), 293
[5] Elias, H. G. u. U. Gruber, Makromolekulare Chem. **78** (1964), 72
[6] Talamini, G. u. G. Vidotto, Makromolekulare Chem. **110** (1967), 111

4.2. Bestimmung des Löslichkeitsparameters

4.2.1. Einführung

Das Auffinden und die Auswahl geeigneter Lösungsmittel ist für die physikochemischen Untersuchungsmethoden der Polymercharakterisierung von großer Bedeutung. Die bisher betrachteten Größen zur Beschreibung der Lösungseigenschaften — Virialkoeffizient, Hugginsscher Wechselwirkungsparameter, Kuhn-Mark-Houwink-Exponent — waren aus Messungen an einer Lösung zugänglich, können aber nicht aus den Eigenschaften der reinen Komponenten Lösungsmittel und Polymer vorhergesagt werden.

Aussagen über die Löslichkeit sind mit Hilfe der Löslichkeitsparameter möglich, die von jedem Stoff berechnet oder experimentell bestimmt werden können. Entsprechend dem Erfahrungssatz „Ähnliches löst sich in Ähnlichem" kann man die Löslichkeit durch Vergleich der Löslichkeitsparameter einschätzen. Die getroffenen Aussagen bestätigen sich nicht immer in der Praxis, da der Löslichkeitsparameter nur summarische Angaben über die Wechselwirkung artgleicher Moleküle und nicht über die spezifischen Wechselwirkungen ungleicher Moleküle, wie sie im Mehrkomponentensystem der polymeren Lösung vorliegen, macht.

4.2.2. Theoretische Grundlagen

Die Wechselwirkungsenergie zwischen zwei kugelförmigen unpolaren Stoffen A und B ist entsprechend quantenmechanischer Überlegungen gleich dem geometrischen Mittel der Wechselwirkungsenergien zwischen den reinen Komponenten:

$$W_{AB} = (W_{AA} W_{BB})^{1/2} \tag{1}$$

Die Änderung der Gesamtwechselwirkung beim Lösen von B in A ist die Differenz der Wechselwirkungsenergien der Lösung und der reinen Komponenten:

$$\begin{aligned} \Delta W_{AB} &= W_{AB} - 0{,}5\,(W_{AA} + W_{BB}) \\ \Delta W_{AB} &= (W_{AA} W_{BB})^{1/2} - 0{,}5\,(W_{AA} + W_{BB}) \end{aligned} \tag{2}$$

Je größer der Betrag der Differenz zwischen W_{AA} und W_{BB} ist, desto kleiner wird das geometrische Mittel im Vergleich zum arithmetischen. Die Entmischungstendenz der Lösung wird also um so größer, je mehr sich die Wechselwirkungsenergien der Lösungspartner unterscheiden. Durch Umformen von Gl. (2) erhält man:

$$\Delta W_{AB} \sim (W_{AA}^{1/2} - W_{BB}^{1/2})^2 \tag{3}$$

Die Wechselwirkungsenergien stehen mit den experimentell bestimmbaren Verdampfungswärmen im Zusammenhang. Die innere Verdampfungswärme ΔE^V ist die Energie, die aufgebracht werden muß, um alle physikalischen Bindungen eines Moleküls zu seinen Nachbarn zu lösen. Beim Verdampfen muß aber noch Arbeit gegen den äußeren Druck geleistet werden, die, faßt man die Gasphase als ideales Gas auf, gleich RT ist.

$$\Delta E^V = \Delta H^V - RT \tag{4}$$

ΔE^V = innere Verdampfungswärme
ΔH^V = experimentell bestimmbare Verdampfungswärme

Bezieht man ΔE^V auf das Molvolumen, erhält man die sogenannte Kohäsionsenergiedichte e,

$$e = \frac{\Delta E^V}{V} \tag{5}$$

deren Quadratwurzel der Löslichkeitsparameter nach δ HILDEBRAND [1] ist.

$$\delta = \sqrt{e} \tag{6}$$

Von HILDEBRAND [1] wurde die Theorie der regulären Lösung ausgearbeitet, in der die gelösten Moleküle absolut zufällig, d. h. wie in einer idealen Lösung angeordnet sind, aber die Mischungsenthalpie ungleich Null ist.

$$\Delta G_m = \Delta H_m - T\,\Delta S_{\text{id}} \tag{7}$$

Die Änderung der inneren Energie beim Mischen von n_A Molen der Komponente A mit n_B Molen von B (Moleküle von A und B etwa gleich groß) ist

$$\Delta U_m = [(\Delta E_A^V)^{1/2} - (\Delta E_B^V)^{1/2}]^2 \frac{n_A n_B}{n_A + n_B} \tag{8}$$

In der Polymerlösung sind die Lösungsmittelmoleküle wesentlich kleiner als die zu lösenden Moleküle. Für die Änderung der inneren Energie beim Mischen kann

$$\Delta U_m = n_A V_A \Phi_B [(\Delta E_A^V / V_A)^{1/2} - (\Delta E_B^V / V_B)^{1/2}]^2 = n_A V_A \Phi_B (\delta_A - \delta_B)^2 \tag{9}$$

Φ_B = Volumenbruch des Polymeren

abgeleitet werden.

Da die Volumenänderung in kondensierten Systemen sehr klein ist, ist ΔU_m näherungsweise gleich der Mischungsenthalpie ΔH_m. Durch partielle Differentiation nach den Molzahlen n_A bzw. n_B erhält man die partielle molare Mischungsenthalpie des Lösungsmittels

$$\Delta \overline{H}_A = V_A \Phi_B^2 (\delta_A - \delta_B)^2 \tag{10}$$

und des Polymeren

$$\Delta \overline{H}_B = V_B \Phi_A^2 (\delta_A - \delta_B)^2 \tag{11}$$

Die Änderung des chemischen Potentials des Lösungsmittels einer regulären Lösung gegenüber der reinen Komponente ist

$$\Delta \mu_A = \Delta \overline{H}_A - T\,\Delta \overline{S}_{\text{id},A} = RT \ln n_A + V_A \Phi_B^2 (\delta_A - \delta_B)^2 \tag{12}$$

Da die Löslichkeitsparameter experimentell bestimmbar sind, kann die Gültigkeit des Konzepts der regulären Lösung leicht überprüft werden. Prinzipiell müssen Abweichungen zu realen Meßgrößen auftreten, da die Mischungswärme aus der Wechselwirkung unterschiedlicher Moleküle resultiert, die dann nicht mehr absolut zufällig in der Lösung angeordnet sein können. Setzt man den Ausdruck der Mischungsenthalpie der regulären Lösung dem enthalpischen Glied der halbempirischen Ableitung der freien Mischungsenthalpie von FLORY-HUGGINS gleich,

$$V_A \Phi_B^2 (\delta_A - \delta_B)^2 = RT \chi \Phi_B^2 \tag{13}$$

erhält man für den HUGGINSschen Wechselwirkungsparameter

$$\chi = \frac{V_A (\delta_A - \delta_B)^2}{RT} \tag{14}$$

Mit Hilfe von Gl. (14) kann die maximale Differenz der Löslichkeitsparameter abgeschätzt werden, für die bei 293 K noch Löslichkeit zu erwarten ist. Für ein Polymermolekül unendlicher Molmasse ist χ an der Phasengrenze gleich 0,5. Nimmt man für das Molvolumen des Lösungsmittels 100 cm³ an, erhält man

$$(\delta_A - \delta_B)^2 \lessapprox 12 \cdot 10^6 \,\mathrm{J\,m^{-3}} \quad (3\,\mathrm{cal\,cm^{-3}}) \tag{15}$$

Ein Polymer mit dem Löslichkeitsparameter δ_B sollte also in einem Lösungsmittel mit dem Löslichkeitsparameter δ_A löslich sein, wenn der Betrag der Differenz aus δ_A und δ_B kleiner als $3{,}5\ 10^3\ \mathrm{J^{1/2}\ m^{-3/2}}$ ist.

Abweichungen von dieser Faustregel treten besonders bei polaren und wasserstoffbrückenbildenden Polymeren auf.

Eine Verbesserung erfuhr das HILDEBRANDsche Löslichkeitsparameterkonzept von verschiedenen Autoren, die versuchten, die in δ nur als Summe enthaltenen Wechselwirkungen entsprechend ihrem Charakter zu trennen. Von HILDEBRAND und SCOTT wurde bereits postuliert, daß für polare Flüssigkeiten der Löslichkeitsparameter aus einem polaren (δ_p) und einem unpolaren (δ_n) Anteil besteht.

$$\delta^2 = \delta_p^2 + \delta_n^2 \tag{16}$$

Ein dreidimensionaler Löslichkeitsparameter ist von HANSEN eingeführt worden, der δ in Anteile der prinzipiell möglichen Wechselwirkungen, die die Löslichkeit beeinflussen (Dispersionskräfte, Dipolkräfte, Wasserstoffbrückenbindung $-\delta_h$), aufspaltete.

$$\delta^2 = \delta_p^2 + \delta_n^2 + \delta_h^2 \tag{17}$$

Entsprechend der vorgenommenen Zerlegung von δ^2 kann dann χ durch eine Summe der Löslichkeitsparameterdifferenzen dargestellt werden.

$$\chi = \frac{V_A}{RT} \sum_i (\delta_{A,i} - \delta_{B,i})^2 \tag{18}$$

$i = p, n, h$

Bisher ist es jedoch nur gelungen, qualitative Zusammenhänge zwischen den einzelnen Anteilen zu beschreiben.

Bemerkt werden muß noch, daß die Gültigkeit der Ausführungen auf amorphe Polymere beschränkt ist. Die Löslichkeitsregel Gl. (15) trifft bei hochkristallinen Polymeren erst bei Temperaturen $T \gtrapprox 0{,}9\ T_{m}$, ($T_{m}$ = Schmelztemperatur) zu.

4.2.3. Einführung in das Experiment

Der Löslichkeitsparameter niedermolekularer Flüssigkeiten ist direkt aus der Verdampfungswärme errechenbar. Da Polymere nicht gasförmig existieren, kann deren Löslichkeitsparameter nicht entsprechend Gl. (6) definiert werden. Er ist gleich dem eines Lösungsmittels, in dem das Polymere in allen Verhältnissen, ohne Mischungswärme, ohne Volumenänderung und ohne Reaktion bzw. Assoziation löslich ist. Die Bestimmung des Löslichkeitsparameters des Polymeren ist aus Eigenschaften der polymeren Lösung, der Lösungsmittelaufnahme eines vernetzten Polymeren und rechnerisch möglich.

4.2.3.1. Abschätzung des Löslichkeitsparameters

Small [2] veröffentlichte 1953 molare Anziehungskonstanten F (Tab. 80), mit denen aus der Strukturformel des Monomeren und der Polymerdichte δ_B berechnet wird.

Tabelle 80: Molare Anziehungskonstanten (T = 298 K) nach [2]

Gruppe		$F/10^{-3}$ $J^{1/2}$ $m^{3/2}$ mol^{-1}
$-CH_3$	Einfachbindungen	437
$>CH_2$	Einfachbindungen	271
$>CH-$	Einfachbindungen	57
$>C<$	Einfachbindungen	−190
$=CH_2$	Doppelbindungen	388
$=CH-$	Doppelbindungen	226
$=C<$	Doppelbindungen	39
$-C{\equiv}C-$		453
$HC{\equiv}C-$		581
$-H$		163 ... 204
$-O-$ (Ether)		143
$>C{=}O$ (Keton)		561
$-C(=O)O-$ (Ester)		632
$-Cl$		530 ... 551
$>CCl_2$		530

Es gilt

$$\delta_B = \frac{\varrho_B}{M_0} \sum_i F_i \tag{19}$$

M_0 = Molmasse des Monomeren

Im Beispiel (Tab. 81) wird der Löslichkeitsparameter von Polymethylmethacrylat berechnet.

Für Moleküle, die Wasserstoffbrücken bilden, ist die Methode von SMALL nicht geeignet.

Tabelle 81: Berechnung des Löslichkeitsparameters von Polymethylmethacrylat (ϱ_B (amorph) $= 1{,}17\ g\ cm^{-3}$)

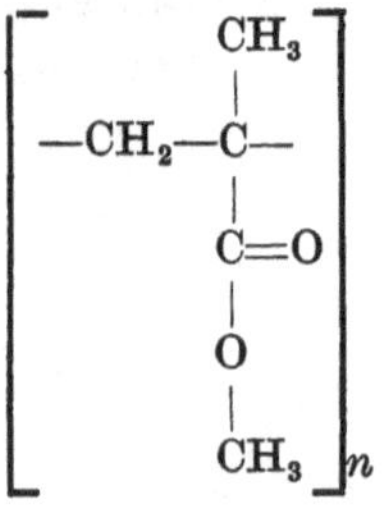

Gruppe	$F_i/10^{-3}\ J^{1/2}\ m^{3/2}\ mol^{-1}$	M_i/g mol^{-1}
2—CH_3	874	30
1 >CH_2	271	14
1—C—	−190	12
1—C(=O)O—	632	44
	$\Sigma F_i = 1587$	$M_0 = 100$

Eingesetzt in Gl. (19), erhält man
$\delta_B = 18{,}6\ 10^3\ J^{1/2} m^{-3/2}$

4.2.3.2. Bestimmung des Löslichkeitsparameters aus Quellungsmessungen

Ein schwach hauptvalenzmäßig vernetztes Polymeres kann Lösungsmittel aufnehmen, bis ein Gleichgewichtszustand der Quellung erreicht ist. Die aufgenommene Flüssigkeitsmenge hängt von der Wechselwirkung Polymer—Lösungsmittel und damit vom HUGGINSschen Wechselwirkungsparameter χ ab (s. a. 3.7.3.2.). Der Quellungsgrad q (aufgenommene Lösungsmittelmenge bezogen auf Probenvolumen) ist eine Funktion f der Differenz der Löslichkeitsparameter Lösungsmittel — Polymer.

$$q = f\left\{V_A^{1/2}(\delta_A - \delta_B)\right\} \tag{20}$$

Trägt man den in verschiedenen Lösungsmitteln gemessenen Quellungsgrad q gegen den Löslichkeitsparameter des Lösungsmittels auf [3], hat die Kurve bei $\delta_A = \delta_B$ ein Maximum (Abb. 101).

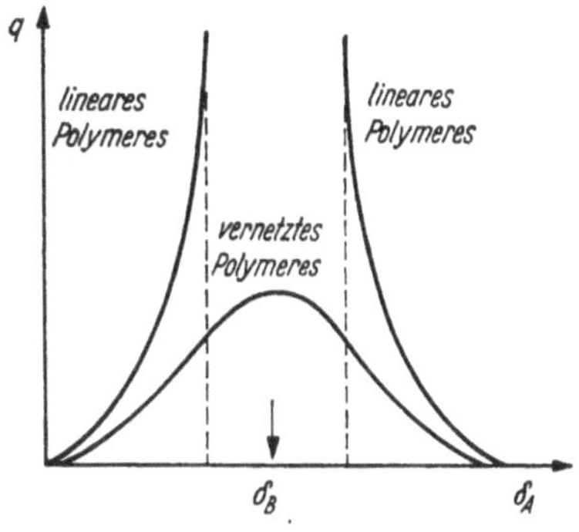

Abb. 101: Schematische Darstellung des Quellungsgrades eines linearen und eines vernetzten Polymeren in verschiedenen Lösungsmitteln unterschiedlichen Löslichkeitsparameters

Das lineare Polymere löst sich ($q \to \infty$) in einem bestimmten δ_A-Bereich, während der Quellungsgrad des vernetzten Polymeren dort ein Maximum zeigt.

4.2.3.3. Bestimmung des Löslichkeitsparameters aus der Grenzviskosität

Aus der Viskositätstheorie ist bekannt, daß die Knäuelkonformation lösungsmittelabhängig ist. Im guten Lösungsmittel wird ein Knäuel gegen den Widerstand der intramolekularen Kräfte aufgeweitet. Da dieser Vorgang ähnlich der Volumenänderung durch Lösungsmittelaufnahme bei der Quellung ist, sollte die Methode „δ-Bestimmung aus Quellungsmessungen" auf die Grenzviskosität übertragbar sein. Grenzviskositäten werden entsprechend 1.7.3. in Lösungsmitteln gemessen, deren δ_A bekannt ist. Es konnte gezeigt werden [4], daß die Auftragung

$$[\eta] = f\left\{V_A^{1/2}(\delta_A - \delta_B)\right\} \tag{21}$$

eine Gauss-Kurve ergibt.

$$[\eta] = [\eta]_{\max} \exp\left[V_A(\delta_A - \delta_B)^2\right] \tag{22}$$

Folglich muß $\delta_A = \left\{V_A^{-1} \ln([\eta]_{\max}/[\eta]\right\}^{1/2}$ eine Gerade sein, aus deren Anstieg man δ_B berechnet. Wird $[\eta]$ in Abhängigkeit von δ_A dargestellt, ist bei $[\eta] = [\eta]_{\max}$ $\delta_A = \delta_B$. Aus der grafischen Darstellung der Werte der Tab. 82 (Abb. 102) kann für Polyvinylacetat

$$\delta_B = 21{,}5\ 10^3\ \mathrm{J}^{1/2}\ \mathrm{m}^{-3/2}$$

abgelesen werden.

4.2.3.4. Löslichkeitsparameter und Thetatemperatur

Zwischen der Thetatemperatur, die ja auch die thermodynamische Güte eines Lösungsmittels beschreibt, und dem Löslichkeitsparameter besteht ebenfalls eine Relation. Die von Fox [5] vorgeschlagene Auftragung der Thetatemperaturen von Polyisobuten, Polystyren und Polymethylmethacrylat in verschiedenen Lösungsmitteln gegen δ_A ergab für jedes der genannten Polymere eine Gerade für Lösungsmittel mit $\delta_A < \delta_B$ und eine Gerade für Lösungsmittel mit $\delta_A > \delta_B$. Beide Geraden schneiden sich in einem Punkt bei $T_\Theta = 0$ K. Dort kann $\delta_A = \delta_B$ abgelesen werden. Die Thetatemperatur wird, wie unter 4.1.4.1. beschrieben, bestimmt.

Tabelle 82: Grenzviskositäten eines Polyvinylacetats ($\overline{M}$ = 2,5 10^5 g mol^{-1}) (aus: VAN KREVELEN, D. W., „*Properties of Polymers*", Elsevier Publ. Co., Amsterdam 1972, S.246)

Lösungsmittel	$\delta_A/10^3\ J^{1/2}\ m^{-3/2}$	$[\eta]/dl \cdot g^{-1}$
Toluen	18,2	0,78
Benzen	18,8	0,70
Ethylformiat	19,2	1,03
Monochlorbenzen	19,4	0,99
1,4 Dioxan	20,2	1,11
Aceton	20,4	1,04
Acetonitril	24,3	1,09
Methanol	29,6	0,57

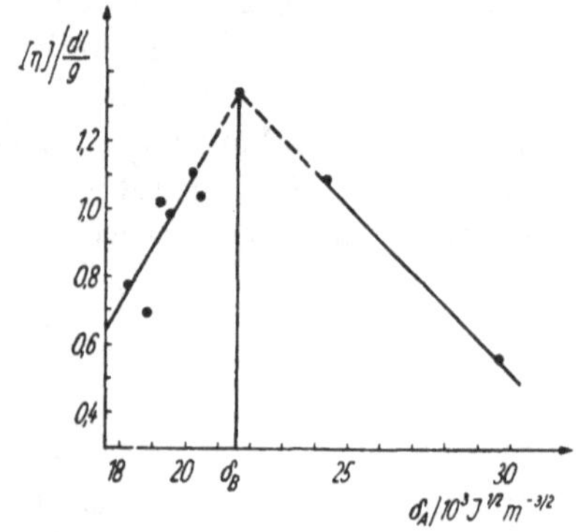

Abb. 102: Grenzviskosität einer Polyvinylacetatprobe in verschiedenen Lösungsmitteln als Funktion des Löslichkeitsparameters der Lösungsmittel

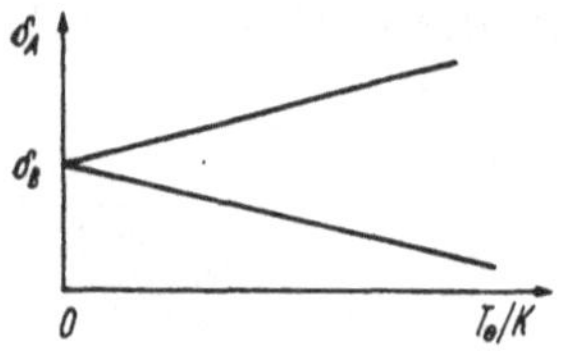

Abb. 103: Auftragung der in mehreren Lösungsmitteln gemessenen Thetatemperatur gegen den Löslichkeitsparameter der Lösungsmittel

4.2.3.5. Turbidimetrische Löslichkeitsparameterbestimmung

Die Beziehung zwischen χ und δ ausnutzend, kann zur Löslichkeitsparameterbestimmung folgender Weg vorgeschlagen werden: Am Trübungspunkt gilt für das Zweikomponentensystem (Molmasse des Polymeren unendlich, $\chi = 0,5$)

$$V_A(\delta_A - \delta_B)^2 = 0,5RT \tag{23}$$

(s. a. 2.1.4.2.1.).

Man stellt gleich konzentrierte Lösungen des Polymeren in verschiedenen Lösungsmitteln (I, II, III, ...) mit unterschiedlichen Löslichkeitsparametern (δ_A^{I}, δ_A^{II}, δ_A^{III}, ...) her und titriert mit jeweils zwei Fällungsmitteln 1 und 2. Der Löslichkeitsparameter des einen Fällungsmittels soll größer als der des Lösungsmittels und der des anderen Fällungsmittels kleiner sein. Für jede der Mischungen (I—1, I—2, II—1, II—2, ...) ist am Trübungspunkt eine Beziehung analog Gl. (23) gültig. Da jetzt aber zum Lösungsmittel Fällungsmittel zugegeben wurde, müssen V_A und δ_A durch entsprechende Werte der Mischung ersetzt werden. Es gilt für jedes Lösungsmittel

$$V_{m,1}(\delta_{m,1} - \delta_B)^2 = V_{m,2}(\delta_{m,2} - \delta_B)^2 \qquad (24)$$

wobei

$$V_{m,i} = \frac{V_A V_{F,i}}{\Phi_A V_{F,i} + \Phi_{F,i} V_A} \qquad (25)$$

$i = 1,2$
Φ = Volumenbruch
F = Fällungsmittel (Index)

und

$$\delta_{m,i} = \Phi_A \delta_A + \Phi_{F,i} \delta_{F,i} \qquad (26)$$

bedeuten.

Setzt man in Gl. (24) die entsprechenden Werte Φ_A und Φ_F ein, die sich aus Fällpunkttitrationen der polymeren Lösung eines Lösungsmittels mit zwei Fällungsmitteln ergeben, und stellt nach δ_B um,

$$\delta_B = \frac{V_{m,1}^{0,5}\delta_{m,1} + V_{m,2}^{0,5}\delta_{m,2}}{V_{m,1}^{0,5} + V_{m,2}^{0,5}} \qquad (27)$$

kann ein scheinbarer Löslichkeitsparameter des Polymeren $\delta_B = \delta'_B$ bestimmt werden. Die δ'_B-Werte trägt man in ein Koordinatensystem mit der Abszisse δ'_B und der Ordinate δ_A ein. Der Schnittpunkt ihrer Verbindungsgeraden mit der Geraden $\delta_A = \delta'_B$ ergibt den Löslichkeitsparameter des Polymeren δ_B [6].

Die nach den geschilderten Methoden berechneten und experimentell bestimmten Löslichkeitsparameter weichen voneinander ab, so daß in Zusammenstellungen meist Bereiche für die δ_B-Werte angegeben sind.

4.2.4. Versuchsbeispiel mit Auswertung

Von den in 4.2.3. vorgestellten Methoden der Löslichkeitsparameterermittlung eines Polymeren wird die auf Trübungsmessungen basierende ausgewählt und am Beispiel des Polyvinylchlorids erläutert.

Zwei gleichkonzentrierte Lösungen (3 g PVC/100 cm³ Lösung) von PVC in Tetrahydrofuran (Lösungsmittel I) und in Cyclohexanon (Lösungsmittel II) werden hergestellt. Wegen der hohen Konzentration ist das Polymere in der

Tabelle 83: Löslichkeitsparameter einiger ausgewählter Polymerer (aus: VAN KREVELEN, D. W., „*Properties of Polymers*", Elsevier Publ. Co., Amsterdam 1972, S. 140)

Polymer	$\delta_{exp}/10^3\ J^{1/2}\ m^{-3/2}$	($\delta_{exp}/cal^{1/2}\ cm^{-3/2}$)
Polyethylen	15,7—17,0	7,7—8,35
Polypropylen	16,7—18,8	8,2—9,2
Polybutadien	16,5—17,5	8,1—8,6
Polystyren	17,3—19,0	8,5—9,3
Polyvinylchlorid	19,2—22,0	9,4—10,8
Polytetrafluor-ethylen	12,6	6,2
Polyvinylacetat	19,1—22,5	9,35—11,05
Polymethylmeth-acrylat	18,6—26,1	9,1—12,8
Polyacrylnitril	25,5—31,4	12,5—15,4

(Umrechnungsfaktor in SI-Einheiten: $1\ cal^{1/2}\ cm^{-3/2} = 2{,}04\ 10^3\ J^{1/2}\ m^{-3/2}$)

Wärme unter Schütteln aufzulösen. Als Fällungsmittel werden n-Heptan [1] und n-Propanol [2] ausgewählt, deren Löslichkeitsparameter größer bzw. kleiner als die der Lösungsmittel sind. Für die insgesamt vier Fällpunkttitrationen kann ein Spektralkolorimeter mit temperierbarem Streuansatz benutzt werden, der die gewählte Meßtemperatur, 293 K, auf ±0,1 K genau geregelt. 10 cm³ PVC-Lösung werden in eine 30 cm³ Küvette gegeben und langsam Fällungsmittel unter Rühren aus einer Mikrobürette zutitriert. Die Trübungswerte werden am Meßgerät abgelesen und in Abhängigkeit von der zutitrierten Fällungsmittelmenge grafisch dargestellt. Aus dem Schnittpunkt der Tangenten an den Verlauf der Trübungskurve vor Beginn des Ausfallens der Polymeren (Eigentrübung) und nach Einsetzen des Ausfallens kann das zutitrierte Fällungsmittelvolumen am ersten Trübungspunkt abgelesen werden (Abb. 98). Alle Meßwerte und die aus ihnen berechneten Größen sind Tab. 84 zu entnehmen.
Die Form der Trübungskurve ist von der Polydispersität der Probe abhängig. Je polydisperser die Probe ist, desto breiter ist das Gebiet der beginnenden Phasentrennung und um so ungenauer läßt sich der erste Trübungspunkt ermitteln. Da die Lage des ersten Trübungspunktes molmassenabhängig ist, sollte auch der bestimmte Löslichkeitsparameter nur für die Molmasse der ausgewählten Probe richtig sein. Es zeigt sich aber, daß für genügend große Moleküle δ_B unabhängig von der Molmasse ist.

Sind alle vier Trübungspunkte bestimmt, berechnet man die in die Auswertung nach Gl. (24) eingehenden Volumenbrüche des Fällungs- und des Lösungsmittels:

$$\Phi_F = \frac{V_F}{V_F + V_0} \quad , \Phi_A = 1 - \Phi_F \tag{28}$$

V_F = zutitriertes Fällungsmittelvolumen am ersten Trübungspunkt
V_0 = vorgelegtes Lösungsvolumen

Tabelle 84: Ergebnisse der Fällpunkttitrationen von PVC ($V_0 = 10{,}00$ cm³, $c_B = 3{,}00$ g/100 cm³ Lösung, $T = 293$ K)

Lösungsmittel Fällungsmittel	I Tetrahydrofuran (THF) 1 n-Heptan	 2 n-Propanol	
zutitriertes Fällungs-mittel/cm³	6,59	9,41	
Φ_F	0,397	0,485	
Φ_A	0,603	0,515	
Molvolumen/cm³ mol⁻¹	146,5	74,8	81,2 (THF)
$\delta/10^3\ J^{1/2}\ m^{-3/2}$	15,1	24,3	18,6 (THF)
V_m/cm³ mol⁻¹	98,66	77,96	
$\delta_m/10^3\ J^{1/2}\ m^{-3/2}$	17,21	21,36	
$\delta'_B/10^3\ J^{1/2}\ m^{-3/2}$	19,16		
Lösungsmittel Fällungsmittel	**II Cyclohexanon (CHO) 1 n-Heptan**	** 2 n-Propanol**	
zutitriertes Fällungs-mittel /cm³	13,42	9,69	
Φ_F	0,573	0,492	
Φ_A	0,427	0,508	
Molvolumen/cm³ mol⁻¹	146,5	74,8	103,7 (CHO)
$\delta/10^3\ J^{1/2}\ m^{-3/2}$	15,1	24,3	20,3 (CHO)
V_m/cm³ mol⁻¹	124,55	87,14	
$\delta_m/10^3\ J^{1/2}\ m^{-3/2}$	17,32	22,27	
$\delta'_B/10^3\ J^{1/2}\ m^{-3/2}$	19,57		

Aus den Gln. (25) und (26) ergeben sich die $V_{m,i}$ und $\delta_{m,i}$-Werte für jede der vier Titrationen. Jetzt können die scheinbaren Löslichkeitsparameter δ'_B für die Tetrahydrofuranlösung und die Cyclohexanonlösung berechnet werden, die in Abb. 104 im δ_A-δ'_B-Diagramm dargestellt sind. Am Schnittpunkt der Verbindungsgeraden beider Punkte mit der Geraden $\delta'_B = \delta_A$ wird der Löslichkeitsparameter des Polyvinylchlorids

$$\delta_B = 19{,}3\ 10^3\ J^{1/2}\ m^{-3/2}$$

abgelesen. Er liegt im Bereich der in Tab. 83 angegebenen Werte.

Zu empfehlen ist, daß zur Untermauerung des experimentell bestimmten δ_B Messungen in mehr als zwei Lösungsmitteln ausgeführt werden. Systeme zur Bestimmung von δ_B ausgewählter Polymerer können Tabelle 85 entnommen werden.

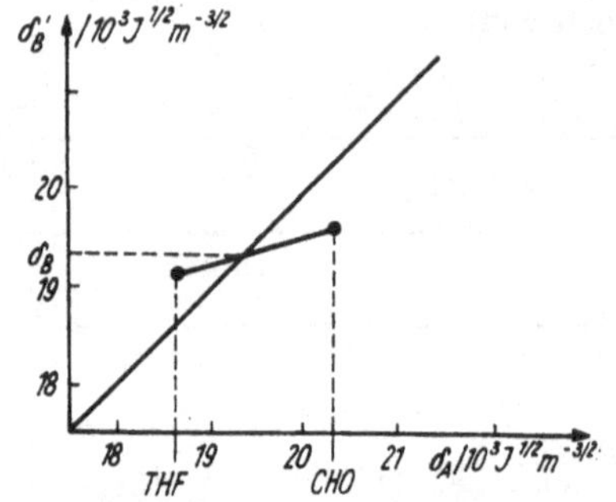

Abb. 104: Ermittlung des Löslichkeitsparameters des Polymeren δ_B aus dem scheinbaren Löslichkeitsparameter δ'_B

Tabelle 85: Ausgewählte Lösungsmittel — Fällungsmittelsysteme zur turbidimetrischen Löslichkeitsparameterbestimmung (aus [6])

Polymer	Lösungsmittel ($\delta/10^3\ J^{1/2}\ m^{-3/2}$)	Fällungsmittel ($\delta/10^3\ J^{1/2}\ m^{-3/2}$)
Polystyren	Toluen (18,2)	Methylcyclohexan (15,9) n-Amylalkohol (22,3)
	o-Dichlorbenzen (20,4)	Methylcyclohexan (15,9) n-Amylalkohol (22,3)
Polymethyl-methacrylat	Toluen (18,2)	Cyclohexan (16,7) n-Amylalkohol (22,3)
	o-Dichlorbenzen (20,4)	Cyclohexan (16,7) n-Amylalkohol (22,3)
Polybutadien	Methylcyclohexan (15,9)	Freon 215 ($C_3F_5Cl_3$) (13,1) Aceton (20,4)
	Ethylbenzen (17,9)	Freon 215 (13,1) Aceton (20,4)
	Monochlorbenzen (19,4)	Freon 215 (13,1) Aceton (20,4)

Außer den möglichen Meßfehlern der Fällpunkttitration sind bei der Löslichkeitsparameterbestimmung prinzipielle Fehler, die aus der Nichtgültigkeit der der Meßmethode zugrunde liegenden Gleichungen resultieren, nicht auszuschließen.

Literatur

[1] HILDEBRAND, J. u. R. SCOTT, „*The Solubility of Nonelectrolytes*", Reinhold Publ. Co. New York 1966
[2] SMALL, P. A., J. appl. Chem. **3** (1953), 71
[3] MANGARAJ, D., Makromolekulare Chem. **65** (1963), 29
MANGARAJ, D., PATRA, S. u. S. RASHID, ibid. **65** (1963), 39
[4] MANGARAJ, D., RATH, S. B. u. S. K. BHATNAGAR, ibid. **67** (1963), 75
MANGARAJ, D., RATH, S. B. u. S. PATRA, ibid. **67** (1963), 84

[5] Fox, T. G., Polymer 3 (1962), 111
[6] Suh, K. W. u. D. H. Clarke, J. Polymer Sci. A-1 5 (1967), 1671
Suh, K. W. u. J. M. Corbett, J. appl. Polymer Sci. 12 (1968), 2359

4.3. Verträglichkeit von Polymeren

4.3.1. Einführung

Unter dem Begriff Verträglichkeit versteht man die Eigenschaft unbegrenzter gegenseitiger Mischbarkeit zweier oder mehrerer Polymerer unter Ausbildung stabiler bzw. metastabiler homogener Mischphasen. Verträgliche Polymermischungen müssen sich bei allen Prüfungen und Verarbeitungstechnologien wie ein einheitlicher Stoff verhalten [1].

Oft sind jedoch Gemische chemisch unterschiedlicher Polymerer in festem und flüssigem (geschmolzenen) Zustand oder auch in Lösung unverträglich, das System zerfällt in zwei Phasen. Im Falle der binären Mischung enthält dann jede Phase zwar beide Polymere, aber in verändertem Mischungsverhältnis.

Eine homogene binäre Polymermischung kann auch durch Zusatz eines dritten Polymeren entmischt werden. Diesen Vorgang bezeichnet man als Cofällung. Er kann zur fast quantitativen Abtrennung einer der beiden Komponenten führen.

Studien des Verträglichkeitsverhaltens von Polymeren sind für alle Einsatzgebiete von Polymerkompositionen wie z.B. Polyblends, Compounds, Lacken, Klebstoffen usw. von Bedeutung.

Verträglichkeitsstudien werden häufig nur durch subjektive Beurteilung der Trübung bzw. Opaleszenz von Polymerfilmen oder -lösungen vorgenommen [2, 3]. Quantitative Untersuchungen zur Phasentrennung von Polymergemischen in Lösung werden mit physikalisch-chemischen Methoden durchgeführt. Mit Ausnahme sehr geringer Polymerkonzentrationen im Lösungsmittel ist bei unverträglichen Polymeren in fast allen Fällen auch im 3-Komponentensystem (Lösungsmittel 1, Polymer 2, Polymer 3) eine Entmischung zu beobachten. Entscheidend auch für das ternäre System sind die Wechselwirkungen zwischen Polymer 2 und 3, die von der Mikrostruktur, der mittleren Molmasse und der Uneinheitlichkeit der Polymeren, der Temperatur und dem Mischungsverhältnis der Komponenten abhängig sind.

Polymermischungen in Lösung lassen sich bezüglich ihrer Verträglichkeit u.a. durch Beobachtung der Phasenstabilität (Trübungsmessungen) selbst, sowie durch Lichtstreu-, osmotische und viskosimetrische Messungen untersuchen. Die Lösungsviskosität wird wegen des geringen apparativen und Meßaufwandes bevorzugt zu Verträglichkeitsstudien eingesetzt [4, 5, 6].

Im Festzustand wird die Mischbarkeit von zwei oder mehreren Polymeren durch mechanische, thermoanalytische und mikroskopische (elektronenmikroskopische) Methoden, aber auch durch die Breitlinien- und die Impuls-NMR-Spektroskopie untersucht.

4.3.2. Theoretische Grundlagen

Phasentrennungserscheinungen bei Polymermischungen sind prinzipiell mit den Entmischungen niedermolekularer Flüssigkeiten vergleichbar. Der Unterschied zwischen beiden Systemen besteht lediglich in dem großen Volumen, welches die Polymeren auf Grund ihrer Molekülgröße einnehmen.

Üblicherweise wird die Verträglichkeit zweier Polymerer durch die kritische Polymerkonzentration charakterisiert, bei der die erste Trübung auftritt. Verbindet man in einem Zweikomponentensystem die Temperaturen, bei denen sich für verschieden konzentrierte Polymermischungen erstmals eine zweite Phase abscheidet, so erhält man die entsprechende Trübungskurve (Abb. 105).

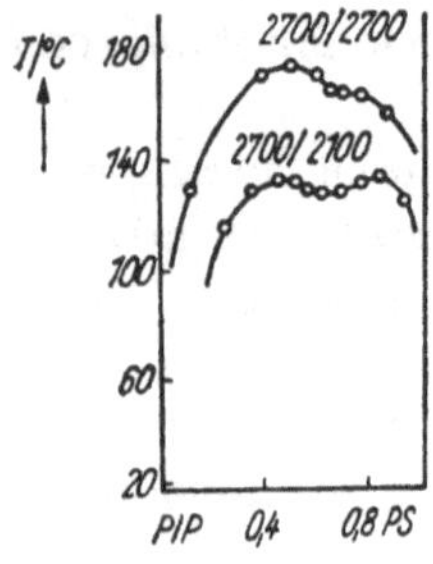

Abb. 105: Trübungspunktkurven für Mischungen aus anionisch synthetisiertem Polyisopren (PIP) und Polystyren (PS); eingetragene Molmassen in g/mol [7]

Kriterium für die Entmischung ist die Gibbssche freie Mischungsenthalpie ΔG_m. Sind die Polymeren verträglich, so bilden sich thermodynamisch stabile Systeme ($\Delta G_m < 0$) aus. Bei Unverträglichkeit gilt $\Delta G_m > 0$, es entstehen Mikrophasen. Für die Änderung der gesamten freien Mischungsenthalpie eines Multikomponentensystems kann man auf der Basis der Gittertheorie Gl. (1) formulieren:

$$\Delta G_m = RT\left(\sum_i n_i \cdot \ln \Phi_i + V \sum_{i<j} a_{ij} \cdot \Phi_i \cdot \Phi_j\right) \tag{1}$$

n_i = Molzahl der i-ten Komponente
Φ_i = Volumenbruch der Komponente i
V = Gesamtvolumen des Systems; $V = \sum n_i V_i$
V_i = Molvolumen der Komponente i

a_{ij} = Wechselwirkungsparameter; $a_{ij} = \dfrac{\chi_{ij}}{V_i}$
R = Gaskonstante
T = Temperatur

Der über Gl. (1) zugängliche Wechselwirkungsparameter $a_{2,3}$ ist die Größe, aus der sich die Verträglichkeit der polymeren Komponenten abschätzen läßt. In den meisten Fällen ist die positive Änderung der Mischungsenthalpie ($a_{2,3}$ positiv) größer als die Änderung des Entropieanteils, und das System entmischt sich.

Die Lösung von Gl. (1) zur Vorausberechnung des Mischungsverhaltens ist nur unter Annahme bestimmter Randbedingungen möglich. KONINGSVELD [7] leitete für ein Zweikomponentensystem (Polymer 1 und 2) Beziehung (2) ab, die die Abhängigkeit der freien Mischungsenthalpie von Temperatur, Konzentration und Molmasse unter Einbeziehung der Uneinheitlichkeit der Polymeren beschreibt.

$$\Delta G_m = RT \left\{ \sum_i \Phi_{i,1} \cdot m_{i,1}^{-1} \cdot \ln \Phi_{i,1} + \sum_j \Phi_{j,2} \cdot m_{j,2}^{-1} \cdot \ln \Phi_{j,2} + g(T)\, \Phi_1 \Phi_2 \right\} \tag{2}$$

$\Phi_{i,1}$ = Volumenbruch der Spezies i im Polymer 1
$m_{i,1}$ = relative Kettenlänge der Spezies im Polymer 1

$$\Phi_1 = \sum_i \Phi_{i,1} = 1 - \Phi_2 = \frac{w_1 \cdot \varrho_1^{-1}}{w_1 \cdot \varrho_1^{-1} + w_2 \cdot \varrho_2^{-1}} \tag{3}$$

$g(T)$ = Wechselwirkungsterm

Für die kritische ΔG_m-Isotherme ergibt die Stabilitätsbetrachtung bei gegebenem Druck p, der Temperatur T und der kritischen Konzentration Φ_{krit}:

$$\left(\frac{\partial^2 \Delta G_m}{\partial \Phi_2^2}\right)_{p,\,T_{\text{krit}}} = \left(\frac{\partial^3 \Delta G_m}{\partial \Phi_2^3}\right)_{p,\,T_{\text{krit}}} = 0 \tag{4}$$

Bei Anwendung von Gl. (4) auf Gl. (2) erhält man für die Spinodalen (Stabilitätsgrenze zwischen heterogenem und homogenem Gebiet):

$$\frac{1}{m_{w,1} \cdot \Phi_1} + \frac{1}{m_{w,2} \cdot \Phi_2} = 2g(T) \tag{5}$$

und für den Trübungspunkt:

$$\frac{m_{z,1}}{m_{w,1}^2 \Phi_1^2} = \frac{m_{z,2}}{m_{w,2}^2 \Phi_2^2} \tag{6}$$

$m_{w(z)}$ = gewichtsmittlere (z-mittlere) relative Kettenlänge

Abb. 106 zeigt ein berechnetes Phasendiagramm für die Mischung zweier Polymerer mit den relativen Kettenlängen $m_1 = 50$ und $m_2 = 500$. In [7] ist weiterhin der Einfluß der Polymolekularität auf die Trübungskurven und Spinodalen sowie auch die Verträglichkeit zwischen den unterschiedlich langen Polymerketten beschrieben.

Diese Betrachtungsweise (reines Polymer 1 und 2-System) ist für reale Polymere meist auf niedere Molmassen der Makromoleküle (Abb. 105) be-

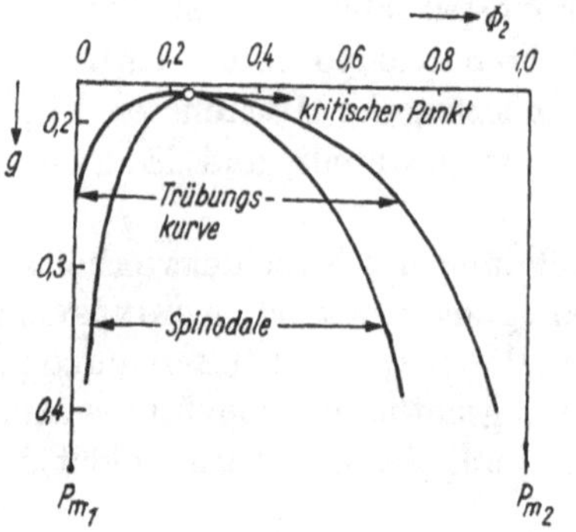

Abb. 106: Phasendiagramm einer binären Polymermischung ;
Trübungskurve = Binodale
$m_1 = 50$; $m_2 = 500$

schränkt. Um die Verträglichkeit hochmolekularer Produkte zu untersuchen, muß als Vermittler zur Abmischung der Phasen ein Lösungsmittel zugegeben werden.

Nach Scott [8] ist in ternären Systemen (Lösungsmittel 1, Polymer 2 und 3) die freie Mischungsenthalpie durch die Wechselwirkungsparameter $\chi_{1,2}$, $\chi_{1,3}$ und $\chi_{2,3}$ bestimmt. Unter der Annahme, daß beide Polymere im gewählten Lösungsmittel gut löslich sind ($\chi_{1,2}$ und $\chi_{1,3} < 0{,}5$) und $\chi_{1,2}$ näherungsweise $\chi_{1,3}$ gesetzt werden kann (symmetrischer Fall), lassen sich die Binodalen verhältnismäßig einfach berechnen [8]. In Abb. 107 ist dafür als Beispiel das Phasendiagramm des ternären Systems Toluen/Polystyren/amorphes Polypropylen gezeigt. Kurve a widerspiegelt die unter den genannten Randbedingungen berechnete Binodale. Für identische relative Kettenlängen sind die Binodalen symmetrisch, ist $m_1 \gtrless m_2$, resultieren asymmetrische Kurven. Der Fall unsymmetrischer Systeme und deren mathematische Behandlung ist in [9] beschrieben.

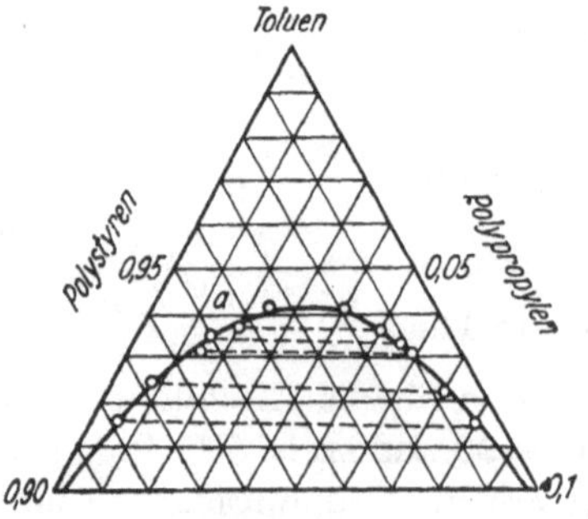

Abb. 107: Phasendiagramm des ternären Systems Toluen/Polystyren/amorphes Polypropylen bei 30 °C
a = Binodale, berechnet nach [8] mit den Werten $a_{2,3}$ = 0,62 mol/l und $\overline{V} = 61{,}4\,l$

Voraussetzung für die Ermittlung des $a_{2,3}$-Parameters aus Phasengleichgewichtsmessungen ist, daß die chemischen Potentiale der Komponenten in beiden Phasen gleich sind. Unter dieser Bedingung ist aus Gl. (1) in [10, 11] eine Beziehung abgeleitet, mit der der $a_{2,3}$-Wert aus den gemessenen Volumenbrüchen der Polymeren in den getrennten Phasen berechnet werden kann.

Die Ermittlung des Wechselwirkungsparameters $\chi_{2,3}$ durch osmotische Messungen ist über den in 1.3.2., Gl. (13), beschriebenen Zusammenhang zwischen dem zweiten Virialkoeffizienten und χ möglich. Der gemessene χ-Wert in einem ternären System beinhaltet die Summe der Anteile der Wechselwirkungen der Homopolymeren mit dem Lösungsmittel ($\chi_{1,2}$ und $\chi_{1,3}$) und den Anteil der Wechselwirkungen zwischen den polymeren Komponenten selbst.

$$\chi = x_2 \cdot \chi_{1,2} + x_3 \cdot \chi_{1,3} - x_2 \cdot x_3 \cdot \chi_{2,3} \tag{7}$$

x_i = Molenbruch der Komponente i, bezogen auf Polymer 2 und 3 ($x_2 + x_3 = 1$)

Positive $\chi_{2,3}$-Werte sind gleichbedeutend mit Unverträglichkeit (Abstoßungskräfte). In Tab. 86 sind die durch osmotische Untersuchungen ermittelten $\chi_{2,3}$-Parameter für Mischungen von Polystyren mit Polybutadien zusammengestellt.

Tabelle 86: $\chi_{2,3}$ — Parameter von Polystyren — Polybutadien — Mischungen unterschiedlicher Zusammensetzung

Zusammensetzung		$A_2 \cdot 10^7$ $l \cdot \text{mol} \cdot \text{g}^{-2}$	$\chi_{2,3}$
Mol% PB	Mol % PS		
70,2	29,8	9,60	0,097
59,2	40,8	8,85	0,075
39,1	60,9	7,48	0,053

Die Anwendung der Gaschromatographie zum Studium der Wechselwirkungen zwischen zwei Polymeren wird in [12] beschrieben. In ternären Systemen, die ein Lösungsmittel und eine gemischte stationäre Phase (Polymer 2 und 3) enthalten, wird aus der gemessenen Aktivität des Lösungsmittels bei unendlicher Verdünnung ($\Phi_1 \rightarrow 1$) ein summativer Wechselwirkungsparameter χ gemessen. Dieser setzt sich, wie der aus dem A_2-Wert berechnete χ-Parameter, aus den Wechselwirkungen des Lösungsmittels mit den beiden Homopolymeren und dem Anteil der Wechselwirkungen zwischen den Polymeren zusammen.

$$\chi = (a_{1,2} \cdot \Phi_2 + a_{1,3} \cdot \Phi_3 - a_{2,3} \cdot \Phi_2 \cdot \Phi_3)\, V_1 \tag{8}$$

Um $a_{2,3}$ zu berechnen, muß man neben der Aktivität des Lösungsmittels in der stationären Mischphase auch die Aktivität des gleichen Lösungsmittels in den reinen stationären Phasen (Polymer 2 bzw. 3) messen, damit man für die Parameter $a_{1,2}$ und $a_{1,3}$ die entsprechenden Werte einsetzen kann. In

Tabelle 87: Durch Invers-Chromatographie ermittelte Wechselwirkungsparameter $\chi_{2,3}$

Lösungsmittel	n-Tetracosan-Dimethylsiloxan [12], 60 °C $\chi_{2,3}\frac{V_1}{V_2}$	Polyvinylchlorid-Poly-ε-caprolacton [13], 120 °C $\chi_{2,3}$
Ethanol	–	0,21
Chloroform	–	0,33
Methylethylketon	–	–0,10
Tetrachlorkohlenstoff	0,42	1,07
n-Hexan	0,48	1,16
Cyclohexan	0,49	–
Toluen	0,37	–

Tab. 87 sind für einige ausgewählte Polymermischungen die durch Invers-Chromatographie mit verschiedenen Lösungsmitteln bestimmten $\chi_{2,3}$-Parameter zusammengestellt.

Zwischen dem aus Viskositätsmessungen bestimmten viskosimetrischen Wechselwirkungsparameter $b_{2,3}$ und dem aus Phasengleichgewichtsmessungen ermittelten $a_{2,3}$-Wert besteht nach [4] ein exponentieller Zusammenhang.

$$b_{2,3} = n \cdot a_{2,3}^{-m} \tag{9}$$

Sind die Konstanten n und m bekannt, kann man aus dem experimentell einfach zugänglichen $b_{2,3}$-Wert eine Aussage zur Verträglichkeit machen.

Allgemein gilt für die spezifische Viskosität $(\eta_{sp})_m$ einer Mischung zweier Polymerer in einem gemeinsamen Lösungsmittel Gl. (10):

$$(\eta_{sp})_m = [\eta]_m \cdot c_m + b_m \cdot c_m^2 \tag{10}$$

c_m = $c_1 + c_2$ = Summe der Konzentrationen der Polymerkomponenten
b_m = Parameter, der die Wechselwirkungen aller Polymerspezies charakterisiert
$[\eta]_m$ = Grenzviskositätzahl der Mischung

Für den Parameter b_m kann man Gl. (11) aufstellen:

$$b_m = b_{2,2} \cdot Y_2^2 + 2b_{2,3} \cdot Y_2 \cdot Y_3 + b_{3,3} \cdot Y_3^2 \tag{11}$$

Y_i = relativer Gewichtsbruch des Polymeren i
b_{ii} = $k_H \cdot [\eta]_i^2$
k_H = HUGGINS-Konstante

Eine erste Abschätzung bezüglich der Verträglichkeit der Polymeren ist bereits aus der Differenz zwischen dem experimentell gemessenen $b_{2,3}$-Wert und dem nach der VAN-LAAR'schen Näherung berechneten (Gl. (13)) $b_{2,3}^*$-Parameter möglich:

$$b_{2,3}^* = (b_{2,2} \cdot b_{3,3})^{0,5} \tag{13}$$

Ist $\Delta b_{2,3} = b_{2,3} - b^*_{2,3}$ negativ, so ist das System unverträglich, positive Werte deuten auf anziehende Wechselwirkungen und damit auf Verträglichkeit hin. In Tab. 88 sind für einige ausgewählte Polymermischungen die Koeffizienten der Gl. (8) angegeben. Diese Konstanten sind, wie in [4] dargestellt wird, allerdings auch vom gewählten Lösungsmittel abhängig.

Tabelle 88: Werte für *n* und *m* der Gl. (8) [4] (Gewichtsverhältnis der Polymeren 1:1; Lösungsmittel: Toluen)

Mischungspartner	n mol · g^{-2} · dl	m
Polypropylen + Polymethylmethacrylat	1,78 10^{-3}	5,36
Polypropylen + Polystyren	1,68 10^{-4}	6,00
Polystyren + Polymethylmethacrylat	2,82 10^{-7}	6,35

4.3.3. Einführung in das Experiment

Das Mischungsverhalten von mindestens zwei polymeren Komponenten im Festzustand wird häufig durch den Torsionsschwingungsversuch ermittelt.

Nach TGL 0-53445 werden rechteckige Prüfkörper von 60 mm Länge, 10 mm Breite und 1 mm Dicke empfohlen. Die Prüfkörper werden mit den Einspannklemmen der Meßanordnung befestigt, die freie Prüfkörperlänge, sowie Breite und Dicke wird mit der Mikrometerschraube genau ausgemessen. Die Aufheizgeschwindigkeit soll 0,8 °C pro min nicht überschreiten. Im allgemeinen erfolgt die Schwingungsanregung und die Aufnahme des Schwingungsdiagramms in Temperaturintervallen von etwa 5 °C.

Zur Ermittlung der Mischbarkeit berechnet man meist aus den Amplituden aufeinanderfolgender Schwingungen das logarithmische Dekrement Λ als Funktion der Temperatur [14]. Es ist jedoch auch möglich, den Schubmodul G' bzw. den Verlustmodul G'' oder den Elastizitätsmodul in Abhängigkeit von der Meßtemperatur zu Verträglichkeitsuntersuchungen auszuwerten [15].

Mit Hilfe der thermomechanischen und calorimetrischen Analyse läßt sich der Glasübergang der Mischung als Kriterium für die Verträglichkeit der Komponenten bestimmen, sofern die Glastemperaturen der abgemischten Polymeren weit genug auseinander liegen.

Zur Ermittlung des Temperatureinflusses auf das Mischungsverhalten werden aus Lösung gegossene Filme mit einer Schichtdicke von 50 bis 100 μm hergestellt, es können aber auch andere Mischungstechnologien angewendet werden. Nach dem Aufheizen der Probe auf eine maximale Tempertemperatur und kurzer

Temperzeit (etwa 1 min) wird der im System eingestellte Zustand durch rasches Abkühlen (64 °C/min) eingefroren und anschließend mittels der Differential-Scanning-Calorimetrie (*DSC*) analysiert. Die maximalen Tempertemperaturen T_{max} werden schrittweise erhöht. Treten dabei im System Entmischungserscheinungen auf, so ist das am Auftreten von zwei Glastemperaturen erkenntlich (Abb. 108). Für bestimmte Polymermischungen [15] läßt sich die Zusammensetzung der Phasen über eine Eichkurve ermitteln. Setzt man voraus, daß sich das thermodynamische Gleichgewicht bei jeder Tempertemperatur eingestellt hat, so ist das so aufgestellte Phasendiagramm identisch mit der Binodalen der Mischung.

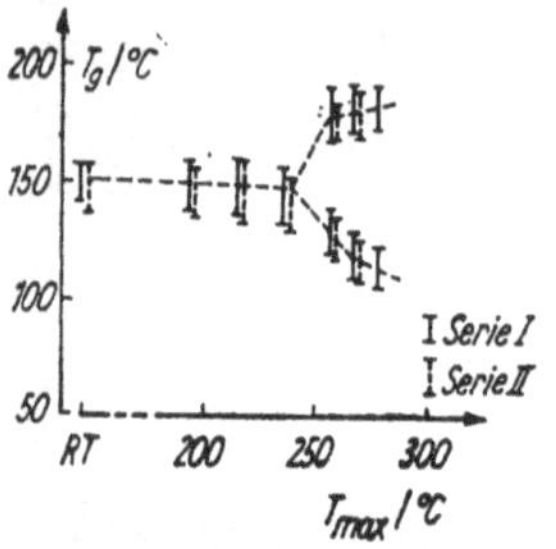

Abb. 108: Glasübergangstemperatur einer Mischung von Polystyren und Tetramethylbisphenol A-Polycarbonat (40/60) als Funktion der Temperatur [15]

Mikroskopische und elektronenmikroskopische Aufnahmen zeigen optisch das Vorliegen von Ein- oder Zwei-Phasenstrukturen an. Die Proben werden nach den üblichen Verfahren (Ultramikrotomschnitt, Kontrastierung) präpariert. Die Aufnahmen dienen oft Dokumentationszwecken.

Zur Auswertung von B- und Impuls-NMR-Spektren bezüglich der Mischbarkeit von Polymeren sei auf die spezielle Fachliteratur [16, 17] verwiesen.

Die gewöhnliche Trübungspunkt-Bestimmung durch Variation der Temperatur ist in reinen Polymerkomponentensystemen wegen der hohen Viskosität mit Schwierigkeiten verbunden. In [7] wird auf einige experimentelle Methoden zur Lösung dieses Problems z.B. durch Ultrazentrifugation, pulsinduzierte kritische Lichtstreumessungen sowie durch Neutronenstreuung hingewiesen.

Phasentrennungen von Polymermischungen im gemeinsamen Lösungsmittel sind gut und leicht zu beobachten, wenn sich der Brechungsindex der koexistierenden Phasen unterscheidet. In den meisten Fällen scheiden sich die beiden Phasen in zusammenhängender Form ab, so daß zwei unterschichtete Lösungen entstehen. Mit Hilfe einer Injektionsspritze kann man die untere Phase absaugen. Eine weitere Möglichkeit besteht darin, das System durch schockartiges Einfrieren mit flüssigem Stickstoff zu trennen. Dabei bildet sich an der Phasengrenze ein Riß aus, der sich erleichternd auf die quantitative Zerlegung auswirkt.

Die Gesamtkonzentration der Polymeren im Lösungsmittel liegt im allgemeinen zwischen 2 und 10 g pro 100 m*l*.

Zur Zusammensetzungsbestimmung bezüglich der zwei polymeren Komponenten in den separierten Phasen werden die der chemischen Natur der Makromoleküle entsprechenden chemischen oder physikalischen Methoden angewendet. Das sind u. a. UV-, IR- und ^{1}H-NMR-Messungen, pyrolysegaschromatographische Untersuchungen, die elektrophile Addition von Jodmonochlorid an Doppelbindungen (siehe **3.3.3.1.**) und weitere chemische Methoden zur Ermittlung von Heteroatomen und funktionellen Gruppen.

Dazu wird, nachdem das jeweilige Phasenvolumen in den entsprechend geeichten Gefäßen ermittelt ist, ein bestimmtes Volumen aus jeder Phase entnommen. Das Lösungsmittel wird entfernt, der polymere Rückstand bis zur Gewichtskonstanz getrocknet und ausgewogen. Anschließend wird die Phasenzusammensetzung bestimmt.

Verträglichkeitsuntersuchungen durch Viskositäts-, Lichtstreu- und osmotische Messungen werden in verdünnten Lösungen durchgeführt. Die Gesamtkonzentration an Polymeren liegt generell zwischen 0,1 und 2,0 g pro 100 m*l* Lösungsmittel. Um den Effekt der Verträglichkeit gut zu erkennen, werden die Polymeren oft im Verhältnis 1:1 ($Y_i = 0{,}5$) abgemischt. Wenn nötig, werden den Lösungen Antioxydanzien zugesetzt (z.B. wenn ein Mischungspartner Polyethylen, Polypropylen oder Polybutadien ist), um einen Kettenabbau zu verhindern. Zur experimentellen Durchführung von Lichtstreu-, Viskositäts- und osmotischen Messungen wird auf die Kap. 1.5., 1.7. und 1.3. verwiesen.

4.3.4. Versuchsbeispiele und Auswertung

4.3.4.1. Ermittlung des Phasengleichgewichts im System Tetrachlorkohlenstoff/Polystyren/Polyisobuten bei einer Temperatur von 18 °C

Zur Bestimmung des Phasengleichgewichts werden die in Tab. 89 angegebenen Polymerkonzentrationen in 25 m*l* Maßkölbchen eingewogen. Nach vollständigem Lösen der Polymeren werden die Lösungen der Ansätze 1, 2, 3 und 4 in je einem graduierten und verschließbaren Meßzylinder (Volumen 50 m*l*) gut gemischt. Es wird auf 18 °C temperiert und gewartet, bis die Phasentrennung vollständig ist. Das Volumen beider Phasen wird am Meßzylinder abgelesen. Mit Hilfe einer Spritze mit langer Stahlkanüle wird durch Absaugen der unteren Phase das System getrennt. Anschließend wird das Lösungsmittel im Vakuum entfernt, das Polymere getrocknet und gewogen.

Zur Analyse der Zusammensetzung der Phasen wird etwa ein Zehntel der getrockneten Polymermischung genau in ein 10 m*l* Maßkölbchen eingewogen. Das Polymere wird in einer Mischung von 10 Volumenteilen Cyclohexan und einem Volumenteil Tetrachlorkohlenstoff gelöst. Die Konzentrationsbestimmung des Polystyrens erfolgt UV-spektrometrisch bei einer Wellenlänge von 254 nm. Polyisobuten ist bei dieser Wellenlänge durchlässig und zeigt keine Absorption. Die Schichtdicke der Meßzelle beträgt für die polystyrenreiche Phase 1 mm, für die

Tabelle 89: Ausgangskonzentration zur Ermittlung des Phasengleichgewichts im ternären System Tetrachlorkohlenstoff/Polystyren/Polyisobuten

Ansatz	Polystyren* g	Polyisobuten** g
1	0,505	0,370
2	0,490	0,510
3	0,440	0,628
4	0,440	0,977

$\overline{M}_n^* = 1 \cdot 10^6$ g/mol $\quad$ $\overline{M}_n^{**} = 1{,}5 \cdot 10^6$ g/mol
$\varrho^* = 1050$ kg/m^3 $\quad$ $\varrho^{**} = 915$ kg/m^3

zweite Phase 10 mm. Zur Ermittlung der absoluten Konzentration wird ein Eichkurve von Polystyrenlösungen bekannter Konzentration im genannten Lösungsmittelgemisch aufgenommen. Die Auftragung der Extinktion bei 254 nm über der Konzentration ist im Bereich von 0,05 bis 0,5 g pro 100 m*l* linear.

Tabelle 90: Gemessene Werte für das Phasengleichgewicht im System Tetrachlorkohlenstoff/Polystyren/Polyisobuten bei 18 °C

Ansatz	Phase 1			Phase 2		
	Volumen m*l*	PS g	PIB g	Volumen m*l*	PS g	PIB g
1	14,2	0,020	0,215	35,8	0,484	0,155
2	24,7	0,030	0,430	25,3	0,460	0,080
3	30,3	0,030	0,580	19,7	0,410	0,048
4	37,9	0,040	0,971	12,1	0,400	0,006

Tabelle 91: Berechnete Volumenbrüche für das Phasengleichgewicht aus den Werten der Tab. 90

Phase	Polymer	Ansatz			
		1	2	3	4
1	2	0,0013	0,0011	0,0009	0,0010
	3	0,0163	0,0187	0,0205	0,0272
2	2	0,0127	0,0170	0,0194	0,0305
	3	0,0047	0,0034	0,0026	0,0005

Polymer 2: Polystyren
Polymer 3: Polyisobuten

Die gemessenen Phasenvolumina und die spektrometrisch ermittelten Anteile der Komponenten in den beiden Phasen sind in Tab. 90 zusammengestellt. Aus den Gewichtsanteilen und den Dichten wurden die Volumenbrüche der Phasen (Tab. 91) berechnet. Mit den Werten der Tab. 91 wurde das in Abb. 109 gezeigte Phasendiagramm erhalten.

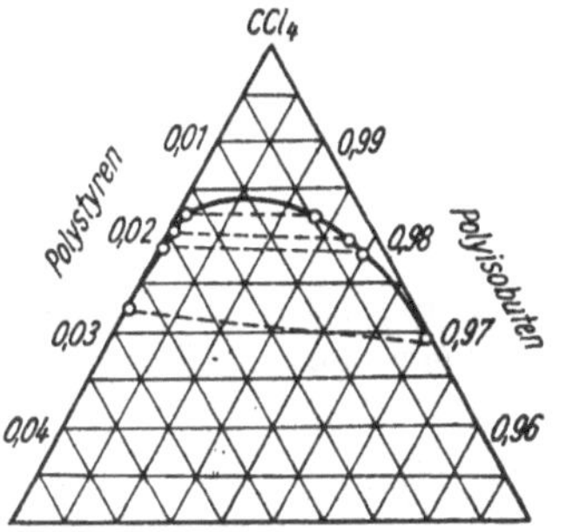

Abb. 109: Phasendiagramm des ternären Systems Tetrachlorkohlenstoff/Polystyren/Polyisobuten bei 18 °C

4.3.4.2. Bestimmung der Verträglichkeit im System Toluen/Polystyren/amorphes Polypropylen durch Viskositätsmessungen

Amorphes Polypropylen wird aus handelsüblichem Produkt durch Extraktion, mit Diethylether im Soxhlet-Apparat erhalten.

Die spezifischen Viskositäten der Polymeren werden in Toluen bei 30 °C gemessen (siehe 1.7.). Dazu werden Lösungen im Konzentrationsbereich von 0,3 bis 1,1 g pro 100 m*l* hergestellt. Um den Lösungsprozeß zu beschleunigen, werden die Kölbchen geschüttelt, wenn nötig, werden die polypropylenhaltigen Lösungen etwas erwärmt. Alle Polymerlösungen, die Polypropylen enthalten, werden durch Zugabe von 0,5 Gew.% N-Phenyl-β-naphthylamin (bezogen auf die Polymerkomponente) stabilisiert.

Die erhaltenen spezifischen Viskositäten werden auf die Konzentration *c* reduziert und nach Huggins über der Konzentration aufgetragen. Aus den extrapolierten Grenzviskositätszahlen (Abb. 110)

$$[\eta]_{PS} = 0{,}48 \text{ dl/g}; \qquad [\eta]_{PP} = 1{,}03 \text{ dl/g}$$

berechnet man gemäß Gl. (14) und (15) die mittleren Molmassen.

$$[\eta]_{PS}^{\text{Toluen; 30°C}} = 1{,}10 \cdot 10^{-4} \cdot M^{0,72} \tag{14}$$

$$[\eta]_{PP}^{\text{Toluen; 30°C}} = 2{,}18 \cdot 10^{-4} \cdot M^{0,72} \tag{15}$$

$$\overline{M}_\eta^{PS} = 1{,}05 \cdot 10^5 \text{ g/mol}; \qquad \overline{M}_\eta^{PP} = 1{,}17 \cdot 10^5 \text{ g/mol}$$

Die Wechselwirkungsparameter $b_{i,i}$ werden aus Abb. 110 als Anstieg der Geraden erhalten. Für Polymer 2 (PS) ist $b_{2,2} = 0{,}088$ dl^2 g^{-2}, für Polymer 3 (PP) wird $b_{3,3} = 0{,}39$ dl^2 g^{-2} berechnet.

Zur Ermittlung der Verträglichkeit werden die Polymeren im Gewichtsverhältnis 1:1 abgemischt. Es wird eine Gesamtkonzentration von 1,25; 0,83; 0,62; 0,41 und 0,25 g/dl in 25-ml-Maßkölbchen eingewogen und mit Toluen aufgefüllt. Nach vollständigem Lösen der Polymeren werden wieder die spezifischen Viskositäten gemessen, diese auf die Konzentration reduziert und über der Konzentration aufgetragen (Abb. 111). Aus der grafischen Darstellung folgt für $[\eta]_m = 0{,}7$ dl/g; und für $b_m = 0{,}17$ dl$^2 \cdot$ g^{-2}.

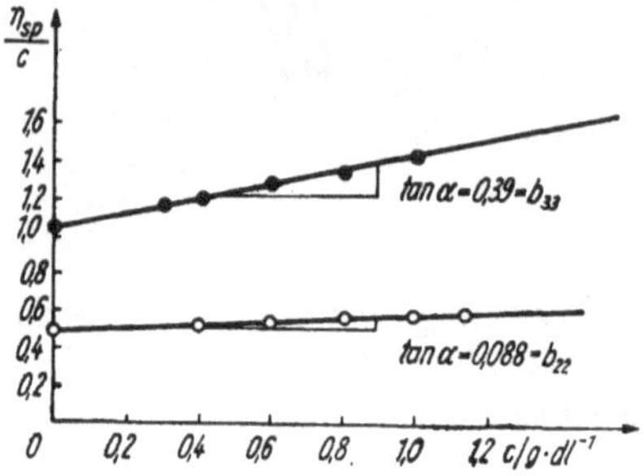

Abb. 110: Ermittlung der Grenzviskositätszahlen und der $b_{i,i}$-Parameter in Toluen bei 30 °C

—○— Polystyren
—⊗— amorphes Polypropylen

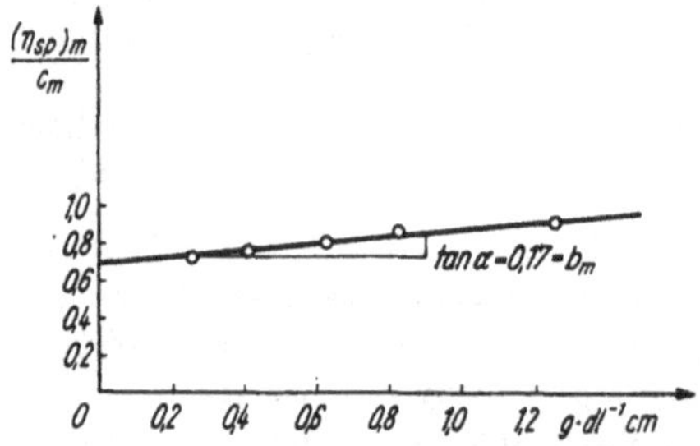

Abb. 111: Ermittlung von $[\eta]_m$ und b_m im System Toluen/Polystyren/amorphes Polypropylen bei 30°C

Die graphisch ermittelten Werte b_m, $b_{2,2}$ und $b_{3,3}$ werden in Gl. (11) eingesetzt, Y_2 und Y_3 sind mit 0,5 vorgegeben. Damit wird für $b_{2,3}$ ein Wert von 0,1 berechnet, für $b^*_{2,3}$ ergibt sich entsprechend Gl. (13) 0,19. Die Differenz $\Delta b_{2,3}$ ist negativ und das System unverträglich. Mit den Konstanten der Tab. 88 wird mit Gl. (8) der Wechselwirkungsparameter $a_{2,3}$ zu 0,345 errechnet.

Literatur

[1] Thinius, K., Plaste und Kautschuk **15** (1968), 164
[2] Dobry, A. u. F. Boyer-Kawenoki, J. Polymer Sci. **2** (1947), 90
[3] Friese, K., Plaste und Kautschuk **15** (1968), 646
[4] Böhmer, B., Berek, D. u. S. Florian, European Polymer J. **6** (1970), 471
[5] Feldman, D. u. M. Rusu, European Polymer J. **7** (1971), 215

[6] SCHNECKO, H. u. R. CASPARY, Kautschuk und Gummi-Kunststoffe **25** (1972), 309
[7] KONINGSVELD, R. u. L. A. KLEINTJENS, J. Polymer Sci. Polymer Symposium **61** (1977), 221
[8] SCOTT, R. L., J. chem. Physics **17** (1949), 279
[9] HSU, C. C. u. J. M. PRAUSNITZ, Macromolecules **7** (1974), 320
[10] ALLEN, G., GEE, G. u. J. D. NICHOLSON, Polymer **1** (1960), 56
[11] BEREK, D., LATH, D. u. V. DURDOVIC, J. Polymer Sci. C **16** (1967), 659
[12] DESHPANDE, D. D., PATTERSON, D., SCHREIBER, H. P. u. C. S. SU, Macromolecules **7** (1974), 530
[13] OLABISI, O., Macromolecules **8** (1975), 316
[14] NITSCHE, K. und WOLF, K., „*Kunststoffe*", Bd. 2: „*Praktische Kunststoffprüfung*", Springer-Verlag Berlin 1961
[15] CASPER, R. u. L. MORBITZER, Angew. Makromolekulare Chem. **58/59** (1977), 1
[16] ELMQVIST, C. u. S. E. SVANSON, European Polymer J. **11** (1975), 789
[17] DOUGLAS, D. C. u. V. J. MCBRIERTY, Macromolecules **11** (1978), 766

Autorenregister

Sachregister

KONRAD-ULRICH BÜHLER

Spezialplaste

1978. XXIV, 1015 Seiten — 230 Abbildungen — 182 Tabellen — gr. 8° —
Leinen 160,— M
Bestell-Nr. 762 186 7 (6254)

Diese Monographie vermittelt dem Chemiker einen Einblick in die Zusammenhänge zwischen Polymerstruktur und Thermistabilität, in die Synthesemöglichkeiten, in physikalisch-chemische Eigenschaften und in die Analytik von über 150 Substanzklassen spezieller aliphatischer sowie aromatischer und heterozyklischer Polymerer. Für den Plastverarbeiter werden die Bedingungen der Verarbeitung kommerzieller und kleintechnisch hergestellter Spezialplaste erörtert. Dem Konstrukteur und Anwendungstechniker gibt die Monographie einen umfassenden Überblick über die Werkstoffeigenschaften und die technische Anwendung von Spezialplasten in der Elektroindustrie, Elektronik, Feinwerktechnik, Haushaltsgeräteindustrie, in Maschinen- und Fahrzeugbau, der Luftfahrtindustrie und in der Raumfahrt.

Bestellungen durch eine Buchhandlung erbeten

THEORIA CUM PRAXI

AKADEMIE-VERLAG
DDR-1080 Berlin, Leipziger Str. 3—4